일본
기차
여행

일본 기차 여행

2023년 3월 20일 개정 2판 2쇄 펴냄

지은이 인페인터글로벌
발행인 김산환
책임편집 윤소영
디자인 윤지영
펴낸곳 꿈의지도
인쇄 다라니
출력 태산아이
종이 월드페이퍼

주소 경기도 파주시 경의로 1100, 604호
전화 070-7535-9416
팩스 031-947-1530
홈페이지 blog.naver.com/mountainfire
출판등록 2009년 10월 12일 제82호

ISBN 979-11-6762-037-8(13980)

일본 기차 여행

인페인터글로벌 지음

꿈의지도

저자의 말

박성희

일본 관광 홍보 관련 기획 및 마케팅, 드라마, 영상 매체와 아트를 통한 예술 교류, 문화 행사기획 등을 하고 있다. 16년 전 홋카이도에서 기차 여행을 테마로 한 음식 여행 방송 취재를 하면서 기차 여행이 주는 로맨틱한 감성, 역에서 파는 에키벤(도시락), 열차패스의 경제성과 편리함 등으로 일본 기차 여행의 매력에 빠졌다. 지역 로컬 기차나 재미있는 테마열차, 특색 있는 이벤트 기차까지 일본의 기차는 여행 테마가 될 정도로 알면 알수록 다양하다.

느릿느릿 시골 기차를 타고 시골 마을을 따라 걷는 여행, 혹은 레일 패스 한 장으로 신나게 순간이동을 하는 여행, 우선 기차를 따라 여행을 떠나 보시길. 오랜 시간 준비한 이 책이 조금이나마 도움이 되기를 바란다.

이윤정

일본은 교통비가 비싼 나라다. 한 군데에서 일정을 소화할 것이라면 모를까, 한번 간 김에 여러 곳을 둘러보고 싶은 여행자에게는 허들이 높은 곳일 수밖에 없다. 그래서 여행자들을 위한 열차 패스가 생기고, 그 패스를 이용한 열차여행자들이 늘면서 열차의 매력이 전해지는 것은 어쩌면 당연한 수순일 수도 있다. 내가 신경 쓰지 않아도 목적지에 데려다 주고, 차창으로는 풍경을 감상하며 차 한 잔, 맥주 한 캔 할 수 있는 열차 여행. 평범한 열차라도 가슴이 두근거리는데 열차마저도 특별하다면 더할 나위 없다.

지금 당장은 아니더라도, 언젠가 한번 타봤으면 좋겠다~ 하는 생각이 드는 열차 하나가 생긴다면, 열차 얘기로 더 채우지 못해 아쉬웠던 이 책의 의의가 생기는 게 아닐까 생각한다.

이정선

세계 여러 나라를 다르게 여행 하는 법에 관심이 많다. 남자 못지않은 빠른 걸음걸이로 선천적 방향감각상실증을 극복하고, 도서관과 인터넷에서 쌓은 사전 준비로 짧은 어학 실력을 메우고 있다. 여행은 준비한 만큼 즐길 수 있다고 믿지만, 여행지에선 순간의 기분으로 계획을 바꾸는 것이 미덕이라고 여긴다. KTX 차내 월간지 〈KTX매거진〉을 통해 쌓은 국내 기차 여행 노하우를 가이드북 〈기차여행 컨설팅북〉에 풀어놓았고, 이번에는 일본 기차 여행으로 눈을 돌렸다. 국내와는 스케일이 다른 일본의 기차 여행을 준비하며 '위키'의 바다를 헤집고 다녔다. 일본과 국내 '철덕'들에게 깊은 존경심이 솟아나는 동시에 너무나 부족한 '덕력'에 번뇌하기도 했다. 다만, 한 사람의 독자라도 '이렇게 기차여행이 매력적인지 몰랐다'라고 한다면 여행 준비와 취재, 원고 마감으로 점철된 지난 1년이 충분히 보상될 것 같다.

김태용

'내 안의 아날로그 감성을 만나다'를 주제로 세계 곳곳을 여행하며 사진을 촬영하고 있는 여행사진가이다. 여행에서 만나는 사람들과 교감을 하고 그들의 삶을 사진 속에 담아내려는 작업을 하고 있다. 일본의 다양한 기차를 타고 여행을 했지만, 이동 수단이 아닌 기차 여행 그 자체가 하나의 목적이 될 수도 있다는 생각을 했다. 일본에는 다양한 테마 열차가 많고, 또 로컬 감성을 듬뿍 담은 열차도 있다. 지금도 지역의 작은 역에서 지나가던 주민들이 모두 손을 흔들어주면서 반겨주던 그 장면은 잊을 수 없다.

일본 기차 여행을 그리다

• 01 •

JR과 사철, 무엇이 다른가

우리나라에 코레일이 있다면 일본에는 재팬레일Japan Rail, 즉 JR이 있다. 물론, 공기업인 코레일과 달리 1987년 일본의 철도민영화로 인해 JR은 더 이상 국영철도가 아니지만 일본 전역에 거미줄처럼 퍼져 있는 철도 노선 대부분이 JR의 소유인지라 실질적인 공공 철도의 영향력을 행사하고 있다. 일본 사람들도 여전히 JR을 '국철'로 부르고 있기도 하다. 지역에 따라 JR홋카이도·JR센트럴·JR이스트·JR웨스트·JR시코쿠·JR규슈 등 6개 회사로 나누어 운영하고 있으며 고속철도인 신칸센을 보유하고 있는, 명실상부 일본 최고의 철도 기업이다.

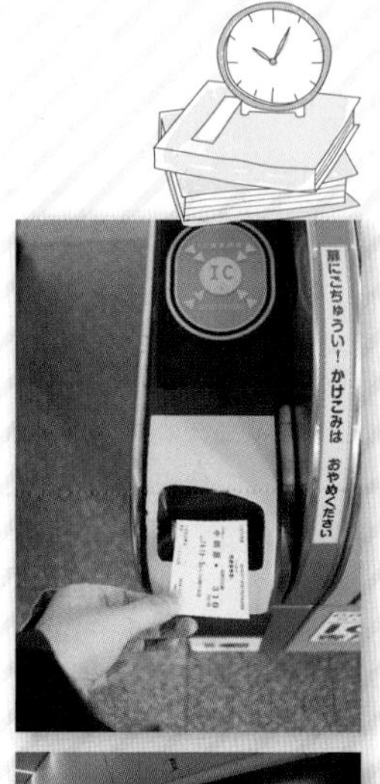

이와 반대로 사철은 처음부터 민간 기업에 의해 설립되었거나, 또는 JR에서 여러 이유로 민간 기업에 이관한 경우이다. 우리나라엔 없는 철도 운영 형태인 사철이 일본에서 발달한 이유로 넓은 일본의 국토 면적을 꼽기도 한다. 땅덩어리가 넓은 만큼 지역이나 상황에 따라 JR과는 다른 여객 서비스를 필요로 하는 것이다. 특히 사철은 통근이나 통학열차로의 쓰임이 활발하다. 사철 가운데는 몇 구간 되지 않는 노선에 한두 량짜리 열차가 다니는 경우도 있지만 어떤 사철은 JR 못지않은 자본 규모와 노선을 보유하고 있기도 하다. 긴키 닛폰 철도, 도부 철도, 나고야 철도 등 16개의 대형 사철이 그것. 이들은 철도뿐 아니라 버스 회사나 백화점 등을 소유한 대기업이기도 하다.

JR패스를 주로 이용하는 외국인 여행자 입장에서는 사철의 존재를 염두에 두지 않거나 무시하는 경향이 있다. 하지만 실제 일본 내 철도에서 사철이 차지하는 비중은 상당히 높다. 2009년 기준 공공수송수단 가운데 철도를 이용한 수송인원이 77.7%인데, 이 중 JR이 29.9%인 반면, 사철은 47.8%에 달한다. 사철의 수송인원이 2배 가까이 되는 것이다. JR이 독보적인 것은 철도 수송인의 총 거리(km) 부분이다. 공공수송수단의 철도 수송인 거리 71.1% 중 JR 44.3%, 사철 26.8%인 것에서 알 수 있다. 즉 일상 생활권의 통근·통학에서는 사철이, 지역 간의 장거리 이동에서는 JR이 주도적인 위치인 셈이다. 특히 5개의 대형 사철이 JR웨스트와 치열한 경쟁을 하고 있는 간사이 지역에서 이러한 경향이 두드러지며, JR과는 또 다른 다양한 철도를 경험할 수 있다.

Kōriyama
253
21
JR E514-23
箱根湯本
HAKONE-YUMOTO
1059
odakyu
9
10

▲ JR

▲ 사철

• 02 •

헷갈리는 일본 열차 구분하기

희뿌연 연기를 내뿜는 증기기관차부터 시속 300km의 초고속열차까지 일본에는 수많은 종류의 열차가 운행되고 있다. 다 알려니 엄두가 안 나지만 몇 가지 기준을 놓고 분류해보면 생각보다 어렵지 않다.

❶ 궤간에 따른 분류

궤간은 두 철로 사이의 거리를 의미한다. 세계적으로 널리 쓰이는 폭 1,435mm을 표준궤라 하며 이보다 좁은 경우를 협궤라 한다. 협궤는 주로 산악지형과 같이 좁은 지역에 많이 건립되며 상대적으로 건설이 용이하고 비용을 절약할 수 있다. 이에 반해 표준궤는 수송 능력이나 속도 면에서 더 우수하다. 일본에서는 1964년 도카이도 신칸센 개통 때 처음 표준궤를 선보였으며, 그 이전의 재래선은 1,067mm의 협궤이다. 이러한 궤간의 차이로 인해 환승 시 철도 차량의 바퀴 부분이 좌우로 시프트될 수 있도록 설계하기도 한다.

❷ 속도에 따른 분류

모든 역에서 정차하는 것을 기본으로 하는 보통열차, 일부 역은 그대로 통과하는 쾌속열차 또는 급행열차, 주요 역만 정차하는 특급열차, 그리고 신칸센 역만 정차하는 최고 속도 200km/h 이상의 고속열차로 나뉜다. 그리고 현재 건설 중인 주오 신칸센 구간에는 최고 속도 505km/h의 자기부상 열차가 도입될 예정이다.

❸ 운행 방식에 따른 분류

열차의 동력원은 증기, 디젤, 전기가 있으며 동력원의 위치에 따라 동력집중식과 동력분산식으로 나뉜다. 동력집중식은 선두의 기관차에 모든 동력이 집중되고 뒤이어 연결된 객차를 끄는 방식이다. 대표적으로 증기기관차가 여기에 속하며 객차 이외에 기관차가 한 량 더 추가된다. 반면, 동력분산식은 각 객차에 소규모 엔진이 달려 있는 형태로 지하철과 같은 전동차가 대표적이다.

❹ 특수 지형에 따른 분류

산악 지형이나 곡선 지형에서는 특수한 방식의 열차가 운행한다. 틸팅 열차는 차체를 기울여 급커브 구간에서도 속도를 줄이지 않고 유연하게 회전할 수 있도록 설계된 열차이다. 또한 급경사의 지형을 극복하기 위해 개발된 것으로는 스위치백과 강삭철도가 있다. 스위치백은 후진과 전진을 반복하며 지그재그로 경사 지형을 오르는 식이고, 강삭철도는 급경사의 지형을 따라 그대로 올라야 하기 때문에 차체가 작고 기존보다 더 좁은 협궤를 쓰기도 한다.

Tip!

심화학습, 일본 열차의 종류

일본의 열차는 제작 시기와 운용 회사, 구동 방식 등에 따라 '~계'로 불린다. 예를 들어, '883계'는 'JR규슈에서 1995년부터 운용하고 있는 최고 시속 130km의 특급형 틸팅 전동차'이다. 이 열차는 '슈퍼 소닉'이라는 애칭으로 불린다. 같은 차량이라도 운행 시기나 노선에 따라 다른 애칭이 붙기도 한다.

• 03 •

일본 기차 여행 필수품, 레일패스

일본의 열차 티켓, 특히 신칸센은 비싸기로 악명이 높다. 빠른 속도 덕분에 '땅 위의 비행기'라고 불리는 신칸센은 요금도 항공과 별반 차이가 없다. 재래선의 최상위 등급인 특급열차도 우리나라 열차 요금보다 월등히 비싸다. 대체 일본인들은 어떻게 타고 다닐까 싶지만, 묶음 티켓이나 정기 승차권 등의 다양한 할인 혜택이 있어서 어느 정도 커버가 된다. 재팬 레일패스Japan Rail Pass, 통칭 JR패스도 그러한 할인 정책 중 하나. 단기 체재*하는 외국인 여행자를 위한 티켓인 만큼 할인이 상당히 파격적이다. 특히 일본 전역을 여행할 계획이고 이동이 잦다면 재팬 레일 패스는 선택이 아닌 필수다.

JR패스는 크게 전국구와 지역구로 나뉜다. JR의 6개 회사가 통합하여 발행해 전 노선을 이용할 수 있는 전국구 패스가 있는 반면, 각 회사의 노선과 열차에 한정된 지역구 패스가 있다. 흔히 JR패스라고 말할 때는 전국구 패스를 말하는 경우가 많다. JR패스 발급 및 이용 시 몇 가지 주의 사항이 있다. 외국인 전용 티켓이므로, 한국 내 지정된 구입처를 통해 교환권을 구입한 후 현지에서 실물 티켓으로 교환해야 한다. JR패스 교환 시에는 외국인임을 증명하는 여권을 반드시 제시해야 한다. 교환권은 구입일로부터 3개월 이내에 JR패스의 실물 티켓으로 교환해야 하며, 패스 교환 시 교부받은 날부터 1개월 이내로 개시 일자를 지정해야 한다.

교환권 이미지

※단기 체재란?
관광 등의 목적으로 15일에서 90일간 일본에 머무는 것. 공항 입국 심사관이 여권에 이 단기 체재 스탬프를 찍어준 경우에만 JR패스를 이용할 수 있다.

재팬 레일패스 종류

일반석인 보통객차와 1등석인 그린객차의 2종류가 있다. 패스 개시일로부터 7일, 14일, 21일 동안 연속된 날짜에 사용할 수 있다. 패스 교환권 발권 당일 6~11세까지의 어린이는 어른 요금의 반액만 적용된다.

Web www.japanrailpass.net/kr

종류	보통객차(2등석)	그린객차(1등석)
7일권	29,650엔	39,600엔
14일권	47,250엔	64,120엔
21일권	60,450엔	83,390엔

적용 범위

JR그룹이 운행하는 신칸센, 특급·급행·쾌속·보통 및 도쿄 모노레일을 이용할 수 있다. 단, 도쿄역~하카타역 구간의 신칸센 미즈호·노조미와 신아오모리역~신하코다테호쿠토역 구간의 신칸센 하야부사·하야테는 탑승할 수 없으며 다른 신칸센이나 특급열차를 이용해야 한다. JR과 직통 운행하는 사철 아오이모리 철도의 아오모리역~하치노헤역 구간, IR이시카와 철도의 가나자와역~쓰바타역 구간, 아이노카제토야마 철도의 도야마역~다카오카역 구간에서는 각 중간 역에서 내리지 않는다는 조건하에 승차 가능하다. 또한 JR 각 회사에서 운행하는 버스의 일부 구간을 무료로 승차할 수 있다. 히로시마의 미야지마 섬을 오가는 JR웨스트의 미야지마 페리도 무료다.

▶ 재팬 레일패스

> **Tip!**
>
> **열차 스케줄은 '야후 재팬' 교통 검색을 참고하자**
>
> 야후 재팬 교통 검색을 이용하면 열차 운행 소요시간은 물론 환승 정보, 가격까지 자세하게 나와 있어 기차 여행 코스를 계획하는 데 유용하다. 이용 방법도 간단해서 몇 번 하다보면 금방 익숙해진다. 사이트에 접속해 먼저 '出発'에 출발하는 역의 이름을, '到着'에 도착하는 역의 이름을 적는다. 일본어 역명을 인터넷에서 검색해 복사해서 붙여 넣으면 된다. 또는 역명을 영어로 적으면 해당되는 일본어가 자동 검색돼 스크롤을 내려 선택하면 된다. 이어서 '日時'에 월, 일, 시간을 선택하면 6개까지 금액과 소요시간, 갈아타는 방법 등의 정보가 나온다. 기차여행 할 때 역 이름 정도는 일본어 표기에 익숙해지면 좋으니 사전 준비할 때 일본어 역 표기를 사용해 보자.
>
> Web transit.yahoo.co.jp

Tip!

JR패스 100% 활용하기

❶ 지정석권을 발급받자

지정석은 원래 별도의 추가 운임을 내야 하지만, JR패스가 있다면 무료. 같은 열차 내에서도 자유석보다 지정석이 좌석도 넓고 좋은 경우가 많다. 또 줄을 서야 하는 자유석과 달리 자리가 정해져 있는 지정석이 한결 마음도 편하다. JR패스 전용 창구 또는 역내 티켓 창구인 미도리노 마도구치에서 JR패스와 함께 탑승할 날짜와 시간, 열차명을 제시하면 된다. 일본어가 익숙지 않다면 쪽지에 영어로 간단히 적어내도 괜찮다.

❷ 관광열차를 타자

JR이 운행하는 증기기관차, 전망열차, 이벤트열차 등의 관광열차를 이용할 수 있다. 전 좌석 지정석으로 운행하는 경우에는 미리 지정석권을 발급받자. 차내에서 제공되는 식사 또는 스위츠는 별도이다.

❸ 침대열차도 무료로 타자

도쿄에서 시코쿠의 다카마쓰, 또는 주고쿠의 이즈모를 연결하는 침대특급열차 선라이즈 이즈모·세토의 '노비노비ノビノビ' 좌석을 무료로 이용할 수 있다. 카펫 위에 누워서 갈 수 있는 개방형 침대로 전석 지정석이다.

JR패스로 침대열차 이용하기

어둠이 완전히 내려앉은 플랫폼에서 열차에 오르며 기대감에 벅차오른다. 자고 일어나면 여기서 수백 킬로미터는 떨어진 곳에 가 있겠지? 침대열차는 기차 여행자들에겐 빼놓을 수 없는 로망이다.

침대열차란?

보통 야간에 운행해 '밤기차'라고도 불리는 침대열차는 밤에 출발해 다음 날 아침에 도착하는 일정으로, 기차 여행자들에게는 숙박과 이동을 동시에 해결해주는 고마운 존재였다. 그러나 항공 교통의 발달과 신칸센 노선의 확충으로 점점 사라지는 추세이다. 현재 운행 중인 침대열차로는 선라이즈 이즈모·세토가 있다.

선라이즈 이즈모·세토 サンライズ出雲·瀬戸

시코쿠 가가와현의 다카마쓰역에서 오는 선라이즈 세토와 주고쿠 시마네현의 이즈모시역에서 출발하는 선라이즈 이즈모. 두 열차는 오카야마에서 합쳐져 함께 도쿄까지 가는 침대열차다. 저녁에 출발해서 다음 날 아침에 떨어지는 스케줄로 1일 1편 운행된다. 원래 침대열차는 JR패스가 있더라도 침대권을 따로 구입해야 해서 1만 엔 전후의 추가 비용이 든다. 단, 카펫이 깔려 있어 누워서 잘 수 있는 '노비노비' 좌석은 지정석권만 예매하면 별도의 침대요금 없이 JR패스로 이용이 가능하다. 선라이즈 이즈모와 세토 각 1량씩 있으며, 1층과 2층으로 되어 있다. 통로와의 사이에 커튼이 있고 옆 좌석과의 사이에는 머리 부분(창문 쪽)을 나무 벽이 막고 있지만 전체적으로는 뚫려 있다. 얇은 천 이불이 배치되어 있으며 샤워 시설을 이용하고 싶은 경우는 별도 샤워 티켓(320엔)을 구매한 후 사용하면 된다.

선라이즈 이즈모	이즈모시 出雲市	요나고 米子	오카야마 岡山	히메지 姫路	산노미야 三ノ宮	오사카 大阪	요코하마 横浜	도쿄 東京
상행	18:53	19:56	22:34	23:33	00:11	00:33	06:45	07:08
하행	09:58	09:05	06:34	05:25	-	04:27	22:15	21:50

선라이즈 세토	다카마쓰 高松	고지마 児島	오카야마 岡山	히메지 姫路	산노미야 三ノ宮	오사카 大阪	요코하마 横浜	도쿄 東京
상행	21:26	22:01	선라이즈 이즈모와 동일 (상행 시 오카야마에서 합쳐지고 하행 시 오카야마에서 분리)					
하행	07:27	06:52						

• 04 •

레일패스로 일본 전국 일주

남쪽의 규슈부터 북쪽의 홋카이도까지 거미줄처럼 촘촘히 뻗은 철도 위를 시속 300km부터 30km까지 달리는 열차를 타고 일본 전국 구석구석 발자국을 남기자.

❶ 대도시의 큰 역부터 섭렵하자, JR패스 7일권

일본은 각 지역을 대표하는 대도시를 중심으로 성장해왔으며, 각 거점 도시를 신칸센이 연결하고 있다. 짧은 시간 안에 가능한 일본의 여러 곳을 경험하고 싶다면 이 신칸센 루트를 따라가는 것이 한 방법이다. 시속 300km에 육박하는 신칸센을 타고 빠르고 편리하게 지역과 지역 사이를 넘나들며 서로 다른 매력과 풍경을 가진 도시들을 만날 수 있다. 값비싼 신칸센 열차를 자주 이용하는 일정인 만큼 JR패스를 가장 제대로 활용할 수 있는 코스이기도 하다.

실제 총 운임: 54,310엔(지정석 기준)
- JR패스 7일권: 29,650엔
→ 24,660엔 이득

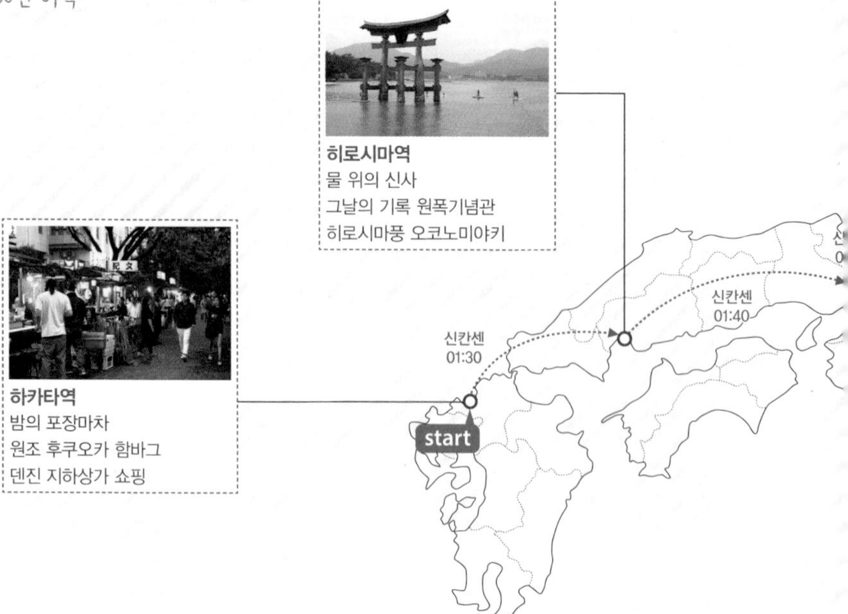

UNIVERSAL
신오사카역
먹부림의 도시
없는 게 없는 쇼핑 천국
해리포터가 있는 USJ
교토역
일본 전통의 향기
품격 있는 교료리
역사 깊은 다도 문화
가나자와역
반짝반짝 금박 공예
일본 3대 정원 겐로쿠엔
새로운 개념의 미술관
나가노역
천년 사찰 젠코지
겨울 스포츠 천국
정통 수타 신슈소바
도쿄역
첨단 유행의 도시
새 랜드마크 스카이트리
아기자기 뒷골목 산책
나고야역
금샤치호코가 있는 나고야 성
도요타의 고장
보양식 히쓰마부시
신칸센 01:20
신칸센 01:30
신칸센+특급열차 02:30
신칸센 00:15
신칸센 00:40
신칸센 01:40
end

❷ 구석구석 돌아보자, JR패스 14일권

JR패스 14일권이면 일본을 이루는 네 섬을 모두 여행하는 것이 가능하다. 남쪽의 규슈부터 가장 작은 시코쿠, 중심부인 혼슈, 그리고 북쪽의 홋카이도까지 차례차례 섭렵할 수 있다. 이동 거리가 긴 만큼 여행의 완급 조절이 중요하다. 기본적으로는 하루에 한 번 패스를 쓰되, 한나절이면 돌아볼 수 있는 역은 오전에 도착해 오후에 이동하는 식으로 하루에 두 번 패스를 사용하고, 여행 중간인 오사카나 도쿄에서는 열차 이동을 하루쯤 쉬어가는 등 적절하게 스케줄을 짜도록 하자.

실제 총 운임: 107,130엔(지정석 기준)
- JR패스 14일권: 47,250엔
→ 59,880엔 이득

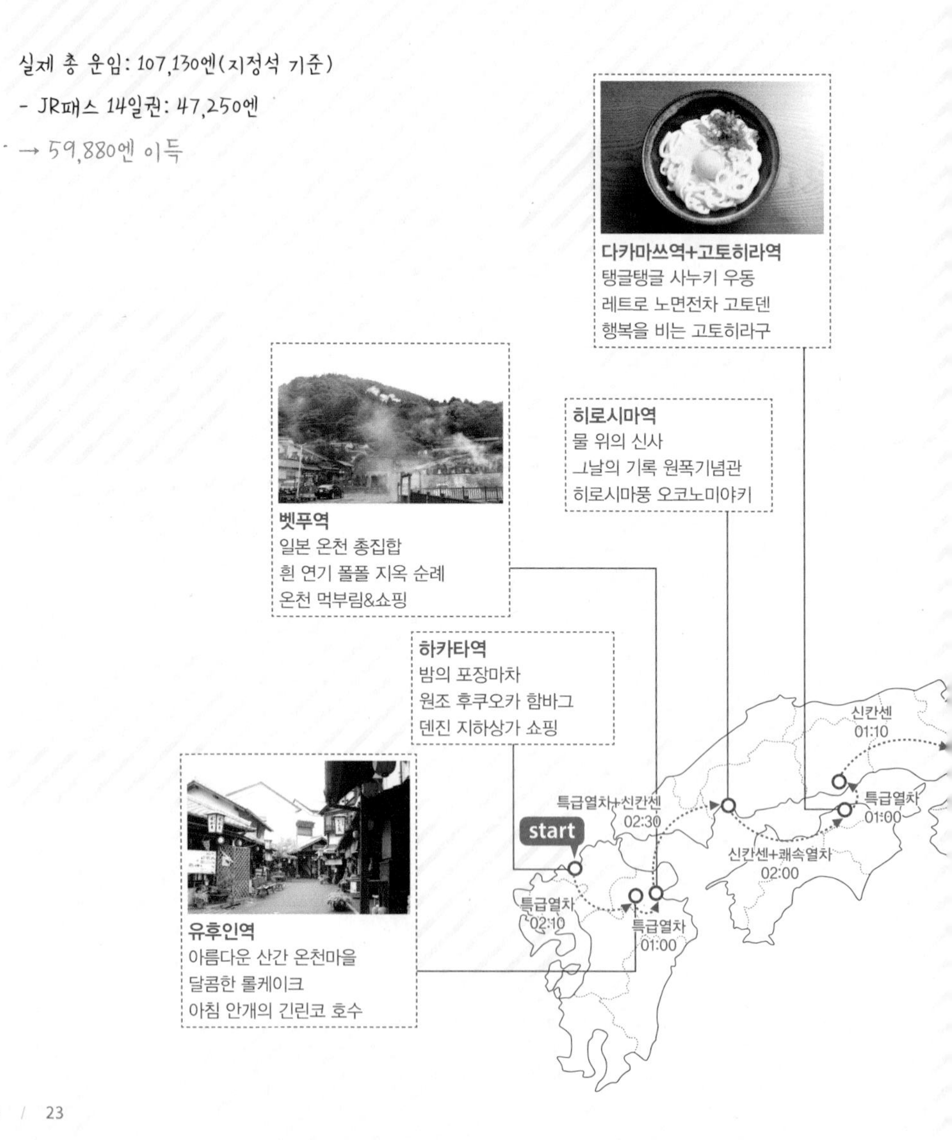

end
삿포로역
겨울왕국의 눈 축제
양고기 구이 징기스칸
삿포로 맥주의 고장
아오모리역
사과의 고장
등불 축제 네부타
원시림 시라카미 산지
신칸센
03:40
하코다테역
개항 도시의 근대 건축
아름다운 항구 야경
싱싱한 해산물 요리
신칸센+쾌속열차
01:00
신오사카역
먹부림의 도시
없는 게 없는 쇼핑 천국
해리포터가 있는 USJ
신칸센+리조트열차
06:20
교토역
일본 전통의 향기
품격 있는 교료리
역사 깊은 다도 문화
다자와코역
깊은 원시림의 비탕 온천
신비한 다자와코 호수
고급스런 이나니와 우동
신칸센
02:50
신칸센
02:10
신칸센
01:10
도쿄역
첨단 유행의 도시
새 랜드마크 스카이트리
아기자기 뒷골목 산책
특급열차
02:10
신칸센
00:15
신칸센
01:10
가나자와역
반짝반짝 금박 공예
일본 3대 정원 겐로쿠엔
새로운 개념의 미술관
특급열차
01:00
가루이자와역
존 레논의 여름 휴양지
치즈와 와인 즐기기
이국적인 거리
오카야마역
일본 3대 정원 고라쿠엔
산책하기 좋은 구라시키
수제 청바지의 고장

③ 일본철도 완전정복, JR패스 21일권

신칸센, 특급열차, 관광열차, 침대열차, 보통열차 등 다양한 종류의 열차를 타고 일본 전국 곳곳을 누빌 수 있다. 남에서 북으로 서로 다른 도시와 자연의 풍광을 즐기고 각 지역의 특산 음식과 기념품도 놓치지 말자. 첫날 도착 시, 예매하기 어려운 침대열차의 노비노비 좌석이나 SL열차의 지정석권을 미리미리 끊어놓아야 걱정을 덜 수 있다.

187,510엔(지정석 기준)

- JR패스 21일권: 60,450엔

→ 127,060엔 이득

요나고역+돗토리역
광활한 사막 돗토리 사구
요괴 만화와 명탐정 코난
산책하기 좋은 옛 거리

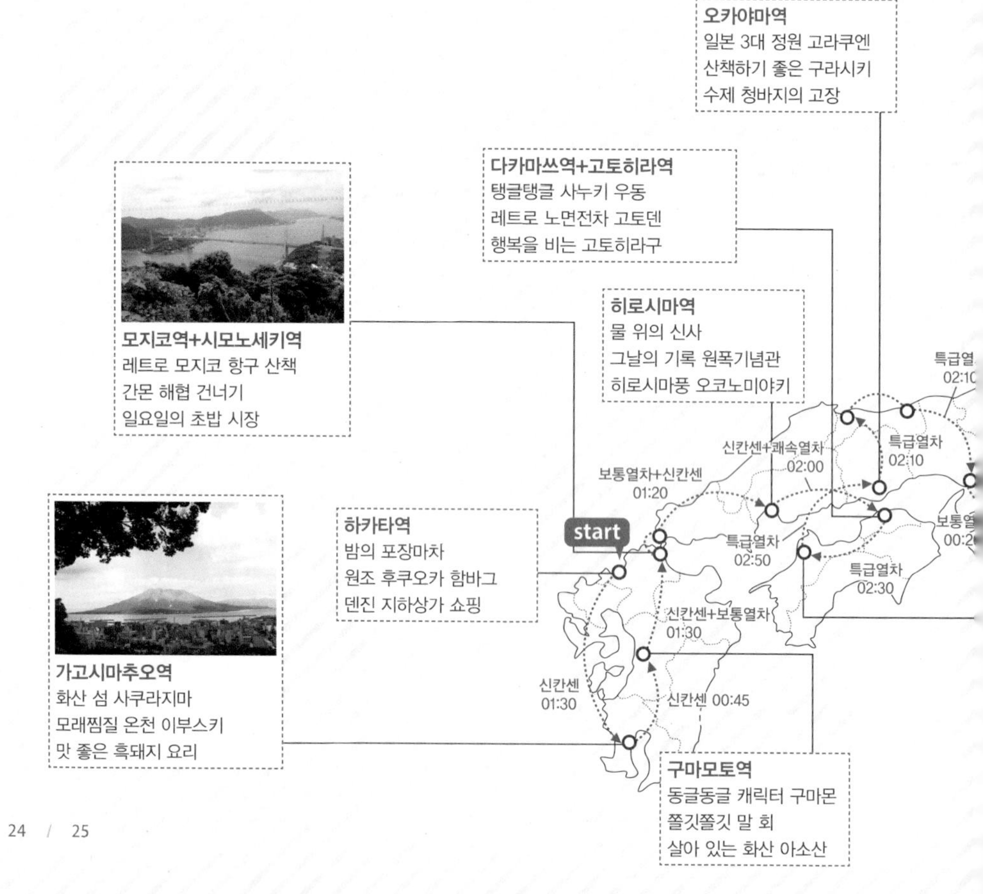

오사카역
먹부림의 도시
없는 게 없는 쇼핑 천국
해리포터가 있는 USJ
아사히카와역
기적의 동물원
언덕마을 비에이
라벤더 꽃밭 후라노
아바시리역
신비한 겨울 유빙
유빙의 천사 클리오네
엄혹한 아바시리 감옥
특급열차
03:50
특급열차
02:40
end
삿포로역
겨울왕국의 눈 축제
양고기 구이 징기스칸
삿포로 맥주의 고장
특급열차+특급열차
05:30
특급열차
04:15
구시로역
원시 자연을 간직한 습원
느릿느릿 도롯코 열차
강변 숯불구이 포장마차
하코다테역
개항 도시의 근대 건축
아름다운 항구 야경
싱싱한 해산물 요리
신칸센+쾌속열차
01:30
아오모리역
사과의 고장
등불 축제 네부타
원시림 시라카미 산지
교토역
일본 전통의 향기
품격 있는 교료리
역사 깊은 다도 문화
신칸센+리조트열차
06:20
다자와코역
깊은 원시림의 비탕 온천
신비한 다자와코 호수
고급스런 이나니와 우동
가나자와역
반짝반짝 금박 공예
일본 3대 정원 겐로쿠엔
새로운 개념의 미술관
신칸센
02:50
가루이자와역
존 레논의 여름 휴양지
치즈와 와인 즐기기
이국적인 거리
신칸센
02:10
특급열차
01:10
도쿄역
첨단 유행의 도시
새 랜드마크 스카이트리
아기자기 뒷골목 산책
특급열차
02:10
특급열차
02:20
특급열차
02:10
신칸센
00:30
신칸센 02:00
보통열차
00:20
침대열차
06:30
특급열차
02:30
나고야역
금샤치호코가 있는 나고야성
도요타의 고장
보양식 히쓰마부시
산노미야역
이국적인 외국인 거주지
고베포트타워의 야경
입에서 녹는 고베규
마쓰야마역
역사 깊은 도고 온천
새콤달콤 귤 주스
최상급 타월

• 05 •

마음만은 열여덟, 청춘18티켓

우리나라에 '내일로'가 있다면 일본에는 '청춘18티켓'이 있다. 느릿느릿 보통 열차를 타고 일본 전역을 다니는 기차 여행이 꼭 청춘만의 특권은 아니다.

청춘18티켓이란?

일본어로 '세이슌 주하치킷푸青春18きっぷ'라 말하는 청춘18티켓은 홋카이도부터 규슈까지 JR의 보통열차 및 쾌속열차 자유석을 하루 동안 무제한 이용할 수 있는 기간 한정 열차 자유이용권이다. 이름과 달리 연령 제한이 없으며, 남녀노소 누구나 구입해 사용할 수 있다. 연령 제한은 없으나 체력만은 청춘이어야 한다. 신칸센으로 도쿄에서 오사카까지 2시간이면 갈 거리가 청춘18티켓으로는 9시간 이상 소요되며 3~4회의 환승이 기본이다. 대신 비용은 확실히 저렴하다. 방학 기간을 중심으로 봄·여름·겨울에 한정 발매된다. 여러 제약 조건과 이용이 까다로워 외국인보다는 일본인, 그중에서도 기차 마니아 사이에서 선호되는 티켓이다.

Web seisyun.tabiris.com

가격(엔)	12,050엔(5회권)	
구분	이용기간	발매기간
봄	3월 1일~4월 10일	2월 20일~3월 31일
여름	7월 20일~9월 10일	7월 1일~8월 31일
겨울	12월 10일~1월 10일	12월 1일~12월 31일

이용 방법과 주의 사항

① 구입은 일본 내에서만

일본 전국 각 역의 미도리노 마도구치나 JR여행사에서 발매기간 내에 판매한다.

② 티켓 1장은 5회권으로 구성

불연속으로 사용할 수 있으며 한 사람이 5회 또는 다섯 사람이 1회씩 사용하는 것도 가능하다. 단, 여행 일정이 같아야 한다.

③ 1회에 0시~24시까지 사용 가능

밤 12시 넘어 사용할 경우 2회 사용으로 간주되니 주의할 것.

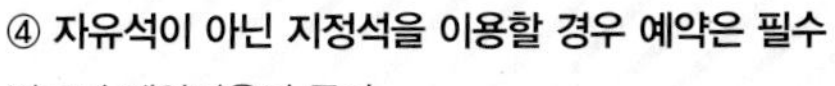

④ 자유석이 아닌 지정석을 이용할 경우 예약은 필수

별도의 예약비용이 든다.

⑤ 자동개찰구가 아닌 역무원을 통해 출입

첫 개시하는 역에서 역무원에게 보여주면 그날의 날짜 스탬프를 찍어준다. 해당일에 한해 다른 역에서는 보여주기만 하면 된다.

⑥ 보통열차 또는 쾌속열차인지 확인

신칸센, 급행, 특급열차는 이용할 수 없으며 잘못 탈 경우 무임승차로 간주되어 요금을 물어야 한다. 단, 일부 예외 구간이 있다.

⑦ 홋카이도 신칸센 이용하기

원칙적으로 신칸센 탑승이 불가하지만, 세이칸 터널의 JR 재래선이 사철로 이관되면서 이용할 수 있게 되었다. 별도의 신칸센 옵션권(2,490엔)을 추가로 구입하면 탑승이 가능하다.

⑧ JR웨스트의 미야지마 페리 탑승 가능

JR패스로 이용 가능한 미야지마 페리를 청춘18티켓으로도 탈 수 있다.

Tip!

홋카이도&도호쿠 패스

청춘18티켓의 홋카이도와 도호쿠 한정 버전이다. JR홋카이도와 JR이스트의 보통열차, 호쿠에쓰 급행, 아오이모리 철도, IGR 이와테 은하철도를 탑승할 수 있다. 청춘18티켓과 달리 연속 7일 동안 사용할 수 있으며, 여러 명이 나누어 쓰는 것은 불가능하다. 홋카이도와 도호쿠 이동 시, 신칸센 옵션권(2,900엔)을 구입하면 홋카이도 신칸센을 이용할 수 있다.

가격(엔)	11,330엔(7회권)	
구분	이용기간	발매기간
봄	3월 1일~4월 22일	2월 20일~4월 16일
여름	7월 1일~9월 30일	6월 20일~9월 24일
겨울	12월 10일~1월 10일	12월 1일~1월 4일

• 06 •

기차 여행 예산 짜기

여행에서 얼마를 쓸 것인가는 그야말로 천차만별이다. 하지만 기차 여행으로 카테고리를 좁히면 동선과 여행 스타일이 대략적으로 그려진다. 여러 곳을 돌아다니며 최대한 보고, 느끼고, 맛보고, 체험하기를 바라는 당신. 짠돌이·짠순이까지는 아니더라도 알뜰한 여행을 계획하고 있음이 틀림없다.

일본 기차 여행 7박 8일 예산
(2022년 12월 엔화 환율 기준)

왕복 항공권(공항 이용료 포함)	20만 원
JR패스 보통객차 7일권	30만 원
숙박비 1일 5만 원 × 7박	35만 원
식비 1일 3만 원 × 7일	21만 원
시내 교통비 1일 1만 원 × 7일	7만 원
관광지 입장료 1일 1만 원 × 7일	7만 원
기타(비상금 및 기념품 구입비)	10만 원
총 여행 경비	**130만 원**

항공권

코로나 이후 운휴 중인 노선이 많지만, 일본 저가항공편이 생기면서 부담이 확 줄었다. 우리나라에서는 제주에어, 진에어, 티웨이항공, 이스타항공, 에어서울, 에어부산 등의 저가항공이 운행하며 일본에서는 피치항공이 대표적이다. 도쿄 나리타공항 기준으로 20만 원 정도면 왕복 티켓을 구할 수 있고, 가장 먼 홋카이도의 신치토세공항도 30만 원에 갈 수 있다. 대한항공, 아시아나항공과 같은 메이저 항공의 경우에는 대략 1.5배에서 2배 정도 비싸다고 보면 된다. 대신 좌석이나 서비스 등에서 나은 면이 있다. 빨리 예약할수록, 손품을 부지런히 팔수록 저렴하다는 것은 항공권 예약의 기본이다.

레일 패스

일본 전역을 여행하면서 철도 이용 기간이 7일 이상이라면 JR 전국 패스를, 특정 지역에 국한한다면 JR 각 회사에서 발행하는 레일패스를 선택하면 된다. 간사이 지역에 한해서는 여행 일정에 따라 사철 패스도 고려해볼 만하다. 정말 저렴한 전국 기차 여행을 원한다면 청춘18티켓을 이용해보자. 단, 돈을 절약한 만큼 시간과 체력이 더 들어간다는 점을 명심해야 한다. 7박 8일의 기차 여행이라고 가정했을 때, 레일패스는 1인당 최저 1만 엔에서 최고 3만 엔까지 예상하면 된다.

숙박비

알뜰 여행족에게 일본의 비즈니스호텔은 축복이다. 1인당 5천~7천 엔 정도면 깨끗한 숙소에서 머물 수 있고, 경우에 따라 아침 식사와 온천을 무료로 이용할 수 있다. 최근에는 일본 각지의 도심을 중심으로 게스트 하우스도 많이 생겼다. 4인 1실 또는 6인 1실로 사용하며, 공동욕실과 화장실이 기본이다. 혼자 쓰는 것이 아니기 때문에 불편한 부분도 있지만 3천~3천5백 엔 정도로 저렴하다. 온천이 발달한 지역에 가면 아무래도 하루쯤 온천 숙소인 료칸에 머무르고 싶은 욕구가 샘솟는데, 저녁과 아침 식사가 포함된 료칸은 1인당 최소 1만 엔은 예상해야 한다. 이럴 때 온천 민숙이 하나의 대안이 될 수 있다. 주인이 거주하는 우리나라 민박과 같은 곳으로, 특별한 서비스가 있지는 않지만 숙소 안의 온천 시설과 식사를 포함해 7천~8천 엔이면 이용할 수 있다.

시내 교통비

일본은 시내 대중교통이 아주 잘 발달했다. 버스, 지하철, 노면전차 등이 주요 관광지와 역을 편리하게 연결해준다. 단, 요금은 우리나라보다 다소 높은 편. 대체로 시내버스와 지하철의 편도 기본요금이 200엔부터 시작하고 노면전차는 지역에 따라 다르지만 150~170엔 사이이다. 하루 종일 무제한으로 이용할 수 있는 원데이 티켓을 잘 활용해보자. 현지 관광안내소에서 판매하며, 도쿄와 오사카 같이 관광객이 많이 찾는 지역은 한국 여행사를 통해서 미리 구입하는 것도 가능하다. JR 및 사철에서 발행하는 IC카드로 결제하면 잔돈이 남지 않아 좋다.

Tip!

IC카드 알뜰 사용법

JR 및 사철에서 발행하는 IC카드는 첫 발행 시 보증금 500엔이 있으며, 반환 시 돌려받을 수 있다. 다만, 잔액 중 220엔을 수수료로 떼기 때문에 잔액을 0원으로 맞추어야 손해 보지 않는다.

식비

일본의 물가는 우리와 대체로 비슷하다. 대도시 기준으로 라멘이 700~800엔, 커피는 300~400엔, 500cc 생맥주가 600엔 정도. 기차 여행에서 빠지면 섭섭한 열차 도시락, 즉 에키벤은 1,000엔 내외로 생각보다 비싼 편이다. 식비를 아끼고 싶다면 체인 도시락집 등에서 400~500엔 정도에 해결할 수 있다.

관광지 입장료

유적지, 미술관, 박물관, 테마파크 등에서 유료 입장하는 경우, 미리 홈페이지에서 할인권을 프린트하거나 관광안내소에서 배포하는 할인권으로 약간이나마 돈을 아낄 수 있다. 관광버스 등의 1일 교통 패스 구입 시 시내 관광지의 입장료를 할인해주는 경우도 있으니 꼼꼼히 확인하자.

일본 지역 중 현지에 관한 정보가 더 필요한 경우, 일본정부관광국에 문의해보자. 홈페이지에서도 정보를 얻을 수 있고, 서울의 시청역 근처에 위치한 서울사무소에서는 일본 전 지역의 관광지 가이드북 등을 얻을 수 있다. (*취재에도 많은 도움을 주셨다)

일본정부관광국(JNTO)
Japan National Tourism Organization

Add (서울사무소 주소)서울시 중구 을지로16 프레지던트호텔 2층 Tel 02-777-8601
Open 평일 09:30~17:30(점심시간 12:00~13:00) Web www.welcometojapan.or.kr

---

Tip!

엔화는 얼마나 환전할까?

카드 사용이 생활화된 우리와 달리, 일본에서는 작은 식당이나 가게, 택시에서 현금만 받는 경우가 여전히 많다. 예산 중 식비와 시내교통비, 관광지 입장료 정도는 엔화로 환전해가자. 시내 교통비의 경우에는 IC카드를 충전해 사용하면 편리하다. 스이카SUICA, 이코카ICOCA 등 JR의 5개 카드와 파스모PASMO 등 사철의 5개 카드가 서로 호환되므로 입국 공항과 가까운 지하철 자동판매기에서 구입하면 된다. 충전은 역의 발권기 또는 일본 내 편의점에서 가능하다. 버스, 지하철, 노면전차 등의 승차뿐 아니라 편의점, 자판기, 코인로커 등에서도 사용할 수 있다.

• 07 •

일본으로 입국하기

현재 운항 중인 저가항공편을 중심으로 일본 입국 방법을 알아보자. 비행시간은 보통 편도 2시간 정도 예상하면 된다. 입국 공항에서 시내의 중심 역까지 가까운 곳도 있지만 거의 대부분 대중교통 수단으로 30분에서 1시간 정도 소요된다.

❶ 하네다공항 羽田空港

일본을 대표하는 국제공항이자 도쿄 중심부에서 가장 가까운 공항이다. 현재(2022년 12월) 저가항공은 운항하지 않으며 대한항공, 아시아나항공 등을 이용해야 한다. 공항 국제선 청사에서 도쿄역까지는 모노레일로 하마마쓰초역까지 이동 후(약 15분 소요), 여기에서 다시 지하철로 갈아타 세 정거장 더 이동해야 한다.

Web www.tokyo-airport-bldg.co.jp

❷ 나리타공항 成田空港

도쿄 방면으로 입국할 수 있는 또 하나의 공항. 제주에어, 이스타항공, 에어부산 등 우리나라의 저가항공편은 대부분 이쪽을 이용한다. 인천공항과 김해공항, 제주공항에서 탑승 가능하다. JR 특급열차인 나리타익스프레스가 공항과 도쿄역을 직통 연결하며 약 1시간이 소요된다.

Web www.narita-airport.jp

❸ 간사이공항 関西空港

한국 관광객이 가장 많이 찾는 공항으로 인천공항뿐 아니라 김포공항, 김해공항에서 저가항공이 자주 운항한다. 공항에서 오사카역까지 JR 쾌속열차로 약 1시간 10분이 소요되며, 사철인 난카이 전철로는 난바역까지 40분이면 도달할 수 있다.

Web www.kansai-airport.or.jp

❹ 센트레아 나고야 중부국제공항

Centrair 中部国際空港

주부 지역 중심 도시인 나고야에 자리하고 있으며, 인천공항에서 저가항공으로는 제주에어가 운항한다. 센트레아는 일본 중부 지역을 뜻하는 'Centeral'과 공항을 의미하는 'Airport'의 합성어. 공항에서 나고야역 방면 JR열차는 없고, 사철인 나고야 철도로 메이테쓰나고야역까지 약 30분 소요된다.

Web www.centrair.jp/ko

❺ 후쿠오카공항 福岡空港

최남단 규슈의 대표 공항으로, 시내와의 접근성이 탁월하다. 하카타역까지 후쿠오카 시영 지하철로 단 두 정거장이며, 시내버스도 자주 운행한다. 제주에어, 진에어, 티웨이항공, 에어부산 등 대부분의 저가항공이 인천공항과 김해공항에서 관광객을 부지런히 나른다. 운항 시간도 1시간 30분으로 가장 짧다.

Web www.fuk-ab.co.jp

❻ 신치토세공항 新千歳空港

홋카이도의 관문이 되는 국제공항으로 삿포로에서 JR 쾌속열차로 40분 정도 거리에 자리한다. 티웨이항공과 진에어 등 저가항공편이 운항하고 있으며 비행시간은 약 2시간 45분이다. 신치토세공항의 국내선 터미널은 다양한 시설과 숍이 입점해 있어서 두세 시간 일찍 도착해 마지막 쇼핑과 식사를 즐기기 좋다.

Web www.new-chitose-airport.jp

• 08 •

두근두근, 일본 열차 탑승하기

한 손에는 JR패스를 쥐고 일본 열차에 탑승해보자. 처음에는 낯설고 긴장되지만 몇 번만 해보면 금세 익숙해진다.

STEP 1. 개찰구 통과하기

① JR 구간

JR패스 이용자는 일반 자동개찰구가 아닌 철도 역무원이 있는 문을 통과해야 한다. 역무원에게 JR패스의 날짜가 적힌 부분을 보여주고 지나가면 된다.

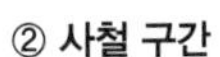

② 사철 구간

구입한 사철 티켓을 자동개찰구의 삽입구에 밀어 넣으면 개찰구의 문이 열린다. 이때, 반대쪽으로 나온 티켓을 반드시 뽑아가야 한다. 도착역의 자동개찰구에서 이 티켓을 회수해간다. 또는 IC카드를 터치 패드에 갖다 대면 된다.

STEP 2. 플랫폼 찾아가기

각 역의 전광게시판에는 열차명과 출발시간, 도착역, 플랫폼 번호가 적혀 있으며, 일어와 영어가 번갈아 나온다. 해당 플랫폼을 찾아가면 각 열차의 승차 장소가 바닥 또는 난간, 기둥 등에 표시되어 있다. 자유석과 지정석이 구분된 신칸센과 특급열차의 경우에는 객차 번호도 함께 표기되어 있으므로 해당 번호 자리에서 대기하면 된다. 바닥의 발바닥 표시 위치에 좌우 양쪽 2열로 줄 선다.

高山線（美濃太田・岐阜方面）
Takayama Line (for Mino-ota, Gifu)

種別	発車時刻	行先	のりば
特急ひだ 8号	12:11	名古屋	1
特急ひだ 10号	13:18	名古屋	1

열차명

출발시각

도착역

플랫폼 번호

STEP3. 지정석권 확인하기

자유석의 경우에는 해당 객차의 빈자리 아무 곳에나 앉으면 되지만, 지정석의 경우에는 지정 객차와 좌석을 찾아가야 한다. 역 매표소에서 발급받은 지정석권에서 차량번호(CAR)와 좌석번호(SEAT)를 확인하자. 특히 지정 객차에서는 열차 운행 도중 차장이 지정석권을 일일이 검표하기 때문에 분실하지 않도록 주의해야 한다.

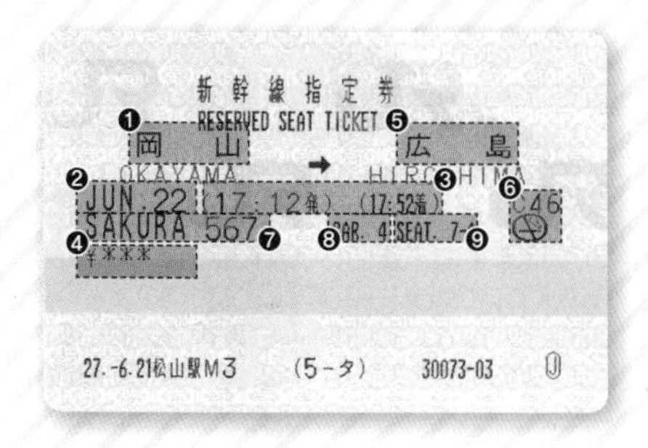

❶ 출발역
❷ 출발일
❸ 출도착시각
❹ 금액
❺ 도착역
❻ 금연석
❼ 열차명
❽ 차량번호
❾ 좌석번호

Tip!

알쏭달쏭, 일본 기차 티켓

일본은 기본적으로 열차 운임과 좌석 비용을 별도로 계산한다. 그래서 티켓도 한 장이 아니라 두 장 또는 세 장이 될 수도 있다. JR패스가 있다면 운임권은 따로 발급받을 필요가 없으며 자유석 차량은 얼마든지 탈 수 있지만, 지정석은 티켓 창구에서 지정석권을 발급받아야 이용할 수 있다. 또한 침대열차를 이용할 때는 침대 요금을 별도로 지불해야 한다. 특급열차와 신칸센의 그린석은 JR패스 1등석권을 구입한 경우에만 승차가 가능하다. 비행기의 퍼스트 클래스급인 그란 클래스는 JR패스 1등석권이 있더라도 추가 요금을 내야 한다.

열차 종류	정차 역	좌석 종류	열차 티켓 구성
보통열차	각 역 정차	자유석	운임권
쾌속열차	일부 역 통과	자유석	운임권
		지정석	운임권+지정석권
특급열차	주요 역만 정차	자유석	운임권+자유석 특급권
		지정석	운임권+지정석 특급권
		그린석(1등석)	운임권+자유석 특급권+그린 승차권
		침대열차	운임권+지정석 특급권+**침대권**
신칸센	신칸센 역만 정차	자유석	운임권+자유석 신칸센 특급권
		지정석	운임권+지정석 신칸센 특급권
		그린석(1등석)	운임권+자유석 신칸센 특급권+그린 승차권
		그란 클래스	운임권+자유석 신칸센 특급권+그란 클래스 승차권

※ JR패스가 있더라도 추가 요금을 내야 하는 경우

안내 방송 이해하기

열차와 역내의 안내 방송은 현재의 위치와 지시 사항을 알려주는 등대와도 같은 존재이다. 일본어를 잘 모르더라도 안내 방송의 대략적인 내용 정도는 파악하고 있어야 한다는 의미이다.

① 열차에서 정차 역을 안내하는 경우

次はOO、OOです。左/右側の扉が開きます。
쓰카와 OO.OO데스. 히다리/미기가와노 도비라가 히라키마스.
이번에 내리실 역은 OO입니다.
내리실 문은 왼쪽/오른쪽입니다.

お忘れ物の無いよう、お支度ください。
오와스레모노노 나이요~, 오시타쿠쿠다사이.
잊으신 물건이 없는지 살펴주시기 바랍니다.

열차 내에서 가장 자주 나오는 방송으로 두 번 언급되는 역명에 특히 주의하자.

この列車は特急OO号、△△行です。
고노렛샤와 돗큐OO고, △△유키데스.
이 열차는 특급OO호, △△행입니다.

OOまで,△△,□□…駅に止まります。
OO마데, △△, ㅁㅁ…에키니 도마리마스.
OO까지, △△, ㅁㅁ… 역에 정차합니다.

この列車はすべての駅に止まります。
고노렛샤와 스베테노 에키니 도마리마스.
이 열차는 모든 역에서 정차합니다.

열차의 등급과 방면, 정차 역을 중간중간 방송해주며, 모든 역에 정차하는 경우 역 이름을 열거하지는 않는다.

② 플랫폼에서 열차를 기다릴 때

まもなく、OO号線に新幹線/特急/急行/快速/普通OO行列車が参ります。
마모나쿠, OO고센니 신칸센/돗큐/규코/가이소쿠/후츠~ OO유키렛샤가 마이리마스.
잠시 후 OO번 승강장으로 신칸센/특급/급행/쾌속/보통 OO행/방면 열차가 들어옵니다.

危ないですから、黄色い線の内側までお下がりください。
아부나이데스카라, 기이로이센노 우치가와마데 오사가리 구다사이.
위험하오니 노란색 선 안쪽으로 물러나 주시기 바랍니다.

플랫폼에서 열차를 기다리면서 가장 많이 듣게 되는 안내 방송이다. 특히 "띠링띠링" 하는 벨소리 후 들리는 "마모나쿠~"는 열차 도착의 시그널과도 같은 말이다. 자신이 타는 열차의 등급과 행선지를 함께 안내해주니 주의 깊게 듣도록 하자.

急行列車が通過します。
규코렛샤가 쓰카시마스.
급행열차가 통과합니다.

ご到着の列車は当駅終着の列車です。
ご乗車はできません。
고토차쿠노렛샤와 도에키슈차쿠노렛샤데스.
고조샤와데키마센.
들어오는 열차는 당역 종착입니다.
승차하실 수 없습니다.

가끔 열차가 통과하거나 당역 종착인 경우가 있다. 들어오는 열차가 멈출 줄 알고 방심하다가 사고가 날 뻔하거나, 아무 생각 없이 모든 승객이 내리는 열차를 탈 수도 있으니 방송 내용의 의미를 파악하고 있자.

• 09 •

편리한 역 시설 100% 활용법

JR 외국인 전용 안내센터

일본 중심 도시의 역에는 JR 외국인 전용 안내센터가 마련되어 있다. 대표적으로 도쿄역, 오사카역, 나고야역, 하카타역, 삿포로역 등이다. JR패스의 교환은 물론 지정석권 발급 등 열차 업무 외에 관광 안내까지 겸한다. 무엇보다 영어, 한국어, 중국어 등 외국어 대응이 어느 정도 가능해 일반 티켓 창구보다 한결 편하다. 일본 기차 여행이 처음이라면 일단 JR의 외국인 전용 창구로 가자.

미도리노 마도구치 みどりの窓口

JR 소속 역 가운데 승차권 전산기기가 설치되어 있어서 티켓 발권이 즉시 가능한 창구를 의미한다. '미도리'는 일본어로 녹색을 뜻하며, 녹색의 좌석 마크가 미도리노 마도구치의 로고이다. 철도 승차권의 발급·변경·환불이 가능하며, JR패스 이용자라면 지정석권을 발급받을 때 주로 이용하게 된다. 대체로 영어 대화가 가능하지만 완벽하게 서로 소통하려면 쪽지에 적어서 건네면 된다.

날짜	2016. 4. 15(Fri.)
목적지	Tokyo → Nagoya
시간	14:33 16:17
열차명	Hikari
지정석	Reserved Seat

자동발매기

따로 티켓 창구가 설치되지 않은 작은 역이거나 미도리노 마도구치에 사람이 많은 경우 자동발매기를 이용해 티켓을 구입할 수 있다. 일본어를 잘 모르면 영어로 언어를 변경한 후 이용하자. 티켓의 종류는 역명이 아닌 운임비로 구별되어 있으니, 역내 철도 노선도의 구간별 운임을 참고하면 된다. 티켓 종류를 선택한 후 지폐 또는 동전을 투입하면 티켓이 발권되고 거스름돈이 반환된다.

관광안내센터

여행자들의 가장 든든한 지원군이다. 주변 관광지의 지도와 리플릿 등을 얻을 수 있고, 숙소 및 음식점 등에 관한 문의도 할 수 있다. 대부분의 시내 교통 패스를 구입할 수 있는 곳도 여기다.

코인로커

주요 역에는 소형 백팩 정도 들어가는 작은 사이즈부터 대형 캐리어도 들어가는 너끈한 사이즈의 코인로커를 갖추고 있다. 사이즈에 따라 가격은 300~700엔. 키가 꽂혀 있는 코인로커에 먼저 짐을 넣고 동전 투입구에 돈을 넣은 후 문을 닫고 키를 돌려 뽑으면 된다. 이 키로 나중에 코인로커를 열 수 있다. 스이카 등 IC카드로 결제할 수 있는 경우에는 터치 모니터에서 사용할 코인로커를 선택한 후 IC카드를 터치하면 된다. 짐을 찾을 때는 영수증에 적힌 코인로커의 비밀번호를 입력하면 된다.

• 10 •

시내 대중교통 완전정복

일본 전역의 대중교통은 이용 방식이 거의 동일하다. 몇 가지 요령만 터득하면 어디서나 당당하고 자신 있게 다닐 수 있다.

시내버스

우리나라와 정반대로 뒤에서 타서 앞에서 내리는 방식이 많다. 뒷문으로 탈 때 승차 정류장 위치를 알 수 있는 승차 정리권을 뽑아서 내릴 때 요금과 함께 낸다. 잔돈이 없는 경우, 요금 박스 한쪽의 동전 교환기에서 동전을 직접 바꾸면 된다. 예를 들어 요금이 280엔인데 500엔밖에 없는 경우 동전 교환기에 500엔을 투입하면 100엔짜리 4개와 50엔짜리 1개, 10엔짜리 5개가 나온다. 이 과정에서 차장은 일절 개입하지 않는다. 300엔을 실수로 냈더라도 거슬러 주지 않는다. 익숙하지 않으면 시간이 걸릴 수 있는데, 승객과 차장 모두 대체로 인내심을 갖고 기다려주는 편이니 조급해할 필요 없다. 이런 과정이 싫다면 간단히 IC카드를 구입해 찍으면 그만이다. 고속버스의 경우에는 사전에 터미널에서 티켓을 구입하거나 또는 차장에게 직접 현금을 주고 표를 구입하는 등 버스 회사마다 조금씩 다르다.

지하철

대도시를 제외하면 일본에는 지하철이 드문 편이다. 대신 도쿄와 오사카의 지하철 노선은 매우 복잡하다. 헤매는 일이 다반사이니 첫 방문 시에는 원데이 패스나 IC카드를 이용하는 것이 속 편하다. 각 노선을 색과 고유 알파벳으로 구분하고 있으니 이 부분만 숙지하면 덜 헤맬 수 있다.

노면전차

일본에는 여전히 노면전차가 운행하는 지역이 많다. 시내버스와 탑승 방법 및 요금 내는 방식이 동일하다. 노면전차는 노선이 짧기 때문에 몇 구간을 타던 동일 운임을 적용받는 경우가 많은데 만약 환승을 해야 하는 경우에는 차장에게 환승권(노리쓰기켄乗り継ぎ券)을 달라고 해서 받은 후, 다음 전차를 탈 때 요금 박스에 넣으면 된다.

택시

역 주변에는 상시 택시가 대기 중이라 급할 때나 짐이 많은 경우 이용하기 좋다. 우리나라와 달리 운전석이 오른쪽에 있어서 약간 어색할 수도 있다. 뒷문이 자동으로 열리고 닫히니 손잡이에는 가급적 손을 대지 않도록 하자.

• 11 •

열차 도시락, 에키벤 즐기기

달리는 차창을 바라보며 즐기는 소박한 에키벤은 일본 기차 여행의 묘미다. 주로 지역 특산물을 이용하는 덕에 특색도 뚜렷하다.

에키벤駅弁이란?

에키우리벤토駅売り弁当의 준말로 역에서 파는 도시락을 의미한다. 일부 특급열차 내에서 판매하기도 한다. 일본 전역에 판매하는 에키벤은 700여 종에 이른다. 에키벤은 그 지역 특산물로 만든 한정 도시락을 지향하므로 향토색 짙은 재료와 차림새를 즐길 수 있다. 소 혀 구이로 유명한 센다이에서는 규탄 에키벤, 해산물이 유명한 홋카이도에서는 연어알과 게살 에키벤을 판매하는 식이다. 하야세 준의 일본 만화 〈에키벤〉에는 일본 전역의 열차 도시락이 잘 소개되어 있어서 관심이 있다면 읽어보기를 권한다.

▶ 추천 에키벤 8

❶ 도쿄 에키벤 東京駅弁

2012년 도쿄역 재단장에 맞춰 선보인 최고급 에키벤. 가이세키 요리처럼 차림표가 포함되어 있으며, 고가의 가격에 모자람이 없는 맛과 구성을 갖추었다.

판매 역 JR도쿄역 **가격** 1,850엔

❷ 구리메시 栗めし

히토요시 지역 특산물인 밤을 듬뿍 넣은 도시락. 달착지근한 밤밥과 짭조름한 채소 반찬의 궁합이 좋다. 고기 없이도 든든한 도시락.

판매 역 JR히토요시역 **가격** 1,200엔

❸ 도로리 니아나고메시 とろ～り煮あなごめし

히로시마의 특산품인 붕장어를 이용한 도시락. 장어 위에 특제 간장 소스를 뿌려 먹으면 풍미가 확 살아나며 밥반찬으로 딱 좋다.

판매 역 JR히로시마역 **가격** 1,300엔

❹ SL긴가 에키벤 SL銀河駅弁

이와테현의 증기기관열차 SL긴가가 달리던 시대를 재현한 도시락. 다시마가 들어간 밥과 성게, 가리비, 연어 등 지역 해산물이 더해진 소박한 식단이다.

판매 역 JR센다이역 · 모리오카역 가격 1,100엔

❺ 고베노 앗칫치 스테키벤토 神戸のあっちっちステーキ弁当

가열 기능 용기에 담겨 있어 고베 지역 브랜드 소고기인 고베규를 따뜻하게 즐길 수 있는 에키벤. 소박한 채소 가니시도 두툼한 소고기와 잘 어우러진다.

판매 역 JR신코베역 가격 1,420엔

❻ 햐쿠넨노 다비모노가타리 가레이가와
百年の旅物語かれい川

대나무 상자에 담긴 지역 채소를 이용한 고로케와 튀김, 표고버섯 조림 등 하나하나 정갈하고 맛있는 에키벤. 규슈횡단특급 열차 내에서도 구입할 수 있다.

판매 역 JR가레이가와역 가격 1,500엔

❼ 도리메시벤토 鶏めし

아키타현의 특산품인 히나이지도리(아키타 토종 닭)와 아키타 고마치 쌀 100%를 사용한 도시락. 1947년부터 상품화된 도시락으로 간장 소스에 달착지근하게 요리한 닭고기와 보슬보슬한 계란이 어우러져 2017년 몬도 셀렉션에서 에키벤 도시락 업계 최초로 우수 품질 은상을 수상했다.

판매 역 JR 오다테역, 아키타역, 모리오카역 가격 900엔

❽ 구마모토 가와세미 · 야마세미 도시락
球磨の色彩弁当と郷土料理つぼん汁セット

구마가와 강에 서식하는 물총새와 뿔호반새를 뜻하는 이름의 열차를 타고 즐길 수 있는 에키벤. 3종의 주먹밥과 생선조림, 달콤짭짜름한 계절 채소와 곤약 반찬이 나무 상자에 가득 담겨 있고, 구마모토 히토요시 지역의 향토요리 쓰본지루와 세트로 구성되어 있다.

판매 역 JR규슈 미도리 창구에서 교환권을 구매해서
가와세미 · 야마세미 열차 내에서 교환(토요일, 일요일,
공휴일 한정으로 2호차부터 판매하며 한정 수량만 판매. 5일전 예약)
가격 1,600엔

• 12 •

기차 여행 간식 열전

심심한 시간을 달래고 고픈 배도 채우는 데 간식만 한 것이 없다. 편의점에서 슈퍼에서 또는 열차 매점에서 구입할 수 있는 맛 좋은 간식들.

❶ 이부타마 푸딩

이부스키노 다마테바코 열차 내에서 판매하는 푸딩. 열차를 모티브로 해 두 가지 색을 띠고 있는 것이 특징이다. 위쪽의 신선한 달걀과 우유로 만든 미색의 푸딩과 아래쪽의 검은깨를 넣어 새까만 푸딩으로 나뉘어 있다. 고소한 깨 맛이 일품이다.

❷ 기간 한정 맥주

달리는 차창을 바라보며 즐기는 맥주 한 캔은 어쩐지 더 술술 넘어간다. 특히 아사히, 기린 등 일본의 맥주 브랜드는 계절에 따라 한정 맥주를 내놓기 때문에 그곳, 그날의 기억을 더욱 특별하게 만들어준다.

❸ 요사코이 밀레 비스킷

시코쿠 고치 지역의 국민 과자라 불리는 비스킷. 한 입에 쏙 들어가는 크기에 짭짤한 첫 맛과 고소한 비스킷의 조화가 상당히 훌륭하다. 처음엔 아무 생각 없이 먹다가 어느새 한 봉지 다 비우게 된다.

❹ 라무네

'레몬에이드'의 일본식 이름. 물에 레몬즙과 설탕을 섞고 탄산가스를 주입한 것으로, 싱거운 사이다 맛이다. 일본 전역 어디서나 판매하며, 특히 더운 여름에 즐기기 좋다. 개봉하는 방식이 독특한데, 뚜껑을 눌러 입구에 막힌 구슬을 병 안에 밀어 넣어야 한다. 보기보다 힘이 필요하다.

⑤ 산토리 하이볼

하이볼은 일본인이 즐겨 마시는 칵테일의 한 종류로, 위스키에 탄산수를 섞은 것이다. 알코올 도수가 높지만 맛이 산뜻해 부담이 적다. 열차에서 한잠 자고 싶을 때 특히 추천.

⑥ 아오모리 애플파이

'사과의 고장' 아오모리 특산품. 사과가 꽉 차 있고 과육도 제대로 씹힌다. 버터 향이 많이 나는 파이와도 잘 어울린다. 당 충전에 좋은 과자.

⑦ 블랙선더

편의점이나 슈퍼에서 한 개에 32엔 정도에 판매하는 초콜릿 바. 견과류 등 없이 심플하게 바삭거리는 과자 위에 달달한 초콜릿이 코팅되어 있다. 저렴한 가격과 뛰어난 맛에 눈에 띌 때마다 박스구매를 하게 만드는 마성의 과자.

⑧ 퓨레 구미

동글납작한 과일 구미(젤리) 위에 새콤한 흰 가루가 뿌려져 있다. 앗 셔! 하고 얼굴을 찡그리다가도 매끄러운 구미의 달콤한 맛에 중독되듯 자꾸 손이 가는 간식.

⑨ 코팡

작게 자른 미니 바게트 모양의 과자. 풍부한 버터 향과 고소한 맛이 자꾸 생각나게 하는데 생각보다 파는 곳이 많지 않아 보이는 족족 선반을 비우게 만든다. 기본 버터솔트를 추천!

⑩ 자가폿쿠루

개인적으로 감히 감자과자 중 가장 맛있다고 엄지손가락을 치켜들 수 있는 포테이토스틱. 홋카이도 한정이지만, 나리타나 하네다 공항의 면세점 등에서도 구할 수 있다. 현지 열차에서 먹을 수 없었다면 돌아오는 비행기에서라도 먹어보자.

일본 기차 여행 버킷 리스트

01.

'은하철도999'호와 꼭 닮은 증기기관열차 타보기

P. 54, 126, 285, 418

02.

레스토랑 열차에서 우아한 만찬 즐기기

P. 125, 378

03.

느릿느릿 도롯코 열차 타고 대자연 탐험하기

P. 235, 286, 379

04.

레트로 노면전차 타고
시내 활보하기

P. 108, 263, 339, 381, 463

05.

모든 종류의 신칸센 타보기

06.

역과 열차에서 수집한
나만의 스탬프 북 만들기

07.

열차에서 즐기는 도시락,
에키벤 맛보기

P. 38

08.

다양한 열차 기념품 수집하기

09.

산간 지역의
스위치백과
강삭철도 경험하기

P. 126

10.

열차에서 즐기는
시원한 맥주 한잔

11.

지역 주민들과 함께
보통열차 이용하기

12.

캐릭터 열차 타고
동심으로 돌아가기

P. 287, 416

13.

철도박물관에서
'덕력' 쌓기

P. 198, 248, 432

14.

JR패스로
일본 전국 일주 해보기

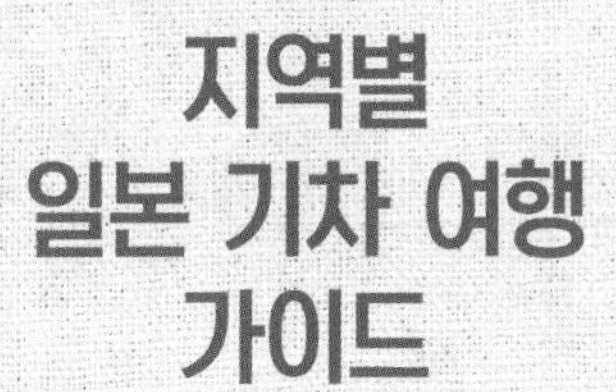

지역별 일본 기차 여행 가이드

9

01

홋카이도

홋카이도의 기차는 느리다. 2016년 처음 신칸센이 도입되어 이제 막 일부 구간만 운행할 뿐이다. 그에 반해 땅덩어리는 너무 넓다. 가고 싶은 곳을 먼저 지도에서 찜하고 철도 노선을 따라가다 보면 어지간해서 한 번에 갈 수 있는 경우가 드물다. 열차는 빠르지 않고 땅은 넓고 갈아타기까지 하다 보면 자연히 시간은 저만치 흘러 있다. 갈 길 바쁜 여행자에게 주어진 하릴없는 시간. 이것이 홋카이도 기차 여행의 묘미다. 마음을 조금 넉넉하게 잡으면 더없이 여유롭고 느긋하다. 그동안 미뤄두었던 책을 읽거나 음악을 들어도 좋다. 차창 밖으로 펼쳐진 홋카이도의 광대한 대자연은 그저 멍하니 보고 또 봐도 쉽게 질리지 않는다.

철도운영주체

JR홋카이도

일본 최북단의 큰 섬, 홋카이도의 전 철도노선을 관할하고 있는 철도회사다. 2016년 개통하는 신칸센을 비롯해, 특급·쾌속·보통·관광열차도 운영 및 관리하고 있다. 정식 명칭은 홋카이도여객철도주식회사北海道旅客鉄道株式会社. 오랫동안 사철이 없던 홋카이도 전 지역을 독점한 유일한 철도 회사였으며, 이는 실상 그만큼 수익 구조가 탄탄하지 못하다는 의미이기도 하다. 인구밀도가 낮아 일일 수송인원을 채우기 어렵고 한랭 및 폭설 지대가 많아 노선 유지 및 관리 비용도 만만치 않게 들어간다. 일본 다른 지역과의 연결은 일본 국내 공항에, 홋카이도 각 도시로의 교통은 도로에 밀리고 있는 실정이다. 매년 폐선되는 노선이 생기는 것도 이러한 사정 때문. 역장이 없는 무인역은 유인역의 3배가 넘는다. 증기기관열차와 노롯코호 등 관광열차를 통해 수익을 올리려는 시도를 꾸준히 하고 있으나 이마저도 신통치 않다. 그런 만큼 홋카이도 신칸센에 거는 기대가 클 수밖에 없다. 2016년 3월 26일, 세이칸 터널을 지나는 모든 재래선 열차를 대신해 최대 시속 320km의 속도로 혼슈와 홋카이도를 연결하는 신칸센이 개통했다. 이로써, 도쿄에서 홋카이도까지 4시간대에 진입이 가능해졌다. 중심 도시인 삿포로에서 아사히카와, 구시로, 아바시리 등 큰 도시로의 연결은 특급열차가 담당한다. 복선 전철화 공사가 쉽지 않아 대부분 예전 노선을 유지하고 있으며, 특히 산악 커브 구간에서 차체를 기울여 달리는 틸팅Tilting 디젤 열차를 경험할 수 있다. 또한 장거리·지정석 중심의 '특급'과 중장거리·자유석 중심의 'L특급'을 비교적 명확하게 구분해 운행하고 있다. 보통열차는 주로 통근열차로 운행되며 우리나라의 통일호보다 더 낡고 오래된 객차도 심심치 않게 볼 수 있다.

총 철도 노선 2,372.3km 총 역 개수 342역
(*2022년 4월 1일 기준 유인역 98개, 무인역 244개)
Web www.jrhokkaido.co.jp

사철

일본 전 철도노선 중 유일하게 사철이 없던 홋카이도에 사철이 생겼다. 2016년 3월 홋카이도 신칸센 개통으로 같은 구간을 운행하던 재래선이 사철인 도난 이사리비 철도에 이관되었다.

도난 이사리비 철도 道南いさりび鉄道

홋카이도 신칸센 개통과 함께 기존 재래선인 에사시江差선의 고료가쿠五稜郭역~기코나이木古内역 구간을 이관받은 사철 회사이다. '이사리비'는 열차가 달리는 쓰가루 해협과 하코다테의 풍경을 상징하는 '푸른 바다'를 뜻한다. 고료가쿠역에서 한 정거장인 하코다테역과는 JR홋카이도와 연계해 열차가 직통 운행한다.

총 철도노선 거리 37.8km 총 역 개수 12역
Web www.shr-isaribi.jp

유용한 열차 패스

홋카이도 레일패스

홋카이도 내의 모든 JR열차와 일부 JR버스를 이용할 수 있는 열차 패스. 보통차(2등석) 기준으로 5일권과 7일권이 있다. 5·7일권은 선택한 개시일로부터 연속된 날짜 동안 유효하다. 티켓 창구에서 홋카이도 레일패스와 날짜를 제시하면 특급 및 관광열차의 지정석권을 무료로 발급받을 수 있다. 단, 새로 개통하는 홋카이도 신칸센은 홋카이도 레일패스로는 승차할 수 없다.

종류	가격(엔)
5일권	19,000
7일권	25,000

에어리어 패스

2021년 4월 삿포로에서 노보리베쓰와 후라노로 가는 2종의 에어리어 패스가 출시됐다. 2종 모두 유효기간은 4일이며, 가격은 삿포로-노보리베쓰 8,000엔, 삿포로-후라노 9,000엔이다.

열차 티켓 창구

JR정보 외국인 안내데스크

JR홋카이도에서는 외국인 여행자를 위해 한국어, 영어, 중국어 응대가 가능한 티켓 창구를 운영하고 있다. 홋카이도 레일패스의 교환 및 구입은 물론, 신칸센과 특급열차, 관광열차 등의 지정석권도 발급받을 수 있다. 신치토세공항 국내선 터미널 지하 1층과 삿포로역 내에 자리한다.

홋카이도 열차 종류

L특급 슈퍼 카무이 エル特急スーパーカムイ
뜻 아이누어로 '숭고한 영적 존재'를 의미
구간 삿포로~아사히카와
차량 789계·785계, 5량

구간 쾌속 이시카리라이너 区間快速いしかりライナー
뜻 삿포로 북쪽의 이시카리 지역에서 유래
구간 테이네~삿포로~에베쓰
차량 721계·731계·733계·735계·201계

쾌속 에어포트 快速エアポート
뜻 공항과 빠르게 연결하는 열차
구간 삿포로·오타루~신치토세공항
차량 721계·733계, 5량

특급 호쿠토 特急北斗
뜻 홋카이도를 상징하는 '북두칠성'
구간 삿포로~하코다테
차량 183계, 5량

특급 슈퍼 호쿠토 特急スーパー北斗
뜻 틸팅 차량으로 호쿠토보다 더 빠른 열차
구간 삿포로~하코다테
차량 281계, 7량

하야부사 はやぶさ
뜻 날렵하게 날아오르는 '매'
구간 도쿄~신하코다테호쿠토
차량 E5계, 10량

하야테 はやて
뜻 빠른 속도를 연상케 하는 '질풍'
구간 모리오카~신하코다테호쿠토
차량 E5계·H5계, 10량

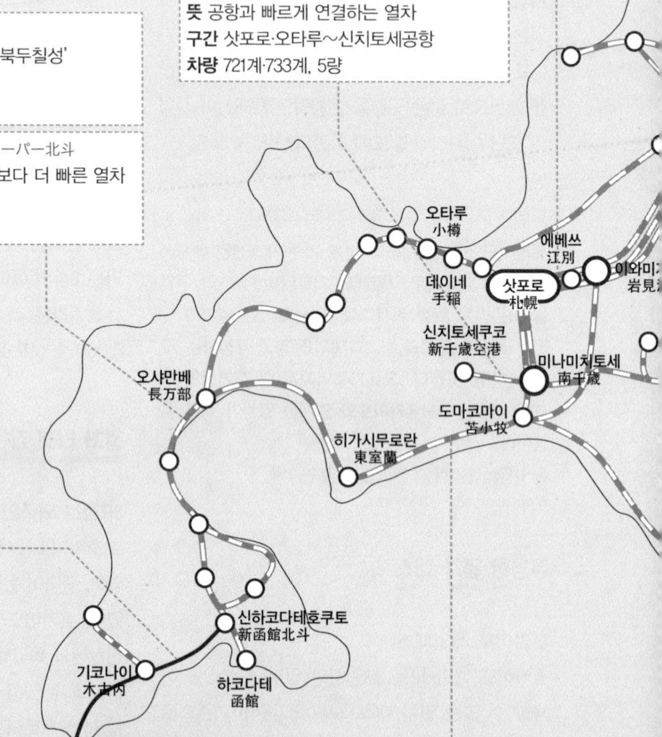

L특급 스즈란 エル特急 すずらん
뜻 홋카이도에서 많이 피는 '은방울꽃'에서 유래
구간 삿포로~히가시무로란·무로란
차량 789계·785계, 5량

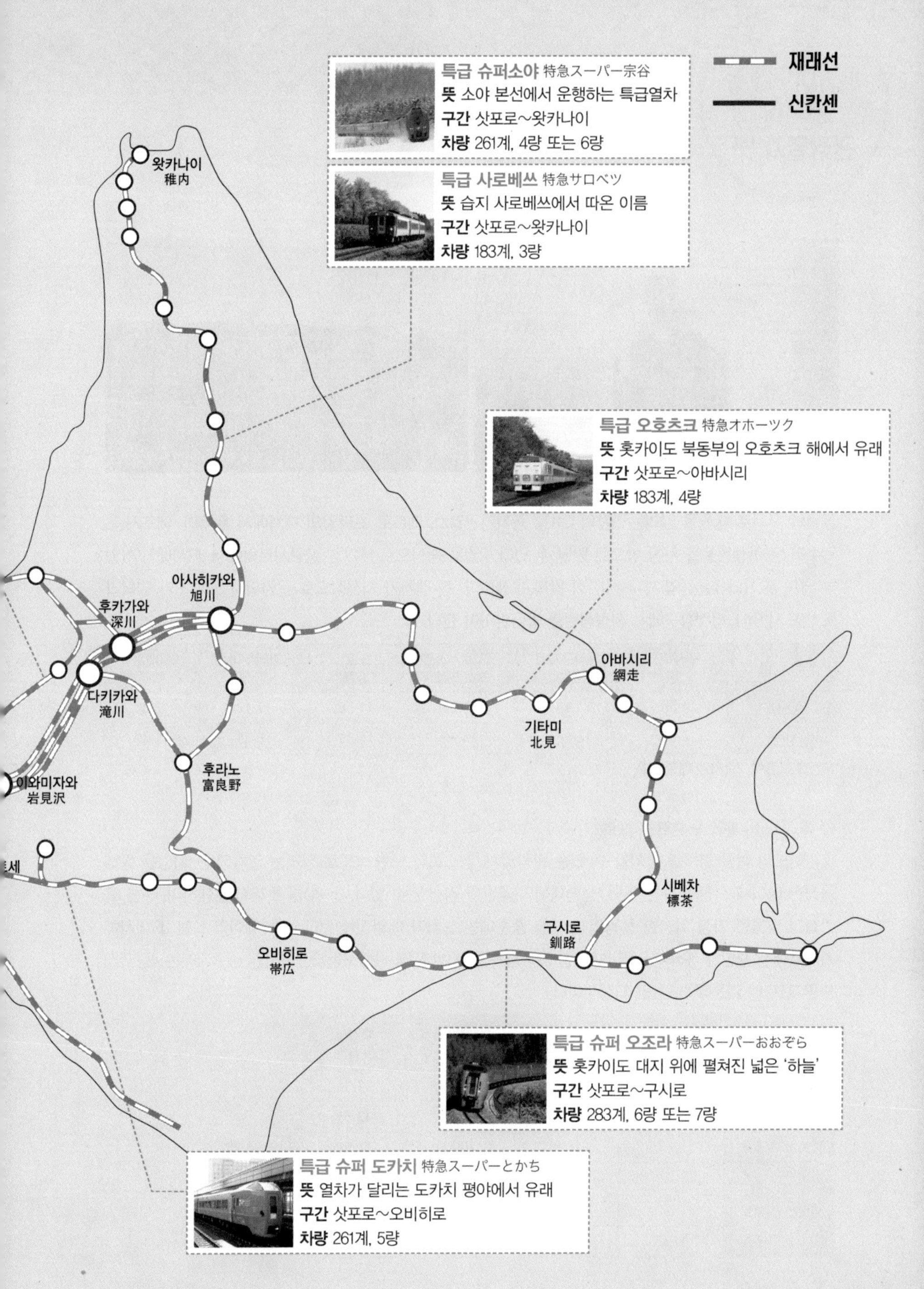
재래선
신칸센
특급 슈퍼소야 特急スーパー宗谷
뜻 소야 본선에서 운행하는 특급열차
구간 삿포로~왓카나이
차량 261계, 4량 또는 6량
특급 사로베쓰 特急サロベツ
뜻 습지 사로베쓰에서 따온 이름
구간 삿포로~왓카나이
차량 183계, 3량
특급 오호츠크 特急オホーツク
뜻 홋카이도 북동부의 오호츠크 해에서 유래
구간 삿포로~아바시리
차량 183계, 4량
특급 슈퍼 오조라 特急スーパーおおぞら
뜻 홋카이도 대지 위에 펼쳐진 넓은 '하늘'
구간 삿포로~구시로
차량 283계, 6량 또는 7량
특급 슈퍼 도카치 特急スーパーとかち
뜻 열차가 달리는 도카치 평야에서 유래
구간 삿포로~오비히로
차량 261계, 5량
왓카나이
稚内
아사히카와
旭川
후카가와
深川
다키카와
滝川
이와미자와
岩見沢
후라노
富良野
아바시리
網走
기타미
北見
시베차
標茶
구시로
釧路
오비히로
帯広

홋카이도에서 꼭 타봐야 할 관광열차 넷

SL후유노시쓰겐호

후라노·비에이 노롯코호

❶ SL후유노시쓰겐호 SL冬の湿原号

설원의 구시로 습원을 달리는 5량의 C11형 증기기관열차. 레트로 스타일의 객차에서 두루미, 에조사슴, 독수리 등 야생동물을 차창 밖으로 만날 수 있다. 2월을 중심으로 1~3월 JR구시로역에서 JR시베차역(일부 날짜 JR가와유온센역)까지 1일 1회 왕복 운행한다. 전 객차가 지정석으로 운영되니 JR패스가 있더라도 반드시 역내 티켓창구에서 지정석권을 발급받아야 한다.

역 이름	구시로 釧路	히가시구시로 東釧路	구시로시쓰겐 釧路湿原	도로 塘路	가야누마 茅沼	시베차 標茶
상행	11:05	11:13	11:38	11:58	12:12	12:35
하행	14:00	14:25	14:50	15:09	15:35	15:42

※전석 지정석, 2호차에 매점 있음

❷ 후라노·비에이 노롯코호 富良野 · 美瑛ノロッコ号

홋카이도의 여름 경치를 만끽할 수 있는 관광열차. 평소보다 느린 속도로 달리는 열차의 큰 차창을 통해 웅장한 다이세쓰 산과 푸른 언덕, 형형색색의 꽃밭을 감상할 수 있다. 6~10월 초까지 운행하며, 여름 휴가철과 맞물린 가장 화사한 풍경의 7~8월 중순에는 열차가 매일 편성된다. JR비에이역 또는 JR아사히카와역에서 출발해 JR후라노역까지 1일 3회 왕복 운행한다. 객차는 보통 2량이지만 성수기에는 4량까지 증편되고, 이 가운데 1호차만 지정석이다.

역 이름		아사히카와 旭川	비에이 美瑛	라벤더바타케 ラベンダー畑	후라노 富良野
상행	1호	10:00	10:30	11:10	11:36
	3호	-	13:08	13:43	13:59
	5호	-	15:10	15:41	16:01
하행	2호	-	12:51	12:16	11:53
	4호	-	15:02	14:29	14:07
	6호	17:45	17:19	16:39	16:11

❸ 구시로시쓰겐 노롯코호 くしろ湿原ノロッコ号

광활한 구시로 습원을 달리며 가장 가까이서 홋카이도의 대자연을 만날 수 있는 5량의 관광열차. 원목으로 꾸며진 전망차에는 차창 쪽을 바라보도록 배치된 2인 좌석도 있다. 푸릇푸릇한 습원이 살아 있는 5~10월 JR구시로역에서 JR도로역까지 왕복 운행한다. 6~9월은 하루 2회이고, 일부 날짜는 하루 1회 또는 주말에만 탈 수 있다. 2량의 자유석 중 1량은 전망차가 아닌 일반 객차이기 때문에 만약 지정석권을 구하지 못했다면 재빨리 자리를 선점하는 것이 좋다.

역 이름		구시로 釧路	히가시구시로 東釧路	구시로시쓰겐 釧路湿原	호소오카 細岡	도로 塘路
상행	2호	11:06	11:12	11:30	11:35	11:50
	4호	13:35	13:40	13:57	14:02	14:15
하행	1호	13:03	12:58	12:38	12:32	12:16
	3호	15:33	15:27	15:07	15:01	14:45

※3호차에 매점 있음

❹ 아사히야마 도부쓰엔호 特急旭山動物園号

아사히카와의 명소 아사히야마 동물원을 모티브로 한 테마열차. 5량의 열차가 열대정글, 홋카이도의 자연, 북극 등 각기 다른 테마로 꾸며져 있으며, 좌석이 없는 놀이방 같은 자유 공간도 있다. 앉으면 마치 동물이 안아주는 것 같은 좌석, 동물 탈을 쓴 승무원, 승차기념 동물 스탬프 등을 즐기다 보면 어느새 동심으로 돌아간다. 삿포로역에서 아사히카와까지 주말과 공휴일, 휴가 시즌에 1일 1회 왕복 운행한다. 전 차량 지정석으로 사전 예약이 필수다.

역 이름	삿포로 札幌	이와미자와 岩見沢	다키가와 滝川	아사히카와 旭川
상행	08:30	09:01	09:31	10:07
하행	17:22	16:47	16:18	15:42

※1호차에 스탬프 찍는 곳 있음

구시로시쓰겐 노롯코호

1 Day

신치토세공항 ▶ JR삿포로역

13:45 신치토세공항 입국, 신치토세공항역의 JR정보 외국인 안내데스크에서 레일패스 5일권 교환 및 특급·관광열차의 지정석권 발권

14:33 공항열차 쾌속에어포트 탑승

15:10 JR삿포로역 도착

15:50 삿포로 숙소 체크인

16:10 삿포로역 앞에서 삿포로 워크 버스 승차

16:30 삿포로 맥주 박물관 투어 및 삿포로 생맥주 시음

17:30 삿포로 워크 버스 승차

17:50 오도리 공원 하차, 오도리 빗세 쇼핑

19:30 스스키노 거리 다루마 징기스칸으로 저녁 식사 겸 술 한잔

21:00 오도리 공원 산책, 텔레비전 타워 야경 감상

22:00 숙소 휴식

2 Day

JR삿포로역 ▶ JR아사히카와역 ▶ JR비에이역 · 후라노역

08:30 JR삿포로역에서 JR특급 라일락5호 아사히카와행 탑승(JR홋카이도 레일 패스 개시)

10:07 JR아사히카와역 도착

10:31 JR아사히카와역에서 후라노선 비에이행 보통열차 환승

11:08 JR비에이역 도착, 점심 식사

13:08 후라노·비에이 노롯코호 탑승, 차창으로 비에이 언덕 풍경 감상

13:59 JR후라노역 도착, 숙소에 짐 맡기기, 후라노 마르셰 구경

14:40 후라노역 앞 버스정류장에서 라벤더호 승차

14:58 신후라노 프린스호텔 하차

15:00 닝구르 테라스와 가제노가든 관광 및 쇼핑

16:52 신후라노 프린스 호텔 앞 정류장에서 라벤더호 승차

17:10 JR후라노역 도착, 숙소 체크인

18:00 오무카레 또는 나베요리로 저녁 식사

20:00 숙소 휴식

특급열차와 노롯코호까지 즐기는 홋카이도 4박 5일

홋카이도는 생각보다 넓어 열차로 목적지까지 가는 데 상당한 시간이 소요된다. 때문에 대부분의 여행자는 출입국 공항인 신치토세공항에서 가까운 삿포로를 비롯, 홋카이도 서쪽 도시에 짧게 머물다 가는 일정이 대부분. 하지만 기차 마니아에겐 이야기가 다르다. 지도 동쪽으로 시선을 돌리면, 더 오랫동안 다양한 지역의 열차를 탈 수 있는 기회가 펼쳐지는데 왜 마다하겠는가! 홋카이도 레일패스 5일권으로 모든 일정을 소화할 수 있다는 사실이 더없이 즐거울 따름이다. 공항에서 삿포로 시내 이동과 마지막 이동도 패스를 이용하면 된다.

JR후라노역 ▶ JR구시로역

09:22 JR후라노역에서 가리가치·오비히로狩勝·帯広행 보통열차 탑승

10:52 JR신토쿠新得역 도착

11:07 JR신토쿠新得역에서 특급 슈퍼오조라 환승

13:14 JR구시로역 도착, 역 코인로커 또는 숙소에 짐 맡기기

13:35 구시로시쓰겐 노롯코호 탑승 (*겨울에는 SL후유노시쓰겐호 탑승)

14:17 JR도로역 도착

14:50 JR도로역에서 다시 노롯코호 탑승

15:34 JR구시로역 도착, 숙소 체크인

17:00 구시로 피셔맨즈 워프 무 관광 및 쇼핑

18:00 구시로 강변의 간페키 로바타(5~10월) 또는 이자카야에서 저녁 식사 겸 술 한잔

20:00 숙소 휴식

JR구시로역 ▶ JR삿포로역 ▶ JR오타루역 ▶ JR삿포로역

08:38 JR구시로역에서 특급열차 슈퍼오조라 탑승

12:36 JR삿포로역 도착, 역 코인로커에 짐 맡기기, 쇼핑센터에서 점심 식사

14:00 JR삿포로역에서 구간 쾌속 이시카리라이너 탑승

14:35 JR미나미오타루역 도착

14:45 오타루 오르골당 관광, 롯카테이·르타오에서 스위츠 쇼핑

16:30 오타루 운하 산책, 야경 감상

18:00 초밥집 이세즈시에서 저녁 식사

19:56 JR오타루역에서 보통열차 탑승

20:41 JR삿포로역 도착

21:00 숙소 휴식

JR삿포로역 ▶ 신치토세공항

08:00 아침 식사

09:00 홋카이도 대학에서 아침 산책

11:00 JR삿포로역에서 쾌속에어포트 신치토세공항행 탑승

11:50 신치토세공항 도착, 점심 식사 후 쇼핑

14:45 신치토세공항 출발

홋카이도청 구본청사

01 삿포로역 札幌駅

JR홋카이도의 최대 거점 역이자 삿포로시의 중심 역이다. 하코다테와 아사히카와를 연결하는 하코다테 본선과 신치토세 국제공항을 잇는 지토세선 등의 주요 정차역으로 특급 및 쾌속·보통열차가 운행하며 1일 승차객만 9만 명이 넘는다. 도쿄·오사카에서 밤새 달려 아침에 삿포로역에 도착하는 침대열차는 열차 마니아들의 로망이었지만 2016년 3월 홋카이도 신칸센이 개통하면서 침대열차는 과거의 추억으로 남게 되었다. 2003년 복합상업시설 JR타워 건립 및 대대적인 정비 사업으로 역사는 상업시설 내에 숨겨진 형태다. 열차를 이용하는 승객뿐 아니라 삿포로 최대 쇼핑센터를 찾는 고객으로 삿포로역은 늘 북적거린다. 열차에서 내리면 동쪽과 서쪽 개찰구로 방향이 나뉘고, 각 개찰구에서 나오면 다시 남쪽 출구와 북쪽 출구로 나뉜다. 북쪽 출구 쪽에는 역 구내와 지하 1층에 쇼핑몰 파세오가 넓게 자리하고, 남쪽 출구 방면에는 홋카이도

최대의 다이마루 백화점과 쇼핑몰 스텔라 플레이스, 에스타가 있다. 삿포로의 번화가인 스스키노すすきの 거리는 남쪽 출구로 나오면 된다. 서쪽 개찰구 앞의 흰 대리석 조각은 홋카이도 출신 조각가 야스다 칸安田侃의 작품이자 역내 약속 장소로 유명하다.

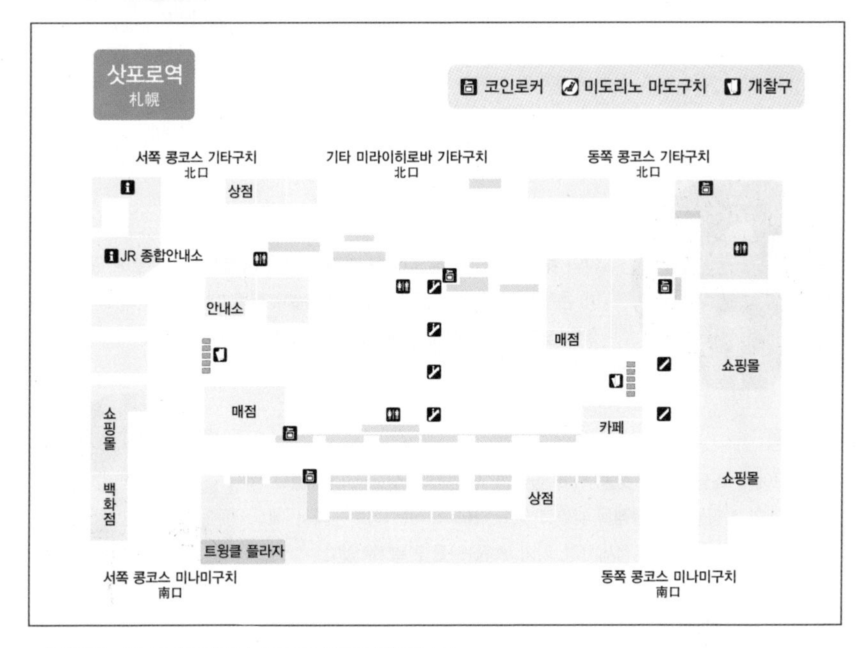

- 홋카이도 · 삿포로 관광안내소/JR정보 외국인 안내데스크
  Open 관광안내소 08:30~20:00 JR안내데스크 08:30~19:00 Tel 011-213-5088
- 트윙클플라자 삿포로점 Open 10:00~19:30(주말·공휴일 10:00~18:00) Tel 011-222-6133
- 트윙클플라자 삿포로미나미구치점 Open 10:00~20:00 Tel 011-231-9908
- 미도리노 마도구치 Open 05:30~00:00 Tel 011-222-6131

키워드로 그려보는 삿포로 여행

홋카이도 여행의 시작은 늘 삿포로다. 홋카이도의 최대 도시이자 사계절 각양각색의 축제가 펼쳐지는 삿포로는 활기가 넘치는 낮과 화려한 밤을 품고 있다.

여행 난이도 ★
관광 ★★☆
쇼핑 ★★★
식도락 ★★★★
기차 여행 ★☆

겨울왕국

삿포로의 겨울은 빨리 찾아온다. 11월부터 추워지기 시작해 삿포로 눈 축제가 있는 2월 중순 겨울왕국의 진면목을 확인할 수 있다. 이토록 눈이 많이 내려도 괜찮나 싶을 정도의 양을 기대해도 좋다.

삿포로 맥주

바로 그 '삿포로'다. 일본 맥주가 지금처럼 많이 유통되기 전, 전설처럼 전해 들었던 그 삿포로 맥주. 삿포로 맥주의 과거와 현재는 삿포로 맥주 박물관에서 확인하자.

격자 도시

만약 홋카이도의 다른 지역을 먼저 갔다가 마지막에 삿포로에 왔다면 아마 촌구석에서 막 상경한 사람처럼 눈이 휘둥그레질 것이다. 격자로 구획된 삿포로의 도심에는 대로를 따라 고층빌딩이 쭉쭉 뻗어 있다.

쇼핑

홋카이도에서 쇼핑이라는 것을 하고 싶다면, 단언컨대 삿포로밖에 없다. 세련된 대형 쇼핑몰과 백화점을 갖추고 있고, 거리의 작은 잡화점에서 '메이드 인 홋카이도'의 그릇, 액세서리, 가방, 소품 등을 만날 수 있다.

징기스칸

양고기 구이를 굳이 홋카이도에선 '징기스칸'이라 부른다. 도시마다 스타일이 다른데 삿포로의 징기스칸은 양념을 가볍게 하고 특제 소스나 소금에 찍어 먹는다. 삼겹살을 좋아하는 한국 사람에겐 삿포로 스타일이 딱이다.

역에서 놀자

스스키노 거리 중심의 삿포로 여행은 JR타워 등장 이후 삿포로역 중심으로 빠르게 재편되었다. 특히 쇼핑이 주목적이라면 역에서 멀리 갈 필요가 없다.

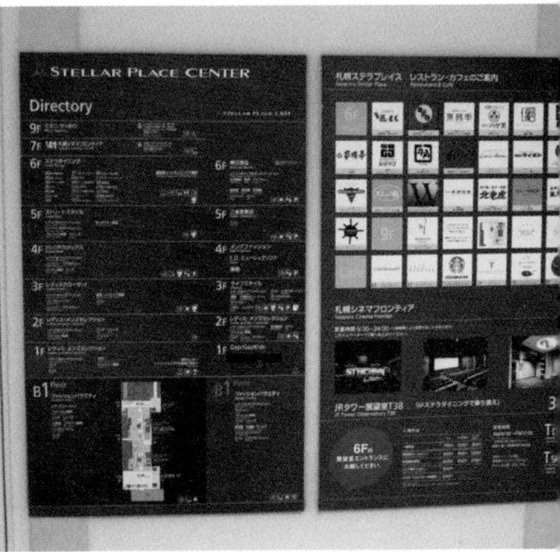

JR타워 JR TOWER

JR삿포로역과 연결된 삿포로 제1의 쇼핑 메카. 홋카이도 최대 백화점인 다이마루 백화점 삿포로점을 비롯해, 아피아·파세오·스텔라 플레이스·에스타의 네 개 쇼핑센터가 자리하고 있다. 다이마루 백화점 지하 1층 식품관에는 삿포로의 유명 스위츠 가게가 모두 입점해 있고 백화점 8층 식당가, 에스타 10층의 라멘 테마파크, 스텔라 플레이스 6층 식당가에선 삿포로 명물 요리를 맛볼 수 있다. 특급호텔 JR타워 닛코 삿포로, 아름다운 야경을 감상할 수 있는 38층의 전망대 T38까지 먹고 자고 즐기는 모든 일들이 JR타워 한 곳에서 가능하다.

Open 다이마루 백화점 10:00~20:00, 쇼핑센터 10:00~21:00 **Web** www.jr-tower.com

T38

JR타워 38층에 자리한 지상 160m의 360도 파노라마 전망대. 삿포로 시내에서 가장 높은 건물로 동서남북 방향에 따라 다른 풍경이 펼쳐진다. 가장 드라마틱한 야경은 삿포로 시내를 바라보는 남쪽 전망. 바둑판처럼 구획된 가지런한 시가지 사이로 텔레비전 타워, 오도리 공원, 스스키노 거리가 휘황찬란하게 빛난다. 건축가가 설계해 사방이 유리로 되어 있는 화장실도 명물. 낮에는 커피와 음료를 즐길 수 있는 T카페는 밤이 되면 스탠드바로도 이용된다. 30여 종의 칵테일은 연인, 친구와 함께 가볍게 즐기기 좋다.

Access 삿포로역 동쪽 개찰구로 나와 스텔라 플레이스 6층에서 전용 엘리베이터 탑승 **Cost** 입장료 어른 740엔, 중 · 고등학생 520엔, 초등학생 이하 320엔 **Open** 10:00~22:00 **Tel** 011-209-5500 **Web** www.jr-tower.com/t38

빅카메라 삿포로점 ビックカメラ 札幌店

일본 유명 전자제품 전문매장인 빅카메라BIC CAMERA가 에스타 1~3층에 자리하고 있다. 카메라, 컴퓨터, 게임기, 오디오, 텔레비전 등 각종 전자제품의 최신 기종을 시연해보고 구입할 수 있다. 어린이 장난감, 프라모델, 피규어 등의 완구와 기발한 잡화, 그리고 가격 대비 괜찮은 와인을 판매하는 코너도 있다.

Access 삿포로역 동쪽 개찰구로 나와 남쪽 출구 방면의 에스타 또는 에스타 빌딩 외부 계단에서 2층 진입 Open 10:00~21:00 Tel 011-261-1111 Web www.biccamera.co.jp/shoplist/sapporo.html

끼니는 여기서

네무로 하나마루 回転寿司 根室 花まる

가격과 맛에서 추천할 만한 회전초밥집. 그만큼 사람도 많아 피크시간이 아니더라도 30분 정도는 대기해야 한다. 대구 이리가 얹힌 군함(김으로 싼 초밥 위에 재료를 얹은 것)은 한 번쯤 도전해보면 좋을 것. 고소하면서도 아이스크림처럼 부드럽게 녹는다.

Access 삿포로역 동쪽 개찰구로 나와 스텔라 플레이스 6층 식당가 Cost 초밥 136엔~ Open 11:00~23:00 Tel 011-209-5330 Web www.sushi-hanamaru.com

삿포로 라멘교와코쿠 札幌ら~めん共和国

일본 쇼와 시대를 재현한 옛 거리에 라멘집 8곳이 모여 있는 자그마한 라멘 테마파크. 홋카이도는 물론 일본 전역의 라멘집이 입점해 일본 라멘의 진수를 선보이고 있다. 주기적으로 입점 가게가 바뀌어 방문할 때마다 새롭다. 개장 이래 지금까지 40여 곳의 라멘집이 이곳을 거쳐 갔다. 점심시간 즈음에는 줄이 생기기도 하니 서두르자.

Access 삿포로역 동쪽 개찰구로 나와 남쪽 출구 방면의 에스타 10층 Open 11:00~22:00 Tel 011-213-2111 Web www.sapporo-esta.jp/ramen

시라카바산소 白樺山荘

삿포로 라멘교와코쿠 내에서도 1, 2위를 다투는 인기 지점. 삿포로 라멘 하면 미소(된장)라멘을 떠올리는데, 그 기본에 충실한 라멘집이다. 돼지고기는 흔히 보기 힘든 블록(깍둑썰기) 형태이고, 면은 각이 져 통통하고 쫄깃하다. 메뉴에 한글도 적혀 있다.

Access 삿포로 라멘교와코쿠 내 Open 11:00~22:00 Cost 미소라멘 800엔, 가라쿠치(매운맛)라멘 880엔 Tel 011-213-2711

알짜배기로 놀자

삿포로 유행의 발신지인 스스키노 거리를 중심으로 시내 주요 관광지를 돌아보자. 삿포로역에서 스스키노까지는 걷기엔 의외로 멀다. 지하철, 버스, 노면전차 등 대중교통을 적절히 활용하자.

어떻게 다닐까?

노면전차 삿포로시덴 札幌市電

100년이 넘도록 삿포로 시내 노면을 달리는 레트로한 분위기의 삿포로 시덴은 삿포로의 야경 전망 포인트로 유명한 모이와 산을 갈 때 편리하다. 최근 노면전차 스스키노역과 니시욘초메西4丁目역 사이 400m 구간을 연결함으로써 루프형의 노면전차 노선이 완성되었다. 전 구간 동일 요금이 적용되며 주말과 공휴일, 연말연시에는 원데이 패스인 '도산코 패스'를 판매한다. 1장으로 어른 1명과 어린이 1명이 하루 동안 자유롭게 전차를 탈 수 있다.

Open 스스키노역 출발 06:34~22:23, 배차간격 6~18분 Cost 1회권 어른 170엔, 어린이 90엔, 도산코 패스 370엔

지하철

난보쿠선南北線·도자이선東西線·도호선東豊線의 세 노선으로 이루어진 단순한 노선으로, 관광객은 삿포로역~스스키노역 구간을 가장 많이 이용한다. 지하철 삿포로さっぽろ역은 JR삿포로札幌역과 구분하기 위해 히라가나로 쓴다.

Open 06:00~00:00 Cost 삿포로역~스스키노역 210엔

관광버스 삿포로워크 さっぽろうぉ~く

삿포로 맥주 박물관과 삿포로 팩토리, 오도리 공원, 삿포로역 등 삿포로의 주요 관광 코스를 순환 운행해 관광객에게 편리하다.

Open 삿포로 비루엔 출발 06:50~22:40, 배차간격 20~30분 Cost 1회권 어른 210엔, 어린이 110엔

Tip!

궂은 날씨도 문제없다! 삿포로 지하보도

겨울에는 폭설로, 여름에는 의외의 무더위로 삿포로 시내는 뚜벅이 여행자들에게 고난과 시련을 안겨준다. 이때 구세주 역할을 톡톡히 하는 것이 삿포로역에서 오도리역까지 이어진 520m의 지하보도. 널찍하고 세련된 지하보도는 분위기도 썩 괜찮다. 특산물 판매와 각종 이벤트를 구경할 수 있고 오도리 빗세, 아카렌가 테라스 등 쇼핑몰 및 레스토랑과 직접 이어져 있어 편리하다. 삿포로 국제예술제나 삿포로 아트스테이지 등 각종 행사 기간에는 지하보도 전체가 갤러리로 꾸며져 각종 전시를 관람할 수 있는 즐거운 보너스도 주어진다.

어디서 놀까?

삿포로 맥주 박물관 サッポロビール博物館

'맥주 하면 삿포로, 삿포로 하면 맥주'라는 말이 있을 정도로 유명한 삿포로 맥주의 역사와 제조법, 라벨과 병의 변천사 등을 소개하고 있는 일본 유일의 맥주 박물관. 견학 후 마시는 삿포로 생맥주의 맛이 더욱 각별하다. 구로라벨, 클래식, 가이타쿠시바쿠슈(개척자맥주) 세 종류의 삿포로 생맥주가 600엔.

Access 지하철 도호선 히가시쿠야쿠쇼마에역 3번 출구에서 도보 10분, 또는 지하철 삿포로역 앞(도큐백화점 남쪽)에서 삿포로워크 버스 타고 15분 후 삿포로비루엔 하차, 도보 1분 Add 札幌市東区北7条東9-1-1 Open 11:00~18:00 (월요일 휴관) *2025년 3월까지 리뉴얼 공사로 휴관 Tel 011-748-1876 Cost 견학 무료, 가이드 투어(생맥주 2잔 포함) 500엔 Web www.sapporobeer.jp/brewery/s_museum

홋카이도청 구본청사 北海道庁旧本庁舎

홋카이도 행정의 시작을 알리는 국가중요문화재이자 '아카렌가(붉은 벽돌)'라는 애칭으로 삿포로 시민의 사랑을 받는 건축물. 정문에 들어서면 보이는 양 갈래의 2층 계단이 묘한 분위기를 자아낸다. 무료로 개방하고 있으며 홋카이도의 역사를 전시한 자료실과 기념품 가게를 운영한다. 건물 앞에 마련된 포토 포인트는 관광객의 주요 기념 촬영 장소다.

Access JR삿포로역에서 도보 10분 Add 札幌市中央区北3条西6 Tel 011-231-4111 Open 08:45~17:30(연말연시 휴관) Web www.pref.hokkaido.lg.jp/sm/sum/sk/akarenga.htm

오도리 공원 大通公園

삿포로 중심부를 동서로 가로지르는 1.5km의 도심공원. 삿포로의 랜드마크인 텔레비전 타워가 공원 한쪽 끝에 우뚝 서 있다. 2월 눈 축제, 8월 맥주 축제 등 각종 이벤트가 수시로 열리고, 봄·여름에는 아름다운 꽃과 나무가 어우러져 산책하기에도 좋다. 4월 말부터 10월 중순까지 다디단 홋카이도산 옥수수를 구워 파는 명물 포장마차를 그냥 지나치지 말자. 일몰 이후 텔레비전 타워를 중심으로 켜지는 라이트업 조명과 일루미네이션은 삿포로의 밤을 화려하게 마무리 짓는다.

Access 지하철 난보쿠선·도자이선·도호선 오도리역 27번 출구(텔레비전 타워) Add 札幌市中央区大通西1~12丁目 Tel 011-251-0438(공원 관리사무소) Cost 텔레비전 타워 전망대 입장료 어른 1000엔, 초등 · 중학생 500엔 Web https://odori-park.jp

오도리 빗세 ODORI BISSE

오도리 공원 인근의 복합쇼핑몰 오도리 빗세. 1층에 홋카이도 유명 스위츠 6곳을 모아놓은 빗세 스위츠 ビッセスイーツ가 있고, 2~3층에는 홋카이도를 테마로 한 잡화를 선보이는 유이크YUIQ, 홋카이도 천연재료를 이용한 뷰티 제품 매장 등 홋카이도의 지역성을 드러내는 상품이 주를 이룬다. 4층에는 홋카이도 각지의 인기 있는 레스토랑과 카페가 입점해 있어 오도리 빗세 빌딩 전체가 작은 홋카이도라 불릴 만하다.

Access 지하철 난보쿠선 · 도자이선 · 도호선 오도리역 13번 출구에서 지하도로 연결 Add 札幌市中央区大通西3 Tel 각 점포마다 다름 Web www.odori-bisse.com

모이와 산 もいわ山

홋카이도의 원시림을 간직한 모이와 산은 삿포로의 경치를 굽어보는 전망 포인트로도 유명하다. 특히 새까만 밤하늘을 배경으로 텔레비전 타워와 스스키노 거리의 관람차, 도로의 가로등을 비롯해 수많은 불빛이 반짝이는 야경이 아름답다. 로프웨이 곤돌라를 타고 1,200m를 이동한 후, 미니 케이블카인 모리스카로 갈아타면 정상에 도달한다.

Access 노면전차 로프웨이이리구치역에서 하차 후 무료 셔틀버스 이용, 모이와산로쿠역(로프웨이 승강장)까지 5분 Add 札幌市中央区伏見5-3-7 Open 로프웨이 10:30~21:30(겨울철 11:00부터, 11월 중 운휴 있음) Cost 로프웨이(곤돌라+모리스카) 왕복 어른 2,100엔, 초등학생 이하 1,050엔 Tel 011-561-8177 Web mt-moiwa.jp

다누키코지 상점가 狸小路

1869년 문을 연 홋카이도에서 가장 오래된 아케이드 상점가. 900m의 상점가에는 할인잡화점 돈키호테 ドン·キホーテ를 비롯해, 패션 관련 매장, 게 요리 전문점 등 200여 개의 상점이 모여 있다. 날씨에 관계없이 편리하게 쇼핑할 수 있다는 게 장점. 밤이 되면 현지 젊은이들이 춤과 노래 등 공연을 펼치기도 한다.

Access 지하철 난보쿠선 스스키노역 1번 출구에서 도보 5분 Add 札幌市中央区南2条/南3条西1丁目~西7丁目 Tel 011-241-5125 Web www.tanukikoji.or.jp

끼니는 여기서

마쓰오 징기스칸 삿포로역점

松尾ジンギスカン 札幌駅前店

홋카이도 양념 징기스칸의 원조. 마쓰오 징기스칸을 맛있게 즐기는 방법은 따로 있는데, 우선 호박이나 감자 등 채소를 불판에 올리고 거기에 징기스칸 양념만 더해 어느 정도 익힌 후 고기를 얹고 반 정도 익으면 불을 꺼 남은 열로 익혀 먹는 것이다. 우리나라의 불고기와 생김이 비슷하고 맛도 상당히 익숙하다. 남녀노소 누구나 좋아할 만한 맛.

Access 지하철 난보쿠선 삿포로역 10번 출구에서 도보 2분 **Add** 札幌市中央区北3条西4丁目 日本生命札幌ビル B1 **Open** 11:00~15:00, 17:00~23:00 **Cost** 특상 징기스칸 1,580엔, 징기스칸 1,380엔 (채소 포함) **Tel** 011-200-2989 **Web** www.matsuo1956.jp/shop/ekimae

게야키 스스키노본점

けやき すすきの本店

미소라멘 맛집으로 소문난 데다 좌석도 카운터의 10석이 전부라 손님 줄이 끊이지 않는다. 중간 두께의 꼬불꼬불한 면은 일주일간 숙성시켜 쫄깃쫄깃한 식감을 한층 살렸다. 반죽에 계란을 넣어 노란빛을 띠는 것이 특징이다. 국물은 일정한 맛을 유지하기 위해 첫 번째 끓여낸 다음 맛을 보고 필요한 부위의 뼈를 더 넣어 우려낸다.

Access 지하철 난보쿠선 스스키노역 3번 출구에서 도보 10분 **Add** 札幌市中央区南6条西3丁目睦ビル **Open** 평일 10:30~다음 날 03:00, 일·공휴일 10:30~다음 날 02:00 **Cost** 미소라멘 870엔, 가라이(매운)라멘 930엔 **Tel** 011-552-4601 **Web** www.sapporo-keyaki.jp

수프카레&다이닝 스아게플러스

soup curry & dining Suage+

재즈가 흘러나오는 캐주얼한 분위기의 수프카레 전문점. 삿포로의 추운 겨울 위장 깊숙한 곳까지 뜨뜻하게 데워주는 음식으로 수프카레만 한 것이 없다. 닭고기는 물론 해산물, 각종 채소, 아보카도 등 10여 가지의 수프카레가 있다. 그중 단연 인기 있는 메뉴는 시레토코 닭과 채소를 넣은 수프카레. 직화구이해 숯불 향이 나는 닭과 큼직한 각종 채소, 그리고 매콤하고 진한 국물의 환상적인 궁합에 숟가락질을 멈출 수 없다.

Access 지하철 도자이선 스스키노역 2번 출구에서 도보 2분 **Add** 札幌市中央区南4条西5 都志松ビル2F **Open** 11:30~21:30 **Cost** 시레토코 닭과 채소 카레 1,280엔 **Tel** 011-233-2911 **Web** www.suage.info

하루 종일 놀자

아침부터 바삐 다니면 시내 주요 관광지는 물론 시로이 고이비토 파크 등 삿포로 중심가에서 다소 먼 관광지까지 섭렵할 수 있다. 스스키노 거리에서 홋카이도 명물 징기스칸과 삿포로 맥주로 하루를 갈무리하자.

어떻게 다닐까?

키타카 KITACA

JR홋카이도에서 발행하는 충전식 IC카드. JR 열차뿐 아니라 지하철, 노면전차, 버스 등 삿포로 관광에 필요한 여러 교통수단을 편리하게 이용할 수 있다. 판매금액은 2,000엔부터이며, 500엔의 보증금이 포함되어 있다. 타 지역의 IC 카드와도 호환 가능. 카드에는 홋카이도 숲을 활공하는 북방하늘다람쥐 '키타카짱'이 그려져 있다.

정기관광버스

홋카이도 최대 버스 회사인 주오버스에서 운영하는 투어버스. 시로이 고이비토 파크, 모이와 산 야경, 삿포로 시내 유람 등 시간에 따라 오전·오후·야간·반일·하루 코스 등 다양한 플랜이 있다. 관광상품에는 교통비와 한국어 오디오 가이드, 관광지 입장료가 포함되며, 식비는 별도다. JR타워 에스타 2층 정기관광버스 창구에서 돈을 지불하고 티켓을 수령하면 된다. 한국에서도 예약이 가능하다.

Cost 시로이 고이비토 파크 코스 어른 2,600엔, 어린이 1,300엔 **Tel** 011-799-0391(일본), 070-4327-8607 **Web** teikan.chuo-bus.co.jp/ko/

어디서 놀까?

삿포로 팩토리 SAPPORO Factory

삿포로 맥주공장 자리에 지어진 종합쇼핑시설로, 160여 곳의 점포가 모여 있다. 프론티어관과 1~3조관, 붉은 벽돌의 렌가(벽돌)관과 길 건너의 서관으로 이루어져 있고, 2조관과 3조관 사이의 아트리움에서는 이벤트가 열리기도 한다. 100엔숍에서 펫숍, 가구전시장까지 다양한 종류의 상품뿐만 아니라 채식 레스토랑, 비어홀 등 홋카이도를 느낄 수 있는 다채로운 음식도 맛볼 수 있다. 벽돌 건물 특유의 옛 분위기가 남아 있는 렌가관에서는 마룻바닥을 걸으며 아기자기하게 구성된 숍에서 작가가 직접 작업하고 있는 기념품을 구입할 수 있다.

Access 지하철 도자이선 버스센터마에역 8번 출구에서 도보 3분 또는 지하철 삿포로역 앞(도큐 백화점 남쪽)에서 삿포로 워크 버스 승차 5분 후 삿포로팩토리에서 하차, 도보 1분 **Add** 札幌市中央区北2条東4丁目 **Open** 상점 10:00~20:00, 레스토랑 11:00~22:00(매장마다 다름) **Tel** 011-207-5000 **Web** sapporofactory.jp

홋카이도 대학 北海道大学

삿포로에서 하룻밤을 자고 그다음 날 아침 산책을 하기에 홋카이도 대학만큼 좋은 곳도 없다. 푸른 잔디와 아름드리 고목, 작은 냇물이 흐르는 캠퍼스 내의 고풍스러운 학교 건물과 자전거를 타고 등교하는 학생들, 산책 나온 주민들이 한데 어우러진 풍경 속을 거닐 수 있다. 삿포로역에서 대학 정문까지는 그리 멀지 않지만, 캠퍼스 전체를 다 돌려면 상당한 시간이 걸린다.

Access JR삿포로역 북쪽 출구에서 도보 10분 Add 札幌市北区北8条西5 Tel 011-716-2111 Web www.hokudai.ac.jp

조가이 시장 場外市場

홋카이도 각지에서 올라온 신선한 해산물과 청과물을 판매하는 삿포로의 대표 시장. 이른 새벽 삿포로중앙도매시장에서 경매로 낙찰받아 바로 매장에서 손님을 맞이하므로 신선도는 최상이다. 대게, 털게, 감자, 옥수수, 멜론 등 홋카이도 제철 식재료를 판매하는 60여 개의 점포가 자리하고 있으며, 시장 내 음식점에서 신선한 해산물덮밥과 게찜, 회를 즐길 수 있다.

Access JR소엔역 서쪽 출구에서 도보 15분, 또는 지하철 도자이선 니주욘켄역에서 도보 10분 Add 札幌市中央区北11条西22-2 Open 06:00~17:00 Tel 011-621-7044 Web www.jyogaiichiba.com

시로이 고이비토 파크 白い恋人パーク

홋카이도의 대표 과자 '시로이 고이비토'의 생산 공장이자 과자 테마파크. 중세 유럽의 성을 연상시키는 로맨틱한 동화의 나라로 성큼성큼 걸어 들어가 보자. 일사불란한 공정을 거쳐 만들어지는 시로이 고이비토와 이곳에서만 맛볼 수 있는 오리지널 초콜릿 드링크, 30cm 높이의 점보 파르페, 각종 컵케이크 등 달콤한 디저트의 세계가 펼쳐진다.

Access 지하철 도자이선 미야노사와역 2번 출구에서 도보 7분 Add 札幌市西区宮の沢2-2-11-36 Open 10:00~17:00 Cost 고등학생 이상 800엔, 중학생 이하~만 4세 이상 400엔 Tel 011-666-1481 Web www.shiroikoibitopark.jp

모에레누마 공원 モエレ沼公園

세계적인 조각가이자 조경사이면서 뉴욕을 무대로 굵직굵직한 작품을 선보인 노구치 이사무野口勇(1904~1988)가 생애 마지막으로 몰두한 예술 공원이다. 원래 쓰레기 처리장이었던 부지에 '공원 전체를 하나의 조각품으로 만들겠다'는 마스터플랜을 토대로 삿포로 북동쪽에 모에레누마 공원을 열었다. 광대한 자연과 유기적인 형태의 언덕, 분수, 조형물, 건축물 등이 한데 어우러져 감탄을 자아낸다. 자전거를 대여하면 공원 구석구석을 돌아보기에 좋다(자전거 대여 2시간에 200엔).

Access 지하철 도호선 간조도리히가시역 2번 출구에서 주오버스 히가시69번 또는 히가시79번 승차 25분 후 모에레공원 히가시구치 하차, 도보 6분 Add 札幌市東区モエレ沼公園1-1 Open 07:00~22:00 Tel 011-790-1231 Web moerenumapark.jp

마루야마 공원 円山公園

홋카이도 신궁, 마루야마 동물원 등이 자리한 유서 깊은 삿포로 도심 공원. 1871년 마루야마 산기슭에 삿포로 신사(현 홋카이도 신궁)가 건축되면서 그 일대가 신성한 숲으로 보호되어 왔다. 60만㎡의 광대한 공원 안에는 물참나무와 계수나무, 삼나무, 단풍나무 등 천연기념물로 지정된 원시림이 우거지고 1,700그루가 넘는 벚나무가 만개한 봄에는 눈부신 꽃비가 흩날린다. 마루야마 동물원에는 200종 내외의 동물들이 사육되고 있는데, 동물의 야생 본능을 살리는 서식환경을 위해 원시림 경계에 2만㎡의 '동물원의 숲'을 조성했다.

Access 지하철 도자이선 마루야마코엔역 3번 출구에서 도보 5분 Add 札幌市中央区宮ヶ丘 Open 동물원 09:30~16:30 Cost 동물원 어른 800엔, 고등학생 400엔, 중학생 이하 무료 Tel 011-621-0453 Web maruyamapark.jp

끼니는 여기서

징기스칸 다루마 ジンギスカン だるま

삿포로 스스키노 거리에 위치한 인기 만점의 징기스칸(양고기 구이) 전문점. 좌석은 모두 카운터석으로 자리에 앉으면 주문하지 않아도 빠른 손놀림의 아주머니가 숯불과 불판을 세팅한 후 징기스칸과 파, 양파, 특제 소스, 채소절임 등을 인원수만큼 내온다. 1인분은 양고기의 등심, 안심, 다리살 등 여러 부위가 한 접시에 나오는데, 양이 많지 않아 2접시는 기본으로 먹게 된다. 양고기는 바싹 익히면 질기고 딱딱해지기 때문에 겉만 살짝 익혀 먹는 것이 포인트. 익은 고기는 불판의 채소 위에 얹어두면 양고기 육즙이 파와 양파에도 배어 더 맛있게 먹을 수 있다. 다루마의 여주인에게만 전해 내려온다는 특제 간장양념 소스는 징기스칸의 맛을 한층 더 살려준다. 취향에 따라 소스에 아오모리산 마늘과 한국산 고춧가루를 첨가하자. 저녁 7~8시경에는 줄 서 있는 경우가 많지만 워낙 회전율이 좋아서 금세 자리가 난다. 인근에 지점이 4곳 더 있다.

Access 지하철 난보쿠선 스스키노역 4번 출구에서 도보 2분 Add 札幌市中央区南5条西4 クリスタルビル1(본점) Open 17:00~23:00 Cost 징기스칸 1인분 1,280엔, 생맥주 605엔 Tel 011-552-6013 Web best.miru-kuru.com/daruma

간소 라멘요코초 元祖 ラーメン横丁

삿포로 미소라멘이 탄생한 유서 깊은 라멘 골목. 1951년 8개의 작은 라멘 가게들로 시작한 라멘요코초에서는 현재 홋카이도 전역에서 내로라하는 라멘집 17곳이 오로지 맛 하나로 진검승부를 펼치고 있다. 두세 사람이 겨우 지나갈 수 있는 골목 양쪽으로 오픈 주방과 카운터석이 전부인 작은 라멘집들이 늘어서 있다. 관광객뿐 아니라 삼삼오오 모인 넥타이부대도 심심치 않게 볼 수 있다. 큰길 건너에 라멘 골목이 하나 더 생기면서 '간소(원조)'라는 말이 붙었다.

Access 지하철 스스키노역 3번 출구에서 도보 2분 **Add** 札幌市中央区南5条西3 **Web** www.ganso-yokocho.com

기타노구루메테이 北のグルメ亭

조가이 시장에 첫 번째로 개업한 상점 기타노구루메 안의 해산물 식당이다. 성게알, 연어알, 참치뱃살, 새우, 가리비 등이 푸짐하게 올라간 가이센돈(해산물 덮밥)이 대표 메뉴. 홋카이도 특산품인 털게찜과 시마홋케(홋카이도 임연수어)구이도 합리적인 가격에 맛볼 수 있다. 기타노구루메에서 구입한 식재료를 요리사가 그 자리에서 회나 구이로 조리해주기도 한다.

Access 조가이 시장 내 **Open** 상점 06:00~17:00, 식당 07:00~15:00 **Cost** 다라바 즈와이 이쿠라동(대게 연어알 덮밥) 1,620엔, 시마홋케구이 1,180엔 **Tel** 011-621-3545 **Web** www.kitanogurume.co.jp

데시카가라멘 弟子屈ラーメン

'홋카이도'다운 호쾌한 맛을 추구하는 라멘요코초 내 라멘집. 체격 다부진 사장님의 힘찬 칼질과 프라이팬 돌리는 솜씨를 보면 맛에 대한 기대감이 높아진다. 어패류를 넣은 비법 간장 소스는 따로 판매할 정도로 깊은 맛을 자랑하고, 육수는 삿포로 근교의 농장에서 사육된 건강한 돼지의 뼈를 24시간 푹 고아 맛이 진하다. 홋카이도산 산마늘을 넣은 한입 크기의 군만두는 꼭 시켜 먹어볼 것.

Access 간소 라멘요코초 내 **Add** 札幌市中央区南5条西3 **Open** 11:00~01:00(월~목), 11:00~02:00(금·토), 11:00~23:00(주말, 공휴일) **Cost** 어패류 조림간장 라멘 880엔, 차슈미소라멘 980엔, 군만두(5개) 300엔 **Tel** 011-532-0007 **Web** teshikaga-ramen.com

어디서 잘까?

삿포로역 주변

리치몬드 호텔 삿포로 에키마에
リッチモンドホテル札幌駅前

삿포로역과 오도리 공원 사이에 자리한 비즈니스호텔로 객실이 넓은 편이다. 조식은 일본식, 양식, 덮밥 중 선택 가능.

Access 지하철 도호선 삿포로역 22번 출구에서 바로 또는 23번 출구의 엘리베이터에서 도보 2분 **Add** 札幌市中央区北三条西1-1-7 **Tel** 011-218-8555 **Cost** 싱글룸 7,000엔~ **Web** richmondhotel.jp/sapporo-ekimae

호텔 그레이서리 HOTEL GRACERY

JR타워 바로 길 건너편의 비즈니스호텔. 객실은 크지 않지만 요모조모 쓸모 있게 구성했다. 7층의 캐주얼한 와인 바에서 홋카이도 와인을 즐길 수 있다.

Access JR삿포로역 남쪽 출구에서 도보 1분 **Add** 札幌市中央区北4条西4-1 **Cost** 싱글룸 12,000엔~ **Tel** 011-251-3211 **Web** sapporo.gracery.com

미츠이 가든 호텔 삿포로
三井ガーデンホテル札幌

프라이빗한 숙박을 원하는 여행자에게 추천하는 디자인 호텔. 객실 타입이 일곱 가지이고, IC 카드를 이용한 출입 제한으로 안락한 숙박이 가능하다. 일본 정원을 바라보며 입욕할 수 있는 가든 대욕장도 있다.

Access JR삿포로역 남쪽 출구에서 서쪽 방면으로 도보 4분 **Add** 札幌市中央区北五条西6-18-3 **Cost** 싱글룸 1인 9,000엔~ **Tel** 011-280-1131 **Web** www.gardenhotels.co.jp/sapporo/

도요코인 삿포로에키니시구치호쿠다이마에
東横INN札幌駅西口北大前

홋카이도 대학과 가까운 비즈니스호텔. 2018년 1월 호텔 벽과 천장, 카페트 등을 리뉴얼해 실내가 좀 더 쾌적하고 깔끔해졌다.

Access JR삿포로역 서쪽 개찰구를 통해 북쪽 출구로 나와 도보 5분 **Add** 札幌市北区北８条西4-22-7 **Tel** 011-717-1045 **Cost** 싱글룸(조식 포함) 5,000엔~ **Web** www.toyoko-inn.com/search/detail/00018

스스키노 거리 주변

도미인 프리미엄 삿포로 Dormy Inn Premium 札幌

다누키코지 내에 자리한 비즈니스호텔. 원목으로 꾸며진 객실과 대욕장이 아늑한 분위기를 더한다. 삿포로역까지 무료 택시 서비스도 운영.

Access 지하철 난보쿠선 오도리역 하차, 폴타운 지하상가로 나와 다누키코지욘초메 출구에서 도보 3분 **Add** 札幌市中央区南2条西6-4-1 **Tel** 011-232-0011 **Cost** 싱글룸 12,000엔~ **Web** www.hotespa.net/hotels/sapporo

도미인 삿포로 아넥스 Dormy Inn 札幌 ANNEX

도미인 프리미엄 삿포로와 등을 맞대고 있는 같은 계열의 비즈니스호텔. 방은 조금 작지만 가격도 약간 저렴하다. 반노천탕의 대욕장도 있다.

Access 지하철 난보쿠선 오도리역 하차, 폴타운 지하가로 나와 다누키코지욘초메 출구에서 도보 3분 **Add** 札幌市中央区南3条西6-10-6 **Tel** 011-232-0011 **Cost** 싱글룸 10,000엔~ **Web** www.hotespa.net/hotels/sapporo_ax

삿포로 도큐레이 호텔 札幌東急RELホテル

스스키노 거리에 우뚝 서 있는 주황색 외벽의 대형 비즈니스호텔. 전 객실이 575개로 단체 손님도 문제없다.

Access 지하철 난보쿠선 스스키노역 4번 출구에서 도보 2분 **Add** 札幌市中央区南4条西5-1 **Tel** 011-531-0109 **Cost** 싱글룸 1인 5,500엔~ **Web** www.tokyuhotels.co.jp

02 오타루역
小樽駅

하코다테 본선의 주요 거점이자 삿포로에서 수시로 열차가 오가는 오타루역. 홋카이도 내륙의 석탄을 운반하기 위해 상업철도가 놓이고 무역항으로 번성했던 오타루의 화려한 과거는 오타루역에서도 느낄 수 있다. 도쿄 우에노역을 모델로 1934년 새로 개축된 오타루역은 당시로는 최신의 벽돌 건물에 높은 층고, 넓은 대합실을 가졌다. 특급열차도 정차했다. 2012년 대대적인 역 리뉴얼 공사를 통해 쇼와 시대의 레트로한 분위기는 최대한 복원하는 한편, 역 대합실과 관광안내소는 출입구 쪽으로 옮겼다. 예전 대합실 자리에는 지역 특산품 판매시설이 들어서 열차를 기다리며 시간을 보내기 좋다. 삿포로역과는 불과 30여 분 거리로 통근·통학하는 승객이 많다. 신치토세공항·삿포로 방면 쾌속 또는 구간 쾌속열차와 요이치余市·굿찬·倶知安·오샤만베長万部 방면 보통열차가 운행한다.

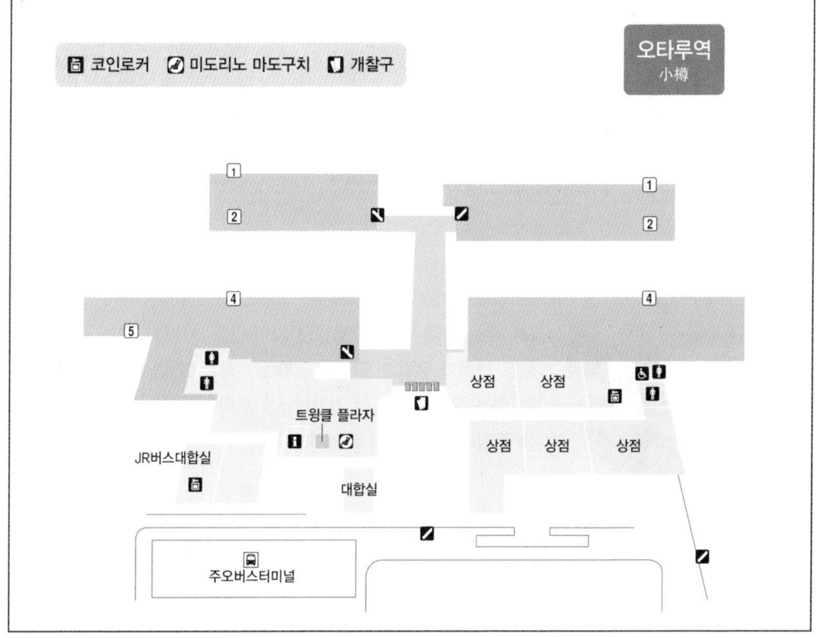

- 미도리노 마도구치 Open 07:00~20:00 Tel 0134-22-0771
- 역내 점포(타르세) Open 09:00~19:00(수요일 휴무) Tel 0134-31-1111

키워드로 그려보는 오타루 여행

삿포로 근교 여행지로 유명한 오타루. 열차를 타고 도심을 벗어나자마자 차창 밖으로 펼쳐지는 새파란 바다는 오타루 여행의 시작을 알린다.

여행 난이도 ★
관광 ★★★☆
쇼핑 ★★☆
식도락 ★★★
기차 여행 ★★☆

오타루 운하와 석조창고

한때 삿포로보다 더 상업이 활발했던 오타루의 지난 시절을 짐작케 하는 모습이자 많은 여행자들을 불러 모으는 향수 짙은 풍경이다. 물류를 운반하던 운하에는 이제 산책하는 사람들과 관광객을 실은 크루즈 선박의 모습이 보이고, 곡식이 쌓여 있던 석조창고는 레스토랑, 비어 홀, 기념품 숍 등으로 개조되어 활용되고 있다.

유리공예

예로부터 오타루에는 석유램프와 어업용 부표 구슬을 제작하는 유리공예 장인들이 많았다. 전기가 보급되고 어업 기술이 발전하는 등 세월의 부침 속에서 유리공예는 그릇, 조명, 각종 기념품 등으로 방향을 전환해 오타루의 대표적인 관광상품으로 자리매김하고 있다.

미스터 초밥왕

오타루는 만화 〈미스터 초밥왕〉의 주인공 쇼타의 고향으로 나올 정도로 스시가 유명한 도시다. 200m의 길에 130여 곳의 스시집이 몰려 있는 오타루의 스시 거리 스시야도리寿司屋通り에는 본고장의 맛을 즐기려는 관광객들로 넘쳐난다.

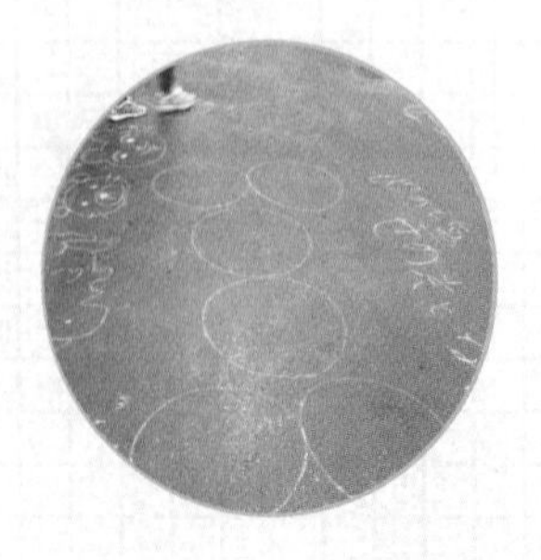

도보여행

유독 두 발로 꾹꾹 걷고 싶은 도시가 있다. 100년 된 거리를 따라 자리한 오래된 석조 건축물 안에 빈티지 숍이 꼭꼭 숨어 있는 오타루가 그렇다. 그저 발길 닿는 대로, 기분 내키는 대로 걸어 다니다 보면 선물처럼 내 맘에 꼭 드는 곳을 발견할지도 모를 일이다.

알짜배기로 놀자

오타루의 주요 관광지는 JR오타루역에서 JR미나미오타루역 사이에 걸쳐 있다. 오타루 운하는 JR오타루역에서, 메르헨 교차로는 JR미나미오타루역에서 가깝다.

어떻게 다닐까?

도보와 자전거

오타루 운하에서 메르헨 교차로까지 작은 상점들이 다닥다닥 붙어 있어서 걸어 다니는 것이 가장 좋다. 4~10월까지는 시내 여러 상점에서 자전거를 대여해주니 좀 바삐 돌아다니고 싶다면 이용해보자. 무료로 짐도 맡아준다.

어디서 놀까?

기타카로 오타루점 北菓楼 小樽店

일본 전통 방식으로 구운 쌀과자가 유명한 기타카로. 하지만 오타루점에서는 하늘하늘한 결에서 느껴지는 푹신한 식감의 바움쿠헨, '요세이노모리妖精の森(요정의 숲)'가 더 유명하다. 시식 인심이 워낙 좋아 이것저것 맛보다 보면 배가 부를 지경이다.

Access JR미나미오타루역에서 사카이마치도리 방향으로 도보 8분 **Add** 小樽市堺町7-22 **Open** 10:00~17:00 **Cost** 바움쿠헨(4cm) 1,404엔, 쌀과자 470엔 **Tel** 0134-31-3464 **Web** www.kitakaro.com

타르셰 TARCHE

오타루, 요이치, 니세코 등이 속한 시리베시後志 지역의 질 좋은 농수산물과 다양한 가공품을 소개하고 판매하는 직영 매장. 산지 가격으로 구입할 수 있고 각 상품에는 지역과 함께 농장이나 상점의 이름이 적혀 있어 신뢰를 더한다.

Access JR오타루역 내 **Add** 小樽市稲穂2-22-15 **Open** 09:00~19:00(수요일 휴무) **Tel** 0134-31-1111 **Web** tarche.jp

오타루 오르골당 본관 小樽オルゴール堂 本館

백 년 된 고풍스러운 벽돌 건물 내에 아름다운 오르골 소리가 가득한 오타루 오르골당. 먼저 전 세계에서 수집한 1만5천여 점의 오르골이 전시되어 있는 2층을 구경한 후, 1층에서 다양한 오르골 기념품을 구입하도록 하자. 종류가 다양하고 가격도 적당해 선물하기에 그만이다. 오르골당 입구의 희귀한 증기 시계는 15분마다 5음계의 멜로디를 연주한다.

Access JR미나미오타루역에서 메르헨 교차로 방향으로 도보 5분 **Add** 小樽市住吉町4-1 **Open** 09:00~18:00, 여름시즌 금~일 09:00~19:00 **Cost** 무료 **Tel** 0134-22-1108 **Web** www.otaru-orgel.co.jp

르타오 본점 LeTAO

오타루에서 탄생한 홋카이도 대표 스위츠. 메르헨 교차로의 유럽풍 종탑 건물이 르타오 본점이다. 이 부근에만 본점을 포함해 르타오 매장이 6곳이나 된다. 르타오의 대표 메뉴는 궁극의 진함과 부드러움을 자아내는 더블 치즈 케이크. 또한 르 쇼콜라의 피라미드 모양 생초콜릿도 입에서 사르르 녹는다.

Access JR미나미오타루역에서 메르헨 교차로 방향으로 도보 5분 **Add** 小樽市堺町7-16 **Open** 09:00~18:00 **Cost** 케이크&커피 세트 990엔 **Tel** 0120-31-4521 **Web** www.letao.jp

오타루 운하 小樽運河

과거 홋카이도 물류의 중심지였던 오타루 운하가 오타루의 명소로 거듭났다. 시가지를 관통해 근해로 흐르는 1km의 운하 중 아사쿠사바시浅草橋 다리와 주오바시中央橋 다리 사이로 이어지는 200m의 운하 산책로에는 늘 많은 사람들로 북적거린다. 밤에는 60여 개의 가스 가로등이 켜져 한층 더 아름답게 빛나고, 매년 2월 수백 개의 촛불을 밝히는 눈 축제가 펼쳐지기도 하는 등 가장 오타루다운 풍경을 만날 수 있다. 아사쿠사바시 인근에 관광안내소(09:00~18:00)가 있으며 인력거와 운하 크루즈 승하차장도 이 주변이다.

Access JR오타루역 정문 출구에서 주오도리를 따라 10분 **Add** 小樽市港町5

롯카테이 오타루운하점 六花亭 小樽運河店

홋카이도 최대 디저트 기업인 롯카테이를 오타루에서도 만날 수 있다. 멋스러운 석조 건물을 기타카로 오타루점과 사이좋게 나눠 쓴다. 1층에는 마루세이 버터샌드 등 롯카테이의 대표 제품이 예쁜 패키지로 진열되어 있으며, 2층에서는 고소한 생크림을 부드러운 슈에 넣은 크림퍼프, 찐득한 크림치즈가 샌드된 유키콘치즈 등 매장에서 구운 과자를 무료 커피와 함께 맛볼 수 있다.

Access JR미나미오타루역에서 사카이마치도리 방향으로 도보 8분 **Add** 小樽市堺町7-22 **Tel** 0134-24-6666 **Open** 10:00~17:00 **Cost** 슈크림 커스터드 100엔, 유키콘치즈 230엔 **Web** www.rokkatei.co.jp

오타루 양초공방 小樽キャンドル工房

옛 벽돌창고 건물 안에 갖가지 양초가 영롱한 빛을 밝히고 아로마의 은은한 향기가 감돈다. 캔들 디자이너가 만든 다양한 오리지널 양초가 있으며, 특히 색색의 밀랍 양초가 유명하다. 서양 전통 방식의 디핑 기법으로 탄생한 밀랍 양초는 연소가 안정적이고 불길이 예쁘다. 평범한 양초라 할지라도 모자이크글라스나 다양한 조각이 더해진 양초 홀더에 놓으면 특별한 선물로 손색없다.

Access JR오타루역 정문 출구에서 사카이마치도리 방향으로 도보 15분 **Add** 小樽市堺町1-27 **Open** 10:00~18:00 **Cost** 밀랍 양초 L사이즈(30cm) 770엔 **Tel** 0134-24-5880 **Web** otarucandle.com

다이쇼가라스 돈보다마칸 大正硝子 とんぼ玉館

작가가 만든 오리지널 유리 액세서리와 장식품을 판매하고 또 손수 만들어볼 수 있는 구슬 공예관. 돈보다마는 구멍 뚫린 유리구슬이 잠자리(돈보)의 겹눈을 닮았다고 해서 붙은 이름으로, 초보자도 어렵지 않게 만들 수 있다. 유리 막대 끝에 살짝 버너로 열을 가해 녹인 후 철 막대에 꽂고 계속 빙빙 돌리면서 모양을 잡는다. 구슬 안의 문양은 난이도에 따라 마블, 꽃, 하트 중 선택할 수 있으며, 체험 시간은 10~15분 정도다.

Access JR오타루역 정문 출구에서 사카이마치도리 방향으로 도보 15분 **Add** 小樽市色内1-1-6 **Open** 09:00~19:00 **Cost** 돈보다마 제작 체험 1,100엔~ **Tel** 0134-32-5101 **Web** www.otaru-glass.jp/store/tonbo

오타루 소코 NO.1 小樽倉庫NO.1

오타루 지비루(지역 맥주)를 맛볼 수 있는 비어 하우스. 독일인 맥주 장인의 제조 기술과 오타루의 미네랄 풍부한 물이 만나 개성 강한 지비루가 탄생했다. 필스너, 둔켈, 바이스의 대표 맥주 외에도 훈제 맥아로 만든 독특한 풍미의 '밤베르크', 구동독의 흑맥주 '슈바르츠', 독일 맥주 축제 옥토버 페스트에 맞춰 판매되는 '페스트' 등 다양한 계절 한정 맥주도 선보인다. 홋카이도산 재료로 만든 감자튀김과 수제 소시지 등 맥주와 어울리는 안주가 다양하다.

Access JR오타루역 정문 출구에서 주오도리 방향으로 도보 15분 **Add** 小樽市港町5-4 **Open** 11:00~23:00 **Cost** 맥주(소) 517엔, 수제 소시지 968엔 **Tel** 0134-21-2323 **Web** otarubeer.com

이세즈시 伊勢鮨

〈미슐랭가이드〉 별 한 개를 받은 오타루의 유명 스시집. 명성에 비해 자그마한 식당 입구를 들어서면 오타루 근해에서 가져온 자연산 재료가 스시 장인의 손을 거쳐 수준 높은 요리로 탄생하는 장면을 목격할 수 있다. 선택이 어려울 때는 세트를 주문하면 되는데 참치, 광어, 연어, 새우 등 기본 재료로 이루어진 스시에서도 내공이 느껴진다. 외국인 손님이 많은 까닭에 영어 메뉴판도 준비되어 있다.

Access JR오타루역 정문 출구에서 오도리 방향으로 도보 7분 **Add** 小樽市稲穂3-15-3 **Open** 11:30~15:00, 17:00~21:30, 수요일 휴무 **Cost** 스시(10pc) 3,300엔 **Tel** 0134-23-1425 **Web** www.isezushi.com

오타루소바야 야부한 小樽蕎麦屋·籔半

홋카이도의 정통 소바를 맛볼 수 있는 집. 1954년 가게를 열어 지금 2대째 여주인이 운영하고 있다. 특히 홋카이도산 메밀로만 면을 만든 지모노코地物粉 면은 꼭 맛보자. 거친 소바와 간장 쓰유의 자연스러운 풍미가 잘 어우러진다. 테이블석과 함께 분위기 있는 다다미방 자리도 있다.

Access JR오타루역 정문 출구 앞 횡단보도 건너서 왼쪽으로 도보 3분 **Add** 小樽市稲穂2-19-14 **Open** 11:00~15:00, 17:00~20:00, 화요일 휴무, 수요일 부정기 휴무 **Cost** 지모노코멘 자루 세이로 902엔 **Tel** 0134-33-1212 **Web** www.yabuhan.co.jp

아사히카와역은 홋카이도 철도 교통의 실질적인 허브다. 삿포로에서 홋카이도 중남부의 비에이·후라노, 동부의 아바시리, 북부의 왓카나이로 가기 위해서는 반드시 아사히카와역을 거쳐야 한다. 규모 또한 삿포로역 다음으로 크다. 기존의 낡고 작았던 역사는 2011년 대대적인 개축 공사를 통해 새로이 거듭났다. 현대적인 유리 커튼월의 투명한 역사는 내부에 홋카이도 중부의 자연을 상징하는 목재 기둥을 품고 있다. 엘리베이터와 에스컬레이터를 통해 개찰구에서 2층 홈, 열차 플랫폼으로 이어지는 동선은 편리하고 직관적이다. 작은 강이 흐르는 역사 남쪽에는 열차를 기다리는 동안 잠시 걷기 좋은 산책로와 공원이 조성되었다. 멀리 '홋카이도의 지붕'이라 불리는 다이세쓰 산도 보인다. 기존 버스터미널 자리에 이온몰과 호텔까지 들어서면서 아사히카와는 홋카이도 제2의 도시라는 타이틀에 어울리는 역을 갖게 되었다.

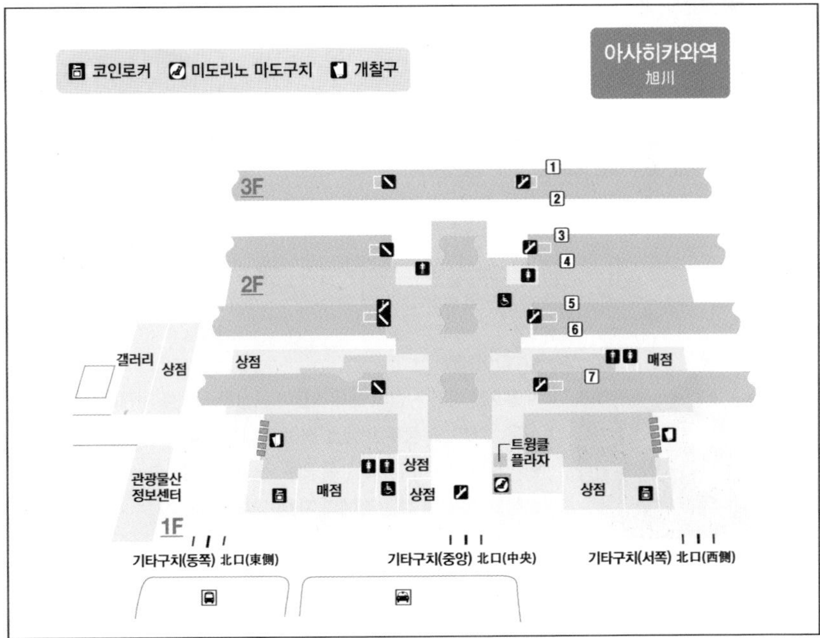

- 미도리노 마도구치 Open 05:00~22:00 Tel 0166-25-6736
- 아사히카와 관광물산 정보센터 Open 09:00~19:00 Tel 0166-26-6665
- 우체국 Open 우편 창구 09:00~17:00, ATM 08:00~23:00 Tel 0166-23-9530
- The Sun 구로도 The Sun 蔵人 旭川駅店 Open 09:00~18:00

키워드로 그려보는 홋카이도 중부 여행

아사히카와-비에이-후라노를 잇는 홋카이도 중부에서는 아름다운 숲과 정원을 만끽할 수 있다. 형형색색 꽃이 만발하는 한여름은 다른 일본 지역에 비해 기온도 높지 않아 여행하기에 최적이다.

여행 난이도 ★★★
관광 ★★★★
쇼핑 ★☆
식도락 ★★★
기차 여행 ★★★

언덕마을 비에이

면적의 70%가 산지이고 약 15%는 경작지로 이루어진 비에이. 어딜 바라보나 탁 트여 있고 그림처럼 아름다운 언덕 풍경이 눈에 잡혀 저도 모르게 카메라 셔터를 누르게 된다.

후라노 라벤더

여름의 후라노를 보랏빛 향기로 물들이는 라벤더. 가장 아름답게 피는 시기는 7월 중순에서 하순으로 봄의 벚꽃만큼이나 짧지만 라벤더 진액을 담은 갖가지 특산품으로 달콤한 꽃향기를 오랫동안 간직할 수 있다.

다이세쓰 산

해발 2천 미터 이상의 봉우리들이 웅장한 산세를 자랑하는 다이세쓰 산은 홋카이도 중부 여행을 하며 어디서든 마주하게 된다. 울울창창한 나무는 아사히카와에 목공예 기술이 발달하고 가구 디자이너가 성장할 수 있게 하는 천혜의 자원이기도 하다.

치즈

일본 우유 전체 생산량의 90%를 담당하는 홋카이도. 특히 홋카이도 중부에 목장이 넓게 자리하고 있어서 각종 유제품이 발달했다. 대기업의 제품 외에도 소규모 치즈 공방의 풍부하고 개성 강한 자연 치즈를 맛볼 수 있다. 상큼하고 진한 치즈 케이크, 고소한 맛의 피자도 일품.

알짜배기로 놀자

홋카이도 어디서든 열차 교통이 편리한 아사히카와. 시내 중심가는 전형적인 중소 도시의 모습을 하고 있지만, 조금만 벗어나면 자연과 어우러진 동물원과 아름다운 홋카이도 정원을 만날 수 있다.

어떻게 다닐까?

관광지는 시내와 인근에 흩어져 있는 반면, 관광버스와 같은 여행자를 위한 교통수단이 따로 있지는 않다. 시내 노선버스와 JR열차를 적절히 활용할 것.

어디서 놀까?

가미카와 소코 크라이무 KAMIKAWA SOKO 蔵囲夢

백 년 된 붉은 벽돌의 옛 창고군을 개조한 가구 전시장. 인테리어 종합 프로듀스 집단인 '인테르니INTERNI'의 가구 편집숍, 전 세계에서 수집한 의자를 감상할 수 있는 '체어즈 갤러리CHAIRS GALLERY' 등 아사히카와 스타일의 디자인 가구를 만날 수 있다.

Access JR아사히카와역 서쪽 개찰구에서 나와 도보 5분 **Add** 旭川市宮下通11-1604-1 **Open** 인테르니 12:00~17:00(월요일·마지막 일요일 휴관) / 체어즈 갤러리 5~10월 10:00 ~18:00, 11~4월 11:00~17:00(월요일 휴관) **Tel** 인테르니 0166-27-1701 / 체어즈 갤러리 0166-23-3000 **Web** 인테르니 interni.tv 체어즈 갤러리 https://www-1.potato.ne.jp/~ada/gallery/old/01/chairs.html

미우라 아야코 기념문학관 三浦綾子記念文学館

한국에도 잘 알려진 소설 『빙점』의 작가 미우라 아야코(1922~1999)의 전 생애와 예술관을 전시한 기념관. 일본에서도 드물게 팬들이 모금하여 건립한 문학관이다. 주변에는 『빙점』의 무대가 되기도 한 침엽수림이 조성되어 있어 의미가 남다르며, 호젓하게 산책하기에도 좋다.

Access JR아사히카와역 동쪽 개찰구에서 나와 도보 15분 **Add** 旭川市神楽7条8-2-15 **Open** 09:00~17:00(6월~10월 무휴, 11월~5월 월요일 및 12/28~ 1/5 휴관) **Cost** 어른 700엔, 학생 300엔 **Tel** 0166-69-2626 **Web** www.hyouten.com

아사히야마 동물원 旭山動物園

아사히야마 동물원은 일명 '기적의 동물원'으로 불린다. 동물 각각의 습성과 행동을 분석해 다양한 관람 방식을 도입하며 망해 가던 동물원은 연간 300만 명이 찾는 명소로 거듭났다. 나무 위에서 생활하는 오랑우탄은 높은 기둥을 밧줄로 연결한 공중 방사장에서 볼 수 있고, 8월이 되면 가이드와 함께하는 '밤의 동물원'이 개장하여 야행성 동물을 관찰할 수 있다. 동물원 최대의 볼거리인 '펭귄의 산책'도 겨울철 펭귄의 운동 부족을 위해 행해지던 것. 15ha의 너른 동물원 안에서 펼쳐지는 갖가지 동물 체험은 한두 시간으론 부족하다.

Access JR아사히카와역 서쪽 개찰구로 나와 5번 승강장에서 41·42·47번 버스 타고 40분 후 아사히야마도부쓰엔 하차 **Add** 旭川市東旭川町倉沼 **Open** Open 4월 29일~10월 15일 09:30~17:15, 10월 16일~11월 3일 09:30~16:30, 11월 11일~4월 9일 10:30~15:30 **Cost** 고등학생 이상 1,000엔, 중학생 이하 무료 **Tel** 0166-36-1104 **Web** www.city.asahikawa.hokkaido.jp/asahiyamazoo

우에노팜 UENO FARM

홋카이도의 유명 가드너인 우에노 사유키上野砂由紀 씨가 2001년부터 조성한 아름다운 정원. 오솔길과 나무 울타리 사이로 달마다 다양하게 피어나는 1천여 종의 꽃은 홋카이도 특유의 기후와 풍토를 고스란히 담아내고 있다. 여유로운 산책 후에는 오래된 헛간을 개조한 나야 카페NAYA Café에서 아사히카와 목장의 우유를 사용한 디저트와 제철 재료로 만든 건강한 음식도 즐길 수 있다. 가든 소품과 아기자기한 잡화는 구경하는 재미가 쏠쏠하다.

Access JR아사히카와역에서 보통열차 타고 약 25분 후 JR사쿠라오카역 하차, 도보 15분 **Add** 旭川市永山16-186-2 **Open** 가든 4월 하순~10월 중순 10:00~17:00, 카페 10:00~17:00(가든 공개 기간에는 무휴, 동계 휴업) **Cost** 고등학생 이상 1,000엔, 중학생 500엔, 초등학생 이하 무료 **Tel** 0166-47-8741 **Web** www.uenofarm.net

© UENOFARM

© UENOFARM

다이세쓰 지비루칸 大雪地ビール館

지역 맥주 다이세쓰 지비루를 홋카이도 명물 징기스칸(양고기 구이)과 함께 즐길 수 있는 비어 홀. 붉은 벽돌의 창고군 가미카와 소코 내에 자리한다. 아로마 향과 비터 홉이 균형 잡힌 '다이세쓰 필스너大雪ピルスナー', 에일 계열의 '케라·피루카ケラ·ピルカ', 홋카이도산 밀을 첨가한 '호가萌芽', 아사히카와산 쌀과 후라노산 보리를 사용해 목 넘김이 좋은 발포주 '후라노 오무기富良野大麦' 등 개성 있는 맥주가 준비되어 있다. 맥주 샘플링을 주문하면 4종류의 다이세쓰 지비루를 모두 맛볼 수 있어 고민을 덜어준다. 주당을 위해 90분 동안 무제한으로 맥주를 포함한 모든 주류를 마실 수 있는 노미호다이 메뉴(1인 2,160엔)도 있다. 2층은 징기스칸 전용 레스토랑으로 맛있는 연기를 폴폴 피우며 생 양고기를 구워 먹을 수 있다. 점심에는 라멘, 카레, 파스타 메뉴도 판매한다.

Access JR아사히카와역 서쪽 개찰구에서 나와 도보 5분 Add 旭川市宮下通11-1604-1 Open 11:30~14:00, 17:00~22:00 Cost 맥주(350ml) 605엔, 맥주 샘플링 1,980엔, 징기스칸 1접시 1,350엔 Tel 0166-25-0400 Web www.ji-beer.com

하치야 蜂屋 五条創業店

1947년 문을 연 노포 라멘집. 아사히카와의 유명한 쇼유라멘을 맛볼 수 있다. 어패류의 깔끔한 국물에 간장으로 간을 하고, 불에 그슬린 라드(돼지기름)를 사용해 느끼함이 덜하다. 주문 시 기름이 많은 것(아부랏코이)과 보통(후츠) 중에서 고를 수 있다.

Access JR아사히카와 서쪽 개찰구에서 나와 도보 10분. 후라리토 골목 내 Add 旭川市5条通7丁目右6 Open 10:30~19:50, 목요일 휴무 Cost 쇼유라멘 800엔 Tel 0166-22-3343

하루 종일 놀자

아사히카와는 후라노·비에이를 잇는 홋카이도 중부 여행의 출발점이다. 한여름 형형색색의 꽃밭과 녹음, 한겨울에는 근사한 설경을 만끽할 수 있는 홋카이도의 자연 풍광에 흠뻑 빠져보자. JR아사히카와역에서 열차로 JR비에이역은 30여 분, JR후라노역까지는 대략 1시간 20분 거리다.

어떻게 다닐까?

관광열차 후라노·비에이 노롯코호

달리는 차창 밖 풍경을 볼 목적이 아니라도 노롯코호를 타야 할 이유가 있다. 후라노의 라벤더 명소 팜도미타와 가장 가까운 역인 라벤더바타케ラベンダー畑역에 임시 정차하기 때문. 도보로 7분이면 팜도미타에 다다를 수 있다.

Open 6~10월 초 주말·공휴일(7~8월 중순 매일) 하루 3회 왕복

후라노버스 라벤더호 ラベンダー号

아사히카와역에서 출발해 아사히카와 공항, 비에이역, 후라노역, 신후라노 프린스 호텔을 순환 운행하는 정기 노선이다. 후라노의 대표 관광지인 닝구르 테라스만 따로 구경하거나 또는 관광버스가 운행하지 않는 시즌일 때 유용하다. 1일 왕복 8회뿐이니 시간 체크는 필수.

Cost 후라노역~신후라노 프린스 호텔 260엔 Web www.furanobus.jp/lavender

기간 한정 관광 버스

노롯코호 운행 시즌에 맞춰 JR패스 소지자만 이용할 수 있는 관광버스. 비에이역에서 출발해 비에이의 언덕을 순환하는 비유버스美遊バス와 비에이 및 후라노의 유명 관광지를 도는 관광주유버스観光周遊バス가 있다. 비에이역 관광안내소에서 구입하거나, 인터넷으로 구입 또는 사전 예약해야 한다. 버스 운임만 해당되며 각 관광지 입장료는 별도다.

Open 6~10월 초 주말·공휴일(7~8월 중순 매일) Cost 비유버스 어른 2,000엔, 어린이 1,000엔 / 관광주유버스 어른 3,000~5,000엔, 어린이 1,500~2,500엔(코스에 따라 다름)

자전거

오르막 내리막이 많은 비에이와 관광지 사이의 거리가 먼 후라노는 모두 자전거로 다니기 100% 적합하지는 않다. 그러나 렌터카나 버스보다 어쩐지 자전거가 기차 여행과 더 잘 어울린다. 특히 광활한 비에이의 언덕을 온전히 향유하기에 자전거만큼 좋은 매개체도 없다. 단, 체력을 생각해 일반 자전거보다는 전동 자전거를 추천한다. 대여료는 2배 정도 차이 난다. 역 앞 자전거 대여점에서 4월 말부터 10월 말까지 빌릴 수 있다.

Tip!

삿포로에서 후라노 한 번에 가기! 후라노 라벤더 익스프레스

아사히카와를 거치지 않고 삿포로에서 단번에 후라노로 갈 수 있는 방법. 후라노의 라벤더 시즌과 맞물려 후라노 라벤더 익스프레스特急フラノラベンダーエクスプレス가 운행한다. 183계 전동차량으로 널찍한 창과 지붕의 창을 통해 아름다운 경치가 한눈에 담긴다. 6월 주말과 7월에서 8월 중순까지 매일, 8월 중순~10월 중순 주말에 하루 2회 왕복 운행하며, 갈아탈 필요가 없고 30분 정도 시간을 단축할 수 있다.

어디서 놀까?

닝구르 테라스 Ningle Terrace

신후라노 프린스 호텔 부지 내 숲에 조성된 14채의 수공예품 숍. 후라노를 배경으로 한 3편의 드라마를 쓴 작가 구라모토 소倉本聰가 프로듀싱한 공간으로 나무 데크를 따라 들어선 통나무집들이 마치 동화 속 요정의 숲 같다. 대여섯 명이 들어가면 꽉 차는 작은 통나무집 안에는 자연을 모티브로 나뭇가지, 호두껍데기, 꽃잎, 천연가죽 등을 이용한 액세서리와 장식품, 장난감, 그림엽서 등을 판매하고 있다. 후라노는 물론 홋카이도 전역의 공예 작가들의 오리지널 작품으로 이 가운데는 실제 작가가 상주하며 작업을 하는 곳도 있다. 얼마든지 구경하거나 만져볼 수 있지만 실내 사진 촬영은 엄격하게 금지한다.

Access 여름 시즌 트윙클버스 이용 또는 JR후라노역 앞에서 버스 라벤더호를 타고 18분 후 신후라노 프린스 호텔 하차 **Add** 富良野市中御料 新富良野プリンスホテル **Open** 12:00~20:45 **Tel** 0167-22-1111 **Web** https://www.princehotels.co.jp/shinfurano/facility/ningle_terrace

팜도미타 ファーム富田

'후라노=라벤더'라는 공식을 만들어낸 원예 농가. 25ha의 아름다운 꽃밭 사이를 걷다가 팜도미타의 라벤더 에센셜 오일로 만든 향수, 비누, 포푸리(향기 주머니) 등을 구경하고 라벤더 소프트아이스크림, 라벤더 벌꿀 푸딩, 라벤더 슈크림 등을 맛보는 등 오감으로 후라노의 라벤더를 즐길 수 있다. 7월 중순에서 하순 만개하는 라벤더뿐 아니라 아이슬란드 양귀비, 차이브, 해당화, 클레오메 등 다른 꽃밭도 충분히 아름답다. 꽃밭 사이사이 팜도미타의 역사 자료관, 향기 체험 코너, 드라이플라워 하우스, 카페 등 전시관과 편의 시설을 잘 갖추고 있다.

Access JR라벤더바타케역에서 도보 7분 또는 JR나카후라노역에서 미야마치 방면으로 도보 25분 **Add** 中富良野町中富良野基線北15 **Open** 5~10월 08:30~17:00(기간 및 상점에 따라 다름) **Tel** 0167-39-3939 **Web** www.farm-tomita.co.jp

후라노잼원 ふらのジャム園

후라노의 공제조합농장共済農場에서 운영하는 후라노잼의 직영점. 합성첨가제 없이 오직 후라노의 농작물과 최소한의 설탕만을 넣은 건강한 잼을 선보인다. 일반적인 딸기, 포도, 사과부터 당근, 단호박, 토마토 등 채소로 만든 잼, 루바브(장군풀), 감제풀 등 색다른 잼까지 38종의 잼을 맛보고 구입할 수 있다. 계절에 따라 갖가지 꽃이 피어나는 꽃밭과 주변 언덕을 조망할 수 있는 로쿠고 전망대, 우리에게도 잘 알려진 호빵맨 캐릭터 상품을 판매하는 앙팡만숍アンパンマンショップ 2호점 등 즐길 거리가 다양하다. 단, 대중교통이 마뜩치 않으니 관광버스 시즌에 방문하도록 하자.

Access 여름 시즌 트윙클버스 승차 **Add** 富良野市東麓郷3 **Open** 09:00~17:30 **Tel** 0167-29-2233 **Web** www.furanojam.com

후라노 치즈공방 富良野チーズ工房

신선한 후라노 목장의 우유로 만든 갖가지 유제품을 맛보고 구입할 수 있는 공방. 한적한 숲 안에 치즈공방, 아이스밀크공방, 피자공방이 자리한다. 치즈공방에서는 치즈가 만들어지는 과정을 구경한 후 와인을 첨가한 체다 치즈, 오징어 먹물을 넣어 숙성시킨 세비야 치즈 등 특이한 치즈를 시식하고 구입할 수 있다. 피자공방에서는 홋카이도산 밀가루, 토마토, 양파 그리고 치즈공방의 오리지널 모차렐라 치즈를 재료로 장작가마에서 구워낸 정통 나폴리 피자를 맛볼 수 있다. 후식으로는 아이스밀크공방의 산뜻한 우유 젤라토가 딱이다. 후라노의 신선한 과일로 만든 셔벗도 좋다.

Access 여름 시즌 트윙클버스 이용 또는 JR후라노역에서 택시로 7분 Add 富良野市中五区 富良野チーズ工房 Open 4~10월 09:00~17:00, 11~3월 09:00~16:00 Cost 치즈 만들기 체험(100g, 1시간 소요) 1,000엔 Tel 0167-23-1156 Web furano-cheese.jp

가제노가든 風のガーデン

2008년 방영된 후지TV 드라마 〈가제노가든〉의 촬영을 위해 조성된 정원으로, 가든 디자이너 우에노 사유키上野砂由紀 씨가 참여했으며 이후 일반에 공개되었다. 드라마를 한 번도 본 적 없더라도 작은 오솔길을 따라 4월 스노드롭, 5월 산현호색, 7월 제라늄, 8월 플록스 등 계절마다 피어나는 아름다운 꽃들은 충분히 감동적이다. 닝구르 테라스가 있는 신후라노 프린스 호텔 내에 자리한다.

Access 여름 시즌 트윙클버스 이용 또는 JR후라노역 앞에서 후라노버스 라벤더호 승차, 18분 후 신후라노프린스 호텔 하차, 셔틀버스 3분 Add 富良野市中御料 新富良野プリンスホテル ピクニックガーデン Open 4월 말~10월 중순 08:00~17:00(9/20~10/10은 16:00까지) Cost 어른 1,000엔, 초등학생 600엔 Tel 0167-22-1111 Web www.princehotels.co.jp/shinfurano/facility/kaze_no_garden_2022

후라노 마르셰 FURANO MARCHE

후라노의 음식문화 집결지. 후라노의 각종 농축산물과 가공품, 특산품 등을 널찍하고 쾌적한 공간에서 쇼핑할 수 있다. 후라노 잼, 후라노 와인, 후라노 치즈 등을 멀리 떨어진 본점에 가지 않아도 편리하게 손에 넣을 수 있고 라벤더 시즌이 아니더라도 향수, 화장품, 비누 등 다양한 라벤더 상품을 구입할 수 있어 마치 후라노의 모든 계절과 지역이 이 한 곳에 압축된 것처럼 느껴진다. 후라노 재료로 만든 수제 빵과 케이크를 즐길 수 있는 스위츠 카페에서 티타임을 갖거나 즉석에서 튀겨주는 만두, 후라노 우유 소프트아이스크림 등을 판매하는 푸드코트에서 주전부리를 사 먹는 재미도 쏠쏠하다.

Access JR후라노역 정문 출구에서 도보 10분 Add 富良野市幸町13-1 Open 10:00~18:00(7/1~9/30은 19:00까지) Tel 0167-22-1001 Web www.furano.ne.jp/marche

비에이의 언덕과 나무

광활하게 펼쳐진 언덕과 그 위에 우뚝 솟은 나무 한 그루. 평소 사진에 관심 없는 사람일지라도 비에이의 풍경을 보는 순간 아마추어 사진가로 돌변한다. 푸릇푸릇한 녹색 카펫이 깔린 여름과 순백색의 눈부시도록 아름다운 겨울 모두 비에이의 언덕을 즐기기엔 최상의 계절. 비에이 언덕은 파노라마 로드パノラマロード, 패치워크의 길パッチワークの路로 구역이 나누어져 있으며, 비에이역 인근 관광안내소 시키노조호칸四季の情報館에서 안내지도를 받을 수 있다. 짐을 보관할 수 있는 코인로커도 있다. 일부 펜션에서 운영하는 비에이 언덕 사진투어를 활용하면 효율적으로 돌아볼 수 있다. 여름과 가을에 자전거로 다녀보고 싶다면, 파노라마 로드가 좀 덜 힘들다. 호쿠세이노오카 전망공원北西の丘展望公園을 비롯해 켄과 메리의 나무ケンとメリーの木, 세븐스타의 나무セブンスターの木 등을 둘러볼 수 있다. 반면, 패치워크의 길은 면적도 넓고 오르막 내리막이 심하니 꼭 전동 자전거를 이용하고 시간을 넉넉히 잡아야 한다. 힘은 들지만 메르헨 언덕メルヘンの丘과 신에이·산아이 전망공원新栄·三愛の丘展望公園 등 로맨틱한 풍경은 특별한 추억을 남길 것이다.

시키노조호칸 **Access** JR비에이역에서 도보 1분 **Add** 上川郡美瑛町本町1-2-14 **Open** 6~9월 08:30~19:00(5·10월 ~18:00, 11~4월 ~17:00) **Tel** 0166-92-4378 **Web** biei-hokkaido.jp

끼니는 여기서

오키라쿠테이 おきらく亭

1993년에 문을 연 소박한 프렌치 레스토랑. 11시부터 오후 2시 사이 런치 메뉴를 주문하면 선택한 메인 요리와 전채 요리, 콩소메 수프가 코스로 나온다. 메인 요리에 닭고기, 소시지, 채소를 푹 고아 만든 프랑스식 냄비 요리 포토푀, 레드와인에 조린 쇠고기에 토마토, 호박, 양파 등 각종 익힌 채소를 곁들이거나 비에이산 감자와 어린 양고기 또는 대구를 이용한 그라탕 등 비에이의 신선한 채소를 십분 활용한 메뉴가 돋보인다. 디저트까지 즐기고 싶다면 포토푀 하프 사이즈와 케이크로 구성된 포토푀 하프 세트를 주문하자. 평일에 식사는 점심시간(11:30~14:00)만 가능하고, 주말에는 저녁에도 할 수 있다.

Access JR비에이역 정문 출구에서 도보 5분 **Add** 上川郡美瑛町栄町1-6-1 **Open** 11:00~17:00(식사는 11:30~14:00만 가능, 수요일&둘째, 넷째 목요일 휴무) **Cost** 포토푀 하프 세트 1,300엔, 수제 케이크&커피 세트 750엔 **Tel** 0166-92-3741 **Web** http://bieiokiraku.sakura.ne.jp

구마게라 くまげら

홋카이도 향토 음식점으로 후라노 지역의 냄비요리인 산조쿠 나베山賊鍋를 즐길 수 있다. 미소 국물에 각종 채소와 사슴·거위·닭고기를 넣어 한소끔 끓여 먹는 산조쿠 나베는 뜨끈하게 속을 풀어주고 영양도 만점이다. 고기를 먹고 남은 국물에 말아 먹는 우동은 아는 사람만 시켜 먹는 히든 메뉴. 토속적인 분위기의 가게는 늦은 밤 술 한 잔 기울이기도 좋다. 한국어 메뉴판도 있다.

Access JR후라노역 정문 출구에서 도보 3분 **Add** 富良野市日の出町 3-22 **Cost** 산조쿠 나베(2인분) 3,400엔 **Open** 11:30~22:00(수요일 휴무) **Tel** 0167-39-2345 **Web** www.furano.ne.jp/kumagera

뎃판·오코노미야키 마사야 てっぱん·お好み焼 まさ屋

오코노미야키 전문점이자 오무카레 맛집. 커다란 철판에서 즉석으로 만들어내는 오무카레의 모습이 재미날 뿐더러 맛도 좋다. 고슬고슬한 볶음밥과 오믈렛, 여기에 부드럽게 익힌 돼지고기와 진한 카레 소스가 어우러져 부담 없이 자꾸만 입 속으로 들어간다. 채소 샐러드와 후라노 우유(매진 시 당근주스)의 세트 구성. 저녁에는 오코노미야키와 함께 포크 리브 스테이크가 추천 메뉴다.

Access JR후라노역 정문 출구에서 도보 5분 **Add** 富良野市日の出町11-15 **Cost** 오무카레 세트 1,210엔, 오코노미야키 700엔~, 포크 리브 스테이크 1,680엔 **Open** 11:30~14:30, 17:00~21:30, 목요일 휴무 **Tel** 0167-23-4464 Web furanomasaya.com

이탈리안 카페 아베테 Italian café Abete

가정집 같은 이탈리안 카페 레스토랑. 테이블 둘, 카운터석 셋뿐인 아담한 공간에서 손수 제작한 돌가마로 구운 피자와 통밀가루로 만든 파스타, 와인을 즐길 수 있다. 비에이산 무농약 식재료와 직접 재배한 채소 등을 사용한다. 수제 효모로 발효해 쫄깃쫄깃하고 담백한 도우에 장작불 냄새가 배어 개운한 피자는 꼭 맛볼 것. 피자는 저녁에만 판매하며 포장도 가능하다.

Access JR비에이역 정문 출구 반대쪽으로 도보 5분 **Add** 上川郡美瑛町大町2-1-36 **Open** 11:30~15:00, 17:30~20:00, 화요일 휴무(11~4월 월·화요일 휴무) **Cost** 이시가마(돌가마) 피자 1,400엔~, 파스타 900엔~ **Tel** 0166-92-1807 **Web** abete111.wix.com/abete

어디서 잘까?

아사히카와역 주변

덴넨온센신이노유 도미인 아사히카와
天然温泉神威の湯 Dormy Inn 旭川

꼭대기 층의 천연온천탕이 유명한 비즈니스호텔. 도심 호텔에선 보기 드문 천연온천을 노천탕에서 즐길 수 있다.

Access JR아사히카와역 서쪽 개찰구에서 나와 쇼와도리를 따라 도보 10분 Add 旭川市五条通6-964-1 Cost 더블룸 1인 6,290엔~ Tel 0166-27-5489 Web www.hotespa.net/hotels/asahikawa

JR인 아사히카와 JRイン旭川

이온몰과 함께 2015년 3월 오픈한 최신 호텔. 꿀잠을 위해 소재와 높이가 다른 20종류의 베개 중에서 고를 수 있다.

Access JR아사히카와역 서쪽 개찰구에서 연결 Add 旭川市宮下通7-2-5 Cost 싱글룸 1인 4,800엔~ Tel 0166-24-8888 Web www.jr-inn.jp/asahikawa

비에이역 주변

프티호텔 피에 プチホテル ピエ

비에이역 인근 숙소 중 비교적 저렴한 가격에 깨끗한 호텔. 유럽풍의 아기자기한 외관에 침대방 8실, 다다미방 2실뿐이니 예약을 서두를 것.

Access JR비에이역에서 도보 4분 Add 上川郡美瑛町栄町1-5-17 Cost 트윈룸 1인 4,629엔~ Tel 0166-92-1200

알프 롯지 비에이 Alp Lodge BIEI

호쿠세이노오카 언덕 전망대에서 도보로 3분 거리의 펜션. 벽난로가 놓인 거실, 별을 볼 수 있는 천창을 가진 아기자기한 소나무 집으로, 객실은 총 5개다.

Access JR비에이역에서 도보 약 30분 또는 송영 차량으로 5분(7~8월은 수송만 가능) Add 上川郡美瑛町大村大久保協生 Cost 1박 6,000엔~, 석식 2,500엔, 조식 1,000엔 Tel 0166-92-1136 Web www.alp-lodge.com

후라노역 주변

후라노 내추럭스 호텔 FURANO NATULUX HOTEL

세련되고 스타일리시한 비즈니스호텔. 부엌이 딸린 콘도미니엄 타입의 객실(별관)도 선택할 수 있다. 후라노역 바로 앞에 있어 편리하다.

Access JR후라노역에서 도보 1분 Add 富良野市朝日町1-35 Cost 세미 더블룸 1실 10,000엔~ Tel 0167-22-1777 Web www.natulux.com

펜션 아시타야 Pension あしたや

후라노 와인공장 인근의 전망 좋은 2층 통나무집 펜션. 건강한 일본식 저녁 식사를 즐길 수 있다.

Access JR후라노역에서 차로 7분. 예약 시 픽업서비스 가능 Add 富良野市清水山 Cost 트윈룸(조·석식 포함) 18,000엔~ Tel 0167-22-0041 Web www.tomarrowya.com

04 구시로역 釧路駅

구시로역은 홋카이도 동부 여행의 관문이다. 구시로 습원과 아칸국립공원을 비롯해 시레토코 반도까지 이어지는 홋카이도 원시 자연의 보고를 가기 위해선 구시로역을 거쳐야 한다. 홋카이도 중서부와 동부를 잇는 네무로 본선의 주요 역이자, 동북부의 아바시리역까지 이어지는 센모 본선도 구시로역에서 출발한다. 삿포로역에서 특급열차로 4시간 30분 이상 떨어져 있지만 기차 여행자에겐 큰 장벽은 아니다. 구시로역은 규모도 크지 않고 오래되었으며 심지어 위층은 상가 시설이 입주해 있는 등 홋카이도 동부의 거점 역이라고 하기엔 어쩐지 좀 부족해 보인다. 하지만 역내에는 에키벤 매장과 작은 식당, 서점, 베이커리 등 편의 시설을 제법 잘 갖추고 있고, 곳곳에 걸린 관광열차 깃발과 아칸 호수 바닥에 살고 있는 둥근 수초 '마리모'가 살고 있는 수족관 등 여행의 분위기를 느낄 수 있다.

- 미도리노 마도구치 Open 05:20~22:30 Tel 0154-24-3176
- 관광안내소 Open 09:00~17:30 Tel 0154-22-8294

키워드로 그려보는 구시로 여행

여행 난이도 ★★★
관광 ★★★
쇼핑 ★
식도락 ★★☆
기차 여행 ★★★★

홋카이도의 생생한 원시의 자연을 만날 수 있는 홋카이도 동부 여행의 시작은 구시로다. 느릿느릿 습원과 초원 사이를 가로지르는 열차를 타고 에코 투어를 떠나보자.

구시로 습원

구시로 여행의 목적은 십중팔구 구시로 습원이다. 한눈에 다 잡히지 않는 광활한 습원 지대는 홋카이도 원시 자연의 결정체다. 특히 여름에는 노롯코호, 겨울에는 증기기관차를 타고 가는 구시로 습원은 홋카이도 기차 여행에선 빼놓을 수 없는 코스.

아칸국립공원

아칸 호·굿샤로 호·마슈 호의 세 칼데라 호수를 아우르는 총면적 9만 481ha의 국립공원으로 숲과 호수와 화산이 만들어내는 원시 자연의 하모니를 감상할 수 있다. 아칸 호는 기차 코스로는 적절치 않지만, 굿샤로 호와 마슈 호는 JR가와유온센역 또는 JR마슈역에서 버스가 운행한다.

온천

활화산 지대가 넓게 분포한 홋카이도 동부에는 온천지가 곳곳에 발달했다. 냄새를 풀풀 풍기는 유황 온천부터 칼데라호의 천연 모래 온천까지 다양한 온천을 즐길 수 있다. 역내에 족욕 시설이 마련된 곳도 있어서 짧게나마 여행의 피로를 풀 수도 있다.

로바타야키

화롯불에 각종 재료를 구워서 안주로 즐기는 '로바타야키'의 발상지 구시로. 봄부터 가을까지 피셔맨즈 워프 무 앞 부둣가에서 펼쳐지는 간페키 로바타에서 원조의 맛과 분위기를 제대로 즐길 수 있다.

알짜배기로 놀자

구시로까지 와서 구시로 습원을 보지 않는 것은 영화관에서 팝콘만 먹고 가는 꼴이다. 출발점인 구시로역은 홋카이도의 주요 역에서 대체로 멀기 때문에 전날 저녁 도착해 다음 날 열차를 타는 일정으로 계획하자.

어떻게 다닐까?

열차

구시로 습원 바로 가장자리를 달리는 열차는 구시로 여행의 가장 편리한 교통수단이자 관광 코스다. 보통열차 또한 같은 코스를 가지만 이왕이면 큰 창문과 레트로한 나무 좌석을 장착한 관광열차 쪽이 기분은 더 난다. JR패스가 있으면 열차의 자유석은 얼마든지 중간에 내렸다가 다시 탈 수 있으니 열차 시간을 꼼꼼히 체크해두자.

어디서 놀까?

누사마이바시 幣舞橋

일본의 드라마나 영화에도 종종 등장하는 구시로의 상징적 다리. 다리 네 귀퉁이에 각기 다른 작가가 봄·여름·가을·겨울을 표현한 '사계의 조각상'이 묘한 조화를 이루고 있다. 홋카이도 3대 다리라는 명성 치곤 작은 규모에 실망할 수도 있지만, 석양 무렵이나 안개가 자욱하게 낀 여름날의 저녁에 이곳의 진가를 제대로 확인할 수 있다.

Access JR구시로역 정문 출구에서 구시로 강 방향으로 도보 15분

호소오카 전망대&비지터 라운지

細岡展望台＆ビジターズラウンジ

높은 곳에 위치해 '대전망대'라고도 불리는 호소오카 전망대. 이곳에 서면 구시로 습원의 광활하고 장엄한 풍경과 뱀처럼 습원 사이를 유유히 굽이치는 구시로 강의 모습을 볼 수 있다. 해 질 녘 붉게 물든 노을 아래 펼쳐진 풍광이 특히 아름답다. 전망대 산책로 입구에 마련된 비지터 라운지에서 가벼운 식사와 차, 기념품을 판매한다.

Access JR구시로시쓰겐역에서 산길을 따라 15분 **Add** 釧路郡釧路町達古武22-8 **Open** 비지터 라운지 6~9월 09:00~18:00, 10~5월 09:00~17:00 **Tel** 0154-40-4455(비지터 라운지)

구시로 피셔맨즈 워프 무
釧路フィッシャーマンズワーフMOO

구시로 강변에 위치한 피셔맨즈 워프 무는 1층에는 쇼핑센터, 2~3층에는 레스토랑이 입점한 현대식 수산시장이다. MOO는 'Marine Our Oasis'의 약자. 바로 옆에는 이름처럼 둥근 유리 돔의 온실정원 'EGG'가 자리한다. 'Ever Green Garden'을 뜻하는 EGG는 겨울이 긴 구시로에서 1년 내내 푸르른 식물을 볼 수 있는 곳이다. 아늑하면서도 조용해 잠시 쉬었다 가기 좋다. 때때로 미니 콘서트나 이벤트가 열리기도 한다.

Access JR구시로역 정문 출구에서 구시로 강 방향으로 도보 15분 Add 釧路市錦町2-4 Open 1층 10:00~19:00, 2~3층 11:00~22:00, EGG 06:00~22:00 Tel 0154-23-0600 Web www.moo946.com

구시로 습원 釧路湿原

습원과 호수, 구릉지 등을 모두 합쳐 축구장 3만 개 크기와 맞먹는 2만2천여ha의 구시로 습원은 천연기념물로 지정된 일본 최대의 습원 지대다. 멸종 위기에 빠진 두루미의 서식지로 알려지면서 엄격한 통제와 관리 속에 세계적인 생태보존지역으로 남을 수 있었다. 아프리카의 초원을 보는 듯한 광대한 풍경은 물론, 태곳적 신비를 간직한 희귀한 동식물의 보고. 사람의 발길을 철저히 제한하기 때문에 높은 전망대에서 내려다보거나 나무 데크가 조성된 산책로 위를 걸으며 감상할 수 있다. 또 하나는 기차를 타고 보는 것. 습원 가장 가까이 달리는 관광열차에 앉아 북국의 원시 자연 속을 탐험할 수 있다.

Access JR구시로시쓰겐역 하차(호소오카 전망대)

도로 호수 塘路湖

여름 시즌 노롯코호 열차의 종착지인 JR도로역 인근 호수. 바다의 일부가 퇴적물에 의해 호수가 된 해적호海跡湖로, 구시로 습원에서 가장 넓은 637ha에 달한다. 호수 북쪽의 사루보 전망대サルボ展望台·사루룬 전망대サルルン展望台에서는 호수의 전경과 주변의 4개 늪으로 구성된 웅대한 자연을 감상할 수 있다. 사루룬 전망대는 1~3월 습원을 달리는 증기기관차의 촬영 포인트로도 유명하다. 나무 데크 산책로를 따라 역에서 전망대까지 1시간여에 다녀올 수 있다. Access JR도로역 하차

끼니는 여기서

간페키 로바타 岸壁炉ばた

현지인, 관광객이 한데 어울려 부두 옆에서 로바타야키를 즐기는 간페키 로바타는 구시로를 찾는 즐거움 중 하나. 지폐 대신 1,000엔 묶음의 쿠폰을 구입해 사용한다. 이 쿠폰은 500엔×1장, 200엔×1장, 100엔×2장, 50엔×2장으로 되어 있어서 각 점포에서 해산물이나 음료의 금액만큼 쿠폰을 내면 된다. 구입한 재료는 자리로 가져와 화롯불 석쇠에 구워 먹는다. 신선한 해산물과 다양한 꼬치 등 대부분 맛있지만 오징어 통구이는 상상을 초월하는 맛이다. 통째로 올려놓은 오징어가 어느 정도 익으면 스태프가 쿠킹 호일을 펼치고 오징어를 먹기 좋게 썬 후 봉합해 조금 더 익히는데, 오징어의 내장이 흘러나와 특유의 풍미가 배가된다. 남은 쿠폰은 간페키 로바타 기간에 사용할 수 있으며 돈으로 환불되지는 않으니 당일치기 여행자는 적게 구입한 후 추가하도록 하자.

Access JR구시로역 정문 출구에서 구시로 강 방향으로 도보 15분, 피셔맨즈 워프 무 앞 **Add** 釧路市錦町2-4 **Open** 17:00~21:00 **Cost** 오징어 통구이 400엔~, 맥주 550엔 **Web** www.moo946.com/robata/

와쇼 시장 和商市場

구시로에서 가장 오래된 공설 시장으로 1954년 문을 열었다. 해산물을 비롯해 젓갈류, 절임류, 신선한 과일과 채소, 정육, 잡화 등 100여 곳의 점포가 모여 왁자지껄한 시장 분위기를 느낄 수 있다. 와쇼 시장의 명물은 '갓테돈'이라는 해산물 덮밥. 시장 내에서 1회용 용기에 담긴 밥을 구입한 후 해산물 가게에서 원하는 해산물을 조금씩 구입해 '나만의 덮밥'을 완성하는 것이다. 보통 1,500~2,000엔 정도. 아침 식사로 먹기에도 괜찮다.

Access JR구시로역에서 도보 1분 **Add** 釧路市黒金町13-25 **Open** 08:00~17:00 (일요일 휴무) **Tel** 0154-22-3226(와쇼 시장 사무국) **Web** www.washoichiba.com

구시로 미나토노 야타이 釧路 港の屋台

피셔맨즈 워프 무 2층에 자리한 '항구의 노점'이란 뜻의 실내 포장마차로 늦은 밤까지 술 한잔 기울이기 좋다. 11곳의 포장마차에서 싱싱한 해산물과 꼬치, 구시로 명물 닭튀김 '잔기ザンギ' 등을 주문하면 카운터든 중앙 테이블이든 손님 자리까지 가져다주는 방식이다. 간페키 로바타가 열지 않는 겨울철의 적절한 대안이기도 하다.

Access JR구시로역 정문 출구에서 구시로 강 방향으로 도보 15분, 피셔맨즈 워프 무 2층 **Add** 釧路市錦町2-4 **Open** 17:00~00:00 **Tel** 0154-23-0600 **Web** www.moo946.com/yatai

Tip!

열차 탑승 전 구시로역에서 먹을 것을 챙기자!

구시로의 관광열차 스케줄은 점심시간과 애매하게 맞물려 있다. 차내에서는 도시락을 팔지 않고 매점이 있기는 하나 주전부리 정도만 판매하고 있다. 각 정차역도 대부분 무인역이라 뭘 팔지도 않으니 열차를 타기 전 구시로역에서 점심으로 먹을 만한 것을 구입해가자. 에키벤(도시락) 매장을 비롯해, 먹기 좋은 주먹밥(오니기리)이나 갓 구운 빵을 파는 베이커리가 있다. 에키벤은 주로 멸치, 고등어, 연어알, 성게알, 게 등 해산물을 이용한 것이 많다. 에키벤을 좋아하지 않는다면 값도 저렴하고 재료도 무난한 주먹밥도 괜찮다.

하루 종일 놀자

구시로 습원을 본 후 다시 구시로역으로 돌아와도 되지만, JR도로역 또는 JR시베차역에서 보통열차로 환승해 JR가와유온센역까지 갈 수도 있다. 신비한 칼데라 호수가 있는 아칸국립공원을 둘러보고 가와유 온천에서 유황 온천을 즐긴 후 다음 날 JR아바시리역까지 가는 일정으로 계획하면 홋카이도 동부 기차 여행 코스가 완성된다.

어떻게 다닐까?

정기관광버스 피리카호 ピリカ号

구시로역 앞에서 오전 8시 출발해 마슈 호수 제1전망대(30분 정차), 이오 산(30분 정차), 굿샤로 호수 스나유(20분 정차), 아칸호 온천(2시간 정차 또는 하차)를 들른 후 구시로공항(16:10) 또는 구시로역(16:50)에서 하차하는 관광 버스를 이용할 수 있다.

Cost 구시로역 왕복 4,600엔, 구시로역~아칸코온천 3,290엔(어린이는 반값) Web www.akanbus.co.jp

어디서 놀까?

이오 산 硫黄山

여전히 지독한 유황 연기를 피우고 수증기와 화산가스를 내뿜는 활화산. 이름 그대로 '유황산'이다. 아이누인들은 '벌거숭이 산'이라는 뜻의 '아토사누푸리アトサヌプリ'라 불렀다. 한때 유황 광산이 개발되면서 철도가 놓이기도 했지만 현재는 그 흔적만 남아 있다. 산 입구에 방문객센터가 마련되어 있고, 워낙 유명한 관광지다 보니 버스가 사진을 찍을 수 있도록 20분 정도 정차한다.

Access JR가와유온센역에서 도보 20분 Open 여름 08:30~17:30, 겨울 08:00~17:00(방문객센터) Tel 015-483-3511(방문객센터)

가와유 온천 川湯温泉

활화산인 이오산에서 흘러나온 고온의 강줄기를 따라 수증기와 유황 냄새가 피어오르는 온천. pH1.8의 강산성 유황 온천으로 살균력이 뛰어나고 나트륨을 많이 함유하고 있어 목욕 후 한기가 잘 들지 않는다. 가문비나무, 자작나무의 아름다운 숲에 둘러싸여 있어서 온천욕과 산림욕을 동시에 즐길 수 있다. 가와유 온센역과 온천가 중심에 족욕탕이 마련되어 있다.

Access JR가와유온센역에서 아칸 버스 타고 10분 후 하차 Tel 015-483-2670(가와유 관광안내소)

굿샤로 호수 屈斜路湖

일본 최대의 칼데라호인 굿샤로 호수는 둘레 57km에 면적은 8,000ha에 이른다. 신비로운 분위기의 마슈호와 달리 굿샤로 호는 여름이면 캠핑족이 즐겨 찾는 등 역동적이고 개방적이다. 주변에 무료로 들어갈 수 있는 천연 노천탕이 드문드문 있고, 특히 굿샤로 호반의 모래를 파면 온천수가 샘솟아 그 속에 몸을 파묻는 모래찜질, 스나유砂湯가 유명하다. 겨울에도 호수가 얼지 않아 백조가 겨울을 나러 오기 때문에 바로 가까이에서 관찰할 수 있다.

Access JR가와유온센역에서 굿샤로 호수 스나유까지 택시로 15분 소요

마슈 호수 摩周湖

전 세계에서 가장 맑고 투명한 호수 중 하나인 마슈 호수는 약 7,000년 전의 분화로 생긴 칼데라호다. 깊은 호수는 빛을 집어 삼켜 파랑도 군청도 아닌 신비로운 푸른색을 띤다. 특히, 맑은 하늘과 어우러진 마슈 호의 풍경은 두고두고 기억에 남을 정도로 아름답다. 겨울에는 호수 표면이 얼어 그 위에 눈이 쌓이고, 여름에는 안개가 짙어 마슈 호를 볼 수 없는 날이 꽤 빈번하다. 멀리서 온 관광객들의 아쉬움을 달래기 위해선지 '안개 때문에 마슈 호를 보지 못한 커플은 오래 간다'는 이야기가 전해지기도 한다. 전망대 기념품 숍에서는 호수 빛깔의 한정 소프트아이스크림 '마슈 블루'를 맛볼 수 있다.

Access JR마슈역에서 마슈코 버스 타고 25분 후 마슈다이이치텐보다이(제1전망대) 하차 Add 川上郡弟子屈町 Cost 마슈 블루 350엔 Tel 015-482-2200(마슈코관광협회) Web www.masyuko.or.jp

가와유 에코 뮤지엄 센터 川湯エコミュージアムセンター

가와유 온천이 자리한 아칸국립공원의 정보 공유를 위해 건립된 목조 건축의 자연학습센터. 아칸국립공원의 세 칼데라 호수가 형성된 과정을 알기 쉽게 설명하고 이곳에 사는 동식물의 사진, 표본 등을 전시하고 있다. 호기심 가득한 아이들뿐 아니라 그동안 자연에 무심했던 어른에게도 새로운 세계에 눈을 뜨는 계기를 마련해준다.

Access JR가와유온센역에서 아칸 버스 타고 10분 후 하차, 도보 6분 Add 川上郡弟子屈町川湯温泉2-2-6 Tel 015-483-4100 Open 4~10월 08:00~17:00, 11~3월 09:00~16:00(수요일 휴관, 단 7월 셋째 주~8월 말 무휴) Web www.kawayu-eco-museum.com

Tip!

기찻길 옆 족욕탕

화산이 왕성하게 활동하고 있는 홋카이도 동부에는 곳곳에 온천지가 발달해 있다. 온천 마을에 머물며 여행의 피로를 풀어도 좋지만 시간이 여의치 않을 때는 족욕만으로도 만족스럽다. 특히 JR마슈역과 JR가와유온센역에는 무료 족욕탕이 마련되어 있어서 간단히 족욕을 즐길 수 있다. 간혹 두 역에서 20분 정도 정차하는 이벤트 열차가 운행하기도 한다. 가방 안에 작은 손수건을 미리 준비해두면 이런 순간을 놓치지 않고 더욱 편하게 온천에 발을 담글 수 있다.

끼니는 여기서

오차드 그라스 ORCHARD GRASS

가와유온센역 한쪽에 자리 잡은 작은 레스토랑. 레트로한 마룻바닥에 타일로 감싼 난로가 놓여 있고, 창을 통해 역사와 선로가 내다보이는 색다른 분위기를 느낄 수 있다. 비프스튜, 햄버그, 카레, 피자 등의 식사를 주문할 수 있고, 디저트로 수제 케이크와 소프트아이스크림도 있다. 레스토랑 곳곳에 표시된 '1936년'은 현재의 역사가 지어진 연도이다. 역내에 족욕탕도 있어 쉬어가기 좋다.

Access JR가와유온센역 내 Add 川上郡弟子屈町JR川湯温泉駅内 Open 10:00~18:00, 화요일 휴무 Cost 비프스튜 1,800엔, 함박스테이크 1,100엔 Tel 015-483-3787

파나파나 PANAPANA

빵과 잡화를 파는 가게. 가정집처럼 보이지만 고소한 빵 냄새가 새어 나와 무심결에 발길이 멈춘다. 따뜻한 분위기의 공간에 편지지, 도기, 옷 등의 잡화가 아기자기하게 진열되어 있어 구경하는 재미가 쏠쏠하다. 제철 재료를 이용한 건강하고 소박한 빵은 조금씩만 굽기 때문에 일찌감치 다 팔리곤 한다. 1월에서 3월에는 쉬는 날이 많기 때문에 미리 알아보고 방문하자.

Access JR가와유온센역에서 도보 1분 Add 川上郡弟子屈町川湯駅前1-1-14 Open 09:30~17:00 (화 · 수 휴무) Cost 빵 120엔~ Tel 015-483-3188 Web panapana87.com

어디서 잘까?

구시로역 주변

구시로 로열인 釧路ロイヤルイン

구시로역에서 가깝고 숙면을 위해 프런트에서 몸에 맞는 베개를 고를 수 있다. 아침 식사로 갓 구워낸 빵이 나온다.

Access JR구시로역 정문 출구에서 도보 1분 **Add** 釧路市黒金町14-9-2 **Cost** 트윈룸(2인 숙박 시 1인 요금, 조식 포함) 5,600엔~ **Tel** 0154-31-2121 **Web** royalinn.jp

라 비스타 구시로가와 LA VISTA 釧路川

구시로 강이 바라다보이는 전망 좋은 호텔. 꼭대기 층에 전망 온천탕도 있다. 일반적인 침대방 외에 다다미가 깔린 침대방도 선택 가능.

Access JR구시로역 정문 출구에서 누사마이바시 방향으로 도보 9분 **Add** 釧路市北大通2-1 **Cost** 트윈룸(2인 숙박 시 1인 요금) 5,600엔~ **Tel** 0154-31-5489 **Web** www.hotespa.net/hotels/kushirogawa

슈퍼호텔 구시로에키마에점 スーパーホテル釧路駅前

구시로역의 철로와 바로 인접해 있고, 지어진 지 얼마 안 된 깨끗한 숙소. 슈퍼호텔 체인이니 무료 조식, 천연온천은 기본이다. 바로 옆에 아칸버스센터가 있다.

Access JR구시로역 정문 출구에서 도보 1분 **Add** 釧路市末広町14-1-2 **Tel** 0154-25-9000 **Cost** 싱글룸 3,900엔~ **Web** www.superhotel.co.jp/s_hotels/kushiroekimae/kushiroekimae.html

아칸국립공원 주변

펜션 뉴마리모 ペンション ニューマリモ

원래 식당을 하던 주인이 운영하는 펜션으로 식사가 괜찮다. 마슈역 근처라 기차여행자에게도 안성맞춤. 100% 천연온천도 즐길 수 있다(입욕세 150엔 별도).

Access JR마슈역에서 도보 2분 **Add** 川上郡弟子屈町朝日1-6-7 **Tel** 015-482-2414 **Cost** 다다미방(2인 숙박 시 1인 요금, 조석식 포함) 6,800엔~ **Web** w01.tp1.jp/~a143091201

05
아바시리역
網走駅

홋카이도에서 환승이 가능한 최북단의 역이다. 아사히카와역에서 아바시리역까지 이어지는 세키호쿠 본선과 아바시리역에서 구시로역까지 연결되는 센모 본선의 분기역이다. 대체로 환승해야 하지만 경우에 따라 직통 운행하는 열차도 편성된다. 센모 본선의 아바시리역에서 시레토코샤리知床斜里역 구간에서는 새파란 오호츠크 해가 차창 밖으로 펼쳐진다. 매년 유빙 시즌이 되면 이 구간을 달리는 관광열차가 유명했으나, 차량 노후화 등의 이유로 최근 운행이 잠정 중단되었다. 주로 한겨울 오호츠크 해의 유빙을 보기 위해 찾아오는 관광객이 많기 때문에 기차역보다는 오히려 유빙선 선착장이 관광의 거점 역할을 하고 있는 실정이다. 간소한 역에서 한 가지 눈에 띄는 것은 입구 비석에 있는 세로로 된 역의 현판이다. 과거 아바시리 감옥에서 형을 마치고 아바시리역에서 떠나는 출소자들에게 하는 말로 '또 다시 샛길로 빠지지 말라'는 의미가 담겨 있다고 한다.

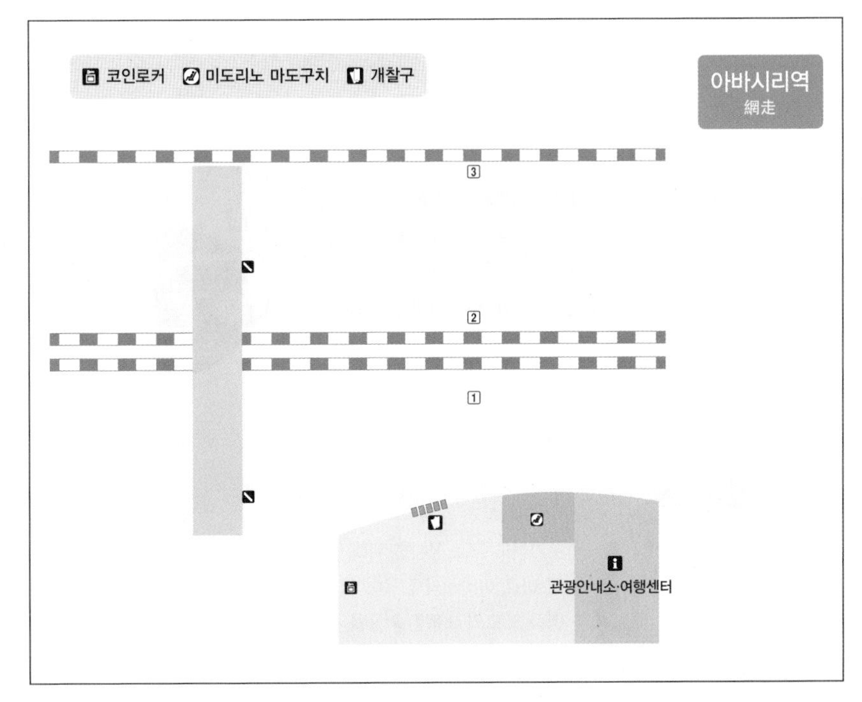

● 미도리노 마도구치 Open 05:20~22:35 Tel 0152-43-2362
● 관광안내소 Open 평일 12:00~17:00, 주말·공휴일 09:00~17:00

키워드로 그려보는 아바시리 여행

한겨울 홋카이도를 찾는 여행자에게 오호츠크 해의 유빙은 아주 특별한 선물이다. 폭설과 추위쯤은 기꺼이 감수할 만한 값어치가 있다.

여행 난이도 ★★★
관광 ★★★
쇼핑 ★
식도락 ★
기차 여행 ★★★★☆

유빙

유빙이란 물 위에 떠다니는 얼음을 말하는데, 시베리아의 아무르 강에서부터 1천km 이상을 흘러 1월 하순경이면 아바시리 연안에 다다른다. 이 특별한 자연현상은 얼음을 가르는 쇄빙선을 타고 바로 코앞에서 관찰할 수 있다. 유빙을 볼 확률이 가장 높은 시기는 2월 중순이다.

오호츠크 해

JR아바시리역에서 JR시레토코샤리역에 이르는 센모 본선 구간은 열차를 타고 오호츠크 해를 볼 수 있는 유일한 노선이다. 아무런 장벽 없이 광활한 바다를 끼고 달릴 수 있고, 한겨울에는 유빙이 보이기도 한다. 중간의 무인역인 기타하마역은 바다와 가장 가까운 역으로 유명하다.

아바시리 감옥

홋카이도 도로 공사를 위해 일본 전역의 죄수들을 이송해 수감한 곳이 바로 아바시리 감옥이다. 하루하루 중노동에 시달렸던 죄수들은 영하 30도의 혹독한 겨울을 견디며 본의 아니게 아바시리 개척의 주역이 되었다. 옛 아바시리 감옥은 현재 박물관으로 쓰이며 당시의 모습을 재현하고 있다.

알짜배기로 놀자

유빙선을 타고 오호츠크 해의 겨울 바다를 누비고, JR아바시리역에서 JR시레토코샤리역까지 오호츠크 해를 바라보며 달리는 열차에 몸을 싣는다. 아바시리 감옥과 유빙관 등 시내 관광지까지 구경하면 아바시리에서 한나절을 알차게 보낼 수 있다.

어떻게 다닐까?

아바시리 메구리 버스 あばしり観光施設めぐりバス

아바시리 버스터미널과 JR아바시리역, 주요 관광지를 순회하는 관광버스로, 하루 6회 왕복 운행한다. 겨울 유빙 시즌에는 쇄빙선 승강장으로 이동할 때 편리하다.

Cost 1일권 어른 800엔, 어린이 400엔

어디서 놀까?

아바시리 유빙관광 쇄빙선 오로라 網走流氷観光砕氷船おーろら

바다 위에 하얗게 떠다니는 유빙 사이를 관광할 수 있게 해주는 유빙관광 쇄빙선 오로라. 1, 2층의 객실과 3층 전망대로 이루어진 큰 선박을 타고 오호츠크 해안을 약 1시간 동안 관광한다. 날카로운 뱃머리가 얼음을 가르며 길을 내는데 서걱거리는 소리가 마치 유빙이 살아 있는 것 같은 묘한 착각을 불러일으킨다. 유빙 상태에 따라 운행 시간은 바뀔 수 있으며, 유빙이 없는 경우에는 아바시리 항을 출발해 보시이와 바위, 후타쓰이와 바위, 노토로 곶을 도는 해상 관광선으로 운행된다. 아바시리 시내와 가까워 단체 관광객이 많이 이용하므로 미리 예약하는 것이 좋다.

Access JR아바시리역 앞 1번 승강장에서 아바시리 메구리 버스로 미치노에키 류효사이효센까지 8분 Add 網走市南3条東4-5-1 Tel 0125-43-6000 Open 1월 20일~1월 31일(09:00, 11:00, 13:00, 15:00), 2월 1일~3월 14일(09:30, 11:00, 12:30, 14:00, 15:30), 3월15일~3월 31일(09:30, 11:30, 13:30) Cost 어른 4,400엔, 초등학생 2,400엔(특별세 포함) Web www.ms-aurora.com

박물관 아바시리 감옥 博物館網走監獄

아바시리 개척의 주역은 다름 아닌 아바시리 감옥의 수인들이었다. 다섯 개의 날개로 이루어진 방사형의 아바시리 감옥은 경계가 엄중하여 흉악범들 사이에서도 악명이 높았는데, 당시의 건물과 생활상 등을 23개의 시설로 전시해두었다. 마네킹으로 죄수들의 모습까지 재현해두어 더욱 실감난다. 40분, 60분, 90분의 견학 코스 중 선택할 수 있으며, 무료 가이드 투어도 1일 3~4회 진행한다. 계절 한정으로 밥과 생선구이, 두 가지 반찬과 미소된장국으로 구성된 감옥식단을 체험할 수 있는데 한 끼 식사로도 괜찮다.

Access JR아바시리역 앞 2번 승강장에서 아바시리 메구리 버스 타고 10분 후 하쿠부쓰칸 아바시리칸고쿠 하차 Add 網走市字呼人1-1 Open 09:00~17:00 (12/31, 1/1 휴관) Cost 입장료 어른 1,500엔, 고등학생 1,000엔, 초·중학생 750엔, 감옥식(생선구이정식) 900엔 Tel 0152-45-2411 Web www.kangoku.jp

오호츠크 유빙관 オホーツク流氷館

덴토 산天都山 정상에 자리한 오호츠크 유빙관은 유빙과 오호츠크 해를 테마로 한 과학관이다. 영하 15도의 전시실에서는 여름에도 오호츠크 해의 유빙을 만져볼 수 있고 '유빙의 천사'라 불리는 클리오네도 가까이서 볼 수 있다. 박물관 옥상 전망대에서는 '하늘의 도시'라는 덴토 산天都山의 이름처럼 오호츠크 해와 아바시리 호수, 시레토코 산맥의 웅장한 모습이 파노라마로 펼쳐진다. 2015년 신축 및 이전해 더욱 말끔해진 시설에서 관람할 수 있다.

Access JR아바시리역 앞 2번 승강장에서 아바시리 메구리 버스로 12분, 덴토잔·류효칸 하차 Add 網走市天都山244番地の3 Open 5~10월 08:30~18:00, 11~4월 09:00~16:30, 12월 29일~1월 5일 10:00~15:00 Cost 과학관 어른 770엔, 고등학생 660엔, 초·중학생 550엔 Tel 0152-43-5951 Web www.ryuhyokan.com

끼니는 여기서

이동이 많고 바삐 돌아다녀야 하는 아바시리에서는 식사 시간이 마뜩치 않다. 쇄빙선을 기다리며 휴게소인 미치노에키 류효사이효센道の駅流氷砕氷船에서 닭튀김이나 만두 등으로 간단하게 배를 채우거나, 아바시리 감옥 박물관의 감옥식단으로 한 끼를 대신하면 시간을 절약할 수 있다. 2월 중순에는 포장마차촌인 '오호츠크 야타이무라オホーツク屋台村'가 깜짝 생기기도 하는데, 좋은 구경거리가 되기도 하고 신선한 해산물을 잔뜩 구워 먹을 수도 있다. 쇄빙선 선착장에서 도보 10분 거리의 아바시리중앙상가網走市中央商店街에 포장마차 거리가 조성된다.

06

하코다테역·신하코다테호쿠토역

函館駅·新函館北斗駅

홋카이도 하코다테 본선의 기점이며, 일본 혼슈에서 쓰가루 해협을 건너 홋카이도로 진입하는 실질적인 관문이다. 혼슈 끝 역인 아오모리에서 홋카이도의 삿포로역까지 가려면 하코다테역에서 열차를 환승해야 한다. 하코다테는 19세기 말 일본의 개항지였으며 역사적·지정학적으로 중요한 도시임에도 불구하고, 기차 여행에 있어서는 늘 계륵 취급을 당했다. 홋카이도 서남쪽에 치우쳐 있고 국제공항인 신치토세공항과의 접근도 애매해서 홋카이도 기차 여행을 계획할 때 늘 우선순위가 밀리곤 했다. 그러던 것이 홋카이도 신칸센 개통으로 홋카이도를 벗어나 도호쿠는 물론 도쿄까지 아우르는 기차 여행이 가능해졌다. 신칸센이 정차하는 신하코다테호쿠토역은 JR하코다테역에서 북쪽으로 18km 떨어진 곳에 위치한다. 직통열차 하코다테 라이너はこだてライナー를 통해 17분, 보통열차로도 약 20분이면 오갈 수 있다.

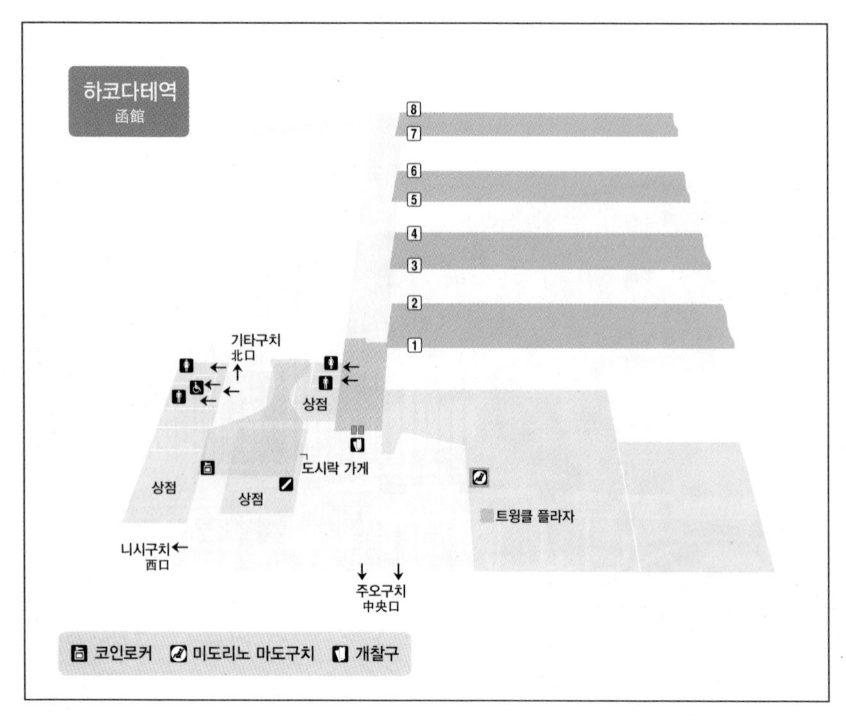

- 미도리노 마도구치 Open 05:30~22:00 Tel 0138-23-3085
- 관광안내소 Open 09:00~19:00 Tel 0138-23-5440

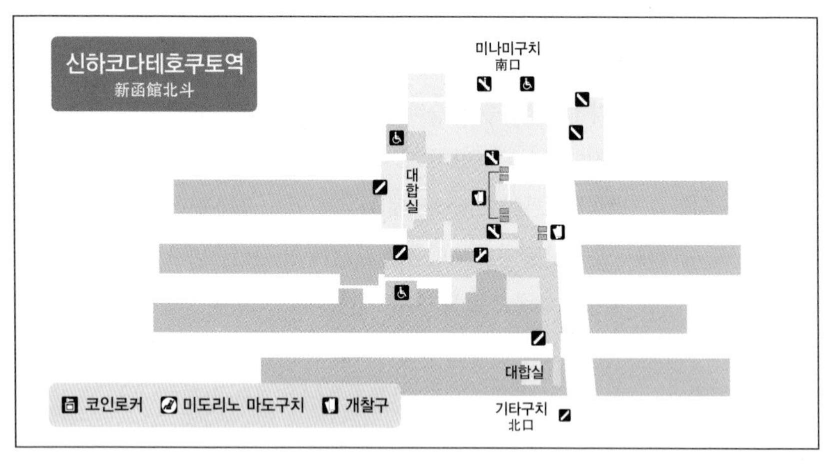

- 미도리노 마도구치 Open 06:00~22:00(지정석발매기 이용시간 06:00~22:00)

키워드로 그려보는 하코다테 여행

짙푸른 바다와 고풍스러운 언덕 거리에서 끝없는 매력을 발산하는 도시 하코다테. 계획 없이 발길 닿는 대로 다녀보자. 볼거리, 먹을거리, 즐길 거리가 늘 풍성한 곳이다.

여행 난이도 ★
관광 ★★★★
쇼핑 ★★★
식도락 ★★★
기차 여행 ★★☆

개항기 건축 투어

1854년 일본 최초의 개항지인 하코다테에는 서양 문물과 함께 영사관과 성당, 교회 등 이국적인 건축물이 채워졌다. 모토마치 언덕에는 특히 개항기 건축물이 잘 남아 있어 가볍게 산책하듯 돌아보기 좋다. 관광안내소의 워킹맵이 잘 되어 있고, 걷다 보면 대부분의 명소를 다 돌아볼 수 있을 정도로 그리 넓지 않다.

겨울 야경

하코다테 여행에서 빼놓을 수 없는 것이 바로 야경. 하코다테 산 전망대에서 내려다본 항구와 도시의 야경도 더할 나위 없이 근사하다. 여기에 더해 크리스마스 한 달 전부터 거대한 트리가 세워지고, 도심 여기저기선 아름다운 조명이 밝게 빛나 낭만적인 겨울밤을 만끽할 수 있다.

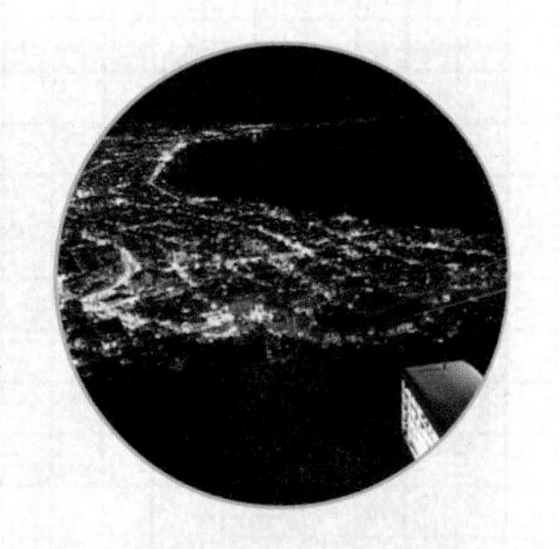

해산물 요리

삼면이 바다로 둘러싸인 하코다테에는 아침에 갓 잡아 올린 신선한 해산물로 만든 덮밥(가이센동)과 초밥이 유명하다. 샛노란 성게알과 톡톡 터지는 연어알은 일본 내에서도 알아주는 명품이니 꼭 맛보자. 하코다테식 오징어순대 이카메시 등 오징어 요리도 맥주 안주로 그만이다.

Tip!

하코다테의 관광 정보는 여기서! 트래블 하코다테

하코다테시가 외국인 관광객을 위해 영어, 한국어, 중국어 등으로 관광 정보를 제공하는 공식 사이트를 운영한다. 시 지자체의 홈페이지치고 상당히 고퀄리티에 정보도 튼실해서 웬만한 가이드북보다 쓸모 있다. 일본어 사이트에는 최근 문을 연 카페나 핫플레이스, 각종 이벤트 등 최신 여행 정보가 가득하다.

Web www.hakodate.travel/kr/

알짜배기로 놀자

모토마치 언덕의 이국적인 건축과 낭만적인 거리를 산책하고, 항구의 붉은 벽돌 창고군에서 주전부리와 쇼핑을 즐기다 보면 한나절은 순식간에 지나간다.

어떻게 다닐까?

노면전차+걷기

하코다테 시내와 유노카와 온천을 연결하기 위해 건설된 노면전차는 하코다테 관광의 가장 편리한 교통수단이다. 또 체력이 받쳐준다면 걸어 다녀도 될 정도로 옹기종기 모여 있기 때문에 역에서 중심가로 갈 때나 돌아올 때 한 번 정도 다리를 쉬일 겸 이용하면 된다.

Open 06:30~22:00 Cost 거리에 따라 편도 210~250엔

어디서 놀까?

가톨릭 모토마치 교회 カトリック元町教会

일본에서 가장 오래된 교회 중 하나. 프랑스 고딕 양식의 높고 뾰족한 종탑과 붉은 지붕의 벽돌 건물로 몇 차례의 화재를 겪으며 1924년 복원된 것이다. 교황 베네딕트 15세가 보내온 성당 내 중앙제단과 부제단, 십자가의 길 14처는 장엄한 분위기를 자아낸다. 오묘한 푸른빛의 아치 천장 아래에 서면 기독교 신자가 아니라도 어쩐지 마음이 경건해지는 듯. 예배 시간 이외에는 언제든 출입이 가능하다. 인근의 하리스토스 정교회와 성 요한 교회를 함께 둘러보면 좋다.

Access 노면전차 주지가이역에서 도보 7분 Add 函館市元町15-30 Open 10:00~16:00(일요일 10:30 예배 제외) Tel 0138-22-6877

구 영국영사관 旧イギリス領事館

하코다테 개항과 관련된 역사를 살펴볼 수 있는 개항 기념관과 영국 영사의 집무실 등을 재현한 전시관 등이 있다. 고풍스런 영국제 가구로 꾸며진 1층 티룸 빅토리안로즈에서는 영국 블렌드 홍차와 수제 쿠키, 스콘 등으로 구성된 애프터눈 티를 즐길 수 있다. 6월 말에서 7월 초 장미가 만개한 아름다운 안뜰 정원도 놓치지 말자. 무료 가든 콘서트도 열린다.

Access 노면전차 스에히로초역에서 도보 3분 Add 函館市元町33-14 Open 09:00~19:00(11~3월 17:00까지) Cost 어른 300엔, 학생 150엔, 애프터눈 티 세트 1,500엔 Tel 0138-27-8159 Web www.hakodate-kankou.com/british

구 하코다테구 공회당 旧函館区公会堂

하코다테 항이 내려다보이는 언덕 위에 지어진 다목적 홀로 파스텔톤 블루 외벽에 황색 테두리 장식이 화려한 자태를 자랑한다. 과거 일본 왕과 왕세자가 이곳에 머물기도 했으며 고풍스러운 가구로 장식된 실내 공간에서 당시의 분위기를 잘 느낄 수 있다. 2층 발코니에서 내려다보는 하코다테의 전경이 일품. 2018년 10월 1일부터 2021년 4월(예정)까지 수리로 휴관

Access 노면전차 스에히로초역에서 도보 5분 Add 函館市元町11-13 Open 09:00~19:00(11~3월 17:00까지) Cost 어른 300엔, 학생 150엔 Tel 0138-22-1001 Web https://hakodate-kokaido.jp

하치만자카 언덕길 八幡坂

하코다테 시내에는 항구에서 하코다테 산函館山을 향해 18개의 언덕길이 나 있는데, 언덕 위를 걷다가 문득 뒤돌아봤을 때 항구가 보이는 풍광은 아련한 노스탤지어를 자극한다. 이 중 하치만자카 언덕길은 항구의 풍광을 가장 아름답게 내려다볼 수 있는 명소로 손꼽힌다. 이정표가 잘 되어 있으니 이곳에서 멋진 풍경 사진 한 컷에 도전해보자.

Access 노면전차 스에히로초역에서 도보 2분

가네모리 아카렌가 창고군 金森赤レンガ倉庫群

개항 당시 수입품을 적재하던 붉은 벽돌의 창고군을 활용한 복합쇼핑몰. 테마에 따라 하코다테 히스토리 플라자函館ヒストリープラザ, 가네모리 요모노칸金森洋物館, BAY 하코다테 등으로 이름 붙은 7동의 붉은 창고가 항구에 면해 있다. 항구 도시의 정취를 느낄 수 있고 크기도 상당해 하코다테의 랜드마크 역할을 톡톡히 한다. 선물이나 기념품을 구입하기 좋고, 하코다테의 대표 스위츠인 치즈오믈렛의 패스트리 스내플스PASTRY SNAFFLE'S 매장도 이곳에 있다. 크리스마스 시즌에는 대형 트리가 설치되는 크리스마스 판타지 행사의 주 무대로 로맨틱한 야경을 뽐낸다.

Access 노면전차 주지가이역에서 도보 5분 Add 函館市豊川町11-5(BAY 하코다테), 函館市末広町13-9(가네모리 요모노칸), 函館市末広町14-12(하코다테 히스토리 플라자) Open 09:30~19:00 Tel 0138-27-5530 Web www.hakodate-kanemori.com

하코다테 산 函館山

모토마치 언덕 뒤편의 하코다테 산은 하코다테 시내 어디서나 보이는 완만한 산으로, 이곳에 오르면 하코다테 시내와 항구 전체를 한눈에 내려다볼 수 있다. 해가 지면 깜깜한 밤바다와 휘황찬란한 도시의 불빛이 극명한 대조를 이루며 황홀한 야경을 연출한다. 하코다테 산 꼭대기에 오르는 가장 일반적인 방법은 로프웨이를 이용하는 것이다. 125인승 곤돌라를 타고 정상까지 5분이면 도달할 수 있어 편리하다. 하코다테 산 정상까지 오르는 등산 버스도 있다. 단, 동절기(11월 중순~4월 중순)에는 운행하지 않는다. 날씨가 좋다면 하코다테 산의 풍부한 자연을 즐길 수 있는 완만한 등산 코스를 추천한다. 1시간 정도 등반해 정상까지 오를 수 있다. 공짜라는 것에 더해 조금 다른 시야에서 항구와 시가지의 전경을 감상할 수 있다. 로프웨이 탑승장 뒤편의 하코다테야마 후레아이센터函館山ふれあいセンター에서 등산지도를 받을 수 있다.

Access 노면전차 주지가이역에서 언덕배기를 10분간 걸어서 로프웨이 탑승, 또는 JR하코다테역 앞에서 등산버스 타고 30분 후 정상 도착 Add 函館市元町19-7 Open 로프웨이 10:00~22:00(10월 16일~4월 24일 ~21:00) Cost 로프웨이 왕복 어른 1,500엔, 초등학생 이하 700엔 / 등산버스 편도 어른 500엔, 어린이 250엔 Tel 0138-23-3105(로프웨이) Web www.334.co.jp(로프웨이)

끼니는 여기서

구루하 久留葉

모토마치 다이산자카大三坂 언덕 중간에 자리 잡은 예스러운 소바집. 소바 장인이 직접 가게에서 만든 수제 소바를 맛볼 수 있다. 부드러운 소바에 어울리는 순하고 깊은 맛의 국물도 구루하를 다시 찾고 싶은 이유다.

Access 노면전차 주지가이역에서 도보 8분 Add 函館市元町30-7 Open 11:30~15:00, 17:00~20:00 Cost 다누키소바 1,100엔 Tel 0138-27-8120

럭키 피에로 베이에어리어 본점

ラッキーピエロベイエリア本店

'랏피ラッピ' 하면 모르는 사람이 없는 하코다테 로컬 버거 매장. 하코다테 내에만 매장이 17곳이다. 14종의 햄버거는 당일 생산된 계란, 지역의 신선한 채소 등 엄선된 재료를 사용해 주문 즉시 만든다. 차이니즈 치킨 버거가 인기 메뉴로, 짭조름한 간장 양념의 두툼한 치킨이 야무지게 씹힌다. 세트를 주문하면 감자튀김에 미트소스와 치즈를 얹어 머그에 담아주는 라키포테ラキポテ가 함께 나온다. 햄버거뿐 아니라 오므라이스와 수제 미트 스파게티의 식사 메뉴, 소프트아이스크림과 밀크셰이크 등의 사이드 메뉴도 맛있다.

Access 노면전차 주지가이역에서 도보 5분 **Add** 函館市末広町23-18 **Open** 10:00~23:00 **Cost** 차이니즈 치킨 버거 세트(라키포테&우롱차 포함) 825엔 **Tel** 0138-26-2099 **Web** www.luckypierrot.jp

하코다테 비어 HOKODATE BEER

벽돌 건물 안에 거대한 구릿빛 양조 탱크가 자리하고 있는 하코다테의 지역 맥줏집. 밀이 50% 첨가돼 산뜻한 바이젠 맥주 '고료노호시五稜の星', 겉보리 맥아를 사용해 그윽한 감미의 에일 맥주 '기타노잇포北の一歩', 특유의 쓴맛이 특징인 알토 맥주 '메이지칸明治館', 독일 퀼튼 지역에서 유래한 쓴맛과 시원한 목 넘김이 특징인 퀼쉬 맥주 '기타노야케이北の夜景'를 맛볼 수 있다. 이 중 세 종류의 맥주를 조금씩 맛볼 수 있는 샘플러를 주문해 취향에 맞는 맥주를 골라보는 것도 좋다. 몰트 양을 2배로 하고 1개월간 숙성시킨, 이름마저 인상적인 '사장님이 잘 마시는 맥주社長のよく飲むビール'는 여러 맥주 대회에서 우승한 바 있는 비장의 카드. 안주 메뉴로는 맥주와 잘 어울리는 각종 해산물 요리와 수제 소시지 등이 나온다. 낮 영업도 하니 더운 여름 시원하게 맥주 한 잔 들이켜도 좋다.

Access 노면전차 우오이치바도리역에서 도보 5분 **Add** 函館市大手町5-22 **Open** 11:00~15:00, 17:00~22:00, 수요일 휴무 **Cost** 맥주 샘플러(3종) 1,133엔 **Tel** 0138-23-8000 **Web** www.hakodate-factory.com/beer

하루 종일 놀자

하코다테 시내를 벗어나 아름다운 고료가쿠 공원과 자전거 타기 좋은 호수 공원 오누마까지 가보자. 홋카이도에서 가장 오래된 유노카와 온천에서 피로를 풀어도 좋다. 다음 날 아침 일찍 활기 넘치는 하코다테 아침시장에서 신선한 해산물 덮밥도 맛보자.

어떻게 다닐까?

노면전차 1일 승차권

고료카쿠, 유노카와 온천 등 멀리까지 다니려면 노면전차 원데이 패스가 이득이다. 일일이 동전을 준비하지 않아도 되니 한결 편하다. 교통 패스는 관광안내소나 편의점, 호텔 등에서 구입할 수 있다.

Cost 어른 600엔, 어린이 300엔

하코다테 버스

하코다테역 앞 4번 승강장을 출발해 고료카쿠, 유노카와 온천, 트라피스틴 수도원 등 하코다테 시내 외곽을 순회하는 노선버스. 노면전차가 가지 않는 트라피스틴 수도원을 갈 때 유용하다.

Cost JR하코다테역~고료카쿠 200엔, 노면전차·버스 1일 승차권 1,000엔

Web www.hakobus.co.jp

어디서 놀까?

하코다테 아사이치 函館朝市

250여 개의 점포가 나란히 늘어선 하코다테의 대표 아침시장. 각종 해산물을 비롯해 채소, 과일, 과자 등 하코다테 사람들의 식탁에 오르는 식재료들이 가득하다. 하코다테풍 오징어순대 이카메시いかめし나 싱싱한 게살이 듬뿍 들어간 찐빵 가니만かにまん, 오징어 먹물을 첨가한 소프트아이스크림 등 시장에 어울리는 먹거리로 아침을 해결해도 좋다.

Access JR하코다테역 서쪽 출구에서 도보 1분 Add 函館市若松町9-19 Open 05:00~14:00(1월~4월 06:00~) Tel 0138-22-7981 Web www.hakodate-asaichi.com

유노카와 온천 湯の川温泉

홋카이도에서 가장 역사가 깊은 온천. 쓰가루 해협의 파도 소리를 들으면서 노천욕을 즐길 수 있고 노면전차가 운행돼 하코다테 시내에서의 교통이 편리하다. 노면전차 유노카와온센역 건너편에 무료 족욕탕이 있고, 이를 기준으로 양쪽 길에 온천호텔이 늘어서 있다. 무색무취의 나트륨-칼륨염화물천으로 몸을 따뜻하게 해주는 효능이 탁월하다.

Access 노면전차 유노카와온센역에서 도보 8분 또는 하코다테공항에서 공항버스 타고 8분 후 유노카와온센 하차, 바로 Add 函館市湯川町 Tel 0138-57-8988(하코다테 유노카와 온천료칸 협동조합)

고료카쿠 공원 五稜郭

1864년 조성된 일본 최초의 서양식 성곽으로 다섯 개의 꼭짓점으로 이루어진 별 모양(고료카쿠)의 성곽 구조에서 이름이 유래되었다. 1914년부터 공원으로 일반에 공개되고 있으며 하코다테 시내에서 전차로 20여 분 소요되는 가까운 거리다. 1,600그루 왕벚나무 꽃이 만발하는 봄에는 상춘객의 발길이 끊이지 않고 겨울(12~2월)에는 2천 개의 업라이트 조명이 성곽 주변을 비춰 땅 위에서 빛나는 거대한 별을 완성한다. 고료카쿠 축성 100주년을 기념하여 건립된 고료카쿠 타워에서는 높이 90m의 전망대에서 고료카쿠의 별 모양을 더욱 분명하게 확인할 수 있다. 타워 2층에는 카레로 유명한 고토켄 익스프레스, 젤라토가 맛있는 밀키시모 등이 있으며 전체가 유리로 된 1층 아트리움 공간에는 기념품 숍과 카페, 쉼터 등 편의 시설이 잘 되어 있다.

Access 노면전차 고료카쿠코엔마에역 하차 후 도보 15분 Add 函館市五稜郭町44 Open 고료가쿠타워 09:00~18:00 Cost 전망대 입장료 어른 900엔, 중고생 680엔, 초등학생 450엔 Tel 0138-51-4785(고료카쿠 타워) Web www.goryokaku-tower.co.jp

오누마 국정공원 大沼国定公園

활화산 고마가타케駒ケ岳 아래 펼쳐진 면적 약 9천ha의 호수공원. 가장 큰 호수인 '오누마'와 그보다 작은 호수 '고누마'가 있다. 산과 숲을 배경으로, 드넓은 호수가 만들어내는 아름다운 풍광은 하코다테 도심과는 또 다른 감동을 선사한다. 워낙 면적이 넓다 보니 어디서부터 어떻게 봐야 할지 막막한데, 이럴 때 오누마코엔역 앞의 오누마 국제교류플라자를 방문하면 도움을 받을 수 있다. 공원을 구경하는 가장 좋은 수단은 자전거로, 오누마 주변을 한 바퀴 도는 데 1시간 정도(14km) 걸린다. 중간중간 내려서 경치를 감상하기 좋은 곳이 나타나니 시간을 넉넉히 잡고 자전거를 빌리자. 공원 내에서 자연 정취가 물씬 느껴지는 나가레야마 온천과 유기농 목장 우유로 만든 소프트아이스크림도 즐길 수 있다.

Access JR오누마코엔역 하차 Add 亀田郡七飯町大沼町 Open 오누마 국제교류플라자 08:30~17:30(12/31-1/2 휴관) Web onumakouen.com

Tip!

열차를 타고 오누마 호수 건너기

일정이 촉박해 오누마 국정공원을 가지 못하더라도 아쉬워하긴 이르다. 하코다테에서 삿포로 방면으로 운행하는 특급열차를 타면 반드시 오누마·고누마 호수를 가로지르는 철교를 건너야 하기 때문이다. 차창 밖을 보면 양쪽 수평면이 물로 가득 차 마치 호반 위를 떠서 달리고 있는 것 같은 기분이 느껴진다. 원래 이 철도 구간은 기간 한정으로 관광객을 위해 증기기관열차가 운행하기도 했으나, 아쉽게도 2014년 이후로 운행이 잠정 중단되었다.

끼니는 여기서

기쿠요 식당 본점 きくよ食堂 本店

하코다테 해산물덮밥 가이센돈海鮮丼의 시초로 알려진 아침시장 내 작은 식당. 시장 사람들의 아침을 책임지던 식당답게 신선한 재료와 푸짐한 양이 만족스럽다. 20여 종의 가이센돈이 있으며 연어알, 가리비, 성게알이 삼등분으로 얹어져 나오는 원조 하코다테 도모에돈巴丼이 인기다. 손님이 많아지면서 인근에 지점이 생겼고, 하코다테베이 미식클럽 내의 지점은 이자카야 스타일로 점심부터 저녁까지 영업한다.

Access JR하코다테역 서쪽 출구에서 도보 2분 아사이치(아침시장) 내 Add 函館市若松町11-15 Open 5~11월 05:00~14:00, 12~4월 06:00~13:30 Cost 원조 하코다테 도모에돈 2,288엔 Tel 0138-22-3732 Web hakodate-kikuyo.com

다이몬 요코초 大門横丁

개성 강한 26개 점포가 몇 갈래의 좁은 골목을 사이로 옹기종기 모여 있는 포장마차 거리. 2005년에 조성되어 홋카이도 포장마차 거리 중에서는 후발주자에 속하지만 규모에서는 최대다. 옛 거리의 느낌을 살려 입구와 골목을 장식한 홍등이 환하게 켜지면 거리는 활기를 띠기 시작한다. 라멘, 야키토리, 징기스칸, 어묵, 초밥, 가정식 요리, 아시아 음식 등 다채로운 메뉴는 취향 따라 고르기도 좋다. 주인과 마주 보는 10석 내외의 카운터석에서 하코다테의 밤을 술 한잔과 함께 기분 좋게 보낼 수 있다.

Access JR하코다테역에서 도보 5분 Add 函館市松風町7 Open 17:00~23:00(점포마다 다름) Web www.hakodate-yatai.com

아지사이 본점 あじさい 本店

하코다테 시오(소금)라멘을 대표하는 라멘 전문점 아지사이의 본점이 고료카쿠 공원 인근에 자리한다. 인기 라멘집답게 식사 시간이 지나서도 손님이 줄을 잇지만 금세 자리가 난다. 대표 메뉴인 시오라멘은 보통 굵기의 면발과 부드러운 멘마(발효 죽순)를 맑고 시원한 국물에 담아준다. 고기를 먹을 때 테이블에 놓여 있는 에조아부라코쇼(후추와 다시마, 멸치, 가리비 등을 넣어 만든 아지사이 특제 조미료)를 첨가하면 더욱 맛있게 즐길 수 있다. 시내 하코다테베이 미식클럽과 JR하코다테 역내에도 지점이 있다.

Access노면전차 고료카쿠코엔마에 하차 후 도보 10분, 고료카쿠타워 앞 Add 函館市五稜郭町29-22 Open 11:00~20:25, 넷째 주 수요일 휴무 Cost 시오라멘 750엔(하프사이즈 500엔) Tel 0138-51-8373 Web www.ajisai.tv

어디서 잘까?

하코다테역 주변

라비스타 하코다테베이 LA VISTA 函館ベイ

하코다테베이 지구의 붉은 벽돌 창고군 인근에 자리한 레트로 콘셉트의 호텔. 항구의 야경을 바라보며 노천온천을 즐길 수 있고, 아침 식사로 신선한 해산물을 잔뜩 골라 먹을 수 있는 해산물 덮밥이 인기 있다.

Access 노면전차 우오이치바도리역에서 도보 5분 Add 函館市豊川町12-6 Tel 0138-23-6111 Cost 트윈룸(조식 포함) 1인 12,700엔~ Web www.hotespa.net/hotels/lahakodate

하코다테 모토마치 호텔 函館元町ホテル

100년 된 옛 저택의 곳간과 별관을 개조한 고풍스러운 분위기의 호텔. 모토마치 언덕에 자리해 관광하기 좋고 지대가 높아 창을 통해 하코다테 항구와 시내가 내려다보인다.

Access 노면전차 오마치역에서 도보 2분 Add 函館市大町4-6 Tel 0138-24-1555 Cost 트윈룸 1인 5,000엔~ Web hakodate-motomachihotel.com

유노카와 온천 주변

헤이세이칸 가이요테이 平成館 海羊亭

바다가 보이는 옥상 노천탕을 즐길 수 있는 온천호텔. 유노카와 온천 내에서도 상처를 낫게 한다는 붉은색의 온천수 아카유赤湯를 즐길 수 있는 대표적인 곳이다.

Access 노면전차 유노카와온센역에서 도보 8분 Add 北海道函館市湯川町1-3-8 Tel 0138-59-2555 Cost 9,445엔~(2인 이용 시 1인 요금, 조·석식 포함) Web www.kaiyo-tei.com

02

도호쿠·간토

일본 여행의 시작과 끝은 늘 도쿄다. 일본의 최신 유행이 집결하고 최상의 맛과 멋을 즐길 수 있는 대도시는 언제나 여행자를 설레게 한다. 수많은 관광객이 찾고 그보다 더 많은 시민들이 사는 도쿄에서는 철도 또한 규모가 남다르다. JR이스트는 하루 수천만의 인파를 도쿄 도심과 그 주변부로 숨 가쁘게 나른다. 신칸센은 700km 넘게 떨어진 혼슈 북단의 아오모리까지 단 3시간 만에 주파하고, 이제 세이칸 해저터널 너머 홋카이도까지 연결되었다. 산악 지형의 나가노·니가타는 수많은 터널을 지나 신칸센으로 1시간 반, 2시간 남짓이면 닿는다. JR이스트는 일본철도회사 중 가장 넓은 범위를 관할하지만 언제든 도쿄로 돌아올 수 있다. 일본 도호쿠·간토 기차 여행의 시작과 끝 역시 도쿄다.

철도운영주체

JR이스트

공식 명칭은 동일본여객철도주식회사東日本旅客鉄道株式会社, 일본어로는 JR히가시니혼. 도쿄를 중심으로 북쪽의 도호쿠까지 아우르는 JR그룹 서열 1위의 철도회사다. 참고로, 일본의 지역을 세세하게 분류하면 니가타현과 나가노현은 신에쓰信越에 속하며, 보통 주부中部에 포함시키지만 철도에서는 도쿄와의 연결이 더 쉬워 도호쿠·간토 지역으로 분류한다. 수송 인구와 노선 길이에서 압도적 1위이며, 수익 규모는 도카이도 신칸센을 앞세운 JR센트럴과 1, 2위를 다툰다. 도쿄와 수도권을 포함하는 권역인 만큼 하루 평균 수송 인구가 약 1,700만 명에 달하며, 연간 수익의 41%가 통근·통학노선의 수입으로 약 1조1153억 엔에 이른다. 심지어 안정적인 열차 운행을 위해 직접 발전소 두 곳(가와사키 화력발전소, 시나노가와 발전소)을 운영하고 있을 정도. 16개 대형 사철 중 무려 9곳이 JR이스트의 권역 내에 있지만 워낙 철도 수요가 많아 크게 경쟁 관계에 있지는 않다. 관할 지역이 넓다 보니 JR의 여섯 회사 중에서 가장 긴 구간의 신칸센이 놓인 권역이기도 하다. 중심인 도쿄역과 인근 지역을 시속 250km 이상의 초고속 열차가 빠르게 연결하고 서쪽으로 JR웨스트·JR센트럴과 만나며 북쪽으로 JR홋카이도로 이어진다. 대표 IC 카드는 스이카SUICA. 동그란 얼굴의 날씬한 펭귄 캐릭터가 그려진 카드를 자동발매기나 창구에서 구입할 수 있다. JR열차와 지하철 등에서 공통으로 사용 가능하며 기존의 다른 지역 IC카드도 대부분 호환된다.

총 철도노선 거리 7,401.7km
총 역 개수 1,677역(화물역 5개 포함)
Web www.jreast.co.jp

사철

도쿄와 그 근교의 수도권에는 9곳의 대형 사철이

있지만 도쿄 메트로와 도쿄 급행 전철을 제외하면 주로 근교에서 도쿄 시내로의 통학·통근 노선이라 관광객이 이용할 일은 많지 않다. 이 중 그나마 관광객이 접근하기 쉬운 몇몇 사철 노선을 소개한다. 도호쿠의 사철은 규모가 훨씬 작지만, 아키타 내륙종관철도와 같이 색다른 풍광 속을 달리는 매력적인 노선을 발견할 수 있다.

❶ 도부 철도 東武鉄道

도쿄도를 비롯해 사이타마현·지바현·도치기현·군마현 등을 아우르며 간사이의 긴키 닛폰 철도에 이어 사철 중 2위, 간토에서는 최장의 노선을 갖고 있다. 도쿄 근교 온천 여행지로 유명한 닛코·기누가와 방면의 노선도 운행한다. JR이스트와 직통 운행으로 JR이스트 패스로 탑승이 가능하다. 도쿄의 새로운 랜드마크가 된 도쿄 스카이트리가 도부 철도 계열이며, 같은 이름의 역이 있다.

총 철도노선 거리 463.3km 총 역 개수 207역
Web www.tobu.co.jp

❷ 게이세이 전철 京成電鉄

도쿄 동쪽 지바현에서 주로 운행하는 전철 노선. 이름은 '도쿄東京'와 '나리타成田'에서 각각 한 글자씩 따왔다. 나리타공항을 이용하는 관광객에겐 도쿄 시내를 연결하는 게이세이 라이너로 익숙하다. 게이세이 스카이라이너는 최단 41분 만에 우에노역까지 주파한다. JR이스트의 나리타익스프레스와 함께 나리타공항을 연결하는 양대 산맥.

총 철도노선 거리 152.3km 총 역 개수 69역
Web www.keisei.co.jp

❸ 도쿄 급행 전철 東京急行電鉄

흔히 '도큐東急'라 부르며, 시부야·다이칸야마·지유가오카·요코하마 등 도쿄의 알짜 노선을 운영하고 있어 일본 사철 중 매출 1위를 자랑한다. 도쿄 메트로, 도영지하철과 직통 운행하는 노선이 많은 점도 매출에 기여하고 있다. 시부야의 상징인 시부야 109를 비롯해 시부야 히카리에, 도큐 백화점, 도큐핸즈 등이 모두 도큐 소유다. 중심 역인 시부야역에서 도큐의 4개 노선이 만나며, 이 중 도요코선·후쿠토신선의 시부야역을 일본의 유명 건축가 안도 다다오가 설계했다.

총 철도노선 거리 104.9km 총 역 개수 97역
Web www.tokyu.co.jp

❹ 도쿄 메트로 東京メトロ

대형 사철이지만 최대주주가 일본 재무성인 공기업이기도 하다. 도쿄도가 운영하는 도영 지하철과 함께 도쿄 도심의 지하철 노선을 양분하고 있다. 도영지하철에 비해 황금노선이 많아 도큐와 함께 매출 수익이 최상위에 속한다. 9개의 노선이 도쿄 중심부와 외곽을 방사형으로 달리고 있으며, 주로 JR의 야마노테선 안쪽을 담당하고 있다. 지요다선에서는 오다큐 오다와라선과 직통 운행을 실시해 하코네까지 가는 특급열차가 다니기도 한다.

총 철도노선 거리 195.1km 총 역 개수 179역
Web www.tokyometro.jp

❺ 오다큐 전철 小田急電鉄

도쿄 신주쿠와 하코네 산의 관광 명소가 속한 가나가와현 오다와라小田原를 잇는 철도에서 출발했다. 신주쿠역에서 하코네유모토역까지 특급열차 로망스카ロマンスカー(하코네·슈퍼 하코네)를 운행한다. 또한 하코네 주요 관광지의 교통수단인 등산열차·케이블카·로프웨이를 운행하는 하코네 등산철도箱根登山鉄道가 오다큐 전철의 자회사다. 하코네 프리패스를 구입하면 하코네 관광지의 모든 교통수단을 할인된 가격으로 이용할 수 있다. 신칸센이 도쿄역에서 오다와라역까지 운행하니, JR패스가 있다면 오다와라역에서부터 오다큐 전철의 티켓을 구입하면 된다.

총 철도노선 거리 120.5km 총 역 개수 70역
Web www.odakyu.jp

❻ 아키타 내륙종관철도 秋田内陸縱貫鉄道

아키타에 본사를 둔 제3섹터의 철도 회사로, 가쿠노다테角館역에서 다카노스鷹巣역까지 남북으로 달리는 지역 노선이다. 1량 또는 2량의 열차조차 수요를 충당하지 못하다 보니 여러 차례 존폐 위기에 내몰렸지만 주민들의 관심과 애정으로 운행을 이어나가고 있다. 광대한 자연 속의 마을길을 달리는 모습이 장

난감처럼 귀엽기도, 달력 사진처럼 서정적이기도 하다. 열차 마니아 사이에서는 눈으로 뒤덮인 협곡의 철교를 건너는 열차 사진이 유명하다.
총 철도노선 거리 94.2km 총 역 개수 29역
Web www.akita-nairiku.com

유용한 열차 패스

JR이스트 패스 JR EAST PASS

JR이스트의 전 지역을 아우르던 JR이스트 패스가 2016년 4월부터 두 구간의 패스로 나뉘어 발매된다. 도쿄를 중심으로 센다이, 이와테, 아오모리 등 도호쿠 북쪽 지역이 포함되는 도호쿠 패스와 도쿄를 중심으로 니가타, 나가노 등 도호쿠 동쪽 지역을 아우르는 나가노·니가타 패스다. 두 패스의 경계가 되는 가루이자와역, 에치고유자와역은 양쪽 모두 해당된다. 지역 범위는 도호쿠 패스가 더 넓고, 값은 나가노·니가타 패스가 약간 저렴하다. 현지의 역 티켓 창구에서 직접 구매해도 되지만, 한국 여행사를 통해 미리 교환권을 예매하면 좀 더 싸게 구입할 수 있다.
Web www.jreast.co.jp/kr/eastpass/

사용 가능 노선	**도호쿠 지역 패스** 도호쿠 신칸센, 아키타 신칸센, 야마가타 신칸센, 조에쓰 신칸센(도쿄~GALA유자와), 호쿠리쿠 신칸센(도쿄~사쿠다이라), 아오이모리철도, IGR 이와테 은하철도, 센다이공항철도 및 해당지역 JR이스트 라인	이즈 급행 전선, 도쿄 모노레일 전선, 특급 닛코호, 스페시아 닛고호, 기누가와호, 스페시아 기누가와호
	나가노·니가타 지역 패스 도호쿠 신칸센(도쿄~나스시오바라), 야마가타 신칸센(도쿄~나스시오바라), 조에쓰 신칸센, 호쿠리쿠 신칸센, 호쿠에쓰 급행, 에치고 도키메키 철도(나오에쓰~아라이) 및 해당지역 JR이스트 라인	
가격(엔)	**도호쿠 지역 패스** 20,000 **나가노·니가타 지역 패스** 18,000	
유효기간	패스 발행일로부터 14일 이내 임의 5일	

JR도쿄 와이드 패스

도쿄와 그 주변의 간토 지역을 아우르는 철도 패스이다. JR이스트의 신칸센과 특급 및 급행열차로 후지산·이즈·가루이자와·에치고유자와 등 인기 관광지를 다녀올 수 있다.
Web www.jreast.co.jp/kr/tokyowidepass

종류	가격(엔)
연속 3일권	10,180

JR이스트·미나미 홋카이도 레일패스

홋카이도 신칸센 개통에 맞춰 JR이스트와 JR홋카이도에서 발매한 외국인 전용 패스. 삿포로, 하코다테, 신치토세국제공항을 포함하는 미나미 홋카이도(도난) 지역과 도호쿠 지역의 신칸센 및 특급 열차 등을 이용할 수 있다. 또한 JR이스트와 상호 노선 운행을 하는 도부 철도의 일부 열차를 비롯해 도호쿠 사철 일부 구간의 탑승도 가능하다. 기존에는 패스 발행일로부터 14일 이내에 임의 날짜 6일 사용이 가능했지만, 현재는 6일간 연속으로만 사용할 수 있다.

Web www.jreast.co.jp/multi/ko/pass/easthokkaido.html

종류	가격(엔)
6일권	27,000

JR도호쿠·미나미 홋카이도 레일패스

JR이스트·미나미 홋카이도 레일패스의 축소 버전으로 도쿄역과 그 인근 지역을 제외한 구간을 이용할 수 있다. 기존에는 패스 발행일로부터 14일 이내에 5일을 지정해 사용할 수 있었지만, 현재는 6일간 연속으로만 사용할 수 있다.

Web www.jreast.co.jp/multi/ko/pass/tohokuhokkaido.html

종류	가격(엔)
6일권	24,000

호쿠리쿠 아치 패스

오사카, 호쿠리쿠 지역(후쿠이·가나자와·도야마), 도쿄를 큰 아치 형태로 잇는 철도 노선을 이용할 수 있는 외국인 전용 패스. 이 구간의 호쿠리쿠 신칸센(도쿄~가나자와)을 비롯한 특급·쾌속·보통열차와 하네다 공항을 연결하는 도쿄 모노레일, 나리타 공항을 잇는 나리타 익스프레스, 간사이 공항 특급 하루카도 탈 수 있다.

Web www.westjr.co.jp/global/kr/ticket/hokuriku-arch-pass

종류	가격(엔)
연속 7일권	24,500

열차 티켓 창구

JR이스트 인포메이션 센터

주요 역에서 외국인 관광객을 위한 열차와 관광 정보를 제공하며 영어를 구사하는 직원이 상기 대기 중이다. 우에노역(중앙 출구), 신주쿠역(동쪽 출구), 시부야역, 이케부쿠로역, 시나가와역에서 JR 패스의 교환이 가능하다.

미도리노 마도구치 *みどりの窓口*

JR의 티켓창구다. 위 서비스 센터나 인포메이션 센터가 문을 닫았을 경우 이곳에서도 JR열차와 관련된 시각표를 알 수 있고, 좌석예약 등을 할 수 있다.

JR이스트의 열차 종류

재래선
신칸센

쓰바사 つばさ
뜻 가벼운 몸짓으로 날아오르는 '날개'
구간 도쿄~야마가타, 신조
차량 E5계, 10량

도키 とき
뜻 우아하게 날갯짓하는 '따오기'
구간 도쿄~니가타
차량 E2계, 10량

다니가와 たにがわ
뜻 옛 재래선 열차의 애칭을 승계
구간 도쿄~에치고유자와
차량 E2계, 10량

맥스 도키 Maxとき
뜻 2층 구조의 Max(Multi Amenity Express) 도키
구간 도쿄~니가타
차량 E4계, 10량 또는 8량

맥스 다니가와 Maxたにがわ
뜻 2층 구조의 Max(Multi Amenity Express) 다니가와
구간 도쿄~에치고유자와
차량 E4계, 10량 또는 8량

아사마 あさま
뜻 군마와 나가노에 걸쳐 있는 산 이름
구간 도쿄~나가노
차량 E2계, 8량·E7계, 12량

가가야키 かがやき
뜻 앞날을 훤히 비추는 '빛남'
구간 도쿄~가나자와
차량 E7계, 12량

하쿠타카 はくたか
뜻 전설 속에 등장하는 '흰 매'
구간 도쿄/나가노~가나자와
차량 E7계, 12량

하야부사 はやぶさ
뜻 날렵하게 날아오르는 '매'
구간 도쿄~신하코다테호쿠토
차량 E6계, 7량·E5계, 10량
쓰가루 つがる
뜻 아오모리의 지명
구간 아키타~아오모리
차량 E751계, 4량
하야테 はやて
뜻 빠른 속도를 연상케 하는 '질풍'
구간 모리오카~신하코다테호쿠토
차량 E5계, 10량·E2계, 10량
시치노헤도와다
七戸十和田
신아오모리
新青森
하치노헤
八戸
고마치 こまち
뜻 아키타의 이름난 쌀 브랜드
구간 도쿄~아키타(오마가리~아키타 구간은 방향이 바뀌어 운행)
차량 E6계, 7량
이나호 いなほ
뜻 황금빛 '벼이삭'
구간 니가타~사카타~아키타
차량 E653계, 7량
아키타
秋田
모리오카
盛岡
신조
新庄
야마가타 山形
센다이
仙台
니가타
新潟
야마비코 やまびこ
뜻 저 멀리서 돌아오는 '메아리'
구간 도쿄–센다이, 나스시오바라–센다이
차량 E6계, 7량·E5계, 10량·E3계, 6량·E2계, 10량
후쿠시마
福島
조에쓰묘코
上越妙高
에치고유자와
越後湯沢
나스시오바라
那須塩原
나스노 なすの
뜻 도착지인 나스노가하라에서 유래
구간 도쿄~나스시오바라
차량 E6계, 7량·E5계, 10량·E3계, 6량·E2계, 10량
나가노
長野
우쓰노미야
宇都宮
가루이자와
軽井沢
다카사키
高崎
오미야
大宮
도쿄 東京
나리타쿠코
成田空港
하네다쿠코
羽田空港
오도리코·슈퍼 뷰 오도리코 踊り子・スーパービュー踊り子
뜻 소설로도 유명한 이즈의 '무희'와 멋진 풍광을 감상할 수 있는 슈퍼 뷰
구간 신주쿠, 우에노~이토, 슈젠지
차량 185계, 15량·251계, 10량
아타미
熱海
시모다
下田

JR이스트

❶ 리조트 시라카미 リゾートしらかみ

도호쿠 서쪽의 아키타와 아오모리를 잇는 리조트열차. 아오이케·부나·구마게라의 각기 다른 세 열차가 바닷가를 따라 달리며, 차내에서 전통예능 공연이나 이벤트가 열리기도 하고 풍경이 좋은 곳을 통과할 때는 속도를 늦춰주기도 한다. 중간 정차역에 가볼 만한 관광지도 있다. 특히 1호차와 4호차에 마련된 전망실은 한쪽 벽의 위쪽 반을 전부 창으로 내 박력 있는 풍경을 즐길 수 있다. JR패스로 이용이 가능하지만 미리 지정석을 확보해야 한다. 지정석 중 일행끼리 마주보며 즐길 수 있는 박스석도 마련되어 있다. 하루 3회 왕복 운행하며, 한 종류가 하루에 1편만 왕복하기 때문에 중간에 관광지를 들러 다음 편을 타면 2종류의 차량을 경험할 수 있다. 시즌마다 약간씩 출발 시간이 차이가 나므로, 이용 시 열차 시간표를 사이트에서 확인하자. Web www.jreast.co.jp/railway/joyful/shirakami.html

역 이름		아키타 秋田	노시로 能代	주니코 十二湖	웨스파 쓰바키야마 ウェスパ椿山	히로사키 弘前	신아오모리 新青森	아오모리 青森
상행	1호차	08:19	09:33	10:25	10:38	12:52	13:23	-
	3호차	10:50	12:14	13:04	13:17	15:49(종점)	-	-
	5호차	13:57	15:04	15:56	16:09	18:58	19:32	19:38
하행	2호차	13:26	12:14	11:24	11:13	08:48	08:16	08:09
	4호차	19:01	17:55	17:05	16:55	14:30	13:58	13:51
	6호차	20:42	19:36	18:47	18:36	16:06(종점)	-	-

❷ 도호쿠 이모션 TOHOKU EMOTION

펜으로 그린 듯한 독특한 외관의 아트 레스토랑 철도. 주로 금·토·일·월요일에 주 2~4회 바닷가를 따라 멋진 풍광의 선로를 달리며 라이브키친에서 조리한 인기 셰프의 요리를 오리지널 그릇에 먹을 수 있는 반나절 기차 여행이 가능하다. 1호차는 개인실 객차로 통로와 좌석은 문으로 완전히 분리되어 있으며, 오픈다이닝 객차인 3호차는 양쪽에 창을 중심으로 테이블이 놓여 있다. 레스토랑 열차의 관광상품으로 판매되므로 일본의 여행사에서 예약할 수 있다.

Web www.jreast.co.jp/railway/joyful/touhoku.html

역 이름	하치노헤 八戸	구지 久慈
상행	11:06	13:02
하행	16:01	14:18

❸ SL긴가(은하) SL銀河

만화 〈은하철도 999〉에서 봤음직한 증기기관차가 견인하는 SL긴가. C58형(239호기)의 증기기관차를 복원하여 2014년 4월 첫 운행을 시작했다. 객차는 이와테현 출신의 작가 미야자와 겐지宮沢賢治의 동화 속 세계를 이미지해 꾸몄다. 점점 밝아오는 은하를 표현한 외관과 작가가 살았던 시대의 레트로한 분위기로 꾸며진 내부에 자그마한 갤러리까지 갖춘 열차다. 이와테현의 하나마키역에서 가마이시역까지 토요일에는 상행, 일요일에는 하행으로 나뉘어 운행하며, 겨울철에는 운행을 하지 않는다.

Web www.jreast.co.jp/railway/joyful/galaxysl.html

역 이름	하나마키 花巻	가마이시 釜石
상행(토요일)	10:36	15:19
하행(일요일)	15:10	09:57

JR 이외 열차

❶ 하코네 등산열차

하코네 온천을 비롯해 활화산의 분화구인 오와쿠다니 등 하코네 산의 관광지를 아우르는 사철 하코네 등산철도箱根登山鉄道에서 경사면을 오르는 등산열차와 더 급한 경사를 오르는 케이블카, 공중 산책을 하는 로프웨이를 운행한다. 이 중 등산열차에서는 운행 방향을 바꿔 지그재그로 가는 '스위치백Swich-back'을 경험할 수 있다. 오히라다이大平台역 부근에서 총 세 번의 스위치백이 이루어진다. 열차가 덜커덕거리며 급작스럽게 후진하는 통에 방심했던 승객들은 깜짝 놀라기도 한다. 6~7월에는 철로 양옆으로 화려한 꽃망울을 터트리는 순백의 수국이 유명하다. Web www.hakone-tozan.co.jp

❷ **모노레일 유리카모메** モノレール ゆりかもめ

도쿄 중심인 신바시에서 야경으로 유명한 레인보우브리지를 타고 오다이바를 연결하는 무인자동운전 모노레일. 운전칸이 없어 일반 손님이 전 차량을 이용할 수 있는데, 맨 앞 차량의 큰 창을 통한 풍경이 장관이라 그 자리를 노리는 사람들이 많다. 커다랗게 원을 그리는 재미있는 노선도를 따라 다리로 올라가는데, 다리 위에서 보이는 오다이바의 풍경은 물론 빌딩 사이사이를 모노레일로 달리는 모습은 영화 속 미래 도시에 와 있는 듯한 느낌을 준다. **Web** www.yurikamome.co.jp

❸ **내륙종관철도 도시락 열차** ごっつお玉手箱列車

내륙종관철도에서 운행하는 이벤트 열차다. 기차가 지나는 주변의 농가 어머니들이 계절 식재료를 이용하여 요리를 만들고, 역마다 준비한 음식을 직접 가지고 와서 열차가 도착하면 전달해 준다. 아키타의 전원 풍경을 즐기면서 소박한 지역 어머니의 손맛 나는 음식을 기다리는 특별한 기차 여행을 체험할 수 있다. 객차 좌석은 일본식 좌식 테이블(호리고타츠)로 되어 있어 일행이 함께 마주 보면서 음식을 먹으며 담소를 나누고, 주변 경관을 즐길 수 있다. 6월에서 9월까지는 차창밖 논에 펼쳐지는 논 아트를 감상할 수 있다. 겨울에는 광대한 설경과 눈 덮인 협곡 철교의 서정적인 경치를 체험할 수 있다. 이 열차는 부정기적으로 운영되는 관광상품 이벤트라 일정 등을 확인하고 사전 예약을 해야 한다.

Web www.akita-nairiku.com **역 이름** 가쿠노다테 角館 아니아이역 阿仁合駅 **상행** 11:50 출발 13:14분 도착 **요금** 성인 8,000엔 (소인 6,750엔) 7월부터 2월까지 6회 정도 운행

신칸센 열차 타고 간토와 도호쿠 완전정복 6박 7일

도쿄를 중심으로 도호쿠의 주요 도시와 서북쪽의 가루이자와, 에치고유자와까지 아우르는 JR이스트 도호쿠 지역 패스를 이용한 일정이다. 첫날과 마지막 날은 공항 이동과 시내 관광의 교통 티켓을 따로 구입해 패스를 아끼고 나머지 기간에는 알뜰하게 사용하자. 동서쪽 긴 해안선을 따라 달리는 여유만만한 관광열차로 완급을 조절한다.

1 Day

나리타공항 ▶ 도쿄역

- 11:00 나리타공항 도착
- 11:30 티켓 창구에서 JR이스트 패스 구입 및 지정석 예약, 스이카SUICA 구입 및 충전
- 12:20 JR나리타공항역에서 특급 나리타익스프레스* 탑승 ※22년 3월부로 왕복 할인티켓 종료
- 13:33 JR시부야역 도착, 숙소 체크인(짐 맡기기)
- 14:00 점심 식사
- 15:00 메이지 신궁·하라주쿠·오모테산도 도보 이동 관광
- 18:30 시모기타자와에서 저녁 식사 겸 술 한잔
- 20:30 시부야 밤거리 구경
- 22:00 숙소 휴식

2 Day

도쿄역 ▶ 신아오모리역

- 08:00 아침 식사 후 체크아웃
- 08:40 JR도쿄역에서 신칸센 하야부사 탑승(*JR패스 개시)
- 11:51 JR신아오모리역 도착, 역 코인로커에 짐 보관, 점심 식사
- 12:30 노선버스 탑승
- 12:40 아오모리 현립미술관 관람
- 14:00 노선버스 탑승, 신아오모리역 이동, 짐 찾기
- 14:29 JR신아오모리역에서 오우 본선 보통열차 탑승
- 14:35 JR아오모리역 도착, 숙소 체크인(짐 맡기기)
- 15:00 에이 팩토리에서 기념품 등 쇼핑
- 16:30 네부타노이에 와랏세에서 아오모리 네부타 관람
- 17:30 해변 산책로에서 석양 감상
- 18:30 저녁 식사
- 20:00 숙소 휴식

3 Day

아오모리역 ▶ 아키타역

- 07:00 해산물덮밥(놋케돈)으로 아침 식사
- 07:40 숙소 체크아웃
- 08:10 JR아오모리역에서 리조트 시라카미 승차
- 11:24 JR주니코역 하차, 역 코인로커 또는 역 맞은편 주니코칸에 짐 맡기기
- 11:35 역 앞 버스정류장에서 오쿠주니코추샤조(아오이케)행 버스 승차
- 11:50 종점 오쿠주니코추샤조(아오이케) 정류장 하차
- 12:00 주니코 호수(아오이케)와 너도밤나무숲 도보 코스 트레킹
- 16:25 오쿠주니코추샤조(아오이케) 정류장에서 버스 승차
- 16:40 JR주니코역 정류장 하차, 짐 찾기
- 17:04 JR주니코역에서 리조트 시라카미 승차, 차창으로 석양 감상
- 19:00 JR아키타역 도착, 숙소 체크인
- 20:00 이자카야에서 저녁 식사
- 22:00 숙소 휴식

4 Day

아키타역 ▶ 다자와코역 ▶ 센다이역

08:10 JR아키타역에서 신칸센 고마치 탑승

09:08 JR다자와코역 하차, 역 코인로커에 짐 보관

09:40 노선버스 뉴토선 승차

09:52 다자와코한(호반) 하차, 자전거를 빌려서 시계 방향으로 일주

12:10 자전거 반납

12:37 다자와코한 정류장에서 뉴토선 노선버스 승차

13:10 규카무라마에 하차, 규카무라 내 레스토랑에서 점심

14:30 오가마온천·가니바 온천·다에노유 중 한 곳에서 당일 입욕

16:35 가니바 온천 앞 버스정류장에서 노선버스 승차

17:23 JR다자와코역 도착, 짐 찾기

17:34 JR다자와코역에서 신칸센 고마치 승차

18:55 JR센다이역 도착, 규탄(소 혀) 구이로 저녁 식사

20:00 숙소 체크인, 휴식

5 Day

센다이역 ▶ 히라이즈미역 ▶ 도쿄역

08:00 아침 식사 후 숙소 체크아웃

09:36 JR센다이역에서 신칸센 하야부사 탑승

10:08 JR이치노세키역 하차, 환승

10:21 도호쿠 본선 보통열차 탑승

10:28 JR히라이즈미역 도착

10:45 모쓰지 절, 히라이즈미 문화유산센터 관광

12:20 점심 식사

13:28 JR히라이즈미에서 도호쿠 본선 보통열차 탑승

13:36 JR이치노세키역 하차, 신칸센 환승

13:48 JR이치노세키역에서 신칸센 야마비코 탑승

16:24 JR도쿄역 도착

16:40 숙소 체크인

17:00 도쿄역사 구경 및 깃테에서 쇼핑

18:30 저녁 식사

20:00 지하철로 도쿄 스카이트리 이동, 관람

22:00 숙소 휴식

6 Day

도쿄역 ▶ 가루이자와역 ▶ 에치고유자와역 ▶ 도쿄역

07:00 아침 식사

08:12 JR도쿄역에서 신칸센 하쿠타카 탑승

09:25 JR가루이자와역 도착

10:00 가루이자와 긴자거리 관광 및 점심 식사

13:37 JR가루이자와역에서 신칸센 아사마 탑승

13:52 JR다카사키역 하차, 환승

14:10 신칸센 맥스 도키 탑승

14:56 JR에치고유자와역 도착

15:20 도보 20분 거리의 공공 온천탕 야마노유에서 온천

16:30 역 구내 폰슈칸에서 니혼슈(술) 시음 및 쇼핑

17:30 저녁 식사

18:21 JR에치고유자와역에서 신칸센 맥스 다니가와 탑승

19:40 JR도쿄역 도착, 도카이도 본선 또는 야마노테선으로 환승해 신바시역 이동(*JR패스 사용 종료)

19:58 신바시역에서 유리카모메 탑승

20:13 다이바역 도착, 오다이바 야경 감상

22:00 다이바역에서 유리카모메 탑승

22:15 신바시역 도착, 숙소 휴식

7 Day

도쿄역 ▶ 나리타공항

08:00 아침 식사 후 숙소 체크아웃

09:00 JR도쿄역에서 특급 나리타익스프레스 탑승

09:58 JR나리타공항역 도착

11:50 나리타공항 출국

01 아오모리역·신아오모리역 青森駅·新青森駅

예로부터 홋카이도로 가는 혼슈의 관문 역할을 했던 아오모리역. 철도 노선은 바다 앞에서 끝이 나고, 쓰가루 해협을 건너는 선박이 아오모리역 바로 뒤편에서 출항했다. 열차 플랫폼에서 개찰구로 이동하기 위해 긴 구름다리를 건너다 보면 A자형의 아오모리 베이 브리지 너머 펼쳐진 쓰가루 해협을 볼 수 있다. 1988년 세이칸 해저터널이 뚫리면서 철도가 선박을 대신하게 되었다. 아오모리역은 도호쿠 본선과 이어지는 오우 본선, 쓰가루 해협선을 포함한 쓰가루선, 사철인 아오이모리 철도선의 시·종착역으로 현재에 이르고 있다. 2010년 도호쿠 신칸센이 개통하면서 간토 지역과의 연결은 신아오모리역에 내준 상황이다. 아오모리역에서 오우 본선으로 한 정거장 떨어진 신아오모리역은 도호쿠 신칸센의 시·종착역이다. 2016년 3월, 도호쿠 신칸센과 홋카이도 신칸센과 연결되면서 새로운 기차 여행 시대를 예고하고 있다.

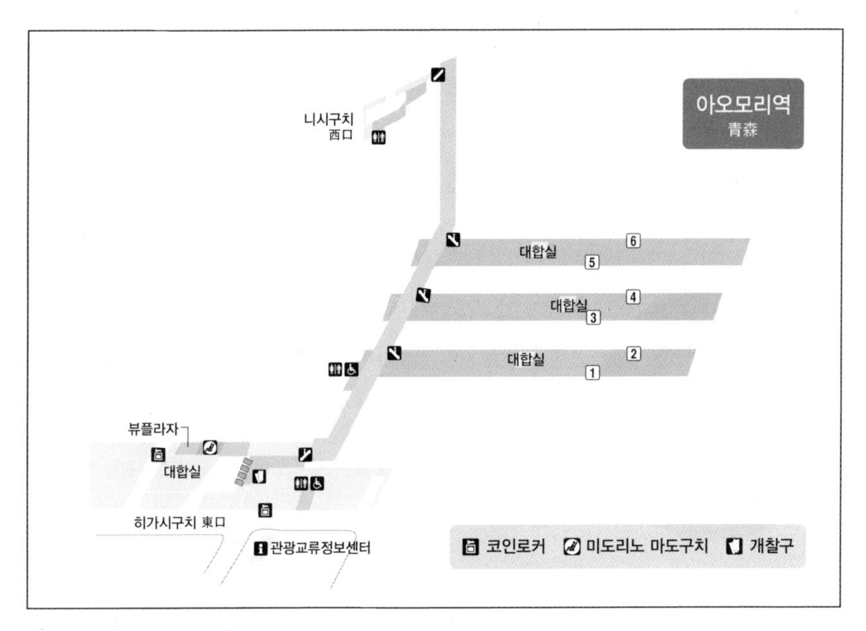

- 미도리노 마도구치 Open 05:20~22:00
- 아오모리시 관광교류정보센터 Open 06:00~22:00 Tel 017-723-4670

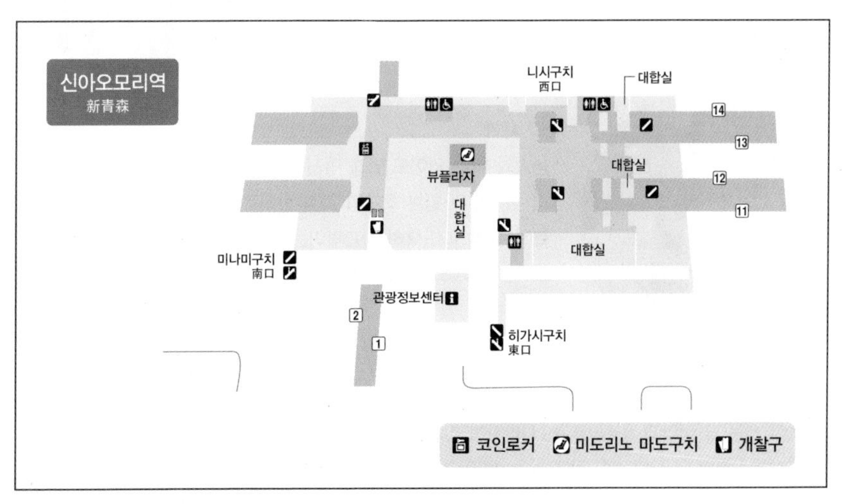

- 미도리노 마도구치 Open 05:30~20:00
- 아오모리 관광정보센터 Open 08:30~19:00 Tel 017-752-6311

키워드로 그려보는 아오모리 여행

혼슈 북단의 조용한 어촌마을 아오모리. 평온한 일상의 풍경 뒤로 일본 최대의 불축제와 일본 전국에서 알아주는 고품질의 사과, 세계자연유산으로 지정된 원시림을 품고 있다.

여행 난이도 ★★
관광 ★★★
쇼핑 ★★
식도락 ★★★☆
기차 여행 ★★★☆

네부타 축제

일본 중요무형민속문화재인 아오모리와 히로사키의 네부타. 대나무나 철사로 만든 뼈대 위에 종이를 붙인 거대한 등롱을 올린 다음 불을 밝혀 행진하는 네부타 축제는 도호쿠 최대의 볼거리다. 아오모리 네부타 축제가 열리는 8월 초에는 200만 명에 이르는 관광객이 몰리며 대성황을 이룬다.

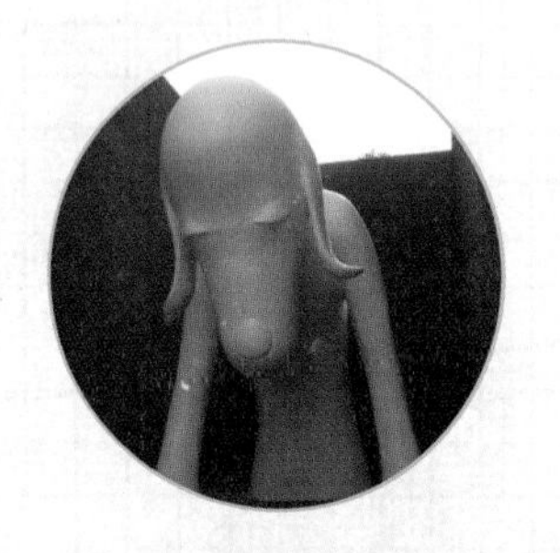

나라 요시토모

심통 난 듯한 아이의 그림으로 익숙한 팝아트 작가 나라 요시토모奈良美智는 아오모리의 히로사키 출신이다. 아오모리 현립미술관과 히로사키 시내에서 나라 요시토모의 작품을 상시 만날 수 있다.

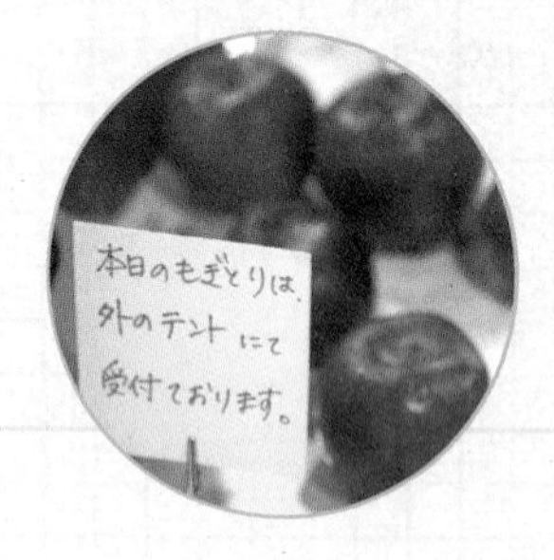

사과

농약과 비료 없이도 벌레 먹지 않는 '기적의 사과'로 유명한 아오모리. 원래부터 일본 최대의 사과 산지로, 이를 활용한 사과주와 디저트가 유명하다. 특히 사과파이는 그 종류가 매우 다양해 따로 이를 모아둔 맵이 있을 정도. 선물은 물론 열차에서 먹을 간식으로도 그만이다.

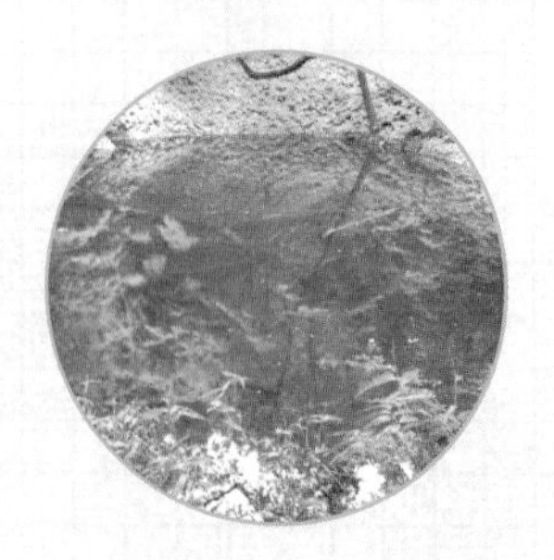

시라카미 산지

'신들이 사는 숲'이라고 일컬어지는 시라카미 산지는 아오모리현과 아키타현에 걸친 약 13만ha의 광대한 원시림이다. 그 중심부가 일본 최초의 세계자연유산으로 지정되었으며, 사람의 손길이 닿지 않은 너도밤나무숲과 자연의 신비를 간직한 오묘한 푸른빛의 호수를 만날 수 있다.

알짜배기로 놀자

오랫동안 아오모리 교통의 중심이었던 아오모리역 주변에 대부분의 관광지와 맛집이 몰려 있다. 도보로 반나절 정도면 다 돌아볼 수 있다. 현립박물관만 예외적으로 신아오모리역과 좀 더 가까운데, 어차피 관광버스를 타야 하고 신아오모리역과 아오모리역을 모두 경유한다.

어떻게 다닐까?

아오모리 셔틀 de 루트버스

아오모리역과 신아오모리역, 시내 관광지를 엮는 순환버스. 일명 '네부탄호ねぶたん号'라 불리며 현립미술관과 산나이마루야마 유적, 페리터미널 등을 연결한다. 하루 9~10편만 운행하니 운행시간을 꼭 확인해야 한다. 1일 승차권은 버스 내 또는 아오모리역 앞 관광교류정보센터 등에서 구입할 수 있다.

Cost 1회 승차권 300엔, 1일 승차권 700엔 Web www.aomori-kanko-bus.co.jp

어디서 놀까?

네부타노이에 와랏세 ねぶたの家 ワ·ラッセ

아오모리의 네부타 축제를 테마로 한 문화교류시설. 축제에서 실제 사용된 폭 9m, 높이 5m, 깊이 7m의 거대한 네부타와 축제 동영상에서 그 열기와 박력이 유감없이 전해진다. 일본, 중국의 전설과 역사를 소재로 한 2D 이미지를 3D로 구현하는 제작 과정이 흥미진진하게 전시되어 있으며, 일생 동안 네부타를 만들어온 장인의 인터뷰 동영상도 상영된다. 보는 장소에 따라 모습이 바뀌는 독특한 건물 디자인도 볼 만하다.

Access 아오모리역에서 도보 1분 Add 青森県青森市安方1-1-1 Open 5~8월 09:00~19:00, 9~4월 09:00~18:00, 12월 31일·1월 1일 휴관 Cost 네부타 뮤지엄·네부타 홀 어른 620엔, 고등학생 460엔, 초·중학생 260엔 Tel 017-752-1311 Web www.nebuta.jp/warasse

아오모리 현립미술관 青森県立美術館

부지 전체를 공원으로 꾸민 널찍한 공간 안에 건축가 아오키 준이 설계한 하얗고 깔끔한 건물의 아오모리 현립미술관. 관내의 안내 표시를 모두 수직, 수평, 45도의 선으로만 이어진 독자적인 폰트로 디자인할 만큼 철저하게 미술관다운 미술관이다. 계절마다 테마에 따른 상설전이 있고 각 기획전은 수시로 진행된다. 지하 2층에서 나갈 수 있는 외부 공간에는 거대한 조형물 '아오모리 개(아오모리이누)'가 있는데, 나라 요시토모의 작품이다. 계절에 따라 모자를 쓰기도 한다. 촬영이 엄격히 금지된 미술관 내에서 유일하게 사진을 찍을 수 있는 곳이다.

Access 아오모리역에서 루프버스 타고 약 20분 후 겐리쓰비주쓰칸마에 하차, 바로(신아오모리역 경유) Add 青森県青森市安田字近野185 Open 10~5월 09:30~17:00, 6~9월 09:00~18:00, 둘째·넷째 월요일 및 연말 휴관 Cost 상설전 어른 510엔, 기획전은 전시회마다 다름 Tel 017-783-3000 Web www.aomori-museum.jp

에이 팩토리 A-FACTORY

'아오모리Aomori'의 A를 상징하는 삼각지붕 세 개가 나란히 붙어 있는 에이 팩토리는 아오모리 사과의 무한 변신을 엿볼 수 있는 특산품 매장이다. 전체가 2층으로 뚫린 내부에는 사과를 가공한 과실주 '시드르Cidre'를 만드는 공방이 통유리 너머 자리하고, 여러 가지를 시음하며 입맛에 맞는 것을 매장에서 구입할 수 있다. 수십 종의 사과파이와 현지 식재료를 이용한 잼, 스프레드 등 가공품은 디자인을 가미해 선물로도 꽤 폼 난다. 매장 안쪽에 마련된 푸드코트는 초밥, 덮밥, 튀김 등 식사로 즐길 만한 메뉴가 다양하다. 여름밤에는 테라스 좌석에서 맥주와 시드르 와인을 무제한으로 즐길 수 있는 '비어 테라스'가 조성되기도 한다.

Access 아오모리역에서 도보 2분 Add 青森県青森市柳川1-4-2 Open 숍 09:00~20:00, 레스토랑 11:00~20:00(2층 레스토랑은 ~21:00) Cost 아오모리 시드르 애플소다 515엔, 런치 1,000엔 Tel 017-752-1890 Web www.jre-abc.com/wp/afactory/index

아오모리 교사이센터 青森魚菜センター

보통 '후루카와 시장古川市場'으로 불리는 아오모리 교사이센터는 아오모리 시민의 밥상을 책임지는 시장이다. 이곳에서 각 가게의 각종 반찬을 이용해 만든 나만의 덮밥, '놋케돈のっけ丼'을 즐길 수 있다. 입구에서 2,000엔으로 10장 묶음의 식사 쿠폰을 구입하고 우선 1장으로 밥을 산 후 먹고 싶은 반찬을 구입할 때마다 가게 주인에게 쿠폰을 가격만큼 뜯어서 내면 된다. 참치, 연어, 연어알 등의 해산물은 물론 닭튀김, 채소튀김, 절임류 등 종류가 다양하고 하나같이 맛있어 보인다. 완성된 놋케돈은 시장 내 마련된 테이블에서 먹고 갈 수 있다. 식사권은 환불이 안 되고, 추가 구입은 1장씩도 가능하다. 2명이라면 일단 10장 묶음을 사서 함께 쓰다가 모자르면 추가하는 방법을 추천한다.

Access 아오모리역에서 도보 5분 Add 青森県青森市古川1-11-16 Open 07:00~14:00, 화요일 휴무 Cost 식사권 2,000엔(10매) Tel 017-763-0085 Web nokkedon.jp

찬도라 CHANDOLA

아오모리의 지역민이 추천하는 맛있는 애플파이를 맛볼 수 있는 파티세리&카페 레스토랑. 2층으로 올라가면 중후한 분위기의 호텔 로비 같은 공간이 펼쳐진다. 애플파이는 말할 것도 없고 메인과 스프, 샐러드, 빵, 디저트를 포함하는 런치도 저렴하게 먹을 수 있다. 술을 좋아한다면 100종류 이상의 풍부한 와인리스트와 다양한 안주 메뉴도 만족스럽다.

Access 아오모리역에서 도보 5분 Add 青森県青森市新町1-13-5 Open 11:00~22:00 Cost 런치 1,600엔 Tel 017-722-4499 Web www.chandola.jp

욘히키노네코 4匹の猫

'네 마리의 고양이'라는 귀여운 이름의 카페 레스토랑이 아오모리 현립미술관 내에 자리한다. 지친 다리를 쉬일 겸 출출한 배도 채울 겸 들르기 좋다. 높은 천장과 미술관 공원으로 열린 전창이 시원한 느낌을 준다. 유기농 커피를 사용하는 등 친환경적인 재료를 고집하고 쓰가루 닭, 아오모리 사과와 같은 현지 식재료에 기반한 파스타·커리 및 디저트 메뉴를 선보이고 있다.

Access 아오모리역에서 루프버스 타고 약 20분 후 겐리쓰비주쓰칸마에 하차 바로(신아오모리역 경유) Add 青森県青森市安田字近野185 Tel 017-761-1401 Open 10:30~16:30 Web www.jogakurakanko.jp/yonhikinoneko/index.html

하루 종일 놀자

아오모리에서 열차로 멀지 않은 히로사키는 근교 여행으로 반나절 정도 다니기 좋다. 세이칸 해저 터널을 체험할 수 있는 기념관은 다소 멀더라도 빼놓기 아쉬운 여행지다. 리조트 열차인 시라카미를 타고 아키타까지 갈 예정이라면, 중간에 내려 세계자연유산 시라카미 산지를 꼭 걸어보자. 리조트 시라카미는 히로사키역에서도 탈 수 있으므로 숙박을 이쪽에서 해도 좋다.

어떻게 다닐까?

JR열차

JR열차를 이용해 히로사키, 세이칸 터널 기념관, 시라카미 산지의 주니코 호수까지 여행할 수 있다. 단, 히로사키를 제외하면 거리가 멀고 열차 편수도 많지 않기 때문에 시간 체크가 필수다.

자전거

히로사키 관광협회에서 운영하는 렌터사이클이 시내 곳곳에 있다. 대여 장소와 반납 장소가 달라도 된다. 빌릴 때 신분증(여권)을 제시해야 하며, 반납 가능한 스테이션 위치를 알 수 있는 시내 관광지도를 받을 수 있다. 자전거 반납은 모든 스테이션이 공통적으로 오후 5시까지다. 언덕길을 오를 때 편리한 전동자전거는 히로사키 관광안내소와 시립관광관에서만 빌리고 반납할 수 있다.

Open JR히로사키역 1층 관광안내소 08:45~18:00, 히로사키 시립관광관 09:00~18:00, 연말연시 휴관 **Cost** 일반 자전거 500엔, 전동자전거 1,000엔

100엔 버스(도테마치 순환버스)

JR히로사키역에서 히로사키 공원 부근의 시내를 순환하는 버스. 모든 구간에서 100엔의 동일 요금이고 10분 간격으로 운행해 편리하다.

Open 4~11월 10:00~18:00, 12~3월 10:00~17:00 **Cost** 1회 100엔

어디서 놀까

히로사키 성터(히로사키 공원) 弘前城跡

일본 전국에서도 벚꽃의 명소로 유명한 히로사키 성터. 만개할 때도 장관이지만 벚꽃이 질 무렵 떨어진 꽃잎으로 온통 뒤덮인 꽃길과 해자도 멋지다. 성터 내에 남아 있는 천수각과 성루 등은 문화재로 지정되어 있다. 안쪽 해자를 건너는 붉은 다리 뒤로 혼마루가 보이는 게조바시下乗橋 다리가 사진 포인트. 혼마루의 천수각에서 보이는 우뚝 솟은 이와키 산岩木山도 감동적이다. 일본 근대화의 과정에서 상업도시로 성장했던 히로사키에는 그 당시를 증언하듯 1900년대 초반에 지어진 옛 서양식 건물이 히로사키 성 주변에 여럿 남아 있는데 이들과 엮어 산책하면 반나절이 꽉 찬다.

Access JR히로사키역에서 도보 약 30분 혹은 100엔 버스 타고 15분 후 시야쿠쇼마에 하차, 바로 **Add** 青森県弘前市下白銀町1 **Open** 공원은 상시 무료 오픈 / 혼마루·기타노카쿠, 후지타 기념정원·식물원 4월 1일~11월 23일 09:00~17:00, 벚꽃축제 기간 07:00~21:00 **Cost** 혼마루·기타노카쿠, 후지타 기념정원·식물원 각각 어른 320엔, 어린이 100엔 / 통합권 어른 520엔, 어린이 160엔 **Web** www.hirosakipark.jp

후지타 기념정원藤田記念庭園

등록유형문화재로 지정된 후지타 기념정원은 1919년(다이쇼 8년)에 지어진 별장으로 도쿄의 정원사를 초빙해 조성한 에도식 정원을 포함한다. 고지대와 저지대로 나뉘어 있는 정원에서는 이와키산이 보이고 본채인 일본관, 별채인 서양관과 오묘한 조화를 이루고 있다. 다이쇼 시대의 낭만을 간직한 서양관은 카페로 쓰이고 있다.

Access JR히로사키역에서 도보 약 30분 또는 100엔 버스 타고 15분 후 시야쿠쇼마에 하차, 도보 2분 Add 青森県弘前市下白銀町8-1 Open 09:00~17:00(11월 24일~4월 초 정원 휴관) Cost 정원 · 식물원 어른 320엔, 어린이, 100엔 / 통합권 어른 520엔, 어린이 160엔 Tel 0172-37-5525

아오모리 은행 기념관 青森銀行記念館(旧第五十九銀行)

1879년 설립된 아오모리현 최초의 국립 은행이자 국가 중요 문화재. 일본의 59번째 국립 은행이라서 '제59은행'으로 불렸다. 본 건물은 1904년 현재의 위치로 옮기면서 새로 지은 것이다. 목조 2층 건물로 르네상스 양식의 좌우 대칭 구조를 따르고 있지만 전통 가옥의 지붕 구조를 절충하고 아오모리산 노송나무와 느티나무를 사용하는 등 지역적인 특색도 가미했다.

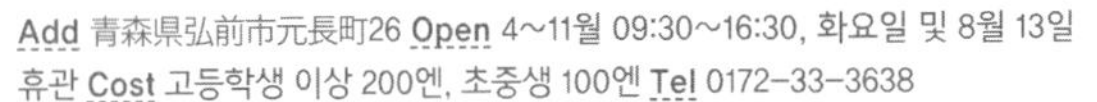

Add 青森県弘前市元長町26 Open 4~11월 09:30~16:30, 화요일 및 8월 13일 휴관 Cost 고등학생 이상 200엔, 초중생 100엔 Tel 0172-33-3638

구 도오기주쿠 외국인 선교사관 旧東奥義塾外人教師館

아오모리 최초 사립학교인 도오기주쿠의 외국인 선교사가 기거했던 곳이다. 서재나 침실 등 당시의 생활 모습을 엿볼 수 있다. 정원에는 히로사키 서양식 근대 건축물들의 10분의 1 크기 미니어쳐를 전시해 놓았는데 꽤 볼만하다.

Add 青森県弘前市下白銀町2-1 Open 09:00~18:00 Cost 입장 무료 Tel 0172-37-5501

옛 히로사키 시립도서관 旧弘前市立図書館

1906년 지어진 르네상스 양식의 목조 3층 건물. 꼭대기 층의 붉은 색 팔각 돔 탑이 아름답다. 1931년까지 시립도서관으로 쓰였으며 채광을 위해 창이 많이 난 것이 특징이다.

Add 青森県弘前市下白銀町2-1 Open 09:00~17:00 Cost 입장 무료 Tel 0172-82-1642

세이칸 터널 기념관 青函トンネル記念館

홋카이도와 혼슈를 연결하는 세이칸 해저터널을 체험할 수 있는 기념관. 해저 240m, 총 길이 53.85km의 해저터널을 건설하는 24년간의 대역사를 전시하고, 공사작업에 사용했던 해저 140m 깊이의 갱도를 관광객에게 개방하고 있다. 이 갱도는 일본 최단 거리인 800m의 사철 노선 세이칸 터널 닷피샤코선青函トンネル竜飛斜坑線이 지나며, 케이블카 모구라(두더지) 호를 타고 14도 경사를 내려가 도착한다. 체험 갱도에서 당시 공사에 사용했던 기계와 장비 등 생생한 현장의 풍경을 관람할 수 있다.

Access JR민마야역에서 닷피행 버스 타고 27분 후 세이칸톤네루키넨칸 하차, 바로 **Add** 青森県東津軽郡外ヶ浜町字三厩龍浜99 **Open** 4월~11월 09:00~16:30 **Cost** 입관료 400엔, 모구라호 승차권 1,200엔, 세트 요금 1,500엔 **Tel** 0174-38-2301 **Web** seikan-tunnel-museum.jp

주니 호수 十二湖

세계자연유산인 시라카미 산지의 호수들을 일컫는 주니 호수. 12개의 호수라는 한자와는 달리 실제 호수는 33개다. 주니 호 중 유명한 것은 단연 아오이케青池로, 크기는 작지만 물에 잉크를 푼 듯한 투명하고 깊은 푸른색이 경외감을 불러일으키는 아름다움을 자랑한다. 푸른 정도는 다르지만 여전히 푸르고 아름다운 다키쓰보노이케沸壺の池와 주변에 산책로가 조성되어 있는 커다란 호수 게토바노이케鶏頭場の池를 산책하노라면 숲의 삼림욕 효과는 물론 계절마다 피고 지는 꽃과 나무들의 독특한 자연의 향기에 저절로 오감이 깨어난다.

Access JR주니코역에서 버스 타고 15분 후 오쿠주니코추샤조(아오이케) 하차 **Add** 青森県西津軽郡深浦町 **Open** 4월 초~11월 중순(동기 통행제한)

Tip!

JR패스 알뜰 활용법, 스카유 온천 가기

JR 전국 패스가 있으면 실내 혼탕으로 유명한 스카유 온천까지 가는 JR버스를 이용할 수 있다. 중간에 핫코다 로프웨이와 조카쿠라 온천도 지나간다. 휴가 시즌에는 1회 증편된다. 시즌마다 약간씩 출발 시간이 차이가 나므로, 이용 시 버스 시간표를 사이트에서 확인하자.

Web www.jrbustohoku.co.jp/route/detail/?PID=1&RID=1#01

정류장	가는 편			오는 편		
아오모리역青森駅	08:00	10:50	12:30	12:12	15:12	16:57
신아오모리역新青森駅前	↓	11:10	12:50	11:55	14:55	16:40
로프웨이에키마에ロープウェー駅前	09:00	12:15	13:55	10:43	13:43	15:28
조가쿠라온센城ヶ倉温泉	09:07	12:22	14:02	10:35	13:35	15:20
스카유온센酸ケ湯温泉	09:15	12:30	14:10	10:30	13:30	15:15

끼니는 여기서

레스토랑 야마자키 レストラン山崎

아오모리의 기적의 사과를 사용한 찬 스프를 맛볼 수 있는 프렌치 레스토랑 야마자키. 이 사과스프 외에도 지역농민, 농장과 연계하여 생산자가 보이는 재료로 히로사키 프렌치를 만들어낸다. 만약 레스토랑 야마자키가 부담스럽다면 그 바로 옆에 붙어 있는 파티세리 야마자키에서도 기적의 사과를 사용한 디저트, 카레 등을 맛볼 수 있다. 특히 기적의 사과를 갈아 튀긴 과자 '기세키노 링고(기적의 사과) 가린토'는 한 번 입에 넣으면 멈출 수 없는 명품 스낵.

Access JR히로사키역에서 도보 약 25분 혹은 JR히로사키역에서 100엔 버스 타고 15분 후 시야쿠쇼마에 하차, 도보 2분 **Add** 青森県弘前市親方町41 **Open** 11:30~14:00, 17:30~20:30, 월요일 휴무 / 파티세리 야마자키 10:00~21:00 **Cost** 런치 2,750엔(기적의 사과 스프 선택 시 550엔 추가), 기적의 사과 풀코스 5,940엔 **Tel** 0172-38-5515 **Web** www.r-yamazaki.com

스위티스트 데이 Sweetest Day

뉴욕과 파리에 온 듯 디저트 코스를 맛볼 수 있는 스위츠 바. 눈앞의 바에서 스위츠가 만들어지는 과정이 흥미진진하게 펼쳐진다. 한입 크기의 셔벗, 프로마주, 쿠키 등 6가지 스위츠가 차례로 나오는 디저트 코스는 고급스런 홍차와 즐기기 좋다. 6월부터 8월까지는 저녁 시간에 비스트로 바 '잇 로컬Eat Local'로 바뀐다. 생맥주나 와인과 어울리는 다양한 메뉴가 준비되어 있고, 치즈 플레이트 하나에도 예술적인 감각이 폴폴 배어난다. 다양한 종류의 케이크도 판매하는데, 오전에 동이 나는 경우가 많다.

Access JR아오모리역에서 도보 8분 **Add** 青森県青森市古川1-17-1 あかとんぼビル 1F **Open** 11:00~18:00 수요일 휴무 **Tel** 017-763-5114 **Cost** 스위트 코스 800엔~ **Web** sweetestday.theshop.jp

어디서 잘까?

아오모리역 주변

호텔 루트인 아오모리에키마에 ホテルルートイン青森駅前

아오모리역 광장 건너편에 위치한 입지적으로 더할 나위 없는 호텔. 웰컴 커피를 제공하며 조식은 간단하지만 무료. 인공 라듐온천이 있어 널찍한 욕조에서 몸을 쉴 수 있다.

Access 아오모리역에서 도보 1분 **Add** 青森県青森市新町1-1-24 **Cost** 싱글룸 6,500엔~ **Tel** 017-731-3611 **Web** www.route-inn.co.jp/search/hotel/index_hotel_id_65

히로사키역 주변

호텔 루트인 히로사키에키마에 ホテルルートイン弘前駅前

루트인 아오모리에키마에 호텔과 같은 계열로 전체적인 운영체제는 비슷하며 이쪽 건물이 좀 더 깨끗하다. 컴포트 객실이 따로 있어 인체공학적으로 더 편안함을 고려한 방을 선택할 수도 있다.

Access JR히로사키역에서 도보 3분 **Add** 青森県弘前市駅前町5-1 **Cost** 싱글룸 8,000엔(컴포트 싱글룸 8,500엔부터)~ **Tel** 0172-31-0010 **Web** www.route-inn.co.jp/search/hotel/restaurant_hotel_id_258

히로사키 그랜드 호텔 弘前グランドホテル

히로사키 여행 중심가인 히로사키 공원에서 가까운 호텔. 저렴한 숙박비에 비해 편의시설을 잘 갖추었다. 특히 작은 휴게실의 전동 안마의자는 기대 이상.

Access JR히로사키역에서 도보 20분 또는 100엔 버스 타고 히로사키 공원 앞 하차, 도보 3분 **Add** 青森県弘前市一番町1 **Cost** 싱글룸(조식 포함) 4,300엔~ **Tel** 0172-32-1515 **Web** breezbay-group.com/hirosaki-gh/

02
다자와코역
田沢湖駅

아키타현 관광의 중심인 다자와코역. 전 세계에서 관광객이 몰려드는 비탕秘湯 '뉴토 온천향'과 아름다운 '다자와 호수', 작은 교토라 불리는 '가쿠노다테' 등이 모두 아키타 시내에 위치한 아키타역보다 다자와코역과 더 가깝다. 아키타에서 모리오카까지 이어지는 아키타 신칸센이 통과해 주변 도시와의 접근성도 괜찮은 편이다. 단, 이 구간의 선로는 재래선인 다자와코선을 활용한 미니 신칸센으로, 최고 속도가 130km/h 정도라 아키타역과 두 정거장뿐이지만 거의 1시간이 소요된다. 아키타역에서 오우 본선으로 달리다가 다자와코선으로 넘어가는 오마가리大曲역에서 열차의 진행 방향을 바꾸는 '스위치백Switch-back'을 경험할 수 있다. 아키타 신칸센 개통에 맞춰 1997년 지어진 다자와코역은 일본 건축가 반 시게루坂茂가 설계했다. 열주와 유리벽으로 된 현대적인 건축물로, 역사 어디서든 열차가 오가는 것이 눈에 보인다. 역사 2층에는 2009년 화제의 드라마 <아이리스>에 등장했던 아키타 촬영 스틸 사진과 관련 자료가 전시되어 있다.

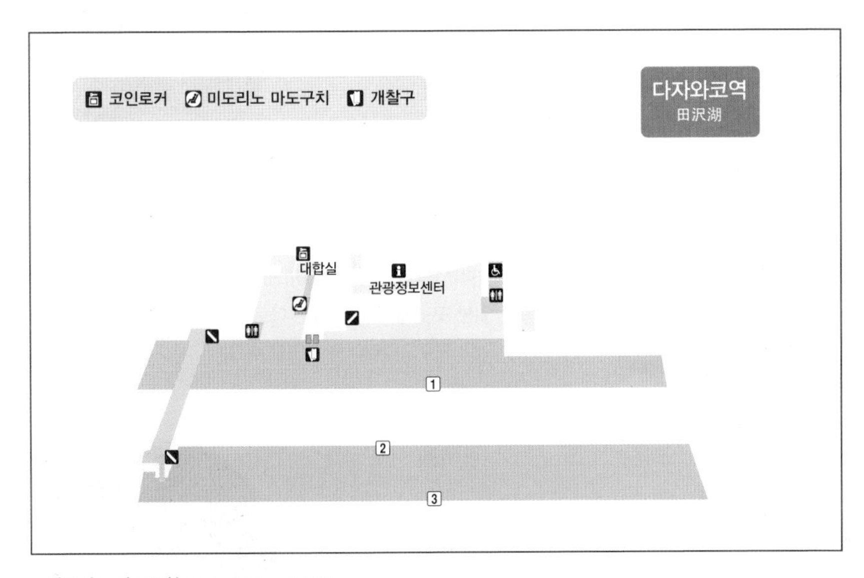

- 미도리노 마도구치 Open 06:10~22:00
- 센보쿠시 다자와코 관광정보센터 포레이크フォレイク Open 08:30~17:30 Tel 0187-58-0063

키워드로 그려보는 아키타 여행

한겨울 설원과 노천탕의 풍경으로 대표되는 아키타. 도호쿠에서도 산골오지에 속하지만 뉴욕타임스에 소개될 정도로 세계적인 유명세를 얻고 있는 데에는 그만한 이유가 있다.

여행 난이도 ★★★
관광 ★★★
쇼핑 ★★
식도락 ★★★☆
기차 여행 ★★★☆

드라마 〈아이리스〉

2009년 화제의 드라마 〈아이리스〉에 등장했던 아키타. 남녀 주인공을 당황케 했던 뽀얀 우윳빛의 노천 혼탕과 슬픈 전설을 간직한 금빛 동상이 서 있는 오묘한 물빛의 호수 등 드라마 속 바로 그 장면을 만나볼 수 있다.

온천

아키타의 너도밤나무숲으로 둘러싸인 깊은 산중에 자리한 뉴토 온천향. 서로 다른 성분과 색깔의 온천 일곱 곳이 숨어 있는 이곳에서 자연과 하나된 노천온천을 즐겨보자.

작은 교토

일본의 옛 권력자들이 사랑하는 아내에게 선물한 '아내의 고향' 교토의 풍경. 일본 곳곳에 교토와 닮은 마을이 있는 이유다. 도호쿠 지역의 작은 교토, 가쿠노다테에서 확인할 수 있다.

이나니와 우동

일본의 서민적인 먹을거리인 우동에도 최상품은 따로 존재하는 법! 일본의 3대 우동 중 하나인 이나니와 우동은 아키타의 명물이다. 생면이 없고 건면으로만 생산되는 고급 우동의 환상적인 면발은 국물이 아닌 소스에 찍어 먹어야 제맛을 느낄 수 있다.

알짜배기로 놀자

지역 노선버스로 다자와 호수와 뉴토 온천향을 모두 돌아볼 수 있다. 다자와코역에서 북쪽으로 버스 15분 거리에 다자와 호수가 있고, 거기서 다시 버스로 35분 정도 거리에 뉴토 온천향이 자리한다.

어떻게 다닐까?

우고교통버스 羽後交通バス

JR다자와코역을 기점으로 아키타의 가장 유명한 온천지인 뉴토 온천향으로 가는 버스와 다자와 호수를 일주하는 버스 등을 운영한다.

Cost 다자와코역~다자와코한 370엔, 다자와코역~뉴토 온천향(가니바 온천) 840엔 Web ugokotsu.co.jp

어디서 놀까?

다자와 호수 田沢湖

수심 423.4m로 일본에서 가장 깊은 호수다. 호수변은 약 20km로, 둥그런 분화구 모양을 하고 있으며 수심에 따라 비취색에서 남색까지 다양한 색으로 변한다. 버스정류장 가타지리潟尻에서 하차하면 호수 안에 세워져 있는 다쓰코의 황금상을 볼 수 있다. 영원한 젊음과 아름다움을 원하다 용이 되어 다자와 호수를 지키게 되었다는 전설이 있다. 여름에는 일정 구역에서 해수욕장처럼 수영을 하거나 카약 등 체험이 가능하다.

Access JR다자와코역에서 우고교통버스 다자와코잇슈(일주)선 타고 약 15분 후 다자와코한 하차(다자와 호수 한 바퀴 순환 운행) Add 秋田県仙北市田沢湖

Tip!

다자와 호수 자전거 일주

아름다운 다자와 호반을 즐기는 또 하나의 방법은 자전거 라이딩이다. 다자와 호수를 자전거로 일주하는 데 넉넉하게 2시간 정도 걸리며, 시계 방향으로 출발했을 때 초반에 급하지 않은 오르막길이 조금 이어지고 나머지는 대체로 평탄한 길이다. 일주 코스에 황금상의 다쓰코히메상과 호수를 배경으로 한 붉은 신사 고자노이시를 만날 수 있다. 다자와코한 정류장에 내리면 자전거가 가득 놓여 있는 렌터사이클 매장이 보인다. 이름과 연락처를 적은 후 빌릴 수 있으며, 일주지도를 얻을 수 있다.

다자와코 렌터사이클 田沢湖レンタサイクル Access 다자와코한 정류장 하차 바로 Add 秋田県仙北市田沢湖田沢字春山148 Tel 0187-42-8319 Open 4월 중순~11월 초순 08:00~17:00, 동기 휴업 Cost 1시간 800엔

뉴토 온천향 乳頭温泉郷

일본 전국에서는 물론, 해외에서도 많이 찾아오는 아키타 제1의 관광 명소다. 관광 명소라고는 해도 깊은 산중에 온천 일곱 곳이 전부라 휴가철을 빼고는 사람이 많이 붐비지는 않는다. 빼어난 풍광과 각기 다른 온천질 때문에 여러 온천을 들르는 온천 순례가 인기 있다. 우고교통버스로 직접 이동이 가능하고 뉴토 온천향 내에서는 쓰루노유를 제외하고는 도보로 다닐 수 있다. 오래된 온천향으로 대부분 혼탕 노천탕이 여전히 남아 있으니 당황하지 말자. 온천향 내에 상점을 비롯한 편의 시설이 전무하기 때문에 점심 식사는 쓰루노유, 다에노유, 규카무라 뉴토온센쿄의 레스토랑을 이용하면 된다.

Access JR다자와코역에서 우고교통버스 뉴토선으로 약 50분, 종점 가니바온센 하차 Web www.nyuto-onsenkyo.com/nature.html

온천명	특징	이용시간	입욕료(엔)
쓰루노유 鶴の湯	드라마 〈아이리스〉에 등장했던 우윳빛 혼탕 노천탕이 있는 옛 온천.	10:00~15:00 월요일 휴무	600
다에노유 妙乃湯	여성에게 인기 있는 세련된 온천. 아기자기한 다양한 온천을 즐길 수 있다. 혼탕, 반노천탕 있음.	10:00~15:00	800
구로유 黒湯温泉	길가에서 수증기가 피어오르는 박력 있는 온천. 혼탕 노천탕 있음. 물이 매우 뜨겁다.	09:00~16:00 동기 휴업	600
가니바 온천 蟹場温泉	숲 속으로 오솔길을 걸으면 맑고 투명한 혼탕 노천탕이 나온다. 선녀가 목욕할 것 같은 느낌.	09:00~16:30	600
마고로쿠 온천 孫六温泉	강을 옆에 낀 혼탕 노천탕. 돌아 나갈 때 남녀탕을 헷갈리지 말 것.	09:00~16:00	600
오카마 온천 大釜温泉	옛 학교였던 목조건물을 사용한 온천. 건물 앞 족욕은 무료로 누구나 이용 가능.	09:00~16:30	600
규카무라 休暇村	뉴토 온천향 중 가장 현대적인 온천. 뒤쪽으로 아름다운 너도밤나무숲이 이어진다.	11:00~17:00	600

Tip!

쓰루노유 당일 온천 이용하기

뉴욕타임스에 소개되고 드라마 〈아이리스〉의 배경이기도 한 쓰루노유의 우윳빛 온천수는 뉴토 온천향의 백미다. 워낙 산속 깊은 곳에 위치해 대중교통이 닿지 않는데, 쓰루노유에서 당일 입욕객을 위해 무료 송영버스를 제공하고 있다. 우고교통버스를 타고 아루파코마쿠사アルパこまくさ 정류장(버스 요금 630엔)에서 내리면, 버스 시간에 맞춰 쓰루노유의 송영 차량이 준비된다. 단, 이용 전날까지 반드시 전화 예약(쓰루노유 0187-46-2139)을 해야 한다. 우고교통의 쓰루노유온센이리구치鶴の湯温泉入口 정류장은 실제 쓰루노유에서 도보로 40분 정도 떨어진 곳이니 착각하지 말자.

다에노유 妙乃湯

뉴토 온천향에서 점심을 먹을 수 있는 세 곳 중 하나. 가니바 온천, 오카마 온천, 다에노유가 모두 도보 5분 거리라 온천 순례 후 들르기도 좋다. 이나니와 우동, 버섯탕 등 아키타의 향토요리가 탐나는 그릇에 정갈하게 담겨 나와 맛은 물론 보는 즐거움까지 더한다. 은은한 조명과 아기자기한 실내 장식, 앤티크 가구도 분위기 있는 식사에 한몫 거든다.

Access JR다자와코역에서 우고교통버스 뉴토선 타고 약 50분 후 종점 가니바온센 하차, 도보 5분 **Add** 秋田県仙北市田沢湖生保内字駒ヶ岳2-1 **Tel** 0187-46-2740 **Open** 점심 식사 11:30~14:00 **Cost** 이나니와 우동 세트 1,320엔 **Web** www.taenoyu.com

야마노 하치미쓰야 山のはちみつ屋

벌집 모양의 매장과 2층 빨간 버스가 상징인 벌꿀 전문 매장. 다자와 호수와 하치만타이八幡平 산에서 채집한 아키타 천연 벌꿀과 세계 여러 나라의 벌꿀을 맛보고 구입할 수 있다. 시럽과 잼도 다양하다. 벌꿀 매장 맞은편 카페에서는 꿀을 이용한 디저트를 맛볼 수 있다. 촉촉한 롤케이크와 주먹만 한 슈크림이 특히 인기. 바로 옆 피자공방에서는 돌가마에서 구워낸 담백하고 쫀득한 나폴리 피자로 한 끼 식사를 대신해도 좋다.

Access JR다자와코역에서 우고교통버스 다자와코잇슈(일주)선 타고 약 15분 후 다자와코한 하차, 도보 25분 **Add** 秋田県仙北市田沢湖生保内字石神163-3 **Tel** 0120-038-318 **Open** 09:00~17:30, 겨울 ~17:00 **Cost** 벌꿀 100g 902엔~, 슈크림 200엔 **Web** www.bee-skep.com

하루 종일 놀자

아키타 신칸센을 타고 아키타역과 가쿠노다테역까지 돌아보자. 두 역에서는 모두 도보 관광이 가능하다. 다자와코역 주변에는 숙소가 마땅치 않다. 일정과 동선에 따라 아키타역과 가쿠노다테역 중 선택하자.

어떻게 다닐까?

아키타 신칸센

다자와코역에서 신칸센으로 가쿠노다테역은 15~20분, 아키타역은 약 1시간 거리다. 1시간에 1~2대꼴로 신칸센이 꽤 자주 운행하니 시간을 미리 체크해두자.

어디서 놀까?

가바자이쿠 전승관 樺細工伝承館

국가지정 전통공예품인 가바(왕벚나무 껍질) 세공품의 진흥을 위해 만들어진 전승관. 안에서는 장인이 만드는 모습을 직접 볼 수 있다. 심플한 구둣주걱이나 책갈피 같은 기념품부터 작품으로 장식해두고 싶은 쟁반, 차 통 같은 다양한 세공품을 전시, 판매한다.

Access JR가쿠노다테역에서 도보 20분 **Add** 秋田県仙北市角館町表町下丁10-1 **Open** 4~11월 09:00~17:00, 12~3월 09:00~16:30, 연말연시 휴관 **Cost** 300엔 **Tel** 0187-54-1700 **Web** www.city.semboku.akita.jp/sightseeing/densyo/index.html

네부리나가시칸 ねぶりながし館

아키타시의 민속예능전승관. 아키타의 여름축제 '간토마쓰리秋田竿燈まつり'를 아키타 시내에서 연중 체험할 수 있는 시설이다. 긴 장대에 벼이삭을 상징하는 등롱(간토竿燈)을 돛처럼 매달고 몸으로 균형을 맞추며 행진하는 간토마쓰리의 묘기에 가까운 기술을 작은 사이즈의 등롱으로 체험해볼 수 있다.

Access JR아키타역에서 도보 15분 **Add** 秋田県秋田市大町1-3-30 **Open** 09:30~16:30, 연말연시 휴관 **Cost** 100엔 **Tel** 018-866-7091 **Web** www city.akita.akita.jp/ciTy/ed/ak/fm/default.htm

가쿠노다테角館 무사거리

교토처럼 꾸며진 고풍스러운 거리와 히노키나이 강桧木内川의 강둑을 따라 2km 이어지는 벚나무가 장관을 이루는 가쿠노다테. 운치 있는 옛 무사가문의 저택을 구경하다 옛 건물을 개조한 공예품점과 카페, 레스토랑을 여유롭게 돌아보며 반나절 정도 보내기 좋다. 짐은 가쿠노다테역 앞 관광정보센터에서 유료(개당 300엔)로 맡아준다. 가쿠노다테역에서 아키타의 시골 풍경 속을 달리는 아키타 내륙종관열차를 탈 수 있다.

Access JR가쿠노다테역에서 도보 10분 Add 秋田県仙北市角館町上菅沢394-2 Tel 0187-54-2700(관광협회) Web https://tazawako-kakunodate.com/ja

끼니는 여기서

니시노미야케 西宮家

고풍스러운 아키타의 옛 집과 정원을 살려 공방 겸 잡화점으로 활용하고, 식사를 할 수 있는 카페 레스토랑으로 꾸몄다. 나무들이 우거진 부지 내에 잡화점 '고메구라', 레스토랑 '기타구라', 수확품 전시실 '분고구라', 절임 판매소 '갓코구라', 전시 공간 '스페이스 마에구라', 디저트 카페 '오모야'의 6개 건물이 자리한다. '구라'는 일본어로 '창고'라는 뜻. 추운 겨울이거나 산으로 일을 갈 때의 도시락 반찬으로 절임류가 발달한 아키타의 특징을 살린 절임 플레이트를 비롯해 그날의 런치 등을 즐길 수 있다.

Access JR가쿠노다테역에서 도보 20분 Add 秋田県仙北市角館町田町上丁11-1 Open 10:00~17:00 Cost 그날의 런치 900엔 Tel 0187-52-2438 Web nishinomiyake.jp

사토요스케 佐藤養助

아키타 이나니와 우동의 역사를 짊어지고 있는 사토요스케. 본점은 한참 남쪽의 유자와시에 있지만 아키타시 직영점에서 같은 맛을 즐길 수 있다. 얇고 찰진 매우 매끄러운 건면 우동인 이나니와 우동을 삶은 후 찬물에 씻어 사리를 말아 소스에 찍어 먹는 '세이로'를 추천. 소스도 일반 간장, 다시국물로 맛을 낸 쓰유에서 참깨소스, 커리 등 오리지널 메뉴까지 다양하다.

Access JR아키타역에서 도보 5분, 세이부 백화점 지하 Add 秋田県秋田市中通2-6-1 Open 11:00~15:00, 17:00~21:00 Cost 쇼유세이로(간장 소스, 찬 우동) 850엔, 그린 카레우동 1,320엔 Tel 018-834-1720 Web www.sato-yoske.co.jp/shop/akita.html

가메노초 스토어 KAMENOCHO STORE

최근 아키타 시내에 트렌디한 카페가 속속 생겨나고 있는데, 그 중심에 가메노초 스토어가 있다. 원래 양조장 회사가 있던 오래된 빌딩을 살려 빈티지하면서도 친근한 공간에서 스페셜티 커피와 갓 구운 빵, 지역 식재료로 만든 브런치를 즐길 수 있다. 아키타와 도호쿠 지역의 수공예 잡화, 특산품 등을 판매하는 코너도 따로 마련되어 있어서 간단하게 선물이나 기념품을 구입하기에도 좋다.

Access JR아키타역에서 도보 20분 Add 秋田県秋田市南通亀の町4-15 Open 11:00~20:00, 화요일 휴무 Cost 오늘의 파스타 런치 1,045엔 Tel 018-893-6783 Web www.facebook.com/kamenochostore

도마닌 土間人

낮에는 레스토랑, 밤에는 이자카야로 변신하는 도마닌. 피자나 파스타 같은 익숙한 메뉴부터 아키타 향토음식인 기리탄포きりたんぽ(밥을 꼬치에 꿰어 말려 구운 것), 토종닭 히나이지도리를 사용한 덮밥 등 지역 특색을 살린 음식도 판매한다. 기회가 있다면 바삭한 도우에 달콤짭짤한 된장소스가 발린 미소야키 피자를 먹어볼 것. 미소된장은 가쿠노다테에 본점이 있는 안도양조의 것이다.

Access JR가쿠노다테역에서 도보 15분 Add 秋田県仙北市角館町下中町30 Open 11:00~15:00,17:00~22:00 (금, 토는 ~23:00, 8월 13일 및 연말연시 휴무) Cost 기리탄포 나베 1,650엔, 히나이지도리 덮밥 1,200엔, 미소야키 피자 900엔 Tel 0187-52-1703 Web oogiri.co.jp/domanin

나가야사카바 秋田長屋酒場

이 한 곳에서 아키타의 모든 것을 경험하게 해주겠다는 원대한 목표를 실천하고 있는 향토요리 전문 이자카야. 아키타에서 유래한 신, 나마하게의 거대한 가면이 간판 위에서 손님을 맞이하고, 매일 저녁 7시부터 8시까지 가게에 직접 등장해 흥을 돋운다. 육류보다는 해산물 메뉴가 풍부하다. 아키타의 향토요리인 '기리탄포나베(기리탄포를 넣은 닭고기 베이스의 채소전골)'가 추천메뉴. 직접 테이블 옆에서 조리해준다. 3~4인분은 됨직한 닭고기 튀김도 인기다.

Access JR아키타역에서 도보 5분 **Add** 秋田県秋田市中通4-16-17 **Open** 17:00~24:00 **Cost** 기리탄포나베 2,980엔 **Tel** 018-837-0505 **Web** marutomisuisan.jpn.com/nagaya-akita

어디서 잘까?

아키타역 주변

도미인 아키타 Dormy Inn Akita

사우나와 함께 옥상층에 천연 노천탕이 있는 비즈니스호텔. 세탁기도 무료로 사용할 수 있고 도미인 계열 호텔의 서비스 '요나키소바(21:30~23:00, 선착순 무료 제공하는 라면)'도 기쁘다.

Access JR아키타역에서 도보 5분 **Add** 秋田県秋田市中通2-3-1 **Cost** 싱글룸 7,690엔~ **Tel** 018-835-6777 **Web** www.hotespa.net/hotels/akita

ANA크라운플라자호텔 아키타

아키타 뷰 호텔이 ANA크라운플라자호텔 아키타로 새로 리뉴얼 오픈했다. 12층 레스토랑은 높고 창이 넓어 개방감 있는 전망도 좋다. 향토요리를 맛볼 수 있는 조식 뷔페 추천.

Cost 트윈룸 2인 1실 조식 포함 1인 11,010엔~ **Tel** 018-832-1111 **Web** www.anaihghotels.co.jp/search/hok/cp-akita

콘포트 호텔 아키타 Comfort Hotel Akita

일본 비즈니스 호텔 전국 체인으로 싱글룸도 적은 편이 아니며, 군더더기 없는 시설과 깔끔한 침구를 갖추고 있다. 무료로 이용 가능한 조식이 꽤 괜찮다.

Access JR아키타역에서 도보 3분 **Add** 秋田県秋田市千秋久保田町3-23 **Cost** 싱글룸 6,500엔~ **Tel** 018-825-5611 **Web** www.choice-hotels.jp/hotel/akita

가쿠노다테역 주변

호텔 포클로로 가쿠노다테 ホテルフォルクローロ角館

커다란 기와집처럼 생긴 호텔. 가쿠노다테역에서 가깝고 비교적 넓은 방이 장점이다. 코인런드리가 있어 장기 여행자에게도 쓰임이 좋다.

Access JR가쿠노다테역에서 바로 **Add** 秋田県仙北市角館町中菅沢14 **Cost** 트윈룸(조식 포함) 1인 6,369엔~ **Tel** 0187-53-2070 **Web** www.folkloro-kakunodate.com

모리오카 성

03 모리오카역 盛岡駅

이와테현 내륙 중앙에 자리한 모리오카역은 도호쿠 북쪽 철도교통의 거점이다. 도호쿠 신칸센과 아키타 신칸센이 나뉘는 역으로 도쿄에서 출발한 열차는 이곳에서 분리되고, 도쿄로 가는 열차는 이곳에서 합쳐진다. 또한 아키타역에서 재래선인 다자와코선을 통해 이어지던 미니 신칸센이 모리오카역에서 아키타 신칸센과 만난다. 도호쿠 본선의 종점이자 야마다선의 출발역으로 재래선 교통의 요지로 번성했다가 신칸센 개통 이후 재래선 홈은 한가로운 편이다. 사철인 IGR 이와테 은하철도가 모리오카역에서 출발하며, JR이스트의 하나와선花輪線 및 아오이모리 철도선과 직통 운행한다. 동쪽 출구가 시내로 나가는 방향으로 역 앞에 마땅한 횡단보도가 없어 지하도를 건너야 하는데 방향을 잃기 쉬우니 주의하자.

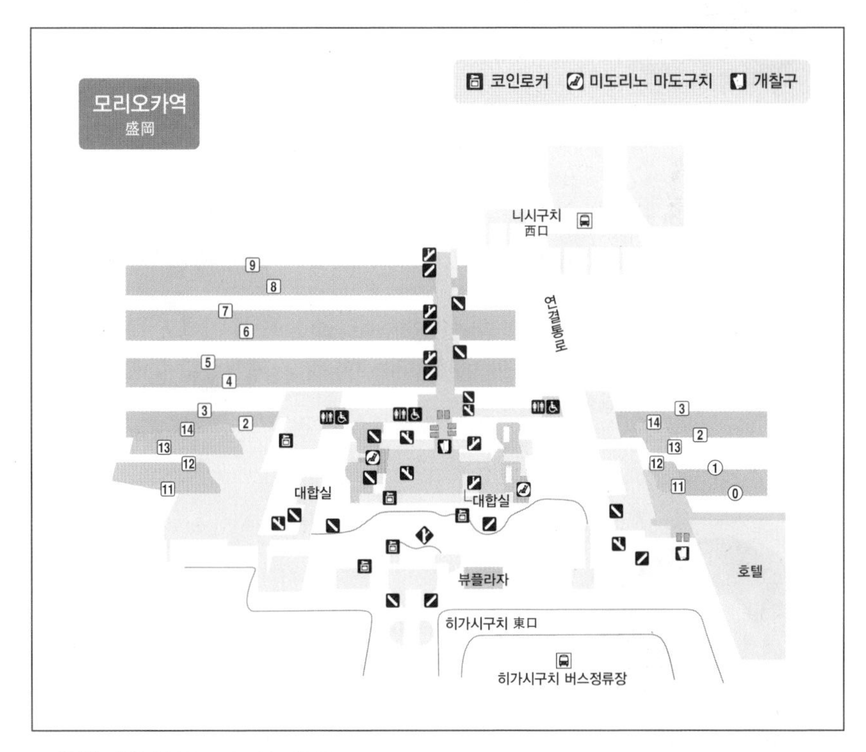

- 미도리노 마도구치 Open 05:30~22:00
- 이와테 · 모리오카 광역 관광센터 Open 09:00~17:30, 연말연시 휴무 Tel 019-625-2090

키워드로 그려보는 모리오카 여행

북부 도호쿠 철도의 요충지로 어디서든 가기 좋은 모리오카. 지명보다 더 유명한 냉면 말고도 흥미로운 구석이 많은 도시다.

여행 난이도 ★
관광 ★★
쇼핑 ★★
식도락 ★★☆
기차 여행 ★★

모리오카 냉면

함흥냉면과 평양냉면을 융합시켜 만들었다는 모리오카 냉면. 면발은 쫄면에 가깝고, 육수는 맑으면서 진한 맛의 고기 육수다. 생뚱맞게 느껴질지 모르지만 수박도 들었다. 일본 전역에서도 '모리오카 냉면'으로 유명해진 이 독특한 면을 본고장에서 먹어보자.

동화작가 미야자와 겐지

미야자와 겐지宮沢賢治는 일본의 국민적인 동화작가다. 이와테현 출신이면서 이 지역을 사랑하는 마음을 담아 작품 중 이상향을 이와테에서 따온 '이하토보'라 지었을 정도. 유명한 동화인 〈은하철도의 밤〉은 만화 〈은하철도 999〉의 원작이 되었다. 이 지역을 달리는 '이와테 은하철도(IGR)'도 여기에서 유래한다.

완코소바

이와테현의 캐릭터이기도 한 완코소바는 직원이 내어주는 두어 젓가락 정도의 소바를 몇 그릇까지 먹을 수 있느냐가 포인트다. 100그릇을 먹으면 인증패를 받을 수 있다. 평균은 여자가 30그릇, 남자는 50그릇이라 한다. 도전! 완코소바 100그릇!

알짜배기로 놀자

모리오카는 자그마한 시내를 도보로 돌아보면 반나절 정도로 충분하다. 모리오카 성 공원까지 산책하여 신선한 바람을 쐬고, 전국적으로 유제품을 판매하는 목장으로 대표되는 모리오카의 유제품을 먹으며 다리를 쉬인 다음에 완코소바, 혹은 모리오카 냉면으로 배를 채우자.

어떻게 다닐까?

버스 덴덴무시 でんでん虫

모리오카 시내순환버스 덴덴무시(달팽이). 서로 반대 방향으로 운행하는 두 노선이 있으며, 모리오카역을 출발하여 돌아오는 데 약 35분 걸리므로 여유가 있을 때에는 타고 돌아봐도 좋다.

Open 09:00~19:30 Cost 1회권 120엔, 1일 승차권 350엔(어린이 180엔)
Web www.iwatekenkotsu.co.jp/denden-annai.html

어디서 놀까?

모리오카 성터 공원 盛岡城跡公園

모리오카는 대표적인 성곽도시다. 400년 전 축성된 모리오카성을 중심으로 도시가 형성되고 상업과 문화가 번성했다. 메이지 유신을 거치며 성은 해체되고 '이와테 공원'으로 변모해 도심의 쉼터가 되었다. 건축물은 남아 있지 않지만 화강암으로 석벽을 쌓고 혼마루, 니노마루, 산노마루 등 단을 구획하고 해자를 조성한 흔적을 발견할 수 있다. 또한 오래된 수령의 나무가 많아 더운 날에도 선선한 바람이 분다. 모리오카성은 성곽 바깥으로 해자가 하나 더 있는 이중 구조인데, 그 안쪽에 귀족이 거주하던 우치마루内丸가 있었다. 현재 현 청사와 법원, 경찰서 등이 들어선 관청 지구로, 이곳에 해자, 도리이, 종탑 등의 옛 흔적이 남아 독특한 분위기를 자아낸다.

Access JR모리오카역에서 도보 15분, 혹은 덴덴무시 버스 타고 모리오카시로아토코엔 하차 후 바로 Add 盛岡市内丸
Tel 019-604-3305 Web www.moriokashiroato.jp

모리오카 역사문화관 もりおか歴史文化館

모리오카성의 번성했던 시절을 알 수 있는 역사문화관으로 모리오카 성터 공원에 있다. 성곽도시의 거리 풍경을 재현한 영상에 실감나는 사투리 음성을 입힌 파노라마 시어터와 모리오카성의 축소 모형을 통해 모리오카의 과거와 현재를 겹쳐볼 수 있다. 그밖에 모리오카 대표 축제인 '모리오카 다시 축제' 때 쓰인 9m 높이의 수레와 '모리오카 산사오도리'의 영상 및 '차구차구 우마코'의 말 장식도 실물 크기로 관람할 수 있다.

Access 모리오카 성터 공원 내 **Add** 岩手県盛岡市内丸1-50 **Open** 09:00~19:00(11~3월 18:00까지), 셋째 주 화요일 및 12월31일~1월1일 휴관 **Cost** 어른 300엔, 고등학생 200엔, 초등·중학생 100엔 **Tel** 019-681-2100 **Web** www.morireki.jp

카네이리 스탠다드 스토어 모리오카점

カネイリスタンダードストア 盛岡店

이와테현을 중심으로 도호쿠의 공예품과 디자인 아트 상품, 서적 등을 판매하는 셀렉트 숍. 단순히 물건을 파는 것을 넘어, 도호쿠 전통 공예의 매력을 발굴하고 널리 알리는 역할을 하고 있다. 도호쿠 각 지역의 특징과 전통문화를 모티브로 한 아기자기한 각종 소품과 문구, 패션 아이템, 그릇 등을 만날 수 있다. 특히 이와테의 전통 철기 기법에 현대적인 디자인을 가미한 주전자와 프라이팬은 하나쯤 장만하고 싶은 아이템이다.

Access JR모리오카역 훼잔 테라스 1층 **Add** 岩手県盛岡市盛岡駅前通1-44 フェザンテラス 1F **Open** 10:00~20:30 **Tel** 019-613-3556 **Web** tohoku-standard.jp/standard/iwate/kaneiri-standardstore

고겐샤 光原社

동화작가 미야자와 겐지 생전 유일의 동화집 〈주문이 많은 요리점〉을 낸 출판사 건물. 현재는 난부철기 및 지역 수공예품을 판매하고 있다. 과거 출판사 시절을 가늠할 수 있는 건물과 정원이 그대로 남아 있다. 〈주문이 많은 요리점〉 출판을 기념하는 기념비도 세워져 있다. 특히 여러 채의 건물이 옹기종기 모여 만들어진 공간과 정원의 풍경은 작가의 동화처럼 감상적이고 아름답다. 고겐샤 내에는 정원을 바라보며 커피를 즐길 수 있는 작은 찻집 '가히칸可否館'이 있다.

Access JR모리오카역에서 도보 10분 **Add** 岩手県盛岡市材木町2-18 **Open** 10:00~18:00, 부정기휴무 **Cost** 입장 무료, 커피 500엔 **Tel** 019-622-2894 **Web** morioka-kogensya.sakura.ne.jp

히메쿠리 ひめくり

유유히 흐르는 나카츠 강변에 있는 잡화점 겸 갤러리. 한적한 위치에 규모도 크지 않지만 내공이 심상치 않은 곳이다. 패브릭 소품, 난부철기, 디자인 서적, 도자기, 바구니 등 다양한 상품을 하나하나 주인공이 되도록 진열해 놨다. 이와테를 비롯해 도호쿠에 거주하는 작가의 오리지널 수공예품을 판매하면서 달마다 기획 전시도 한다.

Access JR모리오카역에서 덴덴무시 버스(왼쪽 순환) 타고 9분 후 겐초·시야쿠쇼마에県庁·市役所前 하차, 도보 5분 **Add** 岩手県盛岡市紺屋町4-8 **Open** 10:30~18:30, 목요일 및 1·3주 수요일 휴무 **Tel** 019-681-7475 **Web** himekuri-morioka.com

끼니는 여기서

뿅뿅샤 모리오카역앞점 ぴょんぴょん舎 盛岡駅前店

한국에도 여러 번 다큐멘터리 방송에서 소개되었고, 일본에서도 '모리오카 냉면'으로 유명한 뿅뿅샤. 인기에 힘입어 한국에 지점이 생겼을 정도. 원래 뿅뿅샤의 모리오카 냉면은 고기를 구워 먹은 후의 식사 냉면으로, 차가운 육수에 깔끔하게 얹힌 무절임이 입안을 깨끗하게 정리해준다. 모리오카 냉면 외에도 부드러운 고기볶음 된장의 자장면, '쟈쟈멘'도 추천.

Access JR모리오카역에서 도보 1분 **Add** 盛岡市盛岡駅前通9-3 **Open** 11:00~00:00 **Cost** 모리오카 냉면 850엔 **Tel** 019-606-1067 **Web** www.pyonpyonsya.co.jp

완코소바 아즈마야 東家

식탁마다 그득그득 올린 붉은 소바 그릇. 후루룩 입에 넣으면 틈을 주지 않고 다음 소바가 탁, 내 그릇으로 들어온다. 더 이상 못 먹겠으면 직원보다 더 빠르게 그릇을 엎어 두어야 한다. 얹어 먹는 양념 가짓수에 따라 두 종류로 준비되는 소바. 100그릇 이상을 먹으면 오리지널 명패를 기념으로 받을 수 있다. 그 외의 소바 및 일품요리도 있다.

Access JR모리오카역에서 도보 20분 혹은 덴덴무시 버스 모리오카버스센터 하차 도보 1분 **Add** 盛岡市中ノ橋通1-8-3 **Open** 11:00~20:00 **Cost** 완코소바 3,150엔 **Tel** 019-622-2252 **Web** www.wankosoba-azumaya.co.jp

이와테 데토테토 イワテテトテト

이와테 사람이라면 모르는 이가 없다는 '후쿠다빵福田パン'. 학교 매점 빵처럼 친숙한 맛과 푸짐한 양은 후쿠다빵이 70년 동안 사랑 받아온 비결이다. 큼직한 핫도그 번에 팥, 크림, 잼을 넣은 간식 대용과 샐러드, 야끼소바 등을 넣은 식사 대용이 있으며, 전체 종류는 50가지가 넘는다. 또한 취향대로 재료 두 가지를 반씩 넣는 즉석 주문이 유명한데, 가장 인기 있는 것은 앙버터 조합이다.

Access JR모리오카역 2층 북쪽 개찰구 앞 **Add** 岩手県盛岡市盛岡駅前通1-48 **Open** 08:00~20:00 (빵 코너만 07:15~) **Cost** 후쿠다빵 240엔 Tel 050-5590-3072

파이론 본점 白龍 本店

한눈에도 역사가 느껴지는 이 작은 식당은 일본식 자장면 '모리오카 쟈쟈멘'의 원조로 알려져 있다. 한국 자장면에 사용되는 춘장보다 된장에 가까운 소스는 덜 자극적이고 담백해 파, 오이 등 채소의 식감과 향을 한껏 살려준다. 얼추 면을 다 먹은 후에는 식탁에 놓인 계란을 하나 깨서 넣고 뜨거운 육수와 된장 소스를 추가해 계란국을 만들어 주는데, 구수하고 부드러운 맛에 술술 들어간다.

Access JR모리오카역에서 도보 15분, 또는 덴덴무시 버스(왼쪽 순환) 타고 6분 후 모리오카시로아토코엔 하차 후 도보 3분 **Add** 岩手県盛岡市内丸5-15 **Open** 09:00~21:00 일요일 휴무 **Cost** 쟈쟈멘(소) 560엔 **Tel** 019-624-2247 **Web** www.pairon.iwate.jp

여기도 가보자

불교의 정토 사상에 입각해 건립된 사원 및 정원을 일컫는 히라이즈미 세계문화유산은 이와테현과 미야기현의 경계에 위치한다. 가장 가까운 신칸센 역은 이치노세키一ノ関역으로 JR모리오카역에서 37분, JR센다이역에서 33분 소요된다. JR이치노세키역에서 JR히라이즈미역까지는 보통열차로 두 정거장이지만 열차 편 수가 많지 않기 때문에 시간을 잘 맞추어야 한다. 시내 버스를 이용하는 방법도 있다.

어떻게 다닐까?

JR히라이즈미역에서 룬룬るんるん 버스를 이용하면 히라이즈미의 주요 관광지를 편리하게 돌아볼 수 있다.
Cost 1회 승차 200엔, 원데이 패스 550엔

어디서 놀까?

히라이즈미 平泉

일본에서 열두 번째, 도호쿠에서는 최초로 2011년 유네스코 세계문화유산에 등재된 사원 및 정원군. 헤이안 시대 말기(12세기)에 불교의 정토 사상과 일본의 자연숭배 사상에 입각해 완성되었으며, 주손지中尊寺와 모쓰지毛越寺, 간지자이오인 유적지觀自在王院跡, 무료코인 유적지無量光院跡, 긴케이산金鶏山 등 다섯 곳의 유적지가 있다.
Web hiraizumi.or.jp

모쓰지 毛越寺

동서 180m의 연못 오이즈미가이케가 중심에 자리한 넓고 개방적인 정원이다. 수면에 비친 자연 풍경이 시시각각 달라지는 연못과 연못 가장자리의 아름다운 수석이 조화를 이루고 있다. 건축물은 수차례의 화재로 모두 소실되었다. 현재의 본당은 1989년 새로 건립되었다.
Access JR히라이즈미역에서 룬룬 버스로 3분 **Add** 岩手県平泉町字大沢58 **Open** 08:30~17:00(11월5일~3월4일은 ~16:30) **Cost** 어른 700엔, 고등학생 400엔, 초중생 200엔 **Tel** 0191-46-2331 **Web** www.motsuji.or.jp

주손지 中尊寺

히라이즈미의 꽃이랄 수 있는 주손지는 빛이 가득한 부처의 세계를 화려한 황금으로 그려낸 곳이다. 300~400년 수령의 삼나무가 즐비한 오르막을 지나면 깊은 산중의 오솔길을 따라 크고 작은 불당이 자리하고 있다. 가장 안쪽의 황금 불당 곤지키도는 전체가 금박으로 둘러싸여 감탄을 자아낸다. 불상, 경전 등 일본의 국보가 즐비한 박물관에서는 찬란한 일본의 불교 문화를 엿볼 수 있다. 주손지와 모쓰지는 헤이안 시대의 대승려 엔닌円仁이 850년 창건한 사찰로도 유명하다.

Access JR히라이즈미역에서 룬룬 버스로 10분 **Add** 岩手県西磐井郡平泉町平泉字衣関202 **Open** 08:30~17:00(11월4일~2월 말은 ~16:30) **Cost** 곤지키도+박물관 입장료 어른 800엔, 고등학생 500엔, 중학생 300엔, 초등학생 200엔 **Tel** 0191-46-2211 **Web** www.chusonji.or.jp

끼니는 여기서

후지세이 三彩館ふじせい

지역의 떡 요리를 보다 다양하게 대접하고자 고안된 '히토쿠치 모치젠ひと口もち膳'의 원조. '한 입의 떡'이라는 이름처럼 딱 한입거리의 몰캉몰캉한 수제 떡에 간 무, 팥소, 낫또, 참깨, 새우, 즌다(삶은 풋콩을 으깨어 만든 것) 등 9가지 고명을 올려 다양한 맛을 즐길 수 있다. '보기 좋은 떡이 먹기도 좋다'는 속담에 딱 어울리는 곳.

Access JR이치노세키역 도보 2분 **Add** 岩手県一関市上大槻街3-53 **Open** 11:00~14:00, 17:00~21:00, 월요일 휴무 **Cost** 히토쿠치 모치젠 1,750엔 **Tel** 0191-23-4536 **Web** fujisei.co.jp

쇼치쿠 和風レストラン 松竹

1920년 창업한 소박한 식당으로 장어 덮밥과 소스가츠돈 전문이다. 고급스런 장어 덮밥이 부담스러운 이들을 위해 특제 장어 소스를 돈가스 덮밥에 뿌린 메뉴를 고안했는데, 이게 아주 별미다. 고기의 두께와 튀김의 정도, 밥의 찰기, 달착지근한 소스의 맛이 모자람 없이 딱 어울린다. 2대가 함께 식당을 경영하는 가족적인 분위기도 여행자에게는 소소한 추억이 된다.

Access JR이치노세키역 도보 1분 **Add** 岩手県一関市上大槻街2-1 **Open** 11:00~14:00, 17:00~19:00, 비정기 휴일 **Cost** 소스가츠돈 900엔 **Tel** 0191-23-3318 **Web** shochiku1920.jp

04 센다이역 仙台駅

명실상부 도호쿠의 관문이자 가장 번화한 대도시 센다이시仙台市의 중심역이다. 도호쿠 신칸센의 거의 모든 열차가 정차하고, 가장 빠른 신칸센 하야부사로 도쿄역까지 1시간 40분만에 갈 수 있다. 재래선은 미야기현의 각 도시와 야마가타현의 야마가타시山形市, 이와테현의 이치노세키시一関市 등을 잇는다. 대도시답게 역세권이 발달했다. 역 쇼핑몰 에스팔 센다이점과 에스팔Ⅱ에 이어 홋카이도 신칸센 개통에 맞춘 에스팔 신관이 자리하고 있다. 또한 2층 서쪽 출구로 나가면 보행자 데크를 통해 대형 잡화점 로프트Loft, 사쿠라노 백화점, 파르코 백화점, 대형 슈퍼마켓 이빈즈EBeanS 등과 이어지고 시내 방면으로 갈 수 있다. 센다이역에서 센다이시 지하철로 환승할 수 있으며 난보쿠선·도자이선이 만난다.

- 미도리노 마도구치 Open 05:30~22:30
- 센다이시 종합관광안내소 Open 09:00~19:00, 연말연시 08:30~17:00 Tel 022-222-4069

키워드로 그려보는 센다이 여행

정돈된 가로와 빌딩 사이로 숲과 자연이 살아 있는 도시 센다이. 철도 교통이 편리해 주변 지역 관광의 거점으로 삼기도 좋다.

여행 난이도 ★★
관광 ★★★☆
쇼핑 ★★★☆
식도락 ★★★☆
기차 여행 ★★

숲의 도시

대도시임에도 빌딩의 높이보다 나무가 더 높이 솟아 일명 '숲의 도시 杜の都'라 불린다. 에도 시대부터 눈과 바람을 막기 위해 심었던 나무가 숲을 이뤄 현재에 이르렀으며, 700m 거리의 느티나무 가로수길 조젠지도리에서 그 모습이 가장 확연하다.

다테 마사무네 伊達政宗

16세기 말 센다이번藩의 초대 당주(다이묘). 우리에겐 덜 알려졌지만 에도 막부 시대 도쿠가와 이에야스에 필적하는 무장이었다. 센다이를 여행하면 피해갈 수 없는 인물. 아오바 성터와 즈이호덴 묘소 모두 그와 관련된 시설이다. 센다이를 홍보하는 '다테무장대'라는 그룹이 있을 정도.

마쓰시마 松島

일본의 3대 절경으로 꼽히는 섬 마쓰시마. 일본 전국에 '○○의 마쓰시마'라는 말을 만들어낸 바로 그곳이다. 소나무(마쓰)로 덮인 260개의 작은 섬이 이루는 풍경이 장관을 이룬다. 센다이에서 JR열차로 그리 멀지 않다.

규탄야키(소 혀 구이) 牛タン焼き

일본의 고깃집에 가면 꼭 있는 부위가 규탄(소 혀)이다. 센다이는 이 규탄의 본고장. 특유의 잡냄새는 거의 안 나고 육질은 쫄깃하다. 시내 곳곳에 전문점이 있으며, 진공 포장된 제품을 판매하기도 한다.

알짜배기로 놀자

시내 관광은 관심 분야로 추려 선택적으로 다니도록 하자. 관광 유적에 관심이 있다면 관광 셔틀버스를 타고 한 바퀴 도는 일정으로, 쇼핑을 좋아한다면 센다이역과 이치반초 상점가에 집중해서 다니는 쪽을 추천한다.

어떻게 다닐까?

관광버스 루플 센다이 るーぷる仙台

센다이역을 출발해 시내의 주요 관광지 15곳을 순환해 역으로 돌아오는 관광버스. 한 바퀴를 도는 데 1시간 10분 소요되며 센다이역을 기준으로 한 방향으로만 운행한다. 센다이역 서쪽 출구 버스 안내소 등에서 1일 승차권을 구입할 수 있다.

Open 09:00~16:00, 주말 20분·주중 30분 간격 운행 **Cost** 성인 1회 260엔, 1일 승차권 630엔 **Web** https://loople-sendai.jp

어디서 놀까?

즈이호덴 瑞鳳殿

즈이호덴은 센다이번의 초대 번주인 다테 마사무네의 묘가 안치된 곳이다. 센다이번의 기틀을 닦고 번성을 이루어낸 인물의 사당인 만큼 화려함의 극치를 보여준다. 섬세한 금 공예 장식과 형형색색의 단청으로 치장된 일본 모모야마 건축양식의 진수를 확인할 수 있다. 울울창창한 삼나무가 양 옆으로 뻗어 있는 입구 돌계단 길과 사당을 에워싸고 있는 정원 또한 매우 아름답다.

Access 루플 센다이 버스 타고 즈이호덴 하차, 도보 10분 **Add** 宮城県仙台市青葉区霊屋下23-2 **Open** 09:00~16:50, 12월1일~1월31일 09:00~16:20 **Cost** 어른 570엔, 고등학생 410엔, 중학생 이하 210엔 **Tel** 022-262-6250 **Web** www.zuihoden.com

센다이 성터(아오바 성터) 仙台城跡(青葉城跡)

무장 다테 마사무네가 400년 전에 세웠던 센다이 성터를 포함하는 공원. 센다이 시내를 내려다볼 수 있는 곳에 말을 탄 다테 마사무네의 동상이 서 있는데 초승달이 얹혀 있는 듯한 모자를 쓴 독특한 옷차림과 함께 센다이 관광을 대표하는 이미지다. 동상 부근에는 전통 무사 차림을 한 사람이 기념사진을 함께 찍어주기도 한다. 전체를 돌아보는 데는 약 30분 정도 소요된다.

Access 루플 센다이 버스 타고 센다이조아토 하차 후 바로 **Add** 仙台市青葉区川内1 **Open** 09:00~17:00, 11월 4일~3월 31일 ~16:00 **Cost** 아오바조 자료전시관 어른 700엔, 중고생 500엔, 초등학생 300엔 **Web** honmarukaikan.com/date/sendaijo.htm

센다이 미디어테크 Sendai Mediatheque

센다이 시민과 함께 성장해가는 복합문화시설. 도서뿐 아니라 비디오, 오디오의 미디어 자료를 수집 보관하면서 시민에게 제공하고, 각종 전시회와 음악회를 개최해 센다이의 문화예술 발신지 역할을 하고 있다. 조젠지도리 재즈페스티벌의 주 무대이기도 하다. 바로 옆 조젠지도리 가로수길을 모티브로 13개의 철구조물이 나무처럼 1층부터 7층까지 지지하고 유리로 에워싸인 개방적인 건축물은 2001년 건축가 이토 도요가 설계해 큰 반향을 불러 일으켰다.

Access 루플 센다이 버스 타고 센다이미디어테크 하차 후 바로 또는 JR센다이역에서 도보 20분 **Add** 仙台市青葉区春日町2-1 **Tel** 022-713-3171 **Open** 미디어테크 09:00~22:00, 넷째 주 목요일·연말연시 휴관 / 도서관 09:30~20:00, 주말·공휴일 ~18:00, 월요일·연말연시 휴관 **Cost** 기획전시에 따라 다름, 도서관 입장 무료 **Web** www.smt.jp

이치반초 상점가 一番町

센다이 쇼핑 1번가이자 도호쿠 최대의 아케이드 상점가. 백화점과 쇼핑몰, 작은 셀렉트숍이 넓은 보행자 도로 양옆으로 즐비하다. 도호쿠 유일의 애플스토어도 이곳에 있다. 젊은이들이 모이고 유행을 선도하며 센다이의 맛과 멋이 시작되는 곳이다. 규탄야키 전문점을 비롯해 늦은 밤까지 즐길 수 있는 뒷골목 이자카야도 이쪽에 많다.

Access 루플 센다이 버스 타고 아오바도리이치반초에키 하차 또는 JR센다이역에서 도보 20분

센다이 아사이치 仙台朝市

센다이 주부들의 장바구니를 책임지는 '센다이의 부엌'. 제철 채소를 비롯해 생선, 건어물, 절임, 두부 등을 판매하는 노점과 작은 음식점 등 약 70개의 점포가 모여 있다. 소박한 센다이 시민의 일상을 엿볼 수 있는 곳. 오니기리(주먹밥)처럼 바로 먹을 수 있는 먹거리도 판매하니 구경 겸 끼니를 대신해도 좋다.

Access JR센다이역 서쪽 출구에서 육교 건너 도보 5분 Add 宮城県仙台市青葉区中央4丁目 Open 09:00~17:00, 일요일 · 공휴일 휴무(점포마다 다름) Tel 022-262-7173 Web www.sendaiasaichi.com

조젠지도리 가로수길 定禅寺通り

센다이 중심부를 가로지르는 느티나무 가로수길. 니시 공원西公園과 고토다이 공원勾当台公園을 잇는 700m의 길에 계절마다 분위기를 바꿔 장식한다. 특히 가을에는 조젠지 스트리트 재즈페스티벌의 무대로 탈바꿈하고 겨울에는 일루미네이션 이벤트가 개최되어 관광객은 물론 시민들에게도 메인 스폿이 된다. 공원 중간중간에는 '여름의 추억', '오디세우스', '목욕하는 소녀'와 같은 조각 작품이 있어 기념사진의 배경으로 인기 있다.

Access 루플 센다이 버스 타고 조젠지도리시야쿠쇼마에 하차 후 바로 또는 JR센다이역에서 도보 15분(고토다이 공원)

끼니는 여기서

구로쿠 らーめん くろく

센다이 라멘 맛집 다베로그 랭킹 1위에 빛나는 구로쿠. 조개와 닭 뼈를 푹 고아 은은한 해산물 향이 나는 시원한 육수에 심플한 중간 꼬불 면이 어우러진다. 소금, 닭고기 등의 재료도 엄선해서 사용한다. 계란은 하나를 통째로 넣어 준다. 입구에 있는 식권판매기에 메뉴 사진이 붙어 있어 고르기 편하다.

Access JR센다이역 동쪽 출구에서 도보 1분 Add 宮城県仙台市宮城野区榴岡2-2-12 アーバンライフ橋本 1F Open 11:30~14:00, 18:00~23:00(주말 11:30~23:00) Cost 시오(소금) 라멘 750엔, 쇼유(간장) 라멘 770엔 Tel 022-298-7969 Web twitter.com/ramenquroku

기스케 JR센다이역점 喜助 JR仙台駅店

JR센다이역 3층의 규탄(소 혀) 전문점으로 점심시간 때는 줄이 생기는 인기 식당이다. 숙성한 규탄을 숯불에 구워내 불 맛이 제대로 난다. 양념은 소금(시오)·간장(쇼유)·된장(미소) 중 선택할 수 있다. 소금이 기본이고, 간장과 된장은 달착지근한 양념 덕분에 아이들도 먹기 좋다. 정식 메뉴에 곁들여 나온 꼬리곰탕은 8시간 이상 끓여 담백하면서도 깊다. 이치반초 상점가에 본점이 있다.

Access JR센다이역 3층 규탄도리 내 **Add** 宮城県仙台市青葉区中央1-1-1 仙台駅3F **Tel** 022-221-5612 **Open** 10:00~22:30 **Cost** 규탄 숯불 정식 1,980엔~ **Web** www.kisuke.co.jp

가즈노리 이케다 인디비주얼 kazunori ikeda individual

에콜 츠지 도쿄를 졸업하고 프랑스에서 10년 동안 공부한 파티시에 가즈노리 이케다가 자신의 고향에 문을 연 파티세리 카페. 유리 케이스 안에서 케이크, 타르트, 몽블랑, 밀푀유, 에클레어, 마카롱이 보석처럼 반짝인다. 대부분 포장해 가지만 시간이 된다면 한쪽 바에서 먹고 가길 권한다. 새하얀 도화지에 그림을 그리듯 예쁘게 플레이팅 해준다. 초콜릿, 캔디, 잼도 종류가 다양하다.

Access JR센다이역에서 도보 10분, 이치반초 상점가 내 **Add** 宮城県仙台市青葉区一番町2-3-8 **Tel** 022-748-7411 **Open** 11:00~20:00 토 10:00~20:00 일 10:00~19:00 **Cost** 케이크 490엔~, 마카롱 220엔 **Web** www.kazunoriikeda.com

하루 종일 놀자

일본 삼경으로 손꼽히는 마쓰시마는 센다이의 대표적인 근교 여행지다. 오전에 마쓰시마를 충분히 돌아보고 오후에는 센다이 시내의 밤 문화를 즐겨보자.

어떻게 다닐까?

원데이 센다이 에리어 패스 ONE-DAY SENDAI AREA PASS

JR패스가 없거나 사용 기한이 종료된 경우 추천하는 교통 패스. 센다이, 마쓰시마, 사쿠나미, 야마데라(야마가타), 시로이시 구간의 JR선과 센다이공항 엑세스선, 시내 교통편인 루플센다이, 센다이 지하철, 센다이 시영버스 등을 하루 종일 이용할 수 있다. 외국인 전용이므로 구입 시 여권이 필요하며, 센다이 시내 여러 관광시설의 입장권을 할인 받을 수 있다. JR센다이역 2층 여행 서비스 센터에서 판매한다.

Cost 어른 1,320엔, 어린이(12세 미만) 660엔 Web https://sendaitravelpass.jp/kr

어디서 놀까?

마쓰시마 松島

잔잔한 바다 위에 떠 있는 크고 작은 260여 섬들이 그림 같은 풍경을 만드는 곳이다. 도호쿠 최고의 경승지로 '일본 삼경'의 하나로 불렸다. 예로부터 숱한 문인과 화가를 매료시키며 작품의 소재가 되어 왔다. 특히 '하이쿠'의 명인 마쓰오 바쇼松尾芭蕉가 마쓰시마를 보기 위해 도호쿠 여행을 떠났을 정도로 유명세를 톡톡히 치렀다. 센다이의 초대 번주 다테 마사무네伊達政宗가 건립한 국보 사찰 즈이간지 등 유적지가 곳곳에 남아 있어 역사기행지로도 안성맞춤이다. 관광지는 주로 JR마쓰시마카이간역에 몰려 있지만 JR마쓰시마역으로 열차가 더 자주 운행하고 시간도 더 적게 소요되니 상황에 맞춰 결정하자.

Access JR센다이역에서 도호쿠 본선 열차 타고 약 25분 후 JR마쓰시마역 하차, 또는 JR센다이역에서 센세키仙石선 열차 타고 약 40분 후 JR마쓰시마카이간松島海岸역에서 하차 Web www.matsushima-kanko.com

❶ 즈이간지 瑞巖寺

헤이안 시대 대승려 엔닌이 828년에 창건한 즈이간지는 1609년에 다테 마사무네 가문의 위패를 모셔 두는 사찰로 재건되었다. 당대 최고의 화가와 장인의 손에서 탄생한 본당은 국보에 손색 없는 화려함을 자랑한다. 독특한 지붕 구조의 부엌 건물은 국보로 지정되었다. 경내에는 '와룡매臥龍梅'라 불리는 두 그루의 매화나무가 있는데, 다테 마사무네가 손수 심었다고 전해진다.

Access JR마쓰시마카이간松島海岸역에서 도보 5분 Add 宮城県宮城郡松島町松島字町内91 Open 4~9월 08:00~17:00, 10월·3월 08:00~16:30, 11월·2월 08:00~16:00, 12~1월 08:00~15:30 Cost 어른 700엔, 초중생 400엔 Tel 022-354-2023 Web https://zuiganji.or.jp

❷ 엔쓰인 円通院

다테 마사무네의 손자를 기리기 위해 1674년 건립된 영묘. 그의 위패가 안치된 산케이덴三慧殿은 미야기현에서 가장 오래된 사당으로 국가 중요문화재이다. 무엇보다 이곳에서 눈 여겨 볼 것은 정원이다. 아름다운 이끼와 바위로 마쓰시마만을 표현한 돌 정원이 유명하다. 또한 초여름에서 초가을까지 만발하는 서양장미를 볼 수 있는 정원도 있다. 가을에는 아름다운 단풍을 환하게 비추는 야간 조명 이벤트가 열려 많은 사람들의 발길이 이어진다.

Access JR마쓰시마카이간松島海岸역에서 도보 5분 Add 宮城県松島町松島字町内67 Open 평일 09:00~15:30, 주말 09:00~16:00 Cost 어른300円, 고등학생 150엔, 초중생 100엔 Tel 022-354-3206 Web www.entuuin.or.jp

❸ 고다이도 五大堂

1604년 다테 무사무네가 재건한 사당이다. 마쓰시마만의 아름다운 바다 풍경을 바라 볼 수 있는 명소다. 내부에 밀교에서 중심이 되는 다섯 명왕의 동상이 안치되어 있어 '고다이도五大堂'라 불린다. 붉은 다리 '스카시바시(틈이 있는 다리)'를 건너 가면 닿는 고다이도에서 보이는 바다 풍경은 마음까지 시원하게 만든다. 도호쿠에서 가장 오래된 모모야마 건축으로 국가 중요문화재이다.

Access JR마쓰시마카이간松島海岸역에서 도보 10분 Add 宮城県宮城郡松島町松島字町内111 Open 08:30~17:00(일몰) Cost 입장 무료 Tel 022-354-2023 Web www.zuiganji.or.jp/keidai/godaidou.html

사사카마관·다나바타 뮤지엄 笹かま館 七タミュージアム

센다이를 대표하는 축제 '다나바타 마쓰리'와 지역 특산 어묵 '사사카마보코'를 한 자리에서 만날 수 있는 문화 체험시설. 약 400년 전통의 다나바타(7월 7석) 마쓰리는 풍년을 기원하며 형형색색의 종이로 만든 칠석 장식을 신에게 바치는 것에서 유래되었다. 매년 200만 명이 다녀갈 정도로 인기 있는 여름축제다. 이곳에서는 화려하게 장식된 칠석 장식을 관람할 수 있고 만들기 체험도 진행한다. 또한 센다이의 명물 사사카마보코의 제작공정을 전시하고 있는 가네자키 어묵 팩토리에서는 즉석에서 어묵을 만들어볼 수도 있다. 바로 만든 따끈한 어묵은 담백하고 고소한 맛이 일품이다.

Access 지하철 아라이荒井역에서 환승, 1번 탑승장에서 시영 버스 18계통 岡田・新浜 방면 탑승 후 오로시마치히가시고초메기타卸町東五丁目北 하차 Add 宮城県仙台市若林区鶴代町6-65 Open 09:30~18:00 Cost 입장 무료, 다나바타 장식 미니어처 체험교실 1,500엔(예약 필수) Tel 022-238-7170 Web kanezaki.co.jp

이로하 요코초 壱弐参 横丁

세련된 이탈리안 바와 한국식 삼겹살 집이 오묘한 조화를 이루고 있는 골목. 옛 상가 건물 내에 두 갈래로 나뉘어 양 옆으로 빼곡히 들어찬 점포만 100여 곳이나 된다. 잡화점이나 옷 가게, 카페도 있지만 늦은 밤 문 여는 술집과 음식점이 압도적으로 많다. 보물 찾기 하듯 자신의 취향에 맞는 곳을 발견하는 재미가 있다.

Access JR센다이역에서 도보 10분, 이치반초 상점가 내 Web www.sendai-iroha.com

끼니는 여기서

산토리차야 さんとり茶屋

마쓰시마 특산인 굴 요리와 붕장어 덮밥이 맛있는 밥집. 계절마다 제철 재료를 활용해 그날의 추천 메뉴를 준비한다. 가장 인기 있는 요리는 소스를 발라 구운 붕장어를 올린 덮밥 '마쓰시마 아나고돈'. 부드럽게 씹히는 붕장어가 고소하다. 아삭한 식감에 부담 없이 먹을 수 있는 굴 튀김도 맛있다. 굴을 좋아한다면 튀김과 회, 구이가 같이 나오는 가키잔마이 세트를 추천.

Access JR마쓰시마카이간松島海岸역에서 도보 15분 Add 宮城県宮城郡松島町松島字仙随24-4-1 Open 점심 11:30~15:00, 저녁 17:00~21:00, 수요일 휴무 Cost 마쓰시마아나고돈 1,980엔, 성계와 연어알 산리쿠돈 3,080엔 Tel 022-353-2622 Web santorichaya.com

쇼카도 과자점 松華堂菓子店

단정한 건물 2층의 전창으로 마쓰시마 고다이도를 바라볼 수 있는 카페. '더하기보다 빼기'에서 맛을 찾는 쇼카도 과자점은 카스텔라가 특히 유명하다. 달걀 맛과 씁쓸한 캐러멜이 진하게 느껴지는 푸딩은 차와도 잘 어울린다. 1층에는 마쓰시마와 도호쿠 지역의 개성 있고 세련된 잡화를 판매하는 셀렉트 숍이 자리한다.

Access JR마쓰시마카이간松島海岸역에서 도보 10분 Add 宮城県宮城郡松島町松島字町内109, 2층 Open 10:00~17:00, 화요일 휴무 Cost 푸딩과 차 세트 950엔, 카스텔라와 차 세트 900엔 Tel 022-355-5002 Web www.facebook.com/shokadomatsushima

분카 요코초 文化横丁

오피스 빌딩과 인접한 골목에 50여 곳의 음식점과 이자카야가 밀집해 있는 분카 요코초. 해가 지면 퇴근 후 술 한 잔 기울이려는 정장 차림의 직장인을 여기저기서 만날 수 있는 곳이다. 현지인들이 즐겨 찾는 곳이다 보니 맛에서는 어느 정도 보증되어 있다. 인근의 이로하 요코초에 비해 단골이 많은 인상을 준다. 관광객, 특히 외국인이 가게 안으로 들어서면 시선을 한 몸에 받기도 한다. 일요일과 공휴일에 문을 닫는 곳이 많다.

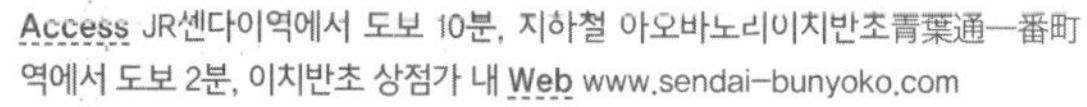

Access JR센다이역에서 도보 10분, 지하철 아오바노리이치반초青葉通一番町역에서 도보 2분, 이치반초 상점가 내 Web www.sendai-bunyoko.com

핫센 八仙

1953년 문을 연 이래 센다이의 교자 맛집으로 손꼽는 가게다. 특히 한 입 크기의 야끼교자(군만두)가 인기 있다. 바삭하고 쫄깃한 만두 피 안에 돼지고기, 양배추, 양파 등으로 꽉 채운 교자는 맥주 한 잔을 절로 부르는 맛이다. 물만두와 찐만두도 있고, 새우 춘권도 인기 메뉴다. 세월이 느껴지는 아담한 2층 건물로 1층에는 카운터 석, 2층에는 다다미 방이 마련되어 있다.

Access 분카요코초 내 Add 宮城県仙台市青葉区一番町2-4-13 Open 17:00~22:30, 토요일 17:00~23:30 일요일·공휴일 휴무 Cost 군만두(8개) 580엔 Tel 022-262-5291

모로야 팜 키친 もろやファームキッチン

가족이 경영하는 농장의 유기농 채소로 건강한 음식을 만든다. 직접 재배한 토마토, 가지, 오이, 완두콩, 옥수수, 무, 배추, 순무, 파, 양배추, 시금치 등 건강한 식재료로 만든 음식은 현지인 사이에 입 소문이 자자하다. 간단한 차림이지만 신선함을 느낄 수 있는 음식이 감탄을 자아내게 한다. 센다이 시내에서 좀 떨어져 있지만 진정한 웰빙 음식을 맛보고 싶다면 들러보자. 사사카마관 다나바타 뮤지엄과 함께 일정을 짜면 좋다.

Access 지하철 아라이荒井역에서 하차 후 도보로 약 1분 Add 宮城県仙台市若林区荒井字東87-2 ヤマカビル2F Open 점심 11:00~14:30, 카페 14:00~17:00, 월요일 및 1·3·5주 일요일 휴무 Cost 오늘의 국과 네 가지 반찬 세트 900엔, 제철 채소 점심 코스(전날까지 예약) 1,700엔 Tel 022-288-6476 Web www.moroya-farm.com

어디서 잘까?

센다이역 주변

호텔 JAL 시티 센다이 Hotel JAL City Sendai

역에서 가깝고 쾌적한 비즈니스 호텔. JR센다이역 서쪽 출구에서 호텔 정문까지 이어지는 보행자 데크가 생겨 더욱 편리해졌다.

Access JR센다이역에서 도보 3분 Add 宮城県仙台市青葉区花京院1-2-12 Cost 싱글룸 8,400엔~ Tel 022-711-2580 Web www.sendai.jalcity.co.jp

나인 아워스 센다이 nine hours Sendai

이치반초 상점가에 자리한 애플스토어 대각선 맞은편에 위치한 캡슐호텔. 소음에 그다지 민감하지 않고 밤 문화를 사랑하는 여행자에게 추천한다.

Access JR센다이역에서 도보 17분, 이치반초 상점가 내 Add 宮城県仙台市青葉区国分町2-2-8 Cost 1박 3,000엔~ Tel 022-714-1530 Web ninehours.co.jp/sendai

05 야마가타역 山形駅

서쪽으로 갓산月山과 아사히朝日 연봉, 동쪽으로 자오蔵王 연봉과 후나가타산船形山으로 감싸인 야마가타시. 아름다운 자연이 함께 하는 도시이지만 철도 교통에선 오지나 다름 없다. 지도에서 보면 사람 옆 얼굴 모양과 꼭 닮은 야마가타현의 현청 소재지로, 신칸센이 관통하는 야마가타역이 자리한다. 다만, 도호쿠 신칸센과 직통 운행하는 미니 신칸센으로 후쿠시마역에서 종착 역인 신조新庄역까지 시속 130km로 달리는 '느린' 신칸센이다. 이 구간은 오우 본선의 보통 열차가 운행하기도 하는데, 승객 수요는 많지 않은 편이다. 도호쿠 인근의 다른 도시로는 신칸센으로 직접 연결되지 않고 센다이역을 거쳐서 센잔仙山선의 보통 또는 쾌속 열차로 야마가타역으로 진입하는 방식이다. 신칸센 역치고는 왜소한 모양새의 역사는 이런 여러 상황과 무관하지 않다. 기차 이동에는 다소 고충이 따르지만, 여행지로서의 야마가타는 충분히 매력적인 도시다.

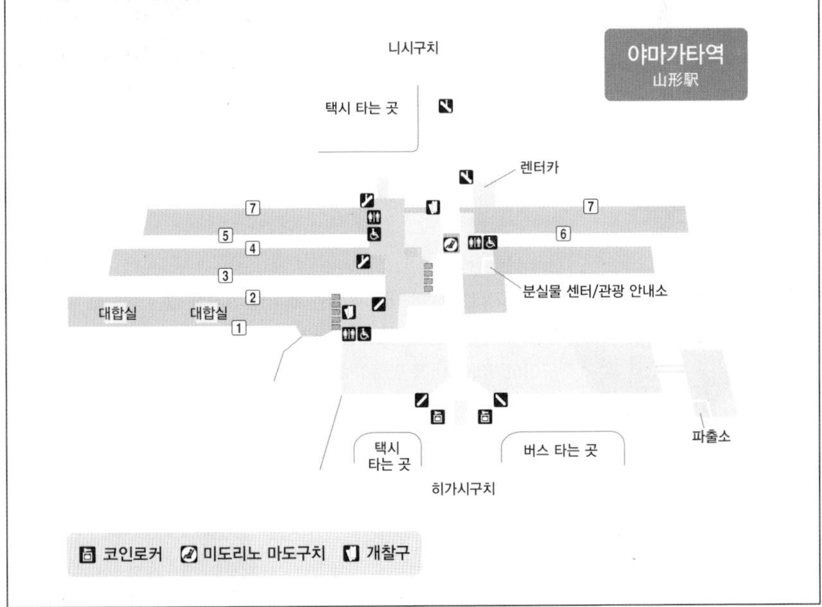

- 미도리노 마도구치 Open 05:30~22:00
- 야마가타 관광안내소 Open 09:00~17:30 Tel 023-647-2266

키워드로 그려보는 야마가타 여행

장엄한 산이 도시 가까이에 있다 하여 이름 붙여진 야마가타. 큰 도로가 놓이고 빌딩이 들어섰지만 산의 기운이 곳곳에 머문 도시는 여유롭고 느긋한 분위기가 감돈다.

여행 난이도 ★☆
관광 ★★★★
쇼핑 ★☆
식도락 ★★★☆
기차 여행 ★★

산사

산의 깎아지른 절벽에 홀연히 나타나는 한 채의 암자. 옛 족자 속 그림 같은 풍경이 눈 앞에서 펼쳐지는 산사 '릿샤쿠지'는 야마가타 여행에서 빼놓을 수 없는 명소다. 이름마저 '산사'인 JR야마데라山寺역에서 내리면 된다.

자오 연봉

살아 있는 화산의 선물인 천연 유황 온천과 겨울철 신비로운 눈 풍경을 만날 수 있는 자오 연봉. 최고 높이 1,841m의 깊고 아름다운 산을 시내에서 버스로 불과 40분만에 갈 수 있다.

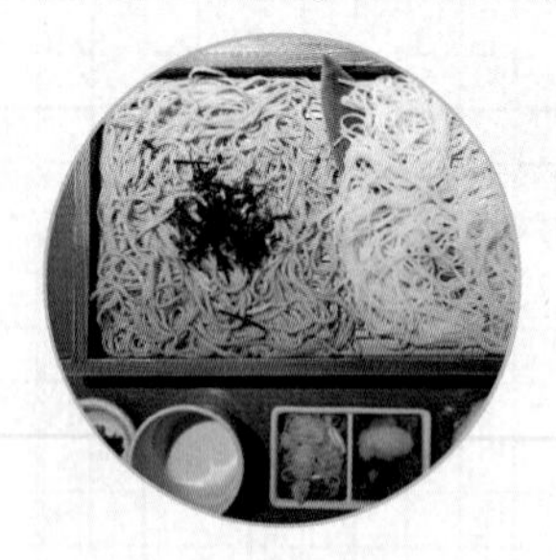

냉 라멘

야마가타는 일본 내에서 라멘 소비량이 가장 많은 현으로 유명하다. 그리고 차가운 닭 육수에 담긴 깔끔하고 시원한 냉(히야시) 라멘은 야마가타에서 꼭 맛보아봐야 할 별미다.

체리

야마가타현은 체리(사쿠란보さくらんぼ)의 일본 최대 산지이다. 젤리, 주스, 사탕, 쿠키 등 체리로 만들 수 있는 모든 종류의 디저트를 만날 수 있다는 의미. 빨갛게 익은 체리가 보석처럼 반짝이는 각종 디저트는 선물로도 그만이다.

알짜배기로 놀자

아찔한 절벽 위의 산사 '릿샤쿠지'는 야마가타 동북쪽에, 뽀얀 천연 유황 온천과 겨울철 '수빙'으로 유명한 자오 온천은 동남쪽에 위치한다. 아침에 부지런히 움직여 릿샤쿠지를 돌아보고 점심 때 자오 온천을 가는 일정으로 계획할 수 있다.

어디서 놀까?

릿샤쿠지 宝珠山 立石寺

860년 창건된 릿샤쿠지는 정상까지 1,015개의 돌계단을 걸어 올라가야 하는 가파른 바위산에 자리한 산사(야마데라)다. 시원하게 뻗은 삼나무를 따라 돌계단을 하나하나 밟고 올라가다 보면 어느새 숨이 목 아래까지 차오는데, 그 때쯤 벼랑 끝에 서 있는 고다이도五大堂에 다다른다. 아찔한 절벽 위에 세워진 사찰과 기암괴석이 한눈에 들어온다. 여기서 다시 크고 작은 암자를 지나 계단을 오르면 산 아래에서는 보이지 않는 대불전이 나타난다. 고다이도와 대불전에서 내려다보는 풍경은 1,000개가 넘는 계단을 오른 수고를 충분히 보상해주고도 남는다. 상쾌한 기분으로 계단을 내려온 후에는 야마가타의 명물 곤약을 먹어보자. 곤약이 꿀맛이다.

Access JR야마가타역에서 센잔仙山선 타고 약 20분 후 야마데라山寺역 하차, 매표소까지 도보 7분(정상까지 왕복 약 1시간 30분 소요) **Add** 山形県山形市山寺4456-1 **Cost** 입산료 어른 300엔, 학생 200엔, 어린이(4세 이상) 100엔 **Tel** 023-695-2843 **Web** rissyakuji.jp

자오 온천 蔵王温泉

화산 자오 연봉의 중턱 해발 880m에 자리한 자오 온천은 1,900년의 역사를 간직한, 도호쿠에서 가장 오래된 온천마을 중 하나이다. 고원의 온천마을은 여름에도 선선한 편이고 상쾌한 산속 공기를 느낄 수 있다. 깊은 협곡 사이로 흐르는 유백색의 유황천은 특유의 냄새와 흰 연기를 폴폴 풍긴다. 풍부한 수량과 뜨끈한 온천을 제대로 즐길 수 있고, 강산성의 유황천은 몸을 담그자마자 찌릿할 정도이다. 겨울에는 '아이스 몬스터' 또는 '수빙樹氷'이라 불리는 독특한 눈 풍경의 스키장이 개장한다. 솜이불처럼 폭신한 눈밭 위를 달리며 나무에 알알이 눈 결정이 맺힌 동화 속 세상을 마주할 수 있어서 스키의 성지로 사랑 받고 있다.

Access JR야마가타역 앞에서 자오 온천 방면 버스 승차해 약 40분 후 하차 Add 山形県山形市蔵王温泉708-1 Tel 023-694-9328 Web www.zao-spa.or.jp

❶ 자오 온천 다이로텐부로 蔵王温泉 大露天風呂

자오 온천에서 가장 높은 곳에 위치한 온천 시설로 자오 온천을 상징하는 대자연 속 노천탕. 이곳까지 가기 위해선 꽤 급경사의 오르막을 계속 올라야 하는데, 그 노력에 대한 충분한 보상을 받을 수 있다. 남녀를 구분하기 위한 최소한의 오두막만 지어놓은 자연 그대로의 탕에는 우유 빛깔의 뽀얀 온천수가 넘실댄다. 노천탕에 몸을 담그면 때 묻지 않은 자연 속에 폭 안겨 천상의 선녀가 된 기분을 느낄 수 있다. 탈의실도 변변치 않고 비누칠이 금지되어 있는데, 오히려 그 점이 이곳이 옛 방식을 고수하는 천연 온천임을 말해준다. 겨울에는 눈 때문에 진입이 어려워 문을 닫는다.

Access 자오 온천 버스터미널에서 산 쪽으로 도보 20분, 또는 택시로 5분 Add 山形県山形市蔵王温泉荒敷853-3 Open 평일 09:30~17:00, 주말 09:30~18:00 Cost 어른 700엔, 어린이 400엔 Tel 023-694-9417 Web www.jupeer-zao.com

❷ 유노하나차야 신자에몬노유

湯の花茶屋 新左衛門の湯

자오 온천의 당일 입욕 시설 중 가장 인기 있는 곳으로 버스터미널에서 가까운데다 깔끔한 최신식 시설을 갖추고 있다. 레스토랑부터 지역 특산품을 구입하기 좋은 기념품 숍, 정성껏 가꾼 정원 등 고급스런 료칸의 분위기가 물씬 풍긴다. 자오 온천의 천연 온천을 즐길 수 있을 뿐 아니라 아이나 피부가 약한 사람도 이용 가능하도록 물을 혼합한 부드러운 온천탕도 마련해두었다. 1인용 도자기 탕은 각각 물의 온도가 달라 자신이 좋아하는 온도의 탕을 고를 수 있다.

Access 자오 온천 버스터미널에서 도보 5분 Add 山形県山形市蔵王温泉川前905 Open 10:00~18:00 Cost 어른 800엔, 어린이 400엔 Tel 023-693-1212 Web zaospa.co.jp

❸ 자오 로프웨이 蔵王ロープウェイ

자오 연봉을 빠르고 편리하게 오를 수 있는 두 곳의 로프웨이와 한 곳의 스카이케이블 정류장이 자오 온천 내에 자리한다. 그 중에서 겨울철 수빙을 보려면 표고 1,661m까지 닿는 자오 로프웨이를 이용해야 한다. 산악용 곤돌라가 표고 1,331m의 주효코겐樹氷高原역까지 7분, 여기서 환승해 정상인 지조산초地蔵山頂역까지 10분 소요된다. 눈이 없는 계절에도 늪지대와 고산 식물이 어우러진 신비로운 대자연을 만끽할 수 있어서 트레킹 코스로 즐겨 찾는 이들이 많다.

Access 자오 온천 버스터미널에서 도보 10분 Add 山形県山形市蔵王温泉229-3 Open 08:30~17:00 Cost 자오 산로쿠역~지조산초역 왕복 어른 3,500엔, 어린이 1,800엔 Tel 023-694-9518 Web zaoropeway.co.jp

끼니는 여기서

로바타 ろばた

양고기를 철판에 구워 먹는 징기스칸은 흔히 홋카이도가 원조로 알려져 있지만 야마가타의 자오온천 또한 역사가 그에 못지 않다. 특히 둥근 모양의 철판은 야마가타의 주물 기술로 탄생했다는 설도 있다. 지역에서 징기스칸 맛집으로 통하는 로바타는 부드럽고 질 좋은 생 양고기를 제대로 즐길 수 있는 식당이다. 고온의 철판에서 노릇하게 구운 양고기를 특제 간장 소스에 찍어 먹으면 감탄사가 절로 나온다. 고원의 신선한 채소, 야마가타 대표 쌀 품종인 하에누키로 지은 밥이 세트인 정식 메뉴로 주문한 후 양에 따라 고기를 추가하면 된다.

Access 자오 온천 버스터미널에서 도보 4분 Add 山形県山形市蔵王温泉字川原42-5 Open 11:00~15:00, 17:00~22:00, 목요일 휴무 Cost 징기스칸 정식 2,200엔, 고기 추가 1인분 1,430엔 Tel 023-694-9565 Web www.t023.com

하루 종일 놀자

한나절 야마가타의 대자연과 과거의 시간을 경험했다면 그 다음에는 야마가타의 현재를 만나보자. 적당한 스케일의 중소도시에는 의외의 즐거움이 곳곳에 가득하다.

어떻게 다닐까?

100엔 버스

야마가타역을 기준으로 동쪽 지구를 순환하는 히가시쿠루린東くるりん과 서쪽 지구를 순환하는 니시쿠루린西くるりん이 각각 왼쪽과 오른쪽 방향의 총 4가지 패턴으로 운행한다. 시내 중심가는 양 노선 모두 운행한다.

Cost 1회권 100엔(동서 양쪽 지구를 넘나드는 경우 200엔)

어디서 놀까?

돈가리 빌딩TONGARI BLDG.

40년 된 주상복합빌딩이 야마가타의 예술과 문화를 발신하는 기지로 재탄생 했다. 야마가타의 제철 식재료로 만든 음식을 즐길 수 있는 레스토랑 '니타키nitaki'와 디자인 서적 및 잡화를 판매하는 '주산지十三時', 신진 작가의 작품을 전시하는 갤러리 '구구루KUGURU', 오리지널 수제 가구 쇼룸 '팀버 코트TIMBER COURT' 등 1층부터 4층까지 작은 공간 구석구석에서 야마가타의 최신 트렌드를 엿볼 수 있다.

Access JR야마가타역 동쪽 출구에서 도보 15분, 또는 100엔 버스 타고 8분 후 나노카마치七日町 하차, 도보 3분 Add 山形県山形市七日町2-7-23 Open 점포마다 다름 Tel 023-679-5433 Web www.tongari-bldg.com

고텐제키 御殿堰

약 400년 전 치수를 위해 조성된 물길이었던 고텐제키는 옛 분위기를 은은히 풍기면서도 모던한 분위기를 느낄 수 있는 명소로 자리잡았다. 짙은 갈색의 목조 2층 건물과 그 옆의 작은 물길 뒤로 이어지는 흰 창고 건물에는 서양식 카페 레스토랑 '클래식 카페Classic Café', 일본인으로 처음 페라리를 디자인했던 오쿠야마 기요유키의 디자인 숍, 110년 전통의 기모노 전문점 등이 자리해 야마가타 시내 관광의 즐거운 반전을 선물한다.

Access JR야마가타역 동쪽 출구에서 도보 15분, 또는 100엔 버스 타고 8분 후 나노카마치七日町 하차, 도보 1분 **Add** 山形県山形市七日町二丁目7-6 **Open** 점포마다 다름 **Web** gotenzeki.co.jp

베니노쿠라 紅の蔵

야마가타의 특산품 베니바나(홍화) 상인의 창고 저택을 활용해 지역의 매력을 알리고자 문을 연 베니노쿠라. 붉은 기와와 흰 격자무늬의 벽으로 이루어진 건축은 다른 건물들 사이에서 확연히 눈에 띈다. 야마가타 지역 음식을 즐길 수 있는 레스토랑과 신선한 제철 채소 직판점, 기념품 잡화점 '아가랏샤이あがらっしゃい' 등이 들어서 있다. 관광안내소 '마치나카 조호칸街なか情報館'에서 다양한 정보를 제공 받을 수 있다.

Access JR야마가타역 동쪽 출구에서 도보 10분, 또는 히가시쿠루린 버스 타고 5분 후 도카마치산초메十日町三丁目 하차, 바로 **Add** 山形県山形市十日町2-1-8 **Open** 레스토랑 11:00–21:00 수요일 휴무, 정보관 10:00–18:00, 1월 1일 휴무 **Tel** 023-679-5101 **Web** www.beninokura.com

야마가타현 향토관(분쇼칸) 山形県郷土館(文翔館)

초대 현청사가 화재로 소실된 후 1916년 새로 지어진 영국 르네상스 양식의 건축물. 1975년까지 청사로 사용되다가 청사가 새로운 곳으로 이전한 후 10년 동안 리모델링을 거쳐 역사 자료 전시관으로 문을 열었다. 분쇼칸은 회색 화강암 외벽과 청색 슬레이트 지붕이 대비를 이룬 외관이 우아하다. 좌우 대칭의 벽돌조 건물로 중앙의 높은 시계탑, 발코니, 외벽의 기둥 장식 등 다이쇼 초기 서양식 건축물의 특징이 잘 드러나 국가 중요문화재로 지정되었다. 일본 만화 원작의 드라마 〈바람의 검심〉의 촬영 장소가 되기도 했다.

Access JR야마가타역에서 도보 20분, 또는 100엔 버스 타고 10분 후 하타고마치니초메旅篭町二丁目 하차, 도보 7분 Add 山形県山形市旅篭町3-4-51 Open 09:00~16:30, 1·3주 월요일 및 연말연시 휴관 Cost 입장 무료 Tel 023-635-5500

가조 공원 霞城公園

야마가타 시내 중앙에 위치한 도심 공원. 야마가타번의 번성을 이룬 모가미最上 가문이 1357년 축성했다고 전해진다. 야마가타성은 역사의 풍파 속에 성벽과 건축 일부만이 남았고, 현재는 시민을 위한 운동시설 및 박물관으로 이용된다. 사진 촬영 명소로 유명한 니노마루 히가시오테몬二ノ丸東大手門은 정문에 해당하는데, 해자 위를 건너는 은근한 곡선의 다리와 성곽의 기와 지붕, 그 옆으로 심어진 벚꽃이 어우러져 감탄을 자아낸다. 벚꽃이 피는 봄은 물론, 나무가 많아 단풍이 드는 가을에도 볼 만하다.

Access JR야마가타역 서쪽 출구에서 도보 10분, 또는 니시쿠루린 버스 타고 3분 후 가조코엔난몬구치霞城公園南門口 하차 Add 山形県山形市霞城町1-7 Open 4~11월 05:00~22:00 , 12~3월 05:30~22:00 Cost 입장 무료

끼니는 여기서

사카에야 본점 栄屋本店

라멘으로 유명한 야마가타에서도 조금 독특한 차가운 '히야시' 라멘의 원조집. 차가운 육수에 굵직한 숙주와 그와 비슷한 굵기의 탱탱한 면이 담겨 나온다. 참기름 향이 그윽하게 퍼지는 짭짤한 맛이 한국 사람의 입맛에도 잘 맞는다. 만약 매운 맛이 좋다면 게키카라激辛로 주문하면 되는데, 고추장의 매운 맛과는 달리 후추에 가까운 따끔한 맛이라 참기름의 느끼함을 잡아준다.

Access JR야마가타역 동쪽 출구에서 도보 10분, 또는 100엔 버스 타고 7분 후 혼마치本町 하차, 도보 3분 Add 山形県山形市本町2-3-21 Open 3월19일~9월30일 11:30~20:00, 10월1일~3월18일 11:30~19:30, 수요일 휴무(1월·8월 부정기 휴일) Cost 히야시라멘 935엔, 게키카라 히야시라멘 1,045엔 Tel 023-623-0766 Web www.sakaeya-honten.com

쇼지야 庄司屋

고텐제키에 위치한 150년 전통의 쇼지야는 5대째 전통적인 방법을 고수하며 소바를 만들고 있다. 전통 제법으로 만든 메밀 본연의 '야부 소바やぶそば'와 메밀을 최대한 정제한 순백의 '사라시나 소바さらしなそば'가 정사각형의 나무 상자에 각기 담겨 나오는 판 소바로 메밀 면의 탄력, 맛, 향, 질감을 비교하며 즐겨보자. 특제 다시 국물에서도 장인의 깊은 맛을 느낄 수 있다.

Access JR야마가타역 동쪽 출구에서 도보 15분, 또는 100엔 버스 타고 8분 후 나노카마치七日町 하차, 도보 1분(고텐제키 내) Add 山形県山形市七日町二丁目7-6 Open 평일 11:00~16:00, 17:00~20:30 주말 11:00~20:30 Cost 판 소바 1,490엔 Tel 023-673-9639 Web www.shojiya.jp

홋토나루 요코초 ほっとなる横丁

홍등이 불을 밝히면 옹기종기 모여 있는 13곳의 포장마차가 하나 둘 손님 맞을 준비를 한다. 야마가타의 중심가에 자리해 관광객은 물론 현지인도 즐겨 찾다 보니 늦은 밤 왁자지껄한 분위기 속에서 술 한잔 기울이기 좋다. 야마가타의 향토요리부터 오뎅, 가라아게(닭 튀김), 꼬치구이 등 다양한 술안주를 취향대로 선택할 수 있다.

Access JR야마가타역 동쪽 출구에서 도보 15분, 또는 100엔 버스 타고 8분 후 나노카마치七日町 하차, 도보 2분 Add 山形県山形市七日町二丁目1-14-6 Open 점포마다 다름 Web www.hotnaru-yokocho.jp

어디서 잘까?

야마가타역 주변

호텔 루트인 야마가타에키마에

ホテルルートイン山形駅前

시설은 오래 되었지만 위치가 강점인 비즈니스 호텔. 바로 옆에 큰 마트가 있는 점도 편리하다. 작은 실내탕이 있고, 로비에서 도토루 커피를 오전과 오후 시간에 셀프로 이용 가능하다.

Access JR야마가타역 서쪽 출구에서 도보 2분 Add 山形県山形市双葉町1-3-1 Cost 싱글룸(조식 포함) 6,200엔~ Tel 023-647-1050 Web www.route-inn.co.jp/search/hotel/index.php?hotel_id=232

호텔 캐슬 야마가타 HOTEL CASTLE YAMAGATA

개업한 지 30년이 넘은 지역의 터줏대감 같은 호텔. 베니노쿠라 인근에 위치해 역과 시내 중심가에서 도보로 이동이 편하다.

Access JR야마가타역 동쪽 출구에서 도보 7분 Add 山形県山形市十日町4-2-7 Cost 싱글룸 5,550엔~ Tel 023-631-3311 Web premierhotel-group.com/hotelcastle

도쿄 스미다 강

06 도쿄역 東京駅

간토·도호쿠 지역뿐 아니라 일본의 중심이 되는 철도역이다. 도카이도 신칸센과 도호쿠 신칸센이 이곳을 기점으로 운행하고, 새로운 신칸센이 개통되면 일단 도쿄역과의 시간부터 따져본다. 재래선 9면 18선, 신칸센 5면 10선, 메트로 1면 2선을 포함해 총 15면 30선의 플랫폼은 일본 최대이다. 하루 발착 열차 편수만도 3천 대에 달해 사람도 많고 노선도 복잡해 일본 철도가 익숙하지 않은 사람에게는 최고의 난코스 중 하나로 손꼽힌다. 역의 출구는 크게 세 곳이다. 서쪽의 '마루노우치구치丸の内口', 동쪽의 '야에스구치八重洲口', 북쪽의 '니혼바시구치日本橋口'다. 마루노우치구치는 도쿄역의 상징인 붉은 벽돌과 돔 구조의 100년 된 역사로 나갈 수 있다. 반대편의 야에스구치는 역내 쇼핑가와 다이마루 백화점을 통과해 야에스 지하상가로 바로 이어진다. 지상으로 나가면 명품 거리로 유명한 긴자銀座다. 장거리 여행객이 다수를 차지하는 만큼 다양한 에키벤을 만날 수 있는 역이기도 하다.

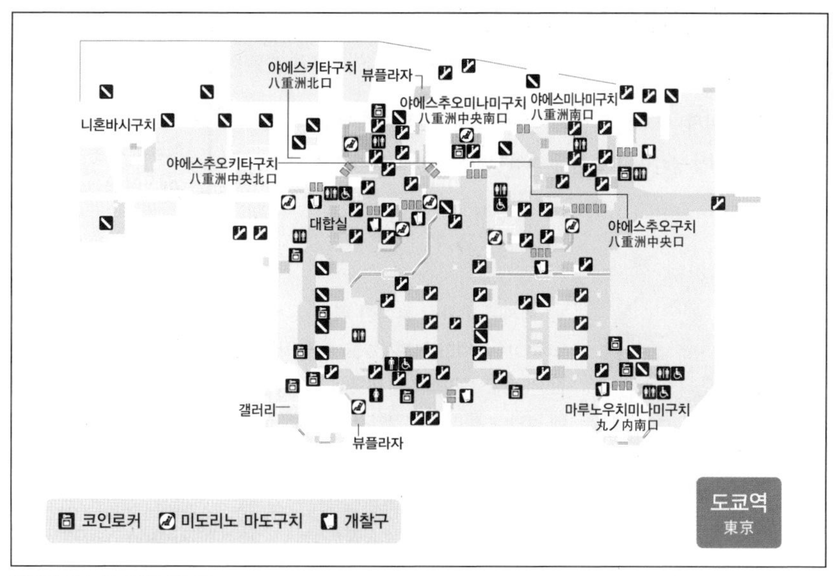

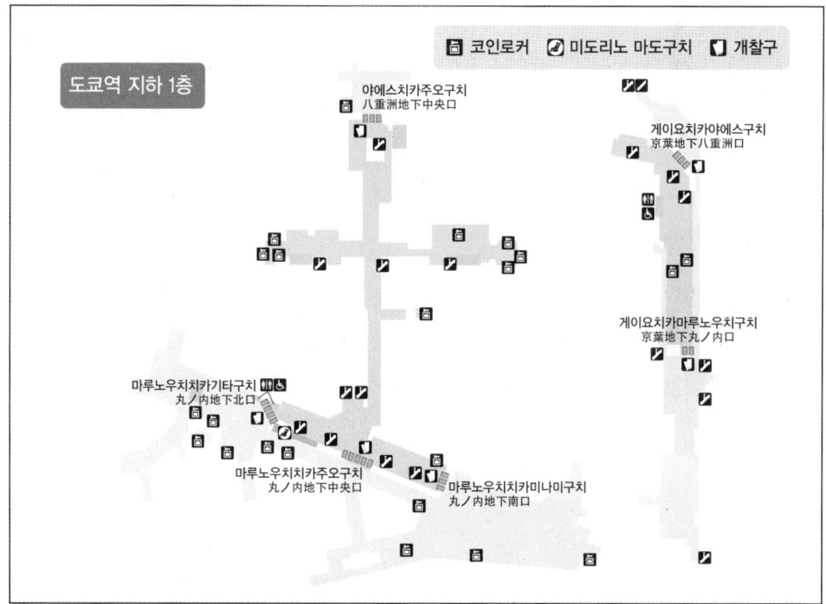

- 미도리노 마도구치 마루노우치 지하 기타(북쪽) / 신칸센 주오노리카에구치 / 신칸센 미나미노리카에구치
  Open 05:30~23:00 공통
- JR이스트 트래블 서비스 센터 Open 07:30~20:30

키워드로 그려보는 도쿄 여행

매번 찾을 때마다 새로운 도시 도쿄. 메트로폴리탄의 거대하고 복잡한 풍경 사이로 개성 넘치는 '도쿄진'들의 취향과 스타일을 발견할 수 있다.

여행 난이도 ★★★★
관광 ★★★☆
쇼핑 ★★★★☆
식도락 ★★☆
기차 여행 ★★☆

© TCVB

세계에서 가장 혼잡한 역

도쿄 신주쿠역은 여행자들을 종종 좌절에 빠트리는 세계에서 가장 혼잡한 역이다. JR이스트를 비롯해 5개 대형사철의 하루 이용객만 360만 명에 달한다. 특히 모세혈관처럼 도시에 뻗어 있는 200개의 출구는 여행자의 눈앞을 아득하게 만든다.

© TCVB

일본의 수도

말할 것도 없이 도쿄는 일본 제1의 도시다. 온갖 사람과 산업이 몰려드는 도쿄에서, 한국보다 조금 빠르다는 일본의 유행이 어떤 방향으로 어떻게 변화되어 가고 있는지 확인할 수 있는 가장 좋은 곳이다.

도쿄 스카이트리

도쿄 야경의 랜드마크가 도쿄 타워에서 도쿄 스카이트리로 바뀐 지도 6년이 되어간다. 안에서 도시의 야경을 내려다보는 것도 좋지만, 멀리서 타워의 빛이 밝히는 밤도 아름답다. 높은 곳의 긴장감까지 더해 썸 타기 좋은 장소.

© TCVB

시부야·하라주쿠

젊은이들의 거리로 이름 높아 남의 나라 도시임에도 왠지 친숙한 두 지역. 걸어서 이동할 수 있는 거리지만 이곳저곳 기웃거리려면 체력을 충전한 뒤 나서보자. 독특한 영감과 기운을 얻을 수 있는 동네다.

역에서 놀자

일본 철도의 심장 도쿄역. 2012년 새로 단장하면서 역내에서 놀 거리가 한층 늘어났다.

도쿄역 마루노우치 역사 東京駅 丸の内駅舎

1914년 건립과 함께 도쿄의 상징적인 건축물이 된 붉은 벽돌과 대형 돔의 도쿄역은 2차 세계대전 중 폭격으로 많은 부분이 소실되었다. 전후 대충 수습해 사용하던 것을 건립 100주년을 기념해 대대적인 복원 공사에 들어갔다. 중앙 돔을 원형 그대로 복원하는 등 창건 당시로 되돌린 도쿄역에서 시간 여행을 떠나온 기분을 느낄 수 있다. 마루노우치 역사 건립과 함께 도쿄 스테이션 호텔과 도쿄 스테이션 갤러리가 다시 문을 열었다. 도쿄 스테이션 호텔은 일본 중요문화재 내의 유일한 호텔로서, 유럽 클래식 스타일의 우아하고 고급스러운 분위기를 느낄 수 있다.

Access JR도쿄역 마루노우치구치 출구

도쿄 스테이션 시티 Tokyo Station City

도쿄역 복원 공사와 함께 역 내부도 새롭게 리뉴얼되었다. 도쿄 스테이션 시티라는 이름 아래 다양한 쇼핑가와 식당가가 조성되고 최고급 호텔이 들어섰다. 쇼핑가인 그랑스타GranSta, 센트럴 스트리트Central Street, 이치반가이一番街, 식당가인 그랜드 루프 프런트Grand Roof Front, 그랑스타 다이닝GranSta Dinning, 그랑고메Gran Gourmet, 그리고 최고급 호텔인 도쿄 스테이션 호텔까지, 도쿄역이 새로워졌다.

Access 도쿄역 마루노우치구치~야에스구치 **Web** www.tokyostationcity.com

깃테 KITTE

홋카이도에서 오키나와까지 일본 전국의 명물을 한 자리에 모은 디자인 편집숍. 1931년 도쿄역 바로 옆에 지어진 옛 도쿄중앙우체국 건물을 개조해 외관은 살리고 내부는 완전히 현대적인 건축으로 재탄생시켰다. 지상 6층까지 관통하는 아트리움 공간과 천장에서부터 드리워진 모던한 조명 등은 건축가 구마 겐코가 디자인했다. 역과 지하로 연결되어 있는 만큼 전국 대부분의 교통 IC카드를 사용할 수 있고, 면세 점포도 있다. 특히 6층 식당가에 전국에서 이름난 명물들이 모여 있어 발품 적게 팔고 각지의 맛을 느끼기에 제격이다.

❶ 아마노 프리즈 드라이 스테이션(지하 1층) 냉동건조 블록수프 숍의 수프들은 뜨거운 물만 부으면 정말 맛있는, 건더기가 살아 있는 국이 된다.

❷ 센비키야 소혼텐 프루츠 팔러(1층) 일본 최초의 과일 전문점이 선사하는 과일 디저트를 먹을 수 있다. 런치에는 파스타 등의 한정메뉴도! 쪼금 비싼 편.

❸ 호쿠로쿠 소스이(4층) 들풀, 들꽃, 열매 등 식물이 가진 힘을 화장수로 만들어내는 화장품 가게.

Access JR도쿄역 마루노우치구치 출구에서 도보 1분 또는 역에서 지하로 연결 Add 東京都千代田区丸の内2-7-2 Open 숍 11:00~20:00, 카페 및 레스토랑 11:00~22:00, 1월 1일과 법정 점검일 휴업 Tel 03-3216-2811 Web jptower-kitte.jp

도쿄 라멘 스트리트 東京ラーメンストリート

도쿄역 내 도쿄를 대표하는 라멘집 여덟 곳이 모여 있는 라면 골목. 진한 국물에 찍어 먹는 쓰케멘이 맛있는 '로쿠린샤六厘舎', 채식라멘 베지소바ベジソバ를 일본 최초로 선보인 '소라노이로 닛폰天空之色Nippon' 등 하나하나 개성이 뚜렷하고 보증된 맛을 선보여 식사 시간 때가 되면 어디 할 것 없이 줄이 생긴다.

Access 도쿄역 야에스 미나미구치(남쪽 출구) 이치반가이 내 Open 11:00~22:30(점포마다 다름) Web www.tokyoeki-1bangai.co.jp/street/ramen

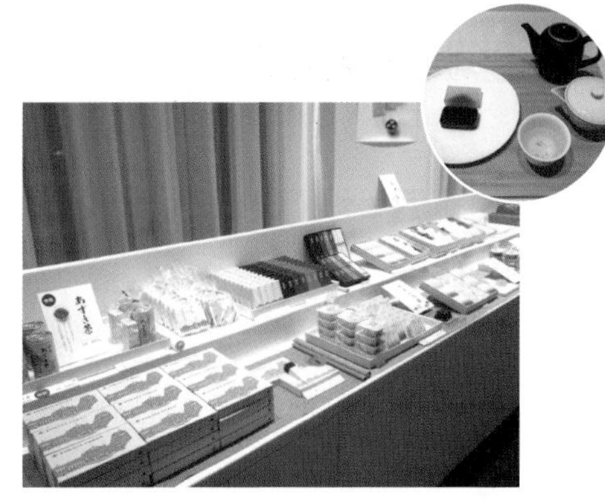

도라야 도쿄 TORAYA TOKYO

기품 있는 단맛으로 인기 높은 도라야의 양갱 및 화과자 카페. 도쿄역 마루노우치 방면 돔 부근에 위치해 있어 점내가 벽을 따라 둥글게 휘어져 있다. 창 사이로는 역사가 보이고 계절마다 특징 있는 화과자와 차를 마실 수 있다. 과자는 물론이지만 차도 일품. 오른쪽 끝에서 선물용으로 포장된 다양한 양갱 및 과자를 판매한다. 패키지를 보는 것만으로도 즐거우니 꼭 보고 가자.

Access 도쿄역에서 직결, 도쿄 스테이션 호텔 2층 Open 10:00~20:00 Cost 디저트 1,320엔~, 식사 1,870엔~ Tel 03-5220-2345 Web www.tokyostationhotel.jp/restaurants/torayatokyo

에키벤야 마쓰리 駅弁屋 祭

일본 전역의 유명 도시락을 한 자리에 모은 에키벤 전문 매장. 각 지역의 오리지널 도시락과 기간 한정 도시락 외에도 매장 내에서 금방 만든 따뜻한 도시락 등 약 170종의 도시락을 판매하고 있다. 신칸센을 타고 멀리 갈 때뿐만 아니라 에키벤에 대한 로망이 있다면 반드시 들러야 할 곳이다.

Access 도쿄역 내 센트럴 스트리트(5·6번 탑승구 인근) Tel 03-3213-4353 Open 05:30~22:00 Cost 에키벤 680엔~ Web https://foods.jr-cross.co.jp/matsuri

알짜배기로 놀자

예로부터 도쿄 관광의 3대 축인 하라주쿠 · 신주쿠 · 시부야를 중심으로 하는 JR야마노테선 구간과 도쿄의 새로운 심벌인 스카이트리를 다녀오자. 도쿄의 구석구석을 연결하는 지하철이 속도와 체력을 뒷받침해준다.

어떻게 다닐까?

JR야마노테선&도쿄 메트로 1일권

JR패스의 사용기간이 남아 있다면 도쿄 도심을 원으로 연결하는 지하철 야마노테선을 무료로 이용할 수 있다. 시부야 및 부족한 구간은 도쿄 메트로 1일권을 따로 구입해 채우면 된다. 도쿄 메트로의 주요 역 티켓발매기에서 구입할 수 있다. Cost 도쿄 메트로 1일권 600엔

도쿄 서브웨이 티켓 Tokyo Subway Ticket

하루 동안 도쿄 메트로와 도영 지하철의 모든 노선을 자유롭게 이용할 수 있는 '도쿄 메트로·도영 지하철 공통 1일 승차권'의 외국인 관광객 버전. 가격이 더 저렴하고 사용 시작 시각으로부터 24시간 · 48시간 · 72시간 유효한 티켓을 선택할 수 있다. 외국인 전용이므로 구입 시 여권을 제시해야 하고 하네다공항 및 나리타공항과 빅카메라 시내 주요 지점에서 판매한다. 국내의 한국 여행사를 통해서도 구입할 수 있다. 홈페이지에서 발급 장소를 확인하자.

Cost 24시간 어른 800엔, 어린이 400엔 / 48시간 어른 1,200엔, 어린이 600엔 / 72시간 어른 1,500엔, 어린이 750엔
Web www.tokyometro.jp/kr/ticket/value/travel/index.html

❶ 도영 지하철 都営地下鉄

노선명	마크	주요 역
아사쿠사선浅草線	A	고탄다, 신바시, 니혼바시, 아사쿠사, 구라마에, 오시아게(도쿄 스카이트리)
미타선三田線	I	메구로, 시로가네다이, 오나리몬(도쿄 타워), 히비야, 진보초, 스이도바시, 스가모
신주쿠선新宿線	S	신주쿠, 구단시타, 진보초, 모리시타
오에도선大江戸線	E	도초마에(도청 앞), 신주쿠니시구치, 모리시타, 기요스미시라카와, 쓰키지시조(쓰키지 시장), 시오도메, 아자부주반(한국대사관/영사관), 롯폰기, 요요기

❷ 도쿄 메트로 東京メトロ

노선명	마크	주요 역
긴자선銀座線	G	시부야, 오모테산도, 신바시, 긴자, 우에노, 아사쿠사
마루노우치선丸ノ内線	M	오기쿠보, 신주쿠, 긴자, 도쿄, 오차노미즈, 고라쿠엔, 이케부쿠로
히비야선日比谷線	H	에비스, 롯폰기, 히비야, 긴자, 아키하바라
도자이선東西線	T	나카노, 다카다노바바, 구단시타, 니혼바시
지요다선千代田線	C	요요기코엔(요요기 공원), 메이지진구마에, 오모테산도, 아카사카, 오차노미즈, 니시닛포리
유라쿠초선有楽町線	Y	이케부쿠로, 고지마치, 나가타초, 유라쿠초
한조몬선半蔵門線	Z	시부야, 오모테산도, 진보초, 기요스미시라카와, 오시아게
난보쿠선南北線	N	메구로, 아자부주반, 고라쿠엔, 도다이마에(도쿄대 앞)
후쿠토신선副都心線	F	이케부쿠로, 신주쿠산초메, 메이지진구마에, 시부야

Tip!

공항과 시내 지하철을 연계한 할인 티켓

간토와 도호쿠 기차 여행 시 보통 첫날 또는 마지막 날 일정은 도쿄 시내 관광과 공항 이동이 전부인 경우가 대부분이다. 따라서 값비싼 JR패스는 지역 이동 시에 알뜰하게 다 쓰고, 도쿄에서는 공항과 시내 지하철을 연계한 할인 티켓이나 JR이스트의 IC카드인 스이카SUICA를 구입해 사용하는 것이 이득이다. 하네다공항이라면 스이카로 도쿄 모노레일 탑승이 가능하다. 주말과 공휴일 한정으로 도쿄 모노레일과 JR의 야마노테선 1일권을 세트로 묶어 파는 티켓이 단돈 500엔이다. 공항 리무진 버스와 지하철을 연계한 할인 티켓도 있으나, 시내 정체 구간 때문에 열차보다 오래 걸리고 값도 비싸 짐이 아주 많은 경우가 아니라면 추천하진 않는다.

어디서 놀까?

도쿄도청사 東京都庁舎

도쿄 행정의 중심이자 일본 현대건축의 거장 단게 겐조丹下健三가 설계한 도쿄의 기념비적인 건축물. 지상에서 202m 떨어진 45층의 전망대를 관광객에게 무료로 개방하고 있다. 방향에 따라 스카이트리와 도쿄 타워, 운이 좋은 날이면 후지산까지도 보인다. 초고층 밀집 지역에 위치해 가장 도쿄다운 스카이라인을 볼 수 있고, 인근 아일랜드 타워アイランドタワー 앞 퍼블릭 아트 'LOVE'는 기념 촬영 장소로 인기 높다.

Access JR신주쿠역 서쪽 출구에서 도보 10분 또는 도영지하철 오에도선 도초마에역에서 바로 **Add** 東京都新宿区西新宿2-8-1 **Open** 전망실 10:00~20:00, 북쪽 전망실은 ~17:30 **Tel** 03-5320-7890 **Web** www.yokoso.metro.tokyo.jp

도쿄 스카이트리 TOKYO SKY TREE

2012년 오픈해 도쿄의 스카이라인을 책임지기 시작한 634m의 전파탑. 탑의 전망대에서 보는 풍경은 물론, 탑이 찍히는 도쿄의 풍경도 그럴듯하다. 이 타워를 찍는 스폿은 아사쿠사 부근. 이곳에서 사진을 찍으며 탑을 향해 걸어가면 20분 정도 걸린다. 날짜를 지정해 예매하는 티켓보다 오히려 당일에 대기상황을 보며 입장하는 당일권이 싸다. 그 주변에 함께 조성된 도쿄 스카이트리 타운에는 수족관과 플라네타리움, 쇼핑몰 등 테마파크처럼 꾸며져 있다.

Access 도부 철도 도쿄스카이트리역 혹은 지하철 오시아게역에서 도보 5분 **Add** 東京都墨田区押上1-1-2 **Open** 10:00~21:00(최종입장 20:00) **Cost** 당일입장권(평일기준) 350m 어른 2,100엔, 중고생 1,550엔, 초등학생 950엔 / 450m 회랑 추가 입장 어른 1,000엔, 중고생 800엔, 초등학생 500엔 **Tel** 0570-55-0634 **Web** www.tokyo-skytree.jp

시부야 渋谷

JR과 각종 사철의 환승역인 시부야. 지역에서 올라오는 야간버스의 터미널까지 있어 교통의 중심지로는 도쿄역 못지않다. 야간버스가 새벽에 도착하는 경우가 많아 주변에 아침 식사를 할 수 있는 레스토랑, 카페가 많다. 밤늦게까지 술자리가 이어지는 번화가. 충견 하치코 동상으로 유명하며, '하치코 출구'는 약속 장소로 유명해 도쿄 사람들을 구경하기에도 좋다. X자 모양으로 그려진 횡단보도에 수많은 사람들이 건너고 있는 도쿄를 상징하는 이미지도 이 시부야의 스크램블 교차로에서 찍은 것이다.

Access JR, 도큐 전철, 도쿄 메트로, 게이오 전철 시부야역 하차

❶ 시부야 109 SHIBUYA 109

음악, 영상, 패션, 서브컬처로 대변되는 시부야의 대표적인 이미지를 장식하는 동그란 타워 109. 여중생, 여고생들이 이 109에서 쇼핑하겠다는 목표만으로 상경하기도 했을 정도로 '걸'들의 유행을 이끄는 쇼핑몰이다. 전부는 아니지만 각 층마다 다양한 숍이 면세 적용 대상이므로 'Tax Free' 마크를 체크해보자. 시부야 109는 전 층이 여성복 매장으로, 남성용은 시부야역 바로 앞의 109 Men's를 이용해야 한다.

Access 시부야역에서 도보 2분 Add 東京都渋谷区道玄坂2-29-1 Open 숍 10:00~21:00, 카페 및 레스토랑 11:00~22:00, 1월 1일 휴업 Tel 03-3477-5111 Web www.shibuya109.jp

❷ 시부야 히카리에 渋谷ヒカリエ

시부야의 새로운 얼굴로 떠오르고 있는 고층 쇼핑몰. 시부야역에서 구름다리로 연결되는 지상 34층, 지하 4층의 히카리에는 젊음의 거리 시부야에 '멋진 어른'도 함께할 수 있는 곳으로 문을 열었다. 2천 석 규모의 뮤지컬 극장, 일본 47개 광역자치단체의 토산품 및 디자인 용품을 전시한 이벤트 홀 등 다채로운 문화시설을 갖추고 있다. 여기에 탐나는 패션·뷰티·라이프스타일 아이템으로 채워진 상업시설 싱크스ShinQs는 20~40대 여성의 취향을 정확히 간파하고 있다.

Access JR시부야역 동쪽 출구에서 도보 1분 또는 지하도 및 2층 통로로 연결 Web www.hikarie.jp

하라주쿠 原宿

JR하라주쿠역은 출구가 두 개뿐인 작은 역이지만 늘 오가는 사람이 꽉꽉 들어차 있다. 메인인 오모테산도구치 출구와 작은 다케시타구치 출구가 있으며, 반대쪽인 메이지 신궁으로 나갈 수 있는 출구는 참배객이 몰리는 연초의 3일간만 오픈한다. 하라주쿠역 오모테산도구치로 나오면 바로 앞에 도쿄 메트로의 메이지진구마에역 입구가 보여 갈아탈 수 있다. 다케시타도리, 캣스트리트 등 분위기가 다른 다양한 로드숍 거리와 쇼핑몰이 많아 그야말로 쇼핑&군것질의 천국.

Access JR하라주쿠역, 도쿄 메트로 메이지진구마에역 하차

❶ 다케시타도리 竹下通り

다케시타도리로 대표되는 하라주쿠는 기상천외하고 개성 넘치는 10대들의 집합소다. 그들의 성향을 대표하는 숍들이 좁은 이 다케시타도리 길에 빼곡하다. 하라주쿠역 다케시타구치로 나와 바로 횡단보도를 건넌 지점에서부터 직선으로 이어지는 약 360m의 길로 섣불리 쇼핑하려 하기보단 관광하는 기분으로 지나가자.

Web www.tour-harajuku.com

❷ 캣스트리트 原宿キャットストリート

'하라주쿠의 뒷골목'으로 불리며 스트리트 패션의 첨단 유행을 확인할 수 있는 패션 거리. 미야시타 공원 宮下公園에서 시부야장애인복지센터渋谷区心身障害者福祉センター까지 이어지는 한적한 주택가에 조성되어 있다. 차가 다니지 않는 보행자 전용 길에서 고양이처럼 느긋거리면서 도쿄에서 가장 '핫'한 스트리트 패션 아이템을 조목조목 탐색하고 개성 강한 도쿄 피플을 훔쳐볼 수 있다. JR하라주쿠역 앞 '10대들의 하라주쿠'라 불리는 다케시타도리와도 분위기가 판이하다.

오모테산도 힐즈 表参道ヒルズ

명품 거리로 유명한 오모테산도 거리의 랜드마크와도 같은 쇼핑 시설. 지하 3층부터 지상 3층까지 관통하고 있는 중앙 홀 가장자리에 패션을 중심으로 한 약 100여 개의 가게들이 있다. 메이지 신궁까지 이어지는 '오모테산도' 약 1/4의 길이인 250m를 차지하는 파사드로 눈에 띈다.

❶ 키즈노모리(지하 2층) 어린이, 아기용품 및 옷 셀렉트숍. 아르마니 주니어 같은 브랜드부터 스톰프 스텀프, 리본 해커 키즈, 픽서스 더 스토어 등 일본 및 해외 브랜드까지 다양하다.

❷ 그린 바(지하 3층) 채소와 과일을 사용한 스무디와 커피, 티 등을 판매하는 드링크바. 쇼핑하다 쉬고 싶을 때 이용하자.

Access JR하라주쿠역에서 도보 7분, 또는 도쿄 메트로 오모테산도역에서 도보 2분 **Add** 東京都渋谷区神宮前4-12-10
Open 11:00~21:00 레스토랑 11:00~22:30 (점포에 따라 다름) **Tel** 03-3497-0310 **Web** www.omotesandohills.com

다이칸야마 代官山

시부야 남서쪽에 자리한 다이칸야마는 오모테산도, 아오야마와 함께 도쿄의 고급 쇼핑 지역으로 통한다. 고급 주택과 차분한 골목 사이사이 패션 편집숍과 인테리어·리빙 전문 매장이 자리하고 있다. 내추럴하면서 개성 있는 수제품을 찾는다면 다이칸야마 스타일이 마음에 꼭 들 것이다. 다만, 가격표를 보면 선뜻 결정하기는 쉽지 않다.

Access 도쿄 메트로 다이칸야마역 하차

다이칸야마 티 사이트 가든 代官山 T-SITE GARDEN

일본의 유명 서점 쓰타야의 콘셉트 라이브러리 카페. 2층짜리 세 개 동이 구름다리로 연결되어 있고, 주변은 공원처럼 조성되어 있다. 1층엔 주로 서적이 있고 2층에는 DVD, 음반이 가득하다. 공간 여기저기에 앉아서 책을 볼 수 있는 1인용 또는 2인용 좌석이 있고, 통유리를 통해 느티나무가 드리워진 바깥 풍경이 보인다. 2층의 라운지는 유럽 별장의 서가를 옮겨놓은 듯 고풍스럽고 멋스럽다. 책과 함께 커피, 칵테일, 간단한 식사를 즐길 수 있다.

Access 도큐 도요코선 다이칸야마역에서 도보 5분 Add 東京都渋谷区猿楽町16-15 Tel 03-3770-2525 Open 07:00~다음 날 02:00, 라운지 09:00~다음 날 02:00 Web https://store.tsite.jp/daikanyama

메이지 신궁 明治神宮

메이지 천황과 황후를 모시고 있는 신사. 일본인들의 연례행사인 새해 첫 참배로 인기 있는 신사지만, 관광객들에게는 도심의 고즈넉한 공원 역할을 한다. 울창한 나무와 자갈길이 외부 소음을 차단해 분위기가 확 바뀐다. 결혼식 장소나 성인식 등 일본 전통 옷을 입는 행사장으로도 많이 사용되어 기모노를 입은 사람들도 종종 볼 수 있다.

Access JR하라주쿠역 또는 도쿄 메트로 메이지진구마에역에서 도보 3분 **Add** 東京都渋谷区代々木神園町1-1 **Open** 메이지 신궁 뮤지엄 10:00~16:30 목요일 휴관 **Cost** 관람료 1,000엔 **Tel** 03-3379-5511 **Web** www.meijijingu.or.jp

요요기 공원 代々木公園

메이지 신궁 남쪽의 요요기 공원은 쉼터의 역할뿐 아니라 '이벤트'를 찾아가는 장소로 유명하다. 주말마다 벼룩시장을 비롯한 음악공연, 테마전시, 골동품시장 등 시민들이 교류하며 함께 즐길 수 있는 이벤트가 열린다. 공원 면적은 54만㎡으로 여의도 공원의 두 배가 넘어 전부 걷자면 다음 일정을 그르칠 수 있다. 이벤트 광장과 그 맞은편의 전망 데크를 보고 잠시 쉬었다면 느티나무 길을 따라 시부야 쪽으로 빠지자.

Access JR하라주쿠역 또는 도쿄 메트로 요요기코엔역에서 도보 2분 **Add** 東京都渋谷区代々木神園町2-1 **Tel** 03-3469-6081 **Web** www.yoyogipark.info

센소지 浅草寺

지명이며 역명은 아사쿠사지만, 같은 한자를 쓰는 절은 센소지라 한다. 너무나 유명한 나머지 중국인 관광객들과 함께 흘러갔다가 흘러나오듯이 관광해야 하는 경우가 많다. 경내의 호조몬宝蔵門, 오층탑 부근에서 절의 붉은 건물과 함께 찍히는 스카이트리의 풍경으로 아쉬움을 달래자. 정문 길인 가미나리몬雷門에서 본당으로 들어가게 되는 나카미세도리 길을 따라 양쪽으로 관광기념품을 파는 가게들이 빼곡하다. 가만히 둘러보면 빵 터지는 독특한 기념품도 만날 수 있다.

Access 지하철 아사쿠사역에서 도보 5분 **Add** 東京都台東区浅草2-3-1 **Open** 06:00~17:00, 10~3월 06:30~ **Tel** 03-3842-0181 **Web** www.senso-ji.jp

인터섹트 바이 렉서스 Intersect by Lexus

사람·도시·자동차가 모이는 공간을 콘셉트로 한 도요타 자동차 브랜드 렉서스의 콘셉트 룸. 직접적인 자동차 홍보 대신 건축과 예술, 커피, 음식으로 감각적인 라이프 스타일을 제안한다. 1층엔 젊은 작가의 기발한 전시가 한쪽에서 열리는 카페가 자리하고, 2층에는 디자이너의 가구로 채워진 라운지 공간이 마련되어 있다. '도쿄 푸드'라는 테마로 한 접시에 담긴 점심 메뉴는 합리적인 가격으로 즐길 수 있는 맛있는 한 끼이다.

Access 도쿄 메트로 오모테산도역 A4 · A5 출구에서 도보 3분 Add 東京都港区南青山4-21-26 Tel 03-6447-1540 Open 1층(카페) 09:00~23:00, 2층(라운지) 11:00~23:00 Cost 런치 플레이트 1,100엔~, 저녁 코스 요리 4,000엔~ Web lexus.jp/brand/intersect/tokyo

로그 로드 다이칸야마 Log Road Daikanyama

다이칸야마의 폐선부지를 활용해 개성 넘치는 숍이 입점한 매력적인 곳으로 재탄생했다. 도큐 도요코선 일부 구간의 지하화에 따라 버려진 220m의 선형 부지에 5채의 나무 박스동이 열차처럼 죽 이어져 있다. 요코하마가 본점인 스프링 밸리 브루어리가 이곳에 입점했으며, 6종류의 크래프트 맥주와 어울리는 다양한 안주가 준비되어 있다. 매장 안에서 직접 양조를 해 시즌 한정 맥주와 실험적인 맥주도 선보인다. 또 미국의 캠든스 블루 도넛도 일본 최초로 상륙했다. 다양한 맛과 조합의 오리지널 수제 도넛을 커피와 함께 즐길 수 있다.

Access 도큐 도요코선 다이칸야마역에서 도보 4분 또는 JR야마노테선 · 도쿄 메트로 에비스역에서 도보 10분 Add 東京都渋谷区代官山町13-1 Open 스프링 밸리 브루어리 도쿄 08:00~00:00, 일 · 공휴일 ~22:00, 캠든스 블루 도넛 09:00~20:00 Cost 크래프트 맥주 780엔~, 도넛 290~380엔 Web www.logroad-daikanyama.jp

하루 종일 놀자

도쿄 중심을 벗어나 주변부로 나가자. 키치한 문화가 꽃피는 기치조지도 좋고, 무인열차 유리카모메를 타고 가는 오다이바는 현지인들 사이에서도 인기 있는 관광지다. 도쿄를 벗어나 요코하마도 추천.

어떻게 다닐까?

스이카 SUICA

도쿄의 JR과 사철뿐 아니라 버스에서도 사용할 수 있는 충전식 교통카드. 이용 금액과 보증금(500엔)이 포함된 카드를 발급받아 사용하는 방식이다. 타 지역의 대도시에서도 호환되는 경우가 많고, 자판기나 편의점 물품을 구입할 수도 있다. 다 쓴 스이카는 반환 시 보증금을 돌려준다.

어디서 놀까?

시모키타자와 下北沢

지금 그 열기는 식었지만 시모키타자와는 젊은이들의 거리였다. 지금도 그때의 젊은이들과 취향을 같이하는, 말하자면 자유로운 영혼을 가진 젊은이들이 모여든다. 서울에서 치자면 홍대와 변화의 모습까지 비슷하다. 낮보다는 밤이 화려하며, 유독 미용실과 빈티지 옷가게가 많이 보인다. 시모키타자와를 대표하는 미나미구치 상점가는 역 남쪽 출구에서 시작되는 기존의 알려진 맛집과 카페들이 몰려 있는 곳이고, 아티스트들의 작품을 위탁 판매하는 박스숍들은 북쪽 출구의 시모키타 상점가しもきた商店街에서 종종 만날 수 있다.

Access 오다큐 오다와라선, 게이오 이노카시라선 시모키타자와역 하차

기치조지 吉祥寺

아티스트들의 마을로 알려졌던 기치조지. 소규모 극장이 골목골목 위치해 있고, 연습하는 젊은 연기자, 댄서가 많은 곳이었다. 지금은 일반 관광객이 많아 그런 분위기는 많이 잦아들었지만 다양한 문화와 계층의 사람들이 모이는 곳에서 생겨나는 자유로운 숍이 남아 있어 재미있는 곳이다. 특히 역 북쪽의 하모니카요코초ハモニカ横丁는 좁은 면적 안에 다닥다닥 들어선 가게들이 하나같이 개성 있다. 기치조지에 가면 이곳에서 꼭 한 끼 먹어보길 권한다.

Access JR주오 · 소부선, 주오선, 게이오 이노카시라선 기치조지역 하차

이노카시라 온시 공원 井の頭恩賜公園

1917년에 오픈한 일본 최초의 공원으로 흔히 '이노카시라 공원'이라 불린다. 커다란 연못을 중심으로 항공사진에서는 땅이 보이지 않을 정도로 울창한 숲이 조성되어 있는 공원으로, 문화행사 및 아트 페스티벌 등 다양한 행사의 무대다. 누구나 무료로 이용할 수 있으며, 호수에서는 백조보트 등도 탈 수 있다. 기치조지역에서 이노카시라 공원까지 가는 길 양쪽으로는 빼곡히 숍이 들어서 있는데 옷가게나 재미있는 소품가게는 물론 음식점도 있어 포장한 음식을 공원에서 먹는 것도 재미 중 하나.

Access 기치조지역에서 도보 5분, 게이오 이노카시라선 이노카시라코엔역에서 도보 1분 **Add** 東京都武蔵野市御殿山1-18-31

다이버시티 도쿄 플라자 DiverCity Tokyo Plaza

유리카모메를 타고 레인보우브리지를 건너 들어가는 오다이바는 예전부터 도쿄에서도 데이트 장소로 유명했다. 쇼핑몰 겸 놀이공원인 다이버시티는 다이바역에서 이어져 있으며, 면세 점포 및 드러그 스토어, 100엔숍, 슈퍼마켓까지 골고루 갖추었다. 레스토랑도 밤늦게까지 영업해 하루 늦은 일정을 보내기에 고민이 필요 없는 곳이다. 형형색색으로 변하는 레인보우 브리지의 야경도 볼 만하다.

Access 유리카모메 다이바역 하차 또는 린카이선 도쿄텔레포트역 하차 후 도보 5분 **Add** 東京都江東区青海1-1-10 **Open** 숍 11:00~20:00 (주말 10:00~21:00), 푸드코트 11:00~21:00 (주말 10:00~22:00), 레스토랑 11:00~22:00 **Tel** 03-5927-9321 **Web** https://mitsui-shopping-park.com/divercity-tokyo

© Yasufumi Nishi © JNTO

철도박물관 鉄道博物館

JR이스트가 운영하는 철도박물관. 7개의 존으로 나누어 각기 차량을 전시하고 체험할 수 있는 공간으로 꾸몄다. 최대 20량 편성의 차량까지 다닐 수 있는 25m×8m에 이르는 모형 레일은 일본 최대급으로, 이 디오라마만으로도 보러 갈 만한 가치가 있다. 초등학생 이상이 운전해볼 수 있는 미니 열차와 실제 시스템을 앞에 두고 운전사를 체험할 수 있는 교실 등 열차를 좋아하는 사람이라면 궁금해 할 내용들이 가득하다.

Access JR오미야역에서 뉴셔틀 전차 타고 데쓰도하쿠부쓰칸 하차 후 바로 **Add** 埼玉県さいたま市大宮区大成町3-47
Open 10:00~17:00(30분 전 입장), 화요일 및 연말연시 휴관 Cost 어른 1,330엔, 초·중·고등학생 620엔, 3세 이상 310엔
Tel 048-651-0088 **Web** www.railway-museum.jp

요코하마 横浜

도쿄역에서 JR열차로 약 30분, 노래 '블루 라이트 요코하마'로 익숙한 요코하마에 도착할 수 있다. 항구도시로 바다를 낀 너른 공원과 중화거리, 옛 창고를 활용한 상점가 등으로 도쿄 근교의 데이트 장소로 유명하며, 행사도 많이 열린다. 요코하마는 행정구역상으로는 가나가와현으로, 하네다공항과 쾌속열차로 20분 정도의 거리며, 관광지는 요코하마와 두 역 떨어진 사쿠라기초역에 몰려 있다. 요코하마 관광지를 운행하는 열차 미나토미라이선みなとみらい線(요코하마 고속철도)을 이용해 편리하게 다닐 수 있다. 시부야에서 오는 도큐 도요코선과 연계하여 갈아타지 않고 요코하마까지 올 수도 있다. 총 역은 6개뿐이며, 180엔 구간과 210엔 구간이 있다. 3번 타면 이득인 1일 승차권이 460엔이다.

Access JR요코하마역 또는 JR사쿠라기초역

❶ 미나토미라이 みなとみらい

요코하마의 야경을 결정하는 랜드마크 타워와 건물 지붕이 파도치듯 곡선으로 이어진 퀸즈 스퀘어, 대관람차가 있는 놀이공원 코스모월드까지, 요코하마 젊은이들의 발길이 시작되는 곳이다. 백화점과 달리 색다른 구조의 쇼핑몰들은 서로 길을 통과해 나갈 수 있도록 이어져 있다. 외부로는 옛 철로를 살린 요코하마 기찻길(기샤미치)로 바다를 건널 수 있다.

Access JR사쿠라기초역에서 도보 2분, 미나토미라이선 미나토미라이역에서 바로

❷ 요코하마 아카렌가 창고 横浜赤レンガ倉庫

아카렌가는 붉은 벽돌이라는 뜻이다. 항구도시인 요코하마에 예부터 사용되었던 창고를 활용하여 숍과 레스토랑 영업을 하는 곳으로, 창고와 창고 사이의 큰 광장을 이용해 이벤트도 종종 열린다. 미나토미라이에서 5분 정도 산책하면 도착한다.

Access JR사쿠라기초역에서 도보 15분, 미나토미라이선 바샤미치역에서 도보 5분 Add 神奈川県横浜市中区新港2-8-1 Open 1호관 10:00~19:00, 2호관 11:00~20:00 Tel 045-227-2002 Web www.yokohama-akarenga.jp

❸ 야마시타 공원 山下公園

해변을 따라 쭉 펼쳐진 요코하마에서 가장 유명한 공원이다. 바닷가의 길에서는 크고 작은 공연이 이어지고, 사람들은 저마다 잔디밭과 나무 그늘, 벤치에서 자기 나름대로의 휴식을 취하는데, 특히 반려견과 함께 자고 있는 사람들이 많아 흐뭇하다. 미나토미라이에서 아카렌가 창고를 지나 오산바시 및 중화거리까지 가는 도중이라 공원을 통과하는 루트가 좋다. 항구도시라서 가질 수 있는 해외 도시와의 교류 기념비가 공원 여기저기에 설치되어 있다.

Access 미나토미라이선 모토마치 · 주카가이역에서 도보 3분 Add 神奈川県横浜市中区山下町279

❹ 오산바시 大さん橋

요코하마 항 국제여객터미널. 일본 국내를 비롯해서 한국에서는 부산, 제주로 배가 나간다. 바다로 뻗어나간 터미널 지붕을 완만한 경사로 짓고 나무를 깔아 부드러운 느낌을 주는 공원으로 꾸몄다. 커다란 고래처럼 보이기도 한다. 관내에는 바다 쪽 전면으로 유리창을 낸 카페며 아기자기한 마린 아이템 숍 등이 영업 중이다.

Access 미나토미라이선 니혼오도리역에서 도보 7분 Add 神奈川県横浜市中区海岸通1-1-4 Open 관내 09:00~21:30 Tel 045-211-2304 Web osanbashi.jp

❺ 요코하마 중화거리 横浜中華街

일본 최대의 중화거리로, 중화요리점과 중화요리 식품점, 카페 등 500개를 넘는 가게가 좁은 구역 안에 오밀조밀 모여 있어 긴장을 늦추지 말고 둘러보자. 중화거리를 상징하는 간테이뵤関帝廟는 관우를 모시고 있는데, 지붕의 현란한 용 장식과 화려한 금 문양이 보는 사람을 압도한다. 배가 고프지 않더라도 고기찐빵(니쿠만)은 꼭 맛볼 것.

Access 미나토미라이선 모토마치 · 주카가이역에서 도보 1분 Add 神奈川県横浜市中区山下町80 Open 안내소 10:00~20:00(금 · 토요일 ~21:00) Tel 045-681-6022(중화거리 관광안내소) Web www.chinatown.or.jp

끼니는 여기서

몰디브 maldive

커피를 얼린 큐브를 우유에 넣어 마시는 카페오레 큐브, 더치커피 젤리를 우유에 넣어 마시는 카페오레 젤리 같은, 기본적으로는 콩을 파는 커피 전문점이면서 시모키타자와를 걷는 누구나 간편하게 커피를 마실 수 있는 메뉴를 개발해 파는 숍. 마실 수 있는 공간은 따로 없다. 가게 안팎으로 빼곡히 원두와 함께 커피용구가 전시되어 있으며 매달 추천메뉴를 별도로 밖에 표시한다. 그 달의 할인 원두는 30% 정도 할인된 가격에 살 수 있다.

Access 시모키타자와역 남쪽 출구에서 도보 3분 **Add** 東京都世田谷区北沢2-14-7 **Open** 10:00~20:00, 부정기휴무 **Cost** 카페오레 큐브, 카페오레 젤리 S 324엔, M 432엔, L 540엔 **Tel** 03-3410-6588 **Web** www.rakuten.co.jp/maldive

모스크바 MOSCOW

길을 지나가다가도 넥타이 차림의 아저씨들이 서서 술을 마시고 있고, 그 사이사이 외국인들이 섞여 있는 풍경에 문득 발을 멈추고 쳐다보게 되는 모스크바. 손님들과 스스럼없이 대화를 나누는 주인아주머니나 관광객이 꺼내든 카메라에 요리를 하다 말고 수줍게 웃으며 브이를 만드는 주인 오빠가 이 가게의 분위기를 대변한다. 키슈, 파스타 같은 카페 식사 메뉴부터 올리브, 생 햄, 닭튀김 같은 술안주까지 고루 주문 가능. 술도 맥주, 위스키, 소주, 사케, 와인 등 다양하게 갖추고 있다.

Access 기치조지역 서쪽 출구에서 도보 1분 **Add** 東京都武蔵野市吉祥寺本町1-1-9 **Open** 11:30~00:00 **Cost** 꼬치구이 170엔~, 파스타 1,370엔~ **Tel** 0422-23-5865

하모니카 키친 ハモニカキッチン

하모니카 요코초에는 식사 때마다 줄이 생기는 여러 식당들이 있다. 망설여질 땐 하모니카 키친으로 정하자. 하모니카 요코초 각 점포의 대표 메뉴를 뷔페 형식으로 런치에 맛볼 수 있다. 각기 일품요리에 가까워 메뉴는 10종류 정도지만 재료와 맛의 신선함은 엄지 척! 1층에서 음식을 담아 2층에 올라가 먹으면 된다. 줄이 길거나 선뜻 손이 가지 않는다면 가게 앞 도시락도 체크할 만하다. 밤에는 이자카야 꼬치구이 집으로 변신한다.

Access 기치조지역 서쪽 출구에서 도보 1분 Add 東京都武蔵野市吉祥寺本町1-1-2 Open 월~금요일 15:00~00:00 주말·공휴일 12:00~00:00 Cost 일품요리 570엔~ Tel 0422-20-5950

어디서 잘까?

도쿄역 주변

도큐 스테이 신바시 TOKYU STAY SHIMBASHI

심플하지만 갖출 것은 충실히 갖추었다. 방마다 건조 기능이 있는 세탁기가 설치되어 있어(스마트 싱글룸 제외) 시간이나 눈치 볼 것 없이 세탁할 수 있다. 아침 식사도 신선하고 맛있다.

Access JR신바시역 또는 유리카모메 신바시역에서 도보 3분 **Add** 東京都港区新橋4-23-1 **Cost** 싱글룸 8,600엔~ **Tel** 03-3434-8109 **Web** www.tokyustay.co.jp/hotel/SHI

호텔 하이마트 Hotel Heimat

도쿄역 야에스추오구치 출구 맞은편 왼쪽에 위치. 홈페이지에서 숙박자 전용 조식 서비스 쿠폰을 프린트하자. 여행 중 잠시 쉬고 싶을 때 낮 11시에서 4시 사이에 1인당 2,160엔에 이용 가능.

Access JR도쿄역에서 야에스추오구치 출구에서 도보 1분 **Add** 東京都中央区八重洲1-9-1 **Cost** 트윈룸 13,300엔~ **Tel** 03-3273-9411 **Web** www.hotel-heimat.com

누이 호스텔 바 라운지 Nui HOSTEL&BAR LOUNGE

구라마에에 위치하여, 도쿄 스카이트리, 아사쿠사, 니혼바시 등 이동이 편리하다. 구라마에는 에도시대부터 수공예 공방이 많은 지역으로, 에도 시대부터 완구를 만들던 회사의 창고를 개조한 건물을 리노베이션, 게스트하우스와 바 라운지로 운영하고 있다. 감각적인 인테리어와 분위기를 좋아하는 세계 각지의 여행자를 만날 수 있다.

Access 아사쿠사선, 오에도선 구라마에역 하차 후 도보 5분 **Add** 東京都台東区蔵前2-14-13 **Cost** 트윈룸 6,800엔~ **Tel** 03-6240-9854 **Web** backpackersjapan.co.jp/nuihostel

시탄 CITAN

히가시니혼바시에 새로 오픈한 호스텔. 1층은 오픈 카페로 운영하며, 커피와 모닝세트를 판매한다. 도미토리, 여성전용, 트윈, 더블룸 등 6개 타입의 객실이 있으며, 지하에는 바 라운지가 있어, 와인 및 식사를 할 수 있다. 젊고 세련된 여행객에게 인기가 있다.

Access 신주쿠선 바쿠로요코하마역 하차, 아사쿠사선 히가시니혼바시역 하차 후 도보 8분 **Add** 東京都中央区日本橋大伝馬町15-2 **Cost** 트윈룸 7,800엔~ **Tel** 03-6661-7559 **Web** backpackersjapan.co.jp/citan

시부야역 주변

호텔 메츠 시부야 도쿄 ホテルメッツ渋谷東京

나리타익스프레스 승강장이 있는 신미나미 개찰구에서 바로 정면에 있는 호텔. 다른 출구에서는 5~8분 정도 걸리니 출구를 확인할 것. 시몬스 침대와 템퍼 베개 위에서 편히 잘 수 있다.

Access JR시부야역 신미나미 출구에서 직결 **Add** 東京都渋谷区渋谷3-29-17 **Cost** 싱글룸(조식 포함) 9,100엔~ **Tel** 03-3409-0011 **Web** www.hotelmets.jp/shibuya

시부야 도큐 레이 호텔 渋谷東急REIホテル

일찍 예약하면 비교적 저렴하게 묵을 수 있다. 시부야역과 거의 붙어 있으며, 코인런드리 설비도 있다. 베개는 모두 템페! 스마트폰 충전기도 방에 배치되어 있어 편리하다.

Access JR시부야역에서 도보 2분 **Add** 東京都渋谷区渋谷1-24-10 **Cost** 트윈룸(2인 이용 시 1인 요금, 조식 포함) 8,625엔~ **Tel** 03-3498-0109 **Web** www.shibuya.rei.tokyuhotels.co.jp

가루이자와 긴자 거리

07 가루이자와역 軽井沢駅

여름 별장지로 유명한 가루이자와는 1997년 호쿠리쿠 신칸센 개통 이후 사계절 관광객이 즐겨 찾는 곳이 되었다. 도쿄역에서 1시간 10여 분 만에 도달할 수 있어 당일치기 여행도 어렵지 않다. 신칸센이 도쿄와 나가노 등 큰 도시를 연결한다면 인근 지역은 사철인 시나노 철도しなの鉄道가 담당한다. 역사는 북쪽 출구와 남쪽 출구를 연결하는 육교 형태로 되어 있다. 북쪽은 주 관광지인 긴자 거리로, 남쪽은 대형 쇼핑몰 프린스 쇼핑 플라자로 갈 수 있다. 역내에는 특별한 상업 시설이 없어 남는 열차 시간은 거의 프린스 쇼핑 플라자에서 보내게 된다. 식사도 가능하다. 단, 워낙 규모가 넓다 보니 돌아올 것까지 시간 계산을 잘하면서 다녀야 한다. 역 북쪽 출구로 나와 긴자 거리까지는 도보로 약 20분 정도 걸린다.

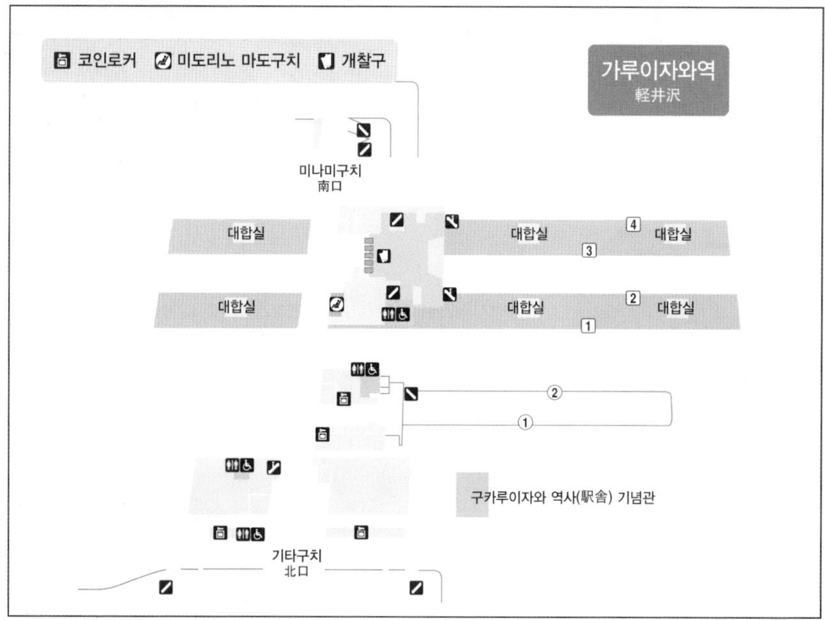

- 미도리노 마도구치 Open 06:15~22:20
- 가루이자와 관광안내소 Open 09:00~17:30 Tel 0267-42-2491

키워드로 그려보는 가루이자와 여행

19세기 말 캐나다 선교사들을 통해 알려진 가루이자와는 그 후 일본의 유명 인사와 예술가들 또한 즐겨 찾으며 더욱더 유명해졌다.

여행 난이도 ★★
관광 ★★★☆
쇼핑 ★★★
식도락 ★★★
기차 여행 ★★

별장

해발 약 1,000미터에 위치한 가루이자와. 선선한 여름 날씨 덕분에 일본의 부자들이 앞다투어 별장을 지었다. 피서지의 대명사인 만큼 한여름에도 긴팔 옷을 잊지 말 것. 차가운 아침이면 안개가 짙게 깔려 분위기가 묘하다.

존 레논

비틀즈의 존 레논도 말년을 여기에서 보냈다. 그의 일본인 아내이자 예술가인 오노 요코와 함께였다. 가루이자와에는 존 레논이 좋아했다는 빵집이 영업을 하고 있어 여전히 팬들의 발길이 이어지고 있다.

자전거

가루이자와만큼 자전거가 딱 맞는 곳이 없다. 약간 오르막길이긴 하지만 가게를 들르고 주변을 둘러보는 데 시간에 구애받는 버스보다 훨씬 좋다. 별장 사이 숲길을 달리면 삼림욕 효과도 볼 수 있다.

쇼핑

안목 높은 도쿄 사람들이 많이 찾아서인지 쇼핑의 수준도 높다. 소소한 물건으로 가득한 잡화점부터 글로벌 패션 브랜드까지 취향대로 만족할 만한 쇼핑을 즐길 수 있다.

알짜배기로 놀자

가루이자와는 도쿄에서 한나절 관광하기 가장 좋은 근교 여행지다. 역에서부터 긴자 거리(구 가루이자와 거리)까지 재미있는 가게와 카페가 가득하다. 걸어서 못 다닐 것도 없지만 쇼핑할 체력까지 안배하려면 아무래도 자전거가 필요하다.

어떻게 다닐까?

자전거

가루이자와역 북쪽 출구로 나오면 길가에 자전거를 빌려주는 숍들이 즐비하다. 비가 오면 우비를 빌려주는 곳도 있다. 길도 어렵지 않고 차도 많지 않아 편하다. 1일 대여 시 756엔~1,000엔 정도. 단, 하루라고 해서 24시간을 뜻하는 것이 아니라 점포 영업이 끝날 때까지이니 주의하자.

어디서 놀까?

가루이자와 쇼 기념예배당 軽井沢ショー記念礼拝堂

가루이자와의 아버지라 불리는 쇼 선교사가 지은 작고 소박한 목조 예배당. 1895년 가루이자와에 처음으로 들어선 교회로 가루이자와를 알린 계기가 된 곳이라 기념 삼아 방문하는 관광객이 많다. 누구에게나 열려 있으나 기도하는 사람을 위해 정숙할 것. 일요일 오전 10시에 예배가 있어 예배 중에는 외관만 견학이 가능하다.

Access JR가루이자와역 북쪽 출구에서 도보 30분 **Add** 長野県北佐久郡軽井沢町大字軽井沢57-1 **Open** 09:00~17:00(동기 ~16:00) **Tel** 0267-42-4740 **Web** https://nskk-chubu.org/church/16shaw

가루이자와 프린스 쇼핑 플라자
軽井沢プリンスショッピングプラザ

가루이자와 최대의 쇼핑몰. 골프장이 있던 자리에 들어서 너른 풀밭과 호수가 포함된 전체 부지 넓이가 축구장 4개와 맞먹는 약 26ha이고 여기에 점포 수만 200개가 넘는다. 명품이나 브랜드에 관심이 없더라도 가루이자와의 특산품을 예쁘게 포장하여 판매하는 잡화점과 체인점부터 가루이자와 음식까지 다양한 장르의 레스토랑 구역이 있고 중앙의 공원이 산책할 만하다. 역과 가까워 열차를 기다리면서도 이용할 수 있지만 깜박하면 놓칠 수 있으니 가능하면 여유를 가지고 움직이자.

Access JR가루이자와역에서 도보 3분 **Add** 長野県北佐久郡軽井沢町軽井沢谷地1178 **Open** 10:00~19:00 **Tel** 0267-42-5211 **Web** www.karuizawa-psp.jp

가루이자와 긴자 거리 軽井沢 銀座通り

구 가루이자와 사거리에서 가루이자와 쇼 기념예배당까지 이어진 약 800m의 번화가. 오래된 잼 가게와 존 레논이 즐겨 찾았다는 베이커리를 비롯해 개성 넘치는 잡화점, 로컬 와인 숍, 기념품 매장, 아기자기한 카페, 감각적인 레스토랑 등을 구경하다 보면 시간 가는 줄 모른다. 중심가를 살짝 벗어나면 숲 사이사이 오래된 교회와 성당이 자리하고 있어 지친 다리를 쉬일 겸 들르기 좋다.

Access JR가루이자와역 북쪽 출구에서 도보 20분 Web karuizawa-ginza.org(긴자상가조합)

❶ 사라지 さらじ

깜짝 놀랄 가격의 일본 도기를 파는 가게. 긴자 거리 입구에 위치한다. 심플한 접시부터 두 개의 그릇이 붙은 그릇, 후지산 모양, 부엉이 모양의 다기 등 사용은 물론 보기에도 즐거워지는 제품이 가득하다. 가게 여기저기 그릇이 꽉꽉 차 있어서 자칫 가방 같은 소지품으로 건드릴 수도 있으니 주의가 필요하다.

Access 가루이자와 긴자 거리 내 Add 長野県北佐久郡軽井沢町軽井沢557 Open 10:00~17:00, 주말 휴무 Cost 접시 150엔~, 후지산 모양의 차 포트 3,564엔 Tel 050-1118-4383 Web www.sara-cera.net/sarazi/html

© 663highland

❷ 가루이자와 관광회관

軽井沢観光会館

긴자 거리에 자리한 종합안내소. 고풍스러운 목조건물은 거리와도 잘 어우러진다. 관광과 숙박에 관한 정보를 얻을 수 있고 누구나 쉬어갈 수 있는 휴게소도 마련되어 있다. 화장실은 유료(100엔)이다.

Access 가루이자와 긴자 거리 내 Add 長野県北佐久郡軽井沢町軽井沢739 Open 09:00~17:00 Tel 0267-42-5538

❸ 성 바울 가톨릭교회

聖パウロカトリック教会

긴자 거리 뒷길 숲에 자리한 작은 교회. 1935년 미국인 건축가 안토닌 레이먼드가 설계한 것으로 2단의 경사로 된 삼각 목조 지붕과 큰 첨탑, 콘크리트 외벽이 특징이다. 안에서는 X자로 지붕을 지지하는 목구조를 볼 수 있다.

Access 가루이자와 긴자 거리 내 Add 長野県北佐久郡軽井沢町軽井沢57-1 Tel 0267-42-2429 Open 07:00~18:00 Web karuizawa-catholic.jimdo.com

❹ 코리스 coriss

긴자 거리에서 살짝 벗어난 뒷길에 자리한 잡화점. 2층의 하얀 집 안에 인테리어 소품, 빈티지 옷과 패션 아이템, 그릇, 주방 용품, 편지지, 테이프 등 갖가지 물건으로 가득하다. 하나같이 소녀 취향의 디자인이라 여성 고객이 많다.

Access 가루이자와 긴자 거리 내 Add 長野県北佐久郡軽井沢町軽井沢10-2 Tel 0267-46-8425 Open 10:30~18:30, 부정기 휴무 Cost 자석 달력 2,160엔 Web www.coriss.jp

구 미카사 호텔 軽井沢旧三笠ホテル

1906년에 지어진 아름다운 서양식 호텔로 국가중요 문화재이다. 전체 구조는 미국식 목조에 문 디자인은 영국식, 판자벽은 독일식으로 개항기 일본의 건축 경향을 엿볼 수 있다. 호텔이 자리한 곳은 가루이자와에서 별장 지대로 유명한 숲으로, 서로 경쟁하듯 지어진 별장 건물을 구경하는 재미도 쏠쏠하다. 울울창창한 전나무 숲길을 따라 자전거 라이딩을 즐겨도 좋다.

Access JR가루이자와역에서 자전거로 15분 혹은 JR가루이자와역 북쪽 출구에서 기타가루이자와 방면 버스 타고 8분 후 미카사 하차, 바로 **Add** 軽井沢町大字軽井沢1399-342 **Open** 09:00~17:00(16:00까지 입관), 연말연시 휴관 **Cost** 400엔 **Tel** 0267-42-7072

가루이자와 뉴 아트 뮤지엄 軽井沢ニューアートミュージアム

일본 현대미술 작가의 작품을 기획 및 상설 전시하고 있는 미술관. 젊은 작가의 기발하고 참신한 작품이 주를 이뤄 미술에 대한 지식이 없더라도 흥미롭게 감상할 수 있다. 흰 기둥이 촘촘히 세워진 유리 파사드의 외관은 아방가르드한 전시 분위기와도 잘 어울린다.

Access JR가루이자와역에서 도보 8분 **Add** 長野県北佐久郡軽井沢町軽井沢1151-5 **Open** 10:00~17:00, 7~9월 10:00~18:00, 월요일 휴관 Cost 어른 2,000엔, 고등학생·대학생 1,000엔, 초·중학생 500엔 **Tel** 0267-46-8691 **Web** knam.jp

키노 Kino

한 글자 한 글자 다른 글씨체의 레트로한 간판에 따뜻한 조명의 잡화점 키노. 좁지 않은 점내지만 빼곡히 놓인 물건들 하나하나가 자꾸만 시선을 끈다. 잡다한 것 같으면서도 나름의 질서를 가지고 진열되어 있어 위치에 따라 그러데이션처럼 장르의 변화가 느껴진다. 소품은 물론 가구도 판매한다. 인테리어에 포인트가 될 만한 물건이 가득한, 보물창고 같은 곳이다.

Access JR가루이자와역 북쪽 출구에서 도보 8분 **Add** 長野県北佐久郡軽井沢町軽井沢480-7 **Open** 10:00~18:00, 목요일 휴무 (12월·3월 화·금 휴무) **Cost** 법랑 스푼 594엔 **Tel** 0267-41-5046

카운트 인디고 Count Indigo

인형 놀이를 하듯 가게 앞에 옷을 걸어놓은 옷가게. 늘 입을 수 있는 편안하고 귀여운 옷과 토시, 양말, 모자, 가방 등 패션 소품을 판다. 1호점이 긴자거리, 2호점이 메인 가루이자와 길에 있다.

Access JR가루이자와역 북쪽 출구에서 도보 10분 **Add** 長野県北佐久郡軽井沢町大字軽井沢2-6 **Open** 10:00~18:00, 부정기휴무 **Cost** 원피스 16,000엔 정도, 가디건 17,000엔 정도 **Tel** 0267-42-1376 **Web** www.count-indigo.com

끼니는 여기서

엔보카 가루이자와 エンボカ軽井沢

고급 식재료를 사용한 이탈리안 레스토랑. 회색 벽과 녹색 간판에 어울리는 나무들이 단정하게 건물을 둘러싸고 있다. 내부 구석에는 커다란 가마가 놓여 있고 오픈 키친이라 만드는 과정이 전부 보인다. 사용 식재료를 엄격히 골라 재료의 맛을 살린 메뉴가 많다. 시모니타 대파구이는 파 한 뿌리를 구워 소금과 내는데 마치 도가니를 먹는 듯 진액이 감칠맛을 내고, 채소 수프는 하나하나의 맛을 구분할 수 있을 만큼 재료가 살아 있으면서도 밸런스가 잡혀 있다. 양이 적은 편은 아니지만 예산은 넉넉히 잡아야 한다.

Access JR가루이자와역에서 도보 8분 **Add** 長野県北佐久郡軽井沢町軽井沢1277-1 **Open** 런치 11:30~14:30, 디너 17:30~20:30, 화, 수 휴무 **Cost** 시모니타 대파구이 1,000엔, 샐러드 1,400엔 **Tel** 0267-42-0666 **Web** www.enboca.jp/karuizawa/karuizawa_2.html

아틀리에 드 프로마주 피제리아

アトリエ・ド・フロマージュ ピッツェリア

나가노의 치즈공방에서 운영하는 수제 피자집. 피자와 카레, 퐁뒤 등을 판매하며, 카페 메뉴도 충실하다. 추천 메뉴는 구운 치즈 카레. 진한 카레 위에 피자치즈를 얹어 구워내는데 짜지 않으면서 확실한 맛이 우리 입맛에도 딱 맞다. 가루이자와 거리 내에 같은 치즈공방의 매장이 두 곳 더 있다.

Access JR가루이자와역에서 도보 6분 **Add** 長野県北佐久郡軽井沢町軽井沢東22-1 **Open** 11:30~15:00, 17:00~21:00, 수, 목 휴무 Cost 마르게리타 1,720엔, 구운 치즈 카레 1,200엔 **Tel** 0267-42-0601 **Web** www.a-fromage.co.jp/archives/shop/pizzaria/

커피 고쿠라 珈琲黒庚

테이크 아웃 카페 겸 크레이프집. 자그마한 벽돌집에 좁은 가게로 메뉴가 판에 빼곡히 적혀 있다. 주문하면 바로 구워주는 신선한 크레이프는 고소하면서도 배를 딱 채워준다. 커피도 살짝 새콤하니 맛있다. 건물 밖에 잠시 앉을 수 있는 벤치가 있어 먹고 갈 수 있다.

Access JR가루이자와역에서 도보 15분 **Add** 長野県北佐久郡軽井沢町軽井沢旧軽井沢1151 **Open** 11:00~18:00 **Cost** 크레이프 300엔~, 커피 250엔 **Tel** 0267-42-4119

프랑스 베이커리 フランスベーカリー

존 레논이 매일 찾았다는 빵집. 1951년 개업 당시의 맛과 변함없이 소박한 맛의 빵을 만들어낸다. 인기 빵집이라선지 오후에 가면 빵 종류가 그리 많지 않다. 밖에서는 안이 어두워 보여 들어가기 망설여질지 모르지만 점원이 따뜻하게 맞이해주고 안의 자리에 앉으면 오히려 차분하게 안정되는 조명이다. 손글씨로 써놓은 대표 메뉴 가격표가 이 집의 아이덴티티를 말해주는 듯하다.

Access JR가루이자와역에서 도보 25분 Add 長野県北佐久郡軽井沢町大字軽井沢618 Open 08:00~17:00, 여름 무휴, 그 외 목요일 휴무 Cost 바게트(프랑스빵) 324엔 Tel 0267-42-2155 Web www.french-bakery.jp

블랑제리 아사노야 BOULANGERIE ASANOYA 浅野屋

심플한 직구로 소재의 맛을 전하는 빵집. 식사 빵과 간식 빵을 골고루 판매하며, 옆에는 카페 공간이 있어 산 빵을 먹거나 플레이트를 주문할 수도 있다. 빵은 약간 비싼 편이지만 입에 넣으면 후회 없다. 인기 1위는 피자 도우 반죽 안에 토마토와 모차렐라 치즈를 넣은 빵으로 깨물 때 토마토가 터져 흐르지 않도록 주의할 것! 이곳 역시 존 레논이 즐겨 찾았다고 한다.

Access JR가루이자와역에서 도보 25분 Add 長野県北佐久郡軽井沢町大字軽井沢738 Open 08:00~18:00 (주말 07:00~) Cost 토마토 모차렐라 빵 195엔, 프루트 라이 빵 594엔 Tel 0267-42-2149 Web www.b-asanoya.com

내추럴 카페 이나 natural Cafeína

편안한 분위기와 느긋한 음악이 어우러진 동네 카페. 아침 일찍부터 문을 열어서 아침 식사를 위해 찾는 손님이 많다. 건강식으로 잘 알려진 아사이볼이 대표 메뉴. 슈퍼푸드로 유명한 아사이를 스무디로 만들어 그릇에 담고 딸기, 바나나, 블루베리, 키위 등을 얹어 낸다. 양이 푸짐하고 맛도 좋아 아침 식사로 그만이다.

Access JR가루이자와역에서 도보 6분 Add 長野県北佐久郡軽井沢町軽井沢東25 Tel 0267-42-3562 Open 08:00~17:00(주말·공휴일 07:00~), 수요일 휴무 Cost 아사이볼 1,650엔 Web www.natural-cafeina.com

08
나가노역
長野駅

현청 소재지인 나가노시의 중심역이자 나가노현에서 가장 큰 규모의 역사. 대표 관광지인 젠코지에서 딴 사찰 형식의 역사로 유명했는데, 호쿠리쿠 신칸센이 개통하면서 현대적으로 바뀌었다. 대신 젠코지구치善光寺口 출구 쪽에 처마와 나무 열주, 등롱이 옛 분위기를 간직하고 있다. 도쿄와 연결하는 신칸센 아사마의 기점이며, 도쿄에서 가나자와까지 관통하는 신칸센 가가야키와 하쿠타카의 주요 정차역이다. 인근 지역은 JR이스트의 신에쓰 본선과 사철인 시나노 철도·나가노 전철이 담당한다. 역사의 정면인 북서쪽에 신에쓰 본선과 시나노 철도 승강장이, 남동쪽에 신칸센의 승강장이 있다. 나가노 전철은 젠코지구치 출구에서 지하로 이어진다. 역사를 개축하면서 새로 역 쇼핑몰인 미도리MIDORI가 조성되었고, 도큐 백화점과 지하로 연결된다.

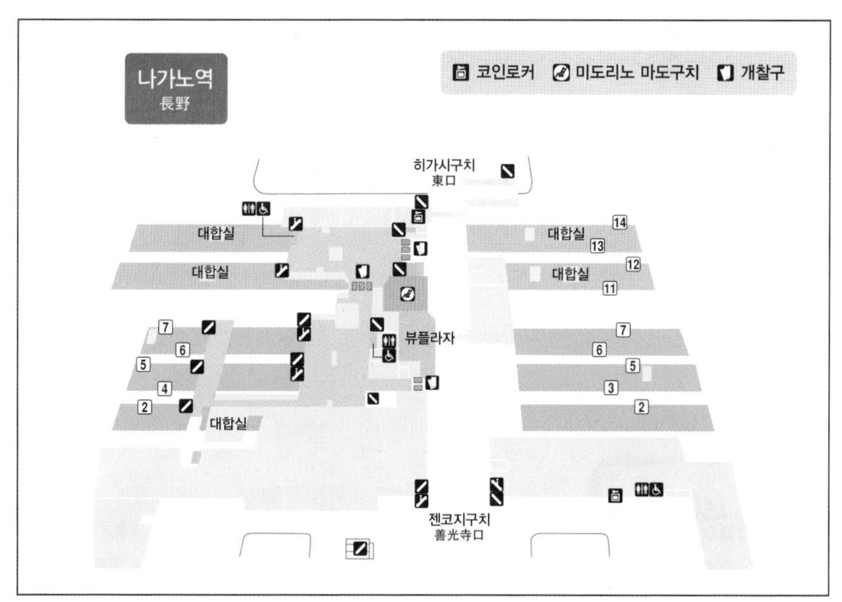

- 미도리노 마도구치 Open 06:00~20:00
- 나가노시 관광정보센터 Open 09:00~18:00 Tel 026-226-5626

키워드로 그려보는 나가노 여행

안으로는 옛 시나노국信濃国의 역사와 문화를 계승하고, 밖으로는 1998년 동계올림픽으로 알려진 나가노. 익숙한 듯 낯선 나가노로 떠나보자.

여행 난이도 ★★★
관광 ★★★★
쇼핑 ★★★
식도락 ★★★☆
기차 여행 ★★

젠코지 善光寺

일본으로 처음 전해졌다는 불상은 어떤 모습일까? 휘황찬란한 금으로 뒤덮인 아미타여래상은 젠코지 깊숙이 안치되어 있는 '비불'로 승려들조차 본 적이 없다고 한다. 지금 본존 자리에 있는 건 모조품이다.

신슈소바 信州そば

나가노의 옛 이름인 신슈의 이름을 딴 메밀국수. 나가노에는 신슈소바 협동조합에서 인정한 양질의 메밀국수(건면)를 신슈소바로 인정하여 로고 사용을 허가한다. 신슈에 왔으니 신슈소바로 한 끼는 필수!

오부세 小布施

낯선 지명이지만 소도시 여행을 좋아하는 사람이라면 기억해두자. 아담한 마을 전체가 하나의 공원처럼 꾸며져 있다. 밤(栗)과 골목길이 유명하니 위장은 디저트 모드로, 복장은 동네 산책 모드로 준비하고 가자.

알짜배기로 놀자

젠코지를 중심으로 상점가를 둘러보자. 나가노역에서 젠코지까지 거리가 좀 있으니 사철이나 버스를 타고 갔다가 돌아오면서 상점가를 구경하면 된다. 젠코지에 맞춰 상점가도 대체로 문을 일찍 닫는다.

어떻게 다닐까?

나가노 시내 순환버스 구루린호 ぐるりん号

나가노역에서 15분 간격으로 출발하는 시내 순환버스. 45분에 한 바퀴 돌아온다. 나가노역 젠코지 출구 앞 버스정류장 4번과 7번에서 탑승하면 된다. Open 08:45~19:20 Cost 1회 승차권 190엔

어디서 놀까?

젠코지 善光寺

7세기 인도에서 백제를 거쳐 일본으로 불교와 함께 전해졌다는, 가장 오래된 불상이 있는 나가노를 대표하는 관광지로, 나가노역 정문 출구 명칭이 '젠코지구치'일 정도다. 일본 불교의 종파가 나뉘기 전에 지어져 교단의 구별 없이 수많은 참배객이 연중 찾아온다. 사찰 입구 부근의 돌길을 따라 올라가면 인왕문을 지나 경내로 들어가게 된다. 국보로 지정된 본당은 일본의 목조건축 중 세 번째로 크다. 이곳에 본존 아미타여래상이 안치되어 있다. 그 밖에 산몬山門(문), 교조経蔵(경전창고), 샤카도·샤카네한조釈迦堂·釈迦涅槃像(석가당·석가열반상)가 중요문화재이고, 종루와 범종은 중요미술품으로 지정되어 있다. 주변에는 39개의 템플스테이 시설(슈쿠보)이 있어 숙박과 사찰 요리를 경험해볼 수 있다. 템플스테이는 2명부터 가능하다.

Access JR나가노역에서 도보 25분 또는 나가노 전철 젠코지시타역에서 도보 10분 또는 시내버스 타고 약 15분 후 젠코지다이몬 하차, 도보 5분 Add 長野県長野市長野元善町491 Open 아침 법요 시간 하기 05:30경~16:00경, 동기 07:00경~16:00경 Tel 026-234-3591 Web www.zenkoji.jp

젠코지 오모테산도 善光寺表参道

나가노시는 과거 젠코지 아래 사찰마을로 번성했다. 시내 중심 도로이자 젠코지로 향하는 약 2km의 직선 대로는 과거 불자들이 사찰을 찾아가던 참배길인 것. 그들을 위해 길 양옆으로 숙박업소가 생기고 상점가가 발달하면서 시가지가 조성되었다. 도시가 발달하면서 주변에는 높은 빌딩이 들어서기도 했지만 여전히 여타 대도시의 가로와는 좀 다른, 차분하고 정돈된 분위기가 감돈다. 특히 젠코지 앞 사거리부터 젠코지 정문까지 이어지는 돌바닥 길은 예전 참배길 상점가의 분위기가 잘 남아 있다.

Access JR나가노역~젠코지(주오도리) Web monzen-guide.com

주니텐 十二天

옛 상가 건물에 묵직한 나무간판을 단 갤러리 겸 잡화점. 상호인 주니텐은 방향을 수호하는 8신에 천지일월의 4신을 더한 12신을 말한다. 지역 출신의 디자인, 브랜딩과 셰어 아트, 지역 만들기의 통합적 콘셉트로 운영하며, 상설전시품과 일본적인 색을 띠는 천, 종이, 나무, 대나무, 유리제품과 도기 등의 잡화를 취급한다. 은근하게 세련된 기념품을 원한다면 꼭 들러보기를. 안쪽에서는 차도 마실 수 있다.

Access JR나가노역에서 도보 15분 혹은 나가노 전철 곤도역에서 도보 5분 혹은 나가노역 젠코지 출구 버스정류장 1번에서 시내버스 타고 약 12분 후 곤도이리구치 하차, 바로 Add 長野県長野市東後町16-1 Open 10:30~18:30, 월·화요일 휴무 Cost 후지산 머그컵 1,728엔, 말차와 화과자 780엔 Tel 026-217-2854 Web www.juuniten.com

끼니는 여기서

소바도코로 미요타 そば処 みよ田

나가노의 특산 메밀국수인 신슈소바 전문점. 간장 소스(쓰유)에 찍어 먹는 찬 소바 '세이로'를 맛볼 수 있고 덮밥과 뜨거운 소바가 함께 나오는 정식 메뉴도 있다. 달콤하고 부드러운 계란말이는 사이드 메뉴로 인기. 디저트로는 메밀을 넣은 고소한 아이스크림을 추천한다. 식사 외에도 꼬치구이 등 간단한 안주와 술 한잔을 즐길 수 있는 이자카야 영업도 한다.

Access JR나가노역 내 쇼핑몰 미도리 3층 Add 長野県長野市南千歳1-22-6 MIDORI 3F Open 11:00~22:00, 1월 1일 휴업 Cost 세이로 850엔, 덴푸라(튀김) 소바 1,550엔, 메밀 아이스크림 460엔 Tel 026-227-9161 Web www.nikkoku.co.jp/miyota

레드 드래곤 レッドドラゴン RED DRAGON

시끌벅적한 분위기의 아일랜드 펍. 프리미어리그의 축구 경기가 상영되는 바에서 기네스 생맥주를 들이켤 수 있다. 바스 페일 에일, 하트랜드(라거)도 있으며, 기네스와 라거 또는 에일을 반반씩 섞어주는 맥주 메뉴도 재미있다. 안주는 겉은 바삭하고 속은 촉촉한 피시 앤 칩스가 제격.

Access JR나가노역 젠코지구치에서 도보 6분 또는 나가노 전철 시야쿠쇼마에역에서 도보 3분 Add 長野県長野市南千歳2-7-2 Tel 026-227-6227 Open 17:00~00:00 Cost 기네스(1/2 파인트) 700엔, 피시 앤 칩스 800엔 Web facebook.com/pub.red.dragon

베리베리 수프 ベリーベリースープ

혼자서도 민망하지 않은 수프 전문점. 프랑스식 포토푀, 미국식 스튜, 한국식 찌개 타입, 중국식 탕 타입 등 국물과 함께 먹을 수 있는 한 그릇의 수프와 거기에 빵 혹은 밥과 샐러드를 더한 세트를 주문할 수 있다. 수프마다 돌가마에 구운 호밀빵이 맛있으니 가능하면 빵으로 선택해보자.

Access JR나가노역에서 도보 3분 Add 長野県長野市北石堂町1412-1 Open 10:00~21:00 Cost 수프 680엔~, 빵&음료 세트 +390엔 Tel 026-223-6142 Web www.soup-innovation.co.jp/shops/area_04.html

다이마루 大丸

정통 신슈소바를 맛볼 수 있는 노포. 밖에서 유리문을 통해 신슈소바를 뽑는 모습을 볼 수 있어 더욱 믿음이 간다. 정갈하면서 소박한 소바의 질감은 깊으면서도 짜지 않은 간장 소스(쓰유)와 잘 어우러진다.

Access JR나가노역에서 도보 20분 또는 시내버스 타고 약 15분 후 젠코지다이몬 하차, 바로 Add 長野県長野市長野大門町504 Tel 026-232-2502 Open 09:00~18:30 Cost 신슈소바 1,000엔

아르테리어 베이커리 アルテリア・ベーカリー

간판에 커다랗게 '맛있는 멜론빵おいしいメロンパン'이라 쓰여 있다. 길을 걷다 풍기는 달콤한 빵 굽는 냄새를 따라가다 보면 저절로 빵집 앞에 서게 될지도 모른다. 겉은 바삭하고 누르면 납작해질 만큼 안은 폭신폭신 촉촉하다. 큼직해서 둘이 나눠 먹어도 좋다.

Access JR나가노역에서 도보 20분 또는 나가노 전철 곤도역에서 도보 5분 또는 시내버스 타고 약 12분 후 곤도이리구치 하차, 바로 Add 長野県長野市長野東後町2-7 Open 07:00~20:00 Cost 멜론빵 플레인 200엔 Tel 026-217-2655 Web www.arteria-bakery.com/archives/584

파티스리 헤이고로 본점

HEIGORO パティスリー平五郎 本店

세련된 옷차림의 숙녀를 따라 들어간 파티세리 카페. 유리 케이스 안에는 예쁘게 데커레이션된 케이크, 밀푀유, 몽블랑, 롤케이크가 눈길을 사로잡는다. 홍차와 함께 즐길 수 있도록 카페도 있다. 특히 이곳의 오리지널 홍차는 향과 맛이 상당히 훌륭하다.

Access JR나가노역에서 도보 20분 또는 시내버스 타고 약 15분 후 젠코지다이몬 하차, 바로 Add 長野県長野市大門町515 Tel 02-266-0156 Open 11:00~18:00(토요일 10:00~, 일요일 및 공휴일 10:00~17:00) Cost 케이크 550~700엔 Web www.fujiyaheigoro.com

하루 종일 놀자

나가노의 작은 마을, 오부세까지 나들이를 다녀오자. 나가노 전철을 타고 30분 정도 가야 하기 때문에 반나절 근교 여행에 알맞다. 골목골목 걸어서 돌아보는 것을 추천하지만, 자전거를 이용하면 다리의 피곤을 덜 수 있다.

어떻게 다닐까?

나가노 전철 長野電鉄

일명 '나가덴'이라 불리는 지역 사철. 나가노역에서 시내 젠코지를 지나 밤나무 마을 오부세, 온천으로 유명한 유다나카湯田中까지 운행한다. 1일 승차권이 2,070엔으로 유다나카까지 왕복할 경우를 제외하고는 그때그때 티켓을 사는 편이 유리하다.

Cost 나가노역~오부세역 어른 680엔, 어린이 340엔 Web www.nagaden-net.co.jp

자전거

오부세 내에서 관광할 때 유용하다. 자전거 대여점은 대부분 4월에서 11월까지만 영업한다. 역 관광안내소에서도 빌릴 수 있으며, 유료(300엔)로 짐을 맡아 준다. Cost 2시간 400엔

어디서 놀까?

오픈 가든 オープンガーデン

오부세에서는 마을 주민들이 각 가정의 정원을 일반에 공개하고 있다. 'Welcome to My Garden'이라는 팻말이 달려 있는 집은 누구나 문을 열고 들어가 정원을 둘러볼 수 있고, 이를 통해 옆집 정원으로 넘나들며 산책할 수도 있다. 낯선 동네임에도 마을 주민 모두가 따뜻하게 맞아주는 것 같다. 생활하고 있는 집의 정원인 만큼 그날그날의 사정에 따라 공개가 되지 않는 날과 출입 제한 구역이 있는데 표지를 꼭 따라주어야 한다. 오부세의 곳곳에서 총 131가구가 참여하고 있다.

Access 나가노 전철 오부세역에서 도보 10분 Web www.town.obuse.nagano.jp/site/opengarden

구리노코미치 栗の小径

밤나무 골목이라는 뜻의 산책로. 바닥에 간벌로 잘라낸 밤나무를 동글동글하게 빽빽이 깔아놓았고, 이후에 밤나무를 심어 밤나무 골목을 완성시켰다. 길 자체는 길지 않지만 오픈 가든과 아울러 다니면 색다른 분위기를 느낄 수 있다.

Access 나가노 전철 오부세역에서 도보 7분, 오부세도 옆길 Add 長野県上高井郡小布施町小布施1497-2 Tel 026-214-6300(오부세 문화관광협회) Web www.obusekanko.jp/enjoys/walk/obuse98.php

오부세 뮤지엄·나카지마 지나미관

おぶせミュージアム·中島千波館

오부세 출신의 화가 나카지마 지나미中島千波의 작품을 상설 전시하고 있는 미술관. 벚꽃의 아름다움을 가장 잘 표현하는 일본 화가로 알려져 있다. 그의 작품과 어울리게 미술관의 정원도 상당히 잘 가꾸어져 있다.

Access 나가노 전철 오부세역에서 도보 8분 Add 小布施町大字小布施595 Tel 026-247-6111 Open 09:00~17:00(계절에 따라 30분~1시간 연장) Cost 어른 500엔, 고등학생 250엔, 중학생 이하 무료

일본의 빛 박물관 日本のあかり博物館

문화재로 지정된 이 지역의 등불 기구를 전시하는 박물관. 등잔, 촛대, 심지, 초 등 빛과 관련된 물품, 그것들이 그려진 회화작품 등도 함께 전시하며 뮤지엄 숍에서 구매할 수도 있다. 전시실을 관람하지 않더라도 입구에 뮤지엄숍이 있고 건물 앞에 작은 정원이 아담하니 식사 후 짧은 산책을 하기 괜찮다.

Access 나가노 전철 오부세역에서 도보 8분 Add 長野県上高井群小布施町973 Open 3월 21일~11월 20일 09:30~17:00, 11월 21일~3월 20일 09:30~16:30, 수요일 휴관 Cost 어른 500엔, 고등학생 · 대학생 400엔, 이하 무료 Tel 026-247-5669 Web nihonnoakari.or.jp

지쿠후도 오부세 본점 竹風堂 小布施本店

밤 과자 전문점 겸 카페 레스토랑. 밤 품종에 따라 밤소 혹은 밤 절임 등으로 요리법을 달리한다. 2층 레스토랑에서는 밤을 주재료로 한 일본 디저트와 정식 메뉴를 먹을 수 있다. 정식에는 밤을 넣은 찰밥과 함께 산나물과 호두무침 등 건강식 메뉴로 나온다.

Access 나가노 전철 오부세역에서 도보 6분 **Add** 長野県上高井郡小布施町973 **Open** 숍 08:00~18:00 / 레스토랑 10:00~18:00 **Cost** 밤 찰밥 야마자토 정식 1,320엔, 단밤스프 583엔 **Tel** 026-247-2569 **Web** https://chikufudo.com/shop/576

구리노키 테라스 오부세점 栗の木テラス 小布施店

오부세에서 밤 과지를 만든 지 200년이 넘는 화과자점 사쿠라간세이도桜井甘精堂의 카페. 내부는 옛 호텔 로비처럼 중후하다. 밤 과자로 유명한 만큼 몽블랑이 일품이며 가을에는 밤을 테마로 한 케이크가 추천 메뉴에 오른다. 홍차를 비롯해 가향차, 밀크티 등 과자와 어울리는 차 종류가 20가지 이상이다. 홍차가 약간 비싸게 느껴지지만 3~4잔은 우려 마실 수 있다.

Access 나가노 전철 오부세역에서 도보 10분 **Add** 長野県上高井郡小布施町小布施784 **Open** 10:00~17:30, 수요일 휴업 **Cost** 이달의 차 포트 800엔, 몽블랑 520엔 **Tel** 026-247-5848 **Web** www.kanseido.co.jp/shop/obuse

어디서 잘까?

나가노역 주변

소테쓰 프렛사인 나가노에키 젠코지구치 호텔
相鉄フレッサイン 長野駅善光寺口

관광지로 나가기 편리한 나가노역 젠코지 출구에서 도보 2분 거리에 위치. 2019년 리뉴얼 오픈하면서 더 쾌적해졌다. 특히. 전 객실에 시몬스 침대를 구비해 놓았다.

Cost 싱글룸 7,600엔~ **Web** https://sotetsu-hotels.com/fresa-inn/nagano

호텔 메트로폴리탄 나가노 Hotel Metropolitan Nagano

역과 직결되어 편리하면서도 여유롭게 묵을 수 있는 호텔. 기본 체크아웃이 12시라 여유로운 것도 좋지만, 빨리 체크아웃할 경우에는 쇼트스테이 플랜을 골라 더 저렴하게 이용도 가능.

Access 나가노역에서 직결 **Add** 長野県長野市南石堂町1346 **Cost** 싱글룸 8,000엔~ **Tel** 026-291-7000 **Web** https://nagano.metropolitan.jp

09
에치고유자와역
越後湯沢駅

니가타현 유자와초湯沢町는 도쿄와 니가타를 잇는 관문 역할을 하는 지역으로 스키장과 온천이 많고 신칸센 교통이 편리해 도쿄의 근교 휴양지로 발달했다. 원래대로라면 지명을 따서 유자와역이 되어야 하나, 아키타현에 같은 이름의 역이 있는 관계로 이곳의 옛 지명인 '에치고'를 앞에 붙였다. 도쿄와 니가타를 연결하는 조에쓰 신칸센이 운행하며, 2층 신칸센 차량인 'MAX 도키'와 'MAX 다니가와'를 탈 수 있다. 당역에서 갈라유자와역으로의 신칸센 지선으로 갈라진다. 갈라유자와역은 구내에서 스키장 리프트와 바로 이어지는, 스키장과 가장 가까운 역으로 이 지선 구간은 겨울철에만 운행한다. 이는 JR이스트 도호쿠 지역 패스와 JR이스트 도쿄 와이드 패스로 갈 수 있는 한계 역이기도 하다. 그밖에 JR이스트의 조에쓰선과 지역 사철인 호쿠에쓰 급행北越急行이 운행한다. 역내 쇼핑몰 코코로유자와CoCoLo湯沢에서 니가타 지역의 특산품을 구입할 수 있다.

● 광역관광정보센터 Open 08:00~18:00 Tel 025-785-5678

키워드로 그려보는 니가타 여행

니가타현의 '유자와'가 아니라 도쿄도의 '유자와'라 불릴 정도로 도쿄와 가까운 에치고유자와역. 도쿄에서 가장 빨리 눈의 고장, 니가타와 마주할 수 있다.

여행 난이도 ★★★
관광 ★★★
쇼핑 ★★
식도락 ★★★☆
기차 여행 ★★★☆

술

니가타는 양질의 쌀과 청정한 물로 빚은 술이 맛있기로 유명하다. 한국에도 구보타 등이 많이 알려져 있다. 역에도 니가타의 93개 양조장의 술을 모아 시음할 수 있는 곳이 있어 발품을 팔지 않아도 된다.

눈

니가타는 "터널을 빠져나가니 그곳은 눈의 나라였다"라는 문장으로 유명한 소설 『설국』의 무대가 된 곳이다. 눈이 많아 스키상이 발달했고, 관광객의 발걸음도 겨울에 더 활발하다. 겨울이라 더 좋은 니가타에서 눈을 즐기자.

온천

에치고유자와 온천은 일본 전국에서도 유명하다. 가와바타 야스나리가 소설 『설국』을 쓴 곳도 에치고유자와 온천의 한 료칸이었다. 묵지 않고 온천만 즐길 수 있는 시설들도 제법 있다. 시내 곳곳에 족욕 시설도 있다.

알짜배기로 놀자

도쿄에서 신칸센으로 1시간 20분 거리라 당일치기 여행도 문제없다. 스키 시즌이 아니라면 역과 도보권에서 돌아다니자.

어떻게 다닐까?

에치고유자와역에서 도보 이동하거나 동쪽 출구에서 노선버스를 이용한다. 겨울 시즌이라면 스키장 시설까지 무료로 운행하는 셔틀버스도 있다.

어디서 놀까?

갈라 유자와 스노 리조트 GALA YUZAWA SNOW RESORT

JR갈라유자와역 개찰구에서 나와 바로 리프트를 탈 수 있는 갈라 리조트. 탁월한 접근성에 더해 겨울에는 다양한 경사와 훌륭한 설질을 자랑하는 스키장에서의 스키를, 여름에는 스노매트를 이용한 여름 스키와 곤돌라로 산 정상까지 올라 트레킹을 즐길 수 있다. 스키 시즌에는 작지만 따뜻하게 몸을 데울 수 있는 온천 시설도 문을 연다.

Access JR갈라유자와역에서 연결, 여름 시즌에는 에치고유자와역 서쪽 출구에서 무료 셔틀버스로 5분 **Add** 新潟県南魚沼郡湯沢町大字湯沢字茅平1039-2 **Open** 겨울 스키 12월 중순~5월 초 08:00~17:00(스키장), 12:00~19:00(온천 시설) / 여름 겔렌데 7월 중순~9월 하순의 토 · 일 · 공휴일 10:00~16:00(영업일이 매년 달라지므로 홈페이지에서 체크) **Cost** 온천 어른 1,300엔, 초등학생 800엔 (15:00 이전 입장 시 어른 1,000엔, 초등학생 600엔) **Tel** 025-785-6543 **Web** gala.co.jp

폰슈칸 에치고유자와점 ぽんしゅ館越後湯沢店

니가타의 특산인 니혼슈(일본 술)를 시음할 수 있는 테마 시설. 500엔을 내면 소주잔과 함께 토큰 같은 쿠폰을 주고, 니가타 양조장에서 생산된 93종의 니혼슈 가운데 5가지를 골라 시음할 수 있다. 뭐부터 마셔야 할지 고민된다면 입구 칠판에 적힌 시음 인기 순위를 참고하자. 입맛에 맞는 니혼슈는 바로 옆 판매 시설에서 구입할 수 있다.

Access JR에치고유자와역 쇼핑몰 코코로유자와 내 **Add** 新潟県南魚沼郡湯沢町湯沢2427-3 **Open** 09:30~18:30 (주말 09:30~19:00) **Cost** 시음 5종 500엔 **Tel** 025-784-3758 **Web** www.ponshukan.com

다카한 高半

가와바타 야스나리가 소설 『설국』을 집필한 료칸. 소설은 '가스미노마'라는 방에서 탄생했는데, 2층에 설국과 관련된 자료실이 따로 마련되어 있다. 은근한 유황 냄새와 뜨거운 물에 계란을 푼 것 같은 모양의 유노하나湯の花 때문에 '다마고(달걀)노유'라는 이름이 붙은 다카한의 온천은 원천 그대로를 방류한다. 밝은 나무격자 사이로 푸른 녹음이 비치는 노천탕은 공간이 주는 힐링 효과도 발군. 온천 시설 안의 냉탕은 수돗물이 아니라 산의 약수를 사용하니 꼭 한번 이용해보자.

Access JR에치고유자와역에서 도보 22분 **Add** 新潟県南魚沼郡湯沢町湯沢923 **Open** 당일 입욕 13:00~18:00(입장마감 17:00) **Cost** 당일 입욕 1,000엔, 2층 설국 자료실 관람 500엔 **Tel** 025-784-3333 **Web** www.takahan.co.jp

야마노유 山の湯

료칸 다카한 인근의 공공 온천탕으로 가와바타 야스나리가 종종 들렀다고 한다. 산장 오두막 같은 소박한 외관에 다섯 사람 정도만 앉아도 꽉 찰 것 같은 작은 욕조뿐이지만 질 좋은 온천임을 금방 알 수 있다. 에치고유자와 온천에서 드문 알칼리성 단순유황온천이며 42.5도의 원천을 그대로 사용하는 천연 온천. 진한 유황 냄새를 폴폴 풍기고 피부에 닿는 감촉 또한 매끈하고 단단하다. 겨울철에는 스키를 즐긴 후 이곳에서 추위와 피로를 풀어도 좋을 듯하다.

Access JR에치고유자와역에서 도보 20분 **Add** 新潟県南魚沼郡湯沢町湯沢930 **Tel** 025-784-2246 **Open** 06:00~21:00, 화요일 휴무 **Cost** 어른 500엔, 어린이 250엔 **Web** yuzawaonsen.com/01yama.html

무란 고조 카페 ムラン ゴッツォ カフェ

지역 식재료를 사용하는 이탈리안 레스토랑. 짚신 모양을 한 와라지 피자わらじピッツァ는 혼자 먹기에도 양이 적당하다. 장작 가마에서 구워내 쫄깃하고 불맛이 살아 있는 것은 큰 사이즈의 피자와 똑같다. 와라지 피자 또는 오늘의 파스타와 샐러드, 식전 빵으로 구성된 런치 세트도 알차다.

Access JR에치고유자와역 쇼핑몰 코코로유자와 내 **Add** 新潟県南魚沼郡湯沢町湯沢2427-1 **Tel** 025-785-5060 **Open** 11:00~19:30 (12월 중순-3월 11:00~20:00) **Cost** 와라지 피자 1,100엔~, 파스타 런치 세트 1,793엔 **Web** murangozzo.com/cafe

유킨토 雪ん洞

역내 쇼핑몰에 자리한 오니기리 전문점. 니가타의 고시히카리 쌀로 지은 윤기 있는 밥에 연어 회, 절임 등 18가지로 속을 채우고 김으로 감싼다. 남자 주먹보다 커서 한 끼 식사로 부족함이 없다. 도시락으로 포장 시에 미소시루를 함께 넣어주어 열차에서 먹기도 좋다.

Access JR에치고유자와역 쇼핑몰 코코로유자와 내 **Add** 新潟県南魚沼郡湯沢町湯沢2427-3 **Tel** 025-784-3758 **Open** 09:30~18:30 (주말 09:30~19:00) **Cost** 주먹밥 370~880엔 **Web** www.ponshukan.com/08.htm

하타고 이센 미즈야 HATAGO井仙 水屋

역과 횡단보도 하나를 사이에 둔 카페. 료칸 '하타고 이센' 건물 1층에 자리한다. 일본 전통 찻집 같은 편안한 분위기의 나무 테이블에서 재즈 음악을 들으며 즐기는 온천 커피温泉珈琲(온센코히)는 미즈야의 트레이드 마크. 커피 프레스에 담겨 나온 커피를 4분 정도 기다린 후 거름망에 걸러 마시면 쓴 첫맛과 깔끔한 뒷맛을 느낄 수 있다. 커피와 함께 먹기 좋은 쌀가루 롤케이크와 여름철 인기 있는 온천 빙수 등 메뉴가 특색 있다. 문 앞의 누구나 이용할 수 있는 족욕탕은 은근히 인기가 좋다.

Access JR에치고유자와역 서쪽 출구에서 도보 1분 **Add** 新潟県南魚沼郡湯沢町大字湯沢2455 **Tel** 025-278-3361 **Open** 09:00~18:00 **Cost** 온천커피 583엔 **Web** nmaya.net/about/index.html

03

주부

일본 기차 여행자에게 주부는 징검다리와도 같다. 일본의 대표 도시 도쿄와 오사카를 잇는 도카이도 신칸센이 운행하며, 간사이와 간토 지역의 경계에 주부가 자리하고 있는 까닭이다. 편리한 교통에 더해 아름다운 북알프스와 독특한 지역문화, 현대 건축예술을 품고 있는 매력적인 경유지이기도 하다. 빠른 속도의 신칸센 때문에 놓쳤던 주부의 수많은 보석 같은 지역들을 이제라도 하나하나 점찍으며 가볼 차례다.

철도운영주체

JR센트럴

나고야를 중심으로 한 주부 지역을 관할하는 철도회사로, 일본 명칭은 도카이여객철도주식회사 東海旅客鉄道株式会社이다. 동쪽으로는 JR이스트의 관할인 나가노현·가나가와현·시즈오카현 등과 겹치고, 서쪽으로는 JR웨스트의 미에현·와카야마현 등과 노선을 나눠 쓰고 있다. 운영하는 철도 노선의 길이가 JR의 6개 회사 중 두 번째로 짧고, 재래선은 나고야 철도 등 사철에 밀리고 있는 반면, 수익에서는 도쿄권을 앞세운 막강한 JR이스트의 뒤를 바짝 추격하고 있다. JR센트럴 철도의 수익 중 85%를 차지하는 신칸센 덕분이다. 일본 철도의 대동맥인 도쿄~신오사카 구간의 도카이도 신칸센이 JR센트럴의 효자 노릇을 톡톡히 하고 있다. JR센트럴은 여기서 한 발 더 나아가 최고 속도 505km/h의 자기부상열차 도입에 온 힘을 쏟고 있다. 2027년 1차 개통을 목표로 현재 건설 중인 주오 신칸센은 도쿄에서 나고야까지 단 40분 만에 주파할 예정이다. 신칸센에 모든 관심과 투자를 쏟고 있는 상황이다 보니 재래선의 수익 창출에 큰 관심을 두지 않으며, 관광열차 또한 전무하다시피 하다. 도카이도 신칸센의 최상위 등급 열차인 노조미のぞみ, 그리고 그와 공유하며 주행하는 규슈 신칸센의 미즈호みずほ는 현재(2022년 12월) 발매된 어떤 JR패스로도 탈 수 없다. 교통 IC 카드는 '토이카TOICA'이다.

총 철도노선 거리 1,970.8km **총 역 개수** 405역
Web jr-central.co.jp

JR웨스트

주부에 속하는 후쿠이현과 이시카와현, 도야마현 권역 가운데 우리나라 동해와 인접한 해안선의 철도 노선은 JR웨스트의 관할 구역이다. 즉, 신칸센 중에는 호쿠리쿠 신칸센의 조에쓰묘코역~가나자와역이 속하며, 재래선 중에는 다카야마 본선의 이노타니역~도야마역 구간이 JR웨스트 소속이다. 도야마 지역에 최근 새로 생긴 관광열차 '벨몬타べるもんた'도 JR웨스트에서 론칭한 것이다.

총 철도노선 거리 4,903.1km(51개 노선)
총 역 개수 1,174역 **Web** www.westjr.co.jp

사철

대도시인 나고야와 그 주변 중소 도시를 연결하는 사철 노선이 가장 많으며, 이용객 수나 수익 면에서는 JR의 재래선보다 우세하다.

❶ 나고야 철도 名古屋鉄道

일명 '메이테쓰名鉄, MEITETSU'. 나고야시를 중심으로 북쪽으로 기후현, 남쪽으로 도요하시시豊橋市까지 뻗어 있다. 긴테쓰, 도부에 이어 일본의 대형 사철 중 세 번째로 노선이 길다. 아이치현의 교외 지역에 철도 노선이 촘촘하게 짜여 있고 일부 노선은 나고야 시영 지하철과 직결 운행하는 등 나고야 통근·통학에 있어 중추적인 역할을 하고 있다. 국제공항인 나고야 센트레아 공항도 메이테쓰로 갈 수 있다.

총 철도노선 거리 444.2km 총 역 개수 275역
Web www.meitetsu.co.jp

❷ 긴키 닛폰 철도 近畿日本鉄道

긴테쓰는 일본의 대형 사철 중 유일하게 간사이와 주부, 두 개의 대도시 권역에서 운행한다. 주부 지역에서는 긴테쓰나고야역과 서남쪽의 이세나카가와伊勢中川역을 연결하는 나고야선이 해당된다.

총 철도노선 거리 501.1km 총 역 개수 286역
Web www.kintetsu.co.jp

❸ 도야마 지방철도 富山地方鉄道

일명 '지테쓰地鉄'. 도야마시를 중심으로 철도와 버스를 운행하고 있다. 덴테쓰도야마역에서 우나즈키온센역까지 이어지는 본선과 일본 북알프스의 알펜루트로 접근할 수 있는 다테야마선立山線 등 4개의 철도 노선 및 시내를 연결하는 노면전차 도야마 시내궤도선富山市内軌道線 등 도야마의 관광과 통근 양쪽에서 중요한 역할을 담당한다.

총 철도노선 거리 108.4km 총 역 개수 66역(철도선)+24역(궤도선) Web www.chitetsu.co.jp

유용한 열차 패스

JR 패스

JR센트럴과 JR웨스트가 합작하여 주부와 간사이의 주요 관광 포인트를 연결한 외국인 전용 관광 티켓 네 종류를 출시했다. Web touristpass.jp/ko

❶ 다카야마·호쿠리쿠 지역 관광 티켓

나고야, 게로 온천, 다카야마, 도야마, 가나자와 등 대표적인 주부 지역의 관광지와 교토, 오사카 시내, 간사이공항의 기차 이용을 비롯해 세계유산인 시라카와고·고카야마행 버스 승차까지 가능한 관광 티켓이다.

종류	가격(엔)
5일권	14,000

❷ 이세·구마노·와카야마 지역 관광 티켓

와카야마현의 시라하마 온천 및 세계유산인 구마노고도 산잔과 미에현의 이세 신궁을 여행할 수 있는 관광 티켓. 간사이공항을 포함하는 JR의 재래선 및 지역 사철과 버스를 이용할 수 있다.

종류	가격(엔)
5일권	11,000

❸ 알펜·다카야마·마쓰모토 지역 관광 티켓

버스, 케이블카, 사철 등 다양한 교통수단을 이용해야 하는 다테야마 구로베 알펜 루트에 최적화된 티켓이다. 다카야마, 게로 온천, 마쓰모토도 함께 여행할 수 있다.

종류	가격(엔)
5일권	17,500

❹ 후지산·시즈오카 지역 관광 티켓

'일본의 지붕'이라 불리는 후지산을 포함해서 세계유산인 소나무 숲 '미호노 마쓰바라' 등 시즈오카의 관광 명소를 여행할 수 있는 관광 티켓.

종류	가격(엔)
3일권	4,500

열차 티켓 창구

JR인포메이션 센터

외국인 관광객을 위해 JR센트럴에서 운영하는 JR 티켓 전용 창구. 나고야역 내 신칸센 승강장 쪽에 있다.

미도리노 마도구치 みどりの窓口

JR 티켓 판매 창구로, 열차의 지정석권 등을 발급받을 수 있다. 나고야역, 도야마역, 가나자와역 등 주요 역에서는 JR패스의 교환 업무도 이루어진다.

재래선
신칸센
사철

와이드뷰 히다 ひだ
뜻 기후현 북부를 이르는 옛 지명
구간 나고야~다카야마·도야마
차량 기하85계, 4량 또는 6량, 7량

공항특급 뮤스카이 ミュースカイ
뜻 공항과 연결하는 특급열차
구간 메이테쓰나고야~주부고쿠사이쿠코(중부국제공항)
차량 메이테쓰 2000계, 6량 또는 8량

관광특급 시마카제 しまかぜ
뜻 바다 냄새 품은 시원한 '섬 바람'
구간 긴테쓰난바역·긴테쓰나고야~가시코지마(미에현)
차량 긴테쓰 50000계, 6량

가나자와 金沢
기후 岐阜
나고야 名古屋
욧카이치 四日市
주부고쿠사이쿠코 中部国際空港
쓰 津
가시코지마 賢島

쓰바메산조
燕三条
나가오카
長岡
우라사
浦佐
에치고유자와
越後湯沢
조모코겐
上毛高原
다카사키
高崎
구마가야
熊谷
오미야
大宮
이토이가와
糸魚川
다카다
高田
이야마
飯山
도요노
豊野
나가노
長野
시노노이
篠ノ井
사쿠다이라
佐久平
도야마
富山
시나노오마치
信濃大町
이노타니
猪谷
마쓰모토
松本
시오지리
塩尻井
다카야마
高山
지노
茅野
게로
下呂
고마가네
駒ヶ根
고후
甲府
오쓰키
大月
도쿄
東京
이다
飯田
에나
恵那
다지미
多治見
고텐바
御殿場
요코하마
横浜
히라쓰카
平塚
신후지
新富士
아타미
熱海
고야
古屋
미카와안조 三河安城
시즈오카
静岡
도요하시 豊橋
가케가와
掛川
하마마쓰
浜松
코지마
와이드뷰 시나노 しなの
뜻 옛 일본 나가노 지역을 이르는 말
구간 나고야~나가노
차량 383계, 6량
와이드뷰 후지카와 ふじかわ
뜻 야마나시현에 흐르는 강 이름
구간 시즈오카~고후
차량 373계, 3량
노조미 のぞみ
뜻 어서 도착하고자 하는 '바람'
구간 도쿄~신오사카
차량 N700계, 16량·700계, 16량
히카리 ひかり
뜻 이보다 빠른 건 없다, '빛'
구간 도쿄~신오사카
차량 N700계, 16량·700계, 16량 700계
고다마 こだま
뜻 빠른 속도가 만들어 내는 '메아리'
구간 도쿄~신오사카
차량 N700계, 16량·700계, 16량
와이드뷰 이나지 伊那路
뜻 나가노현에 있는 도로 이름
구간 도요하시~이다
차량 373계, 3량

JR웨스트

벨몬타 べるもんた

2015년 가을에 완성된 반짝반짝 빛나는 관광열차. '달리는 갤러리'를 콘셉트로 창틀을 액자처럼, 주변 풍경을 액자 속의 작품처럼 느낄 수 있도록 디자인했다. 벨몬타는 애칭으로, 정식 명칭은 '벨 몬타뉴 에 메르'. 연선의 아름다운 산과 바다를 떠올리며 지은 프랑스어 이름이다. 세계문화유산인 갓쇼즈쿠리 마을 고카야마를 지나는 '조하나선城端線'과 바닷가를 달리는 '히미선氷見線' 구간이 있으며, 경관이 좋은 곳에서는 일시 정차하여 사진을 찍을 수 있다. 토요일과 일요일 운행 코스가 다르니 날짜를 꼭 확인하자. 전 좌석 지정석으로 JR패스가 있더라도 지정석권을 발급받아야 한다.

Web www.jr-odekake.net/navi/kankou/berumonta

	역 이름	다카오카역 高岡	신타카오카역 新高岡	도나미역 砺波	후쿠노역 福野	후쿠미쓰역 福光	조하나역 城端
토요일	상행 51호	09:38	09:43	09:59	10:07	10:15	10:22
	상행 53호	13:08	13:12	13:31	13:41	13:48	13:55
	하행 52호	11:31	11:27	11:10	11:02	10:54	10:43
	하행 54호	14:59	14:55	14:35	14:27	14:17	14:10

	역 이름	신타카오카역 新高岡	다카오카역 高岡	후시키역 伏木	아마하라시역 雨晴	히미역 氷見
일요일	상행 1호	10:01	10:25	10:39	10:48	10:56
	상행 3호	13:54	14:25	14:42	14:51	14:59
	하행 2호	12:10	12:07	11:25	11:12	11:05
	하행 4호	-	15:48	15:35	15:22	15:15

JR 이외 열차

구로베 협곡 도롯코 전차 黒部峡谷トロッコ電車

깎아지르는 V자형 골짜기의 구로베 협곡과 그 사이를 흐르는 신비한 에메랄드빛 구로베 강을 따라 20.1km를 오르는 관광열차. 과거 상류의 댐과 수력발전소 공사를 위해 쓰이던 광차와 철로를 활용해 표준 궤간의 절반 정도인 폭 762m의 철로 위를 주황색 EDM·EHR형의 전기기관차 2량이 이끄는 장난감 같은 객차가 달린다. 일본 북알프스를 압축해놓은 듯한 구로베 협곡의 광대한 풍경을 가장 가까이서 마주할 수 있고, 우나즈키 온천의 원천지를 비롯해 대자연 속 비탕을 품고 있다. 우나즈키宇奈月역에서 게야키다이라欅平역까지 1시간 10여 분 소요되며, 4월 20일부터 11월 30일까지 운행하고 계절에 따라 하루에 11편에서 20편까지 왕복 편성된다. 전 좌석 지정석이고 객차 타입에 따라 추가 요금이 있다.

Cost 우나즈키역~게야키다이라역 (왕복) 어른 3,960엔, 어린이 1,980엔(특별객차 370엔 · 릴랙스 객차 530엔 추가) Web www.kurotetu.co.jp

1 Day

나고야공항 ▶ 나고야역

- 13:00 나고야 센트레아 공항 도착
- 13:47 주부코쿠사이쿠코역에서 메이테쓰 특급 탑승
- 14:24 메이테쓰나고야역 도착, 숙소 체크인
- 15:30 나고야 성 관람
- 18:00 나고야 장어덮밥(히쓰마부시)으로 저녁 식사
- 19:00 지하철 사카에역 주변 백화점 거리에서 쇼핑
- 21:00 숙소 휴식

2 Day

나고야역 ▶ 다카야마역 ▶ 시라카와고

- 08:00 아침 식사 후 체크아웃
- 08:43 JR나고야역에서 특급 와이드 뷰 히다* 탑승(*JR패스 개시)
- 10:58 JR다카야마역 도착, 숙소 체크인(짐 맡기기)
- 11:30 점심 식사
- 12:30 후루이마치나미 거리 산책
- 13:40 히가시야마 데라마치·유보도 산책
- 14:50 다카야마 터미널에서 시라 카와고 방면 노히 버스 탑승
- 15:57 시라카와고 도착, 숙소 체크인
- 18:00 저녁 식사
- 19:30 온천 및 숙소 휴식

3 Day

시라카와고 ▶ 도야마역

- 08:00 아침 식사 후 체크아웃
- 09:30 시라카와고 마을 산책
- 11:45 시라카와고에서 다카오카 방면 가에쓰노 버스 탑승
- 13:00 JR조하나城端역 앞 도착, 점심 식사
- 14:10 JR조하나역에서 관광열차 벨몬타* 탑승(*토요일 운행)
- 14:59 JR신타카오카新高岡역 도착
- 15:20 JR신타카오카역에서 신칸센 쓰루기 탑승
- 15:29 JR도야마역 도착, 숙소 체크인(짐 맡기기)
- 16:00 도야마 라이트레일 도야마에키키타역에서 노면전차 탑승
- 16:24 이와세하마역 도착, 마을 산책
- 18:01 도야마 라이트 레일 이와세하마역에서 노면전차 탑승
- 18:25 도야마에키키타역 도착
- 18:30 도야마 블랙라멘으로 저녁 식사
- 20:00 간스이 공원 스타벅스에서 야경 감상
- 22:00 숙소 휴식

주부·간사이를 아우르는 5박 6일 기차 여행

JR센트럴과 JR웨스트가 합작한 다카야마·호쿠리쿠 지역 관광 티켓으로 나고야, 다카야마, 도야마, 가나자와, 교토, 오사카 등 주부와 간사이의 주요 관광지를 돌아보는 5박 6일의 알찬 일정을 계획할 수 있다. 시라카와고의 세계유산 마을로 가는 버스 노선도 티켓에 포함되니 이번 기회를 놓치지 말자.

4 Day

도야마역 ▶ 가나자와역

08:00 아침 식사 후 체크아웃

09:31 JR도야마역에서 신칸센 가가야키 탑승

09:50 JR가나자와역 도착, 숙소 체크인(짐 맡기기)

10:30 가나자와성·겐로쿠엔 관람

12:30 오미초 시장 구경 및 점심 식사

14:00 히가시차야 산책

16:30 21세기 미술관 관람

18:30 저녁 식사

20:00 역내 또는 번화가(고린보) 이자카야에서 술 한잔

22:00 숙소 휴식

5 Day

가나자와역 ▶ 교토역 ▶ 오사카역

08:00 아침 식사 후 체크아웃

09:02 JR가나자와역에서 특급 선더버드 탑승

11:09 JR교토역 도착, 숙소 체크인(짐 맡기기)

11:20 교토 시 버스 1day 패스 구입, 버스로 기요미즈데라로 이동

12:00 기요미즈데라·산넨자카·니넨자카 골목골목 관광

17:30 야사카 신사와 기온 거리 관광 및 저녁 식사

20:14 JR교토역에서 교토선 신쾌속 열차 탑승

20:43 JR오사카역 도착, 숙소 체크인

21:00 우메다역 주변 야경 감상

22:30 숙소 휴식

6 Day

오사카역 ▶ 간사이공항

08:00 아침 식사 후 체크아웃

09:00 JR오사카역 내 코인로커에 짐 보관

09:30 오사카 성과 역사박물관 관람

11:00 난바 도톤보리에서 오사카 먹을거리 섭렵

14:00 우메다 지구에서 쇼핑

16:39 JR오사카역에서 공항쾌속 탑승

17:46 JR간사이쿠코역 도착

19:40 간사이국제공항 출국

나고야 성

01 나고야역 名古屋駅

주부 지역 최대의 역이자 인천공항에서 취항하는 센트레아 중부국제공항의 거점역이다. 도카이도 신칸센과 재래선의 특급열차가 각 방면을 연결하고, 나고야 철도·긴키 닛폰 철도·나고야 임해고속철도의 사철 노선과 나고야 시영 지하철 2개 노선이 운행하는 등 역의 규모와 이용객 수는 주부에서 단연 최고이다. 역사 위로 우뚝 솟은 JR 센트럴 타워즈는 가장 높은 역 건물로 기네스북에 오르기도 했다. 향후 나고야역을 지나는 주오 신칸센이 건설될 예정이니 지금보다 규모는 더 커질 전망이다. 역은 크게 재래선과 사철 승강장이 있는 동쪽 출구와 신칸센 승강장과 가까운 서쪽 출구로 나뉜다. 동쪽에는 사쿠라도리구치桜通口·히로코지구치広小路口가, 서쪽에는 다이코도리구치太閤通口·다이코도리키타구치太閤通北口·다이코도리미나미구치太閤通南口의 출입구가 있고, 그 사이에 중앙 콩코스가 길게 조성되어 있다. 사쿠라도리구치 인근의 금시계는 동쪽 출구의 약속 장소로, 다이코도리구치의 은시계는 서쪽 출구의 약속 장소로 유명하다. 다카시야마 백화점, 메이테쓰 백화점, 긴테쓰 백화점, 지하상가 유니몰은 동쪽 출구 쪽에, 나고야 명물 음식으로 채워진 지하상가 ESCA, 전자상가 빅카메라는 서쪽 출구 쪽에 있다. 시내 중심가는 JR 센트럴 타워즈와 맞은편 미들랜드 스퀘어가 자리한 동쪽 출구이며, 대도시답게 역 앞부터 중심가는 모두 빌딩숲으로 이루어져 있다.

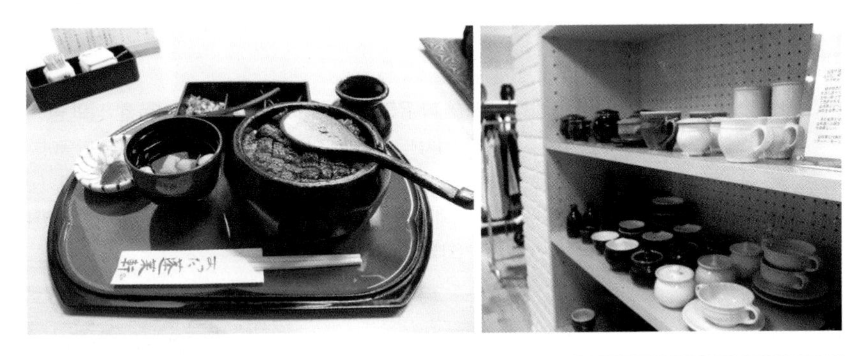

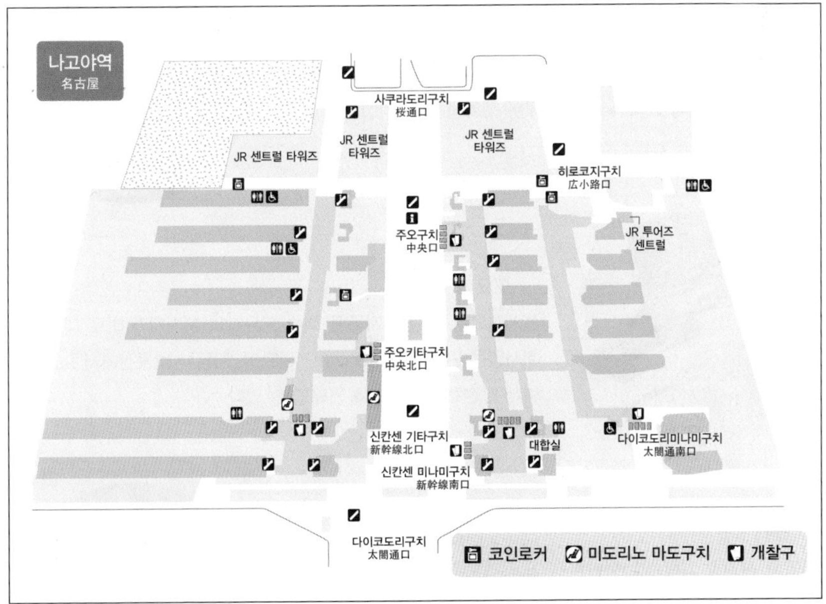

- 미도리노 마도구치 Open 04:50~24:20
- 나고야시 관광안내소 Open 09:00~19:00, 연말연시 휴무 Tel 052-541-4301
- JR 인포메이션 센터 Open 10:00~19:00

키워드로 그려보는 나고야 여행

도쿄, 오사카와 함께 일본 3대 도시로 꼽히는 나고야는 일본 에도 막부 시대를 연 도쿠가와 이에야스의 고장이자, 굴지의 자동차 기업 도요타의 고향이다.

여행 난이도 ★★☆
관광 ★★☆
쇼핑 ★★★★
식도락 ★★★★
기차 여행 ★

긴샤치 金鯱

나고야 성보다 더 유명한 것이 성 기와 끝을 장식하는 한 쌍의 금 샤치호코鯱, '긴샤치'다. 원래는 215.3kg에 달하는 순금으로 만들어져 있었으나, 여러 차례 도난을 당하며 현재는 88kg의 금으로 복원되었다. 나고야 성에 가면 지붕에서 힘차게 꼬리를 하늘로 치켜들고 있는 두 마리의 긴샤치를 찾아보자.

나고야메시 なごやめし

진하고 달짝지근한 미소 소스의 돈가스(미소카쓰), 세 가지 방법으로 즐기는 장어덮밥 히쓰마부시, 짭조름하게 구운 닭날개 요리 데바사키 등 나고야 지역 요리 '나고야메시'는 중독성 있는 감칠맛이 특징이다.

도요타

세계적으로 유명한 자동차 회사 도요타의 본거지가 바로 나고야다. 회사명을 딴 도시(도요타시)도 있으며, 자동차 박물관에서 도요타와 함께 발전해온 나고야를 만나볼 수 있다.

쇼핑

자동차 산업을 기반으로 탄탄한 지역 경제를 이룬 나고야는 소비문화가 발달했다. 특히, 사카에 지구에는 루이비통, 샤넬, 버버리 등의 명품 매장과 마쓰자카야, 미쓰코시, 마루에이, 파르코 등의 백화점이 길을 따라 줄지어 있어서 대도시다운 쇼핑을 탐닉할 수 있다.

역에서 놀자

주부 지역 최대의 역인 만큼 쇼핑을 즐길 수 있는 백화점과 상점가, 나고야 명물 음식이 모여 있는 식당가까지 총망라되어 있다. 열차 시간이 임박했다면 테이크 아웃 매장을 이용하자.

에스카 ESCA

JR나고야역 서쪽 출구와 이어져 있는 지하 상점가. 숍은 물론이고, 나고야의 맛집들이 밀집해 있는 곳이라 점심시간이면 가게 앞마다 줄이 생긴다. 미소카쓰 야바톤, 고메다 커피, 기시멘 요시다 등도 전부 이곳에 있다. 드러그 스토어, ABC마트, 서점 등을 비롯해 피규어숍, 캐릭터숍, 마사지숍 등 취향 따라 고를 수 있는 장르도 다양하다.

Access JR나고야역 다이코도리구치 출구 바로 앞 지하 계단으로 진입 Open 숍 10:00~20:30, 식사 10:00~22:30, 카페 07:00~22:30(점포마다 다름, 1월 1일, 2월 셋째 주 목요일, 9월 둘째 주 목요일 휴무) Tel 052-452-1181 Web www.esca-sc.com

유니몰 UNIMALL

역 서쪽에 에스카가 있다면 동쪽에는 유니몰이 있다. JR과 지하철 나고야역에서 이어지며, 지하철 고쿠사이센터역까지 연결하는 지하도의 상점가. 가운데에 상점들이 섬을 이루고 있어 길을 두 개로 나눈다. 한 방향으로 갔다가 다른 쪽 길로 돌아오며 보면 좋다. 역에서 바로 나오는 둥그런 광장이 웨스트 플라자이며, 길을 따라 진행하면 세 번째 블록에 카페와 레스토랑이 몰려 있다. 지하 상점가지만 면세점도 종종 보인다.

Access JR나고야역에서 지하로 연결 Open 상점 10:00~20:30, 음식점 07:30~22:00, 1월 1일, 2월 · 8월 셋째 주 목요일 휴업 Tel 052-586-2511 Web www.unimall.co.jp

JR 센트럴 타워즈 JRセントラルタワーズ

JR나고야역 위로 높게 솟은 쌍둥이 타워. 한 동은 오피스, 다른 한 동은 호텔이며 저층부에는 백화점을 포함해 잡화점, 서점, 카페, 레스토랑 등이 입점해 있다. 그중 JR나고야 다카시마야 백화점의 지하 식품관은 데바사키(닭 날개 튀김), 과일 크레이프 케이크 등 나고야를 대표하는 음식을 맛볼 수 있다. 5~11층을 차지하는 도큐핸즈는 물품이 방대하니 꼭 사고 싶은 물건이 있거나, 시간이 넉넉할 때 둘러보자. 높은 층의 카페에서는 나고야 시내를 훤히 내다볼 수 있다.

Access JR나고야역 내 Open 레스토랑 11:00~23:00, 게이트워크 10:00~21:00(점포마다 다름) Tel 052-452-1181 Web www.towers.jp

미들랜드 스퀘어 Midland Square

JR 센트럴 타워즈와 함께 나고야 랜드마크의 양대 산맥. 2007년에 완공된 미들랜드 스퀘어가 좀 더 최신 시설과 럭셔리 브랜드를 갖추고 있다. 지상 5층 높이로 뻥 뚫린 아트리움 구조의 쇼핑몰에는 디올, 까르띠에 등 세계적인 브랜드는 물론 일본 유명 디자이너의 셀렉트 숍도 자리한다. 지하 1층의 푸드 부티크, 4층의 레스토랑 역시 고급스러운 초콜릿이나 식사를 원한다면 들러볼 만하다. 지상에서 높이 230m의 47층 전망대는 일본 최대 높이를 자랑한다.

Access JR나고야역 사쿠라도리구치 출구에서 도보 5분 또는 지하에서 연결 Tel 052-527-8877(10:00~18:00) Open 숍 11:00~20:00, 레스토랑 11:00~23:00 Web www.midland-square.com

끼니는 여기서

미소카쓰 야바톤 나고야역에스카점 みそかつ矢場とん 名古屋駅エスカ店

나고야 하면 떠오르는 달짝지근한 미소 소스의 돈가스, 미소카쓰 전문점. 돈가스와 달달한 소스 때문인지 녹차를 기본으로 내온다. 주문한 돈가스가 나온 다음에 잠시 기다리면 점원이 직접 그 위에 소스를 뿌려준다. 달콤하면서 짭짤한 맛이 두툼한 돈가스의 육질과 잘 어우러진다. 살짝 목이 멜 때 잘게 썬 양배추를 먹으면 산뜻하다. 점심 즈음에는 줄이 길게 서 있다.

Access JR나고야역 다이코도리구치 출구 바로 앞 에스카 지하상점가 내 **Add** 愛知県名古屋市中村区椿町6-9 **Open** 11:00~22:00 **Cost** 로스돈가스 정식 1,300엔, 미소카쓰돈 정식 1,300엔 **Tel** 052-452-6500 **Web** www.yabaton.com

세카이노 야마짱 테이크 아웃점 世界の山ちゃん テイクアウト店

날개를 단 익살스런 남자 캐릭터로 유명한 세카이노 야마짱은 간장 양념의 닭 날개 튀김, 즉 데바사키 유명 체인점이다. 나고야를 비롯해 일본 전역에 70여 점포가 있다. '환상의 닭 날개'라는 의미의 '마보로시노 데바사키 幻の手羽先'는 달착지근한 간장 양념에 매콤한 후추가 더해져 맥주 안주로 그만이다. 역내 백화점에 포장해 갈 수 있는 테이크 아웃점이 있다.

Access JR나고야 다카시마야 백화점 지하 1층 **Tel** 052-566-3736 **Open** 10:00~20:00 **Cost** 마보로시노 데바사키 605엔 **Web** www.yamachan.co.jp

기시멘 요시다 에스카점 きしめん 吉田 エスカ店

개업 약 120년의 오랜 노하우를 살려 계절에 따라 면의 염도까지 조절하는 기시멘 요시다. 방부제 등을 전혀 첨가하지 않고 밀가루와 소금만으로 반죽한다. 생김은 꼭 우리 칼국수 같은데 윤기가 자르르 돌아 매끄럽게 넘어간다. 여름에는 충분한 물에 강불로 3~4분, 중불로 조금 더 끓이며 뜸을 들인 후 찬물에 씻어 낸 쓰유에 찍어 먹는 차가운 '자루' 기시멘을 추천.

Access JR나고야역 사쿠라도리구치 출구 바로 앞 에스카 지하상점가 내 **Add** 愛知県名古屋市中村区椿町6-9 **Open** 11:00~15:00, 17:00~20:00 (금·일 ~20:30) **Cost** 오리지널 고마스(깨식초) 기시멘 1,080엔, 자루 850엔 **Tel** 052-452-2875 **Web** www.yoshidamen.co.jp

고메다 커피 에스카점 コメダ珈琲店 エスカ店

나고야의 아침을 책임져온 카페. 현재는 일본 전국으로 600개의 점포가 있다. 다방과 카페의 중간쯤 되는 분위기로 사람이 많아도 느긋하게 커피와 빵을 즐길 수 있다. 폭신폭신한 데니시에 소프트아이스크림을 얹은 시로느와르가 대표 메뉴이며 복고풍의 귀여운 유리병에 담겨 나오는 믹스 주스도 인기. 팥 잼이 발려 나오는 오구라 토스트는 빵이 도톰해서 오후의 고픈 배를 충분히 달랠 만하다.

Access JR나고야역 다이코도리구치 출구 바로 앞 에스카 지하상점가 내 **Add** 愛知県名古屋市中村区椿町6-9 **Open** 07:00~22:00 **Cost** 시로느와르 670엔, 믹스 주스 560엔, 오구라 토스트 480엔 **Tel** 052-454-3883 **Web** www.komeda.co.jp

알짜배기로 놀자

나고야 성에서부터 백화점 거리, 오스 상점가까지 남북으로 이어지는 오쓰도리大津通 거리 일대가 나고야의 중심가다. 나고야역에서 갈 때와 올 때 지하철을 이용하고 이 구간은 걸어 다니며 대도시의 분위기를 느껴보자.

어떻게 다닐까?

나고야 시영 지하철

나고야시 교통국에서 시내에 6개의 지하철 노선을 운행한다. 나고야 텔레비전 타워, 오아시스 21 등이 있는 사카에역이 중심가이며, 역 간격이 넓지 않아 두어 정거장 정도는 걸어갈 만하다. 1일 승차권은 지하철 각 역 매표소와 관광안내소 등에서 구입할 수 있다.

Cost 1일 승차권 어른 760엔, 어린이 380엔 Web www.kotsu.city.nagoya.jp/jp/pc

어디서 놀까?

나고야 성 名古屋城

한국인에게도 익숙한 도쿠가와 이에야스德川家康가 지은 성으로, 꼭대기의 금으로 만들어진 물고기 모양 장식 '긴샤치金鯱'가 유명하다. 여러 번의 도난 사건을 겪었으며 88kg의 금이 입혀진 샤치호코 한 쌍이 성 위에서 반짝이고 있다. 그 외에도 호화로움을 상징하듯 성주의 저택인 혼마루고텐에는 일본의 대가들이 장지에 금빛으로 빛나는 그림들을 그려놓았는데 성에 화재가 났을 때 이를 들고 대피하여 보존될 수 있었다. 내구성의 문제로 천수각은 폐관되어 일반 입장을 할 수 없다.

Access 나고야 시영 지하철 메이조선 시야쿠쇼역 하차 도보 5분 또는 쓰루마이선 센겐초역 하차, 도보 10분 Add 愛知県名古屋市中区本丸1-1 Open 09:00~16:30(혼마루고텐은 30분 전 입장), 연말연시 휴관 Cost 어른 500엔, 중학생 이하 무료 Tel 052-231-1700 Web www.nagoyajo.city.nagoya.jp

라시크 LACHIC

나고야의 젊은 감각과 유행을 선도하는 복합쇼핑몰. 라시크는 '자신답게'라는 뜻의 일본어 '지분라시쿠自分らしく'에서 따왔다. 지하철 사카에역 인근의 백화점 및 명품 매장 거리에 자리하고 있으며, 미쓰코시 백화점 계열이지만 매장의 품목과 분위기는 전혀 다르다. 도쿄의 셀렉트숍 못지않은 개성 넘치고 감각적인 패션·뷰티 아이템과 인테리어 소품이 가득하다. 7~8층의 레스토랑에서는 나고야 명물 요리를 비롯해, 이탈리아·하와이·한국·중국 등 세계 여러 나라의 요리를 세련되게 즐길 수 있다.

Access 나고야 시영 지하철 메이조선 · 히가시야마선 사카에역에서 도보 3분 **Add** 愛知県名古屋市中区栄3-6-1 **Tel** 052-259-6666 **Open** 상점(B1~6F) 11:00~21:00, 레스토랑(7~8F) 11:00~23:00 **Web** www.lachic.jp

오스 상점가 大須商店街

일본 전국에서 가장 재미있는 상점가라 자부하는 나고야 시내의 상점가. 성별, 연령, 장르를 넘나드는 문화를 모두 담아 어떤 의미로는 백화점, 혹은 만물상이라 부를 만하다. 구제, 친환경, 핸드메이드 등 오너의 개성이 드러나는 작은 가게들이 모여 독특한 분위기를 낸다. 골목골목 상점가가 계속 이어지니 상점가 지도를 참고하여 다니자. 꼭 쇼핑할 생각이 아니더라도 한 시간 정도 구경하며 산책하기에도 좋다.

Access 나고야 시영 지하철 쓰루마이선 오스칸논역~메이조선 가미마에즈역 **Add** 愛知県名古屋市中区大須3-38-9 **Open** 점포마다 다름 **Tel** 052-261-2287 **Web** osu.co.jp

❶ 모노코토 モノコト

2층에 자리한 조용한 분위기의 잡화점. 카운터와 구석에서 무언가를 다들 열심히 만들고 있다. 무심하면서도 간단한 인사를 건네는 것이 오히려 마음을 편하게 한다. 하나하나 직접 손으로 만지고 그려낸 듯한 도기, 유리, 액세서리 등이 다소곳이 주인을 기다린다.

Access 오스 상점가 내 **Add** 名古屋市中区大須2-25-4 久野ビル2Ｆ **Open** 12:00~21:00, 월요일 휴무 **Cost** 액세서리 500엔~(그때그때 상품이 바뀜) **Tel** 052-204-0206 **Web** osu-monokoto.petit.cc

❷ 모데코 MODECO

플로링, 소방호스, 안전벨트 등 자기 소임을 다한 소재들을 가방 등의 패션 소품으로 되살려내는 업사이클링숍 모데코. 원래의 용도를 짐작할 수 있을 만큼 소재를 살려 더욱 멋져 보이는 제품들을 전시하고 판매한다. 홈페이지 영어버전에서 해외로의 배송도 해준다.

Access 오스 상점가 내 **Add** 愛知県名古屋市中区大須2-30-7 2F **Open** 10:00~17:00 **Cost** 안전벨트 백 16,200엔, 소방관 옷으로 만든 백팩 34,560엔 **Tel** 052-253-8800 **Web** www.modeco-brand.com

끼니는 여기서

호라이켄 마쓰자카야점 あつた蓬莱軒 松坂屋店

나고야식 장어덮밥인 '히쓰마부시ひつまぶし'의 원조. 1873년 문을 연 호라이켄은 원래 일본 요리점이었는데, 양념된 장어를 잘게 썰어 밥 위에 얹어 낸 것이 손님들의 호평을 얻으며 메뉴에 올라오게 되었다. 히쓰마부시는 먹는 방법이 따로 있다. 우선 전체에서 사 등분을 한다. 그중 일부는 장어의 맛 그대로를 즐기고, 또 일부는 빈 그릇에 장어와 밥을 덜어 와사비와 쪽파, 김 등 양념을 섞어 맛보고, 또 일부는 거기에 녹차를 자작자작하게 부어 오차즈케 스타일로 즐긴다. 마지막으로 나머지 남은 장어 덮밥은 세 가지 중 자신의 취향에 가장 맞는 방법으로 즐기면 된다. 한 그릇의 요리에서 다채로운 맛을 느낄 수 있다.

Access 나고야 시영 지하철 메이조선 야바초역에서 도보 3분, 마쓰자카야 나고야점 남관 10층 Add 愛知県名古屋市中区栄3-30-8 10F 松坂屋名古屋店 南館 10F Tel 052-264-3825 Open 11:00~14:30, 16:30~20:30(주말 · 공휴일 11:00~20:30) Cost 히쓰마부시 세트 4,400엔 Web www.houraiken.com

하브스 라시크점 HARBS ラシック店

하브스는 나고야에서 탄생해 오사카, 도쿄는 물론 뉴욕까지 뻗어나간 일본 케이크의 지존이다. 오리지널 레시피로 만든 50여 가지의 케이크 중에서 계절에 따라 13가지 종류의 케이크가 그날그날 준비되는데, 유리 케이스 안의 케이크는 하나같이 눈이 번쩍 뜨일 정도로 맛있어 보인다. 그중 얇게 구운 크레페 사이사이에 과일과 생크림이 층층이 쌓인 밀크 크레페는 단연 인기. 신선한 생크림과 상큼한 과일이 어우러져 끝까지 깔끔한 맛을 즐길 수 있다.

Access 나고야 시영 지하철 메이조선 · 히가시야마선 사카에역에서 도보 3분, 라시크 2층 Add 愛知県名古屋市中区栄3-6-1 2F Tel 052-259-6350 Open 11:00~20:00 Cost 밀크 크레페 1조각 930엔 Web www.harbs.co.jp

하루 종일 놀자

시내 관광에 좀 더 시간을 투자하거나 JR센트럴의 미래 열차를 만날 수 있는 리니어 철도관을 방문하는 등 자신의 취향에 따라 나고야를 더 깊이 만나보자.

어떻게 다닐까?

나고야 관광 루트 버스 메구루 メーグル

나고야 성과 텔레비전 타워가 있는 사카에 지구, 멀리는 도쿠가와엔 공원까지 나고야의 주요 관광지를 순회하는 버스. 평일에는 약 30분~1시간 간격, 주말과 공휴일에는 20~30분 간격으로 운행하며 월요일은 운행하지 않는다. 지하철이나 버스와 달리 관광지 바로 앞까지 운행하고 관광지 입장료 할인까지 받을 수 있어 여러모로 이득이다. 나고야역 시내버스 11번 정류장에서 출발해 다시 나고야역으로 돌아온다. 주요 관광안내소에서 판매하며, 메구루 버스 기사에게 직접 티켓을 구입할 수도 있다.

Cost 1일 승차권 어른 500엔, 어린이 250엔 Web www.nagoya-info.jp/routebus

나고야 임해고속철도 名古屋臨海高速鉄道

나고야역에서 긴조후토金城ふ頭역까지 11개 역의 아오나미선あおなみ線을 운행하는 사철 회사. 특히 종점인 긴조후토역에는 JR센트럴의 자기부상열차를 소개하는 리니어 철도관이 자리한다.

Cost 나고야역~긴조후토역 360엔 Web www.aonamiline.co.jp

리니모 Linimo

지역 사철인 아이치고속교통愛知高速交通 도부큐료東部丘陵(동부구릉)선의 애칭. 나고야시의 동쪽에서 도요타시까지 연결하는 자기부상식 철도노선이다.

Cost 1회 승차권 170~380엔, 1일 승차권 800엔 Web www.linimo.jp

어디서 놀까?

도요타 박물관 トヨタ博物館

도요타의 자동차뿐만 아니라 세계의 다양한 차량 160대를 전시하는 자동차 박물관이다. 영어나 일본어로 진행하는 무료 가이드투어 또는 한국어가 탑재된 음성가이드(200엔)를 대여하면 더욱 상세한 내용을 알 수 있다. 2016년에 2019년 개관 30주년을 향해 상설전을 리뉴얼했다.

Access 리니모 게이다이이도리(도요타하쿠부쓰칸마에)역에서 도보 5분 Add 愛知県長久手市横道41-100 Open 09:30~17:00, 월요일 및 연말연시 휴관 Cost 어른 1,200엔, 중·고등학생 600엔, 초등학생 400엔, 미취학 아동 무료 Tel 0561-63-5155 Web www.toyota.co.jp/Museum

리니어·철도관 リニア·鉄道館

사람과 시대와 함께 꿈을 이끌어온 철도의 멋진 모습을 전시하는 전시관. 1층에는 철도 디오라마와 시뮬레이터 등과 함께 총 39량의 열차가 늘어서 있고, 이 중 세 개는 만들어질 당시 세계 최고 속도 기록을 가지고 있는 금메달 선수들이다. 신칸센과 재래선은 물론 신칸센의 안전을 시험하는 시험차량 등 다른 곳에서는 보기 힘든 열차들을 만날 수 있다. 2층에는 에키벤(열차도시락)을 판매하고 먹을 수 있는 델리카 스페이스(실제 역의 홈에서 영업하는 가게)가 영업하고 있다.

Access 나고야역에서 나고야 임해고속철도 아오나미선 열차 타고 24분 후 종점 긴조후토역 하차, 도보 2분 Add 愛知県名古屋市港区金城ふ頭3-2-2 Tel 052-389-6100 Open 10:00~17:30, 화요일·연말연시 휴관 Cost 어른1,000엔, 초·중·고등학생 500엔, 3세 이상 200엔, 시뮬레이터 이용료 별도 Web museum.jr-central.co.jp

도요타산업기술기념관 トヨタ産業技術記念館

일본의 대표 자동차 회사 도요타의 옛 공장을 개조한 붉은 벽돌의 역사기념관. 원래 도요타의 주산업이었던 방직기의 변천과 수많은 실패와 도전 끝에 일본 최초의 자동차를 만들게 되는 과정을 각종 영상과 디오라마, 만화 등을 통해 상세히 소개하고 있다. 1936년 탄생한 도요타의 첫 승용차 '스탠다드 세단 AA형'을 비롯해 시대별로 생산된 도요타 자동차를 구경하는 재미도 쏠쏠하다.

Access 나고야 철도 사코역에서 도보 3분 또는 지하철 히가시야마선 가메지마역 2번 출구에서 도보 10분 또는 메구루 버스 산교기주쓰키넨칸 하차 Cost 어른 500엔, 중고생 300엔, 초등학생 200엔 Web www.tcmit.org

나고야 텔레비전 타워 名古屋テレビ塔

히사야오도리 공원에 자리한 높이 180m의 전망 타워. 지상 100m의 스카이 발코니에서 나고야 도심 전경을 한눈에 내려다볼 수 있다. 낮에는 타워 1층 노천카페에서 휴식을 즐기는 나고야 시민들을 볼 수 있고 밤에는 화려한 라이트업이 연출하는 로맨틱한 분위기 덕분에 연인들이 데이트 코스로 즐겨 찾는다.

Access 나고야 시영 지하철 메이조선·사쿠라도리선 히사야오도리역 남쪽 개찰구 4B 출구에서 바로 또는 메구루 버스 나고야테레비토 하차 Add 名古屋市中区錦三丁目6-15 Tel 052-971-8546 Open 전망대 10:00~21:00 (주말 ~21:40) Cost 전망대 고등학생 이상 900엔, 초·중학생 400엔 Web www.nagoya-tv-tower.co.jp

오아시스 21 OASIS 21

나고야의 중심가에 있는 복합 시설. 다양한 용도로 사용되는 광장에서 누구나 즐길 수 있는 옥상의 공원까지 시민들 누구나 편안하게 접근할 수 있는 시설이다. 지하까지 자연광이 도달할 수 있도록 하고, 건물의 한 층 전부에 녹지를 조성했으며 우수를 재이용하는 등 환경과의 조화를 염두에 둔 설계도 눈여겨보자. 특히 옥상의 물 우주선水の宇宙船 공원은 밤이면 LED를 밝혀 데이트 장소로도 그만이지만 여행자들에게는 이정표가 되어 주기도 한다. 지하는 나고야 버스터미널이다.

Access 나고야 시영 지하철 히가시야마선 사카에마치역에서 직결 또는 메구루 버스 오아시스 하차 **Add** 愛知県名古屋市東区東桜1-11-1 **Tel** 052-962-1011 **Open** 숍 10:00~21:00, 레스토랑 10:00~22:00(점포에 따라 다름) **Web** www.sakaepark.co.jp

어디서 잘까?

나고야역 주변

나고야 플라워 호텔 NAGOYA FLOWER HOTEL

JR나고야 신칸센쪽 출구에서 가장 가까운 호텔. 객실에서 신칸센이 달리는 게 바로 보인다. 중심가와는 반대쪽 출구지만, 지하 상점가 에스카ESCA하고는 가깝다.

Access JR나고야역 신칸센 출구에서 도보 1분 **Add** 愛知県名古屋市中村区椿町15-4 **Tel** 052-451-2222 **Cost** 싱글룸 5,900엔~ **Web** flowerhotel.co.jp/aboutus.html

몽블랑 호텔 라피네 나고야 에키마에 Montblanc Hotel Raffine 名古屋駅前

기존에 있던 몽블랑 호텔이 2021년 인근으로 신축 이전했다. 역과의 거리는 거의 비슷하면서 더욱 세련된 호텔에서 하룻밤 묵을 수 있다. 고객 스타일에 맞춰 8가지 객실 타입 중 선택할 수 있다.

Access JR나고야역 사쿠라도리구치 출구에서 도보 3분 또는 지하철 나고야역 2번 출구에서 도보 2분
Add 愛知県名古屋市中村区名駅3-13-27 **Cost** 싱글룸 6,800엔~ **Web** https://montblanc-hotel.jp/raffine

02 다카야마역 高山駅

기후현의 이름난 관광지 다카야마의 중심 역이다. 다카야마에는 '작은 교토'라 불리는 에도 시대의 건축과 풍경이 보존된 옛 거리가 남아 있어 매년 250만 명의 관광객이 다녀간다. 주요 관광지에서 약 600m 정도 떨어진 곳에 다카야마역이 자리한다. 기후역에서 도야마역까지를 잇는 다카야마 본선의 역이며, 나고야에서 출발하는 특급 와이드뷰 히다가 정차해 접근이 용이하다. '히다飛騨'는 이 지역을 이르는 나라 시대의 옛 지명이다. 예스러운 분위기가 물씬 풍기는 이 지역을 '히다타카야마'라 부르기도 한다. 또한 역 바로 옆에는 노히 버스濃飛バス 터미널이 있어서 시라카와고白川郷, 오쿠히다 온천향奥飛騨温泉郷 등 철도가 닿지 않는 유명 관광지로 갈 수 있다.

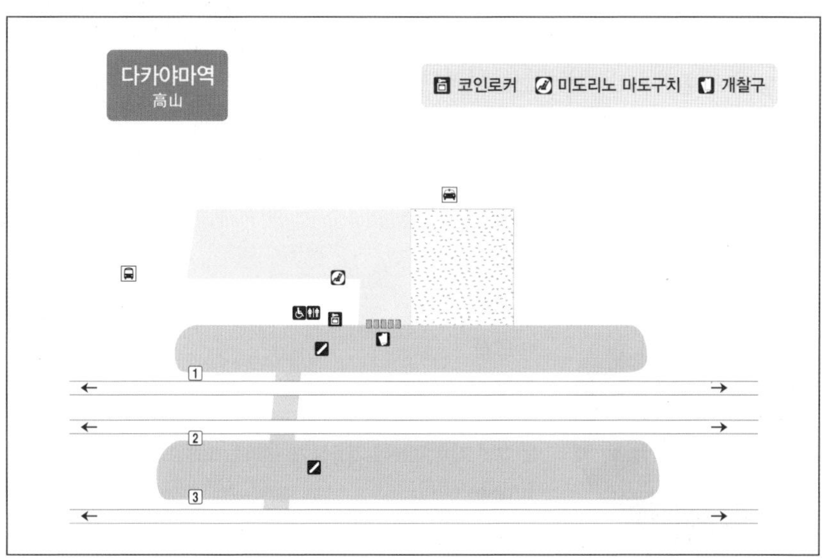

● 미도리노 마도구치 Open 06:00~20:50

키워드로 그려보는 다카야마 여행

일본 에도 시대의 고풍스러운 옛 거리와 전통문화가 살아 숨 쉬고 있는 다카야마로 시간 여행을 떠나보자.

여행 난이도 ★
관광 ★★★★
쇼핑 ★★☆
식도락 ★★★
기차 여행 ★

다카야마 진야

진야는 에도 막부의 관리소를 이르는 말로, 현재 그 원형이 보존된 것으로는 다카야마 진야가 유일하다. 다카야마 진야 주변으로 에도 시대의 목조건물과 옛 거리가 잘 남아 있어서 골목골목을 거닐다 보면 타임슬립을 한 듯한 기분을 느낄 수 있다.

히다규 소고기

기후현의 브랜드 소고기인 히다규飛騨牛를 샤부샤부나 구이 외의 다양한 방식으로 즐길 수 있다. 찐빵, 고로케 같은 길거리 주전부리에도 히다규가 들어가니 더 특별하다.

온천

히다 산맥에서 발원한 다카야마의 매끌매끌한 온천수는 피부를 부들부들하게 만들어준다는 '미인탕'으로 알려져 있다. 눈이 많이 오는 고산 기후 덕분에 겨울철 눈 내리는 노천탕을 만나는 것이 어렵지 않다.

알짜배기로 놀자

고풍스러운 거리를 거닐다 옛 목조건축의 찻집, 수공예품점, 갤러리, 레스토랑을 기웃거리다 보면 반나절은 후딱 지나간다. 사찰군인 히가시야마까지 돌아보려면 좀 더 바삐 움직여야 한다.

어떻게 다닐까?

도보

다카야마 진야 인근의 나카바시中橋 다리를 건너 북쪽으로 가지바시鍛冶橋 다리까지 약 400m의 골목이 다카야마 관광의 메인이다. 다카야마역 앞 또는 야나기바시柳橋 다리 앞 관광안내소에서 도보 지도를 받아 구석구석 돌아보자.

어디서 놀까?

후루이 마치나미 古い町並み

유서 깊은 다카야마 진야 부근에 넓게 펼쳐진 옛 모습을 간직한 길. 그 뜻 그대로 '후루이 마치나미'라는 고유명사로 통용된다. 오래된 건물을 활용한 숍들이 옹기종기 모여 있어 산책하기에 좋다.

❶ 다카야마 진야 高山陣屋

진야는 에도 시대 관리들이 정치를 했던 곳으로, 집무실과 관저, 창고 등을 통틀어 말한다. 다카야마의 진야는 당시의 건물이 남아 있는 유일한 곳으로, 사적으로 지정되어 있다.

Access JR다카야마역에서 도보 10분 **Add** 岐阜県高山市八軒町1-5 Tel 0577-32-0643 **Open** 08:45~17:00(11~2월 ~16:30), 연말연시 휴관 **Cost** 어른 440엔, 고등학생 이하 무료

❷ 다카야마진야마에 아사이치 高山陣屋前朝市

다카야마진야 앞 공터에서 열리는 아침시장. 미야가와 아사이치보다 규모는 작지만 직접 길러 조금씩 가져온 채소, 산나물, 꽃, 과일 등 소박한 산골 장터의 정취가 물씬 풍긴다.

Access JR다카야마역에서 도보 8분 **Add** 岐阜県高山市八軒町1-5 **Tel** 0577-32-3333 **Open** 07:00~12:00(1~3월 08:00~) **Web** www.jinya-asaichi.jp

❸ 미야가와 아사이치 宮川朝市

매일 아침부터 정오까지 미야가와 강 가지바시 다리 인근에서 열리는 아침시장. 히다타카야마의 아침시장은 일본의 3대 아침시장으로 불릴 정도로 역사가 오래되었다. 계절에 따른 신선한 청과물은 물론, 손수 만든 각종 반찬과 공예품 등 토속적인 분위기를 제대로 느낄 수 있어 늘 관광객으로 북적인다.

Access JR다카야마역에서 도보 10분 **Add** 岐阜県高山市国府町金桶326(협동조합) **Tel** 080-8262-2185 **Open** 07:00~12:00(11~3월 08:00~) **Web** www.asaichi.net

❹ 르 미디 푸딩 전문점 ル ミディ プリン專門店

히다타카야마 최고의 인기 푸딩 숍. 히다 지역 전통 호박인 스쿠나 가보차宿儺かぼちゃ와 히다산 우유, 계란으로 만든 가보차 푸딩을 한입 떠먹으면 담백하면서도 진한 풍미가 입안에서 작렬한다.

Access JR다카야마역에서 도보 10분 **Add** 岐阜県高山市本町 2-85 **Tel** 0577-36-6386 **Open** 11:30~15:00, 17:30~20:30, 부정기 휴무 **Cost** 가보차 푸딩 440엔 **Web** www.le-midi.jp/taberu/kabocha.html

❺ 라이초야 雷鳥屋

그림책을 테마로 한 셀렉트숍. 리사와 가스파르, 무민, 미피 등 그림책과 그와 관련된 인형, 컵, 수건 등의 상품을 판매한다. 눈 쌓인 산 위의 작은 새가 그려진 간판과 문 아래로 내려온 기와가 동화 속의 집으로 들어가는 것 같은 느낌을 주고, 내부에 있는 알록달록 캐릭터들이 보고만 있어도 힐링되는 작은 가게. 일부는 그림책도 같이 판매하고 있다. 아이뿐 아니라 엄마, 아빠도 꼭 들러봤으면 하는 곳.

Access JR다카야마역에서 도보 11분 Add 岐阜県高山市上一之町26-3 Tel 0577-34-3601 Open 10:00~17:00 Cost 배추벌레 월포켓 3,456엔 Web raichouya.hida-ch.com

❻ 신코게이 真工藝

목판 봉제인형木版手染을 주로 판매하는 공예점. 은은한 색감의 봉제인형들은 튀지 않으면서 주변 분위기를 부드럽게 해주어 왠지 모아서 나란히 늘어놓고 싶어진다. 매년 그 해의 간지를 테마로 한 인형을 새로 디자인해 판매하며, 일본 전통 인형인 히나인형이나 용돈, 메모 등을 담아 전할 수 있는 멋스러운 작은 봉투도 추천.

Access JR다카야마역에서 도보 10분 Add 岐阜県高山市八軒町1-86 Tel 0577-32-1750 Open 10:00~18:00, 화요일 휴무 Cost 십이간지 인형 1,320엔, 봉투 484엔 Web shinkougei.sblo.jp

히가시야마 데라마치·유보도 東山寺院群·遊歩道

가지바시 다리 건너 동쪽으로 야스카와도리安川通 길을 따라 끝까지 올라가면 북적거리던 관광객의 수가 현격히 줄고 차분히 공기가 내려앉은 동네가 나온다. 전국시대에 히다 지역을 평정한 무장 가나모리 나가치카金森長近가 동쪽의 야트막한 언덕에 교토 히가시야마를 본떠 조성한 사찰군이다. 건립 또는 이축한 10여 곳의 사찰이 일렬로 자리하고 돌바닥의 산책로가 이를 잇고 있다. 운류지에서 출발해 다이오지, 소겐지, 히가시야마 신메이 신사, 덴쇼지, 홋케지, 소유지까지 돌아보면 2시간 남짓 산책 코스로 적당하다. 푸른 이끼가 내려앉은 고찰과 돌담, 숲길을 거닐다 보면 어느새 발걸음이 느려지고 주변의 작은 소리에 귀 기울이게 된다.

Access JR다카야마역에서 도보 20분

끼니는 여기서

멘야 시라카와 麺屋しらかわ

탱글탱글하고 가는 면발과 닭 육수·채소를 베이스로 한 맑은 국물의 다카야마 라멘을 맛볼 수 있는 곳. 해장으로도 괜찮은 깔끔한 라멘을 즐길 수 있다. 오픈 키친으로 주문과 동시에 조리하는 젊은 요리사들의 활기찬 모습이 맛에 대한 믿음을 더한다. 인기 라멘집이라 식사 시간에는 줄이 생기지만 자리가 빨리 나는 편이다.

Access JR다카야마역에서 도보 5분 **Add** 岐阜県高山市相生町56-2 **Tel** 0577-77-9289 **Open** 11:00~13:30, 21:00~01:00 **Cost** 다카야마 라멘 800엔 **Web** shirawass.hida-ch.com

히다 오이야 飛騨 大井屋

갓 만든 일본 과자와 차를 즐길 수 있는 카페. 가판대의 따끈따끈 김이 폴폴 나는 만주를 그냥 지나쳐버리기란 쉽지 않다. 호바미소 만주인 '호호'에는 찹쌀밥과 달짝지근한 기후현 토속 된장인 호바미소가 들어 있다. 딸기가 통째로 든 딸기 찰떡 '이치고 다이후쿠'도 인기 메뉴. 작은 가게지만 메뉴가 알차 하나하나 다 먹어보고 싶어진다.

Access JR다카야마역에서 도보 13분 **Add** 岐阜県高山市上三之町68 **Tel** 0577-32-2143 **Open** 10:00~17:00 **Cost** 화과자 세트 605엔, 밤맛 소프트 638엔 **Web** www.hida-ooiya.com

후지야 하나이카다 富士屋 花筏

약 100년 전에 지어진 저택을 리뉴얼한 화과자 카페. 조용히 차를 마시며 공간을 즐길 수 있는 곳이다. 계절감을 살린 특별한 화과자와 카스텔라 풍미의 이시다타미 등 일부는 시식한 후에 구매할 수 있다. 관광 후 이곳에서 남은 시간을 보내보기를 주저 없이 권한다. 여행의 격이 한 단계 높아질 것이다.

Access JR다카야마역에서 도보 4분 **Add** 高山市花川町46 **Tel** 0577-36-0339 **Open** 10:00~18:00(12월 · 3월 ~17:00), 목요일 휴무 **Cost** 이시다타미 620엔, 그날의 화과자 말차 세트 700엔 **Web** fujiya-hanaikada.on.omisenomikata.jp

카페 란카 藍花珈琲店

목재를 기본으로 한 묵직한 분위기의 가게에서 카푸치노가 아닌 '차푸치노'를 마실 수 있다. 차푸치노는 이곳의 시그니처 메뉴로 지적 소유권이 등록되어 있을 정도. 진한 말차에 부드러운 우유거품이 담겨 달착지근하면서도 가볍지 않다. 내부는 넓지 않고 조도가 낮은 편이라 조용히 커피 한 잔 하고 갈 수 있는 분위기다.

Access JR다카야마역에서 도보 12분 **Add** 岐阜県高山市上三之町93 **Tel** 0577-32-3887 **Open** 09:00~18:00, 목요일 휴무 **Cost** 차푸치노 680엔

여기도 가보자

세계문화유산으로 지정된 시라카와고는 기후현의 대표적인 관광지다. 철도로는 가기 어렵지만 다카야마역, 가나자와역, 도야마역에서 버스가 많이 운행해 이 지역을 찾은 여행자라면 거의 빠짐없이 들른다. 더욱이 다카야마 · 호쿠리쿠 지역관광 패스가 있다면, 버스를 추가 요금 없이 이용할 수 있다. 노히 버스로 시라카와고까지 다카야마역에서 50분, 가나자와역에서 1시간 15분 소요되고, 가에쓰노 버스로는 신타카오카역에서 2시간 정도 걸린다.

시라카와고 갓쇼즈쿠리무리 白川郷合掌造り集落

갓쇼즈쿠리合掌造り는 겨울철 대설 지역으로 유명한 기후현 북부 산간 마을의 독특한 건축양식이다. 눈이 쌓이지 않도록 두 손을 합장한 듯한 높고 뾰족한 삼각 지붕이 특징으로, 시라카와고白川郷의 갓쇼즈쿠리는 세계문화유산에 지정될 정도로 그 원형을 잘 간직하고 있다. 억새로 엮은 초가지붕의 전통가옥 수십 채가 모여 이룬 풍경은 동화 속 마을처럼 아름답고 몽환적이다. 시라카와고 마을 내에는 여전히 주민들이 생활하고 있으며, 그 중 일부를 관광객에게 유료로 공개하고 있다. 간다가神田家(09:00~17:00, 수요일 휴무, 400엔)가 대표적이다. 20분마다 운행하는 셔틀버스(편도 200엔)를 타고 산 전망대에 오르면 마을 전체를 내려다볼 수 있다. 중심가에는 음식점과 카페, 상점, 숙박 시설 등 각종 편의 시설이 있으며, 마을 안 온천장인 시라카와고노유白川郷の湯(07:00~21:30, 700엔)에는 노천탕도 마련되어 있다.

Web shirakawa-go.org/kankou

어디서 잘까?

민숙 주에몬 民宿 十右エ門

시라카와고 마을 중심가에 살짝 떨어진 300년 된 갓쇼즈쿠리의 민박집. 마당에 작은 연못과 정원이 있으며, 저녁 식사 시간에는 샤미센 연주도 들을 수 있다. 현금 결제만 가능하다.

Access 시라카와고 버스정류장에서 도보 10분 **Add** 岐阜県大野郡白川村荻町2653 **Tel** 05769-6-1053 **Cost** 2인 숙박 시 1인 13,000엔~(조·석식 포함) **Web** www.jyuemon.com

끼니는 여기서

게야키 けやき

시라카와고에 몇 없는 밥집. 메밀 알갱이가 톡톡 씹히는 고소한 메밀죽에 짭짜름한 산채나물이 반찬으로 나온다. 디저트로는 시라카와고의 두유를 사용한 두유소프트크림이 인기. 소박한 메뉴에 심플한 맛의 음식들은 왠지 배불리 먹었는데 건강해진 것 같은 느낌을 준다. 맞은편의 선물가게 이로리와 같은 계열로 손님들에게 할인권을 주니 쇼핑하기 전 먼저 들러 배부터 채워보자.

Access 시라카와고 버스정류장에서 도보 10분 **Add** 岐阜県大野郡白川村萩町305-1 **Tel** 05769-6-1115 **Open** 09:30~15:00(주말 · 공휴일 ~16:00) **Cost** 메밀죽 세트 1,296엔 **Web** www.shirakawagou.jp/keyaki

곤도상점 今藤商店

시라카와고에서 꼭 먹어봐야 할 것이 은은하게 막걸리 향이 나는 막걸리(도부로쿠どぶろく) 소프트아이스크림이다. 그다지 달지 않고 산뜻하며, 아이스크림 위에 뿌려준 쌀 뻥튀기도 고소하게 씹힌다. 따뜻하고 달달한 감주도 추천.

Access 시라카와고 버스정류장에서 도보 10분 **Add** 岐阜県大野郡白川村萩町226 **Open** 10:00~17:00 **Tel** 05769-6-1041 **Cost** 막걸리 500엔, 막걸리 소프트 아이스크림 350엔 **Web** www.kondou-s.com

신게도 心花洞

시라카와고에서 보기 드문 테이크 아웃 카페. 커피도 마시고 싶고 산책도 더 하고 싶은 욕심쟁이 여행자에게 예쁜 종이컵에 커피를 담아주는 고마운 가게다. 시라카와고 버스정류장에서 다리를 건너 직진하면 오른쪽으로 살짝 꺾어진 곳에 위치하니 우선 들러서 산책을 시작하면 동선의 낭비도 적다. 유치원의 아이들 책상같이 이것저것 만져보고 싶어지는 테이블에서 앉아 마시는 것도 가능. 안에서는 작가들이 직접 손으로 만든 액세서리, 공예품 등도 판매한다.

Access 시라카와고 버스정류장에서 도보 5분 **Add** 岐阜県大野郡白川村萩町90 **Tel** 05769-6-1015 **Open** 10:00~17:30 **Cost** 카페오레 400엔

코히야 히나 コーヒー屋 鄙

차분하게 쉬었다 갈 수 있는 카페. 가정집 같은 카페의 문을 열고 들어가면 한쪽 벽에 앤티크 커피 잔이 가득 진열되어 있고 머리 희끗희끗한 할아버지 바리스타가 맞아준다. 주문, 커피 드립, 서빙까지 홀로 책임지는 까닭에 시간은 좀 걸리지만 그 덕분에 충분한 휴식 시간을 가질 수 있다. 강한 맛부터 약한 맛까지 원두의 종류가 다양하다. 선택이 어렵다면 '히나 블렌드'를 주문해보자.

Access 시라카와고 버스정류장에서 도보 20분 **Add** 岐阜県大野郡白川村萩町1178 **Tel** 05769-6-1150 **Open** 08:00~16:00, 수요일 휴무 **Cost** 핸드드립 커피 450엔~, 시나몬 허니 토스트 500엔

03
도야마역
富山駅

도야마역은 2015년 3월 개통한 호쿠리쿠 신칸센의 수혜지역 중 한 곳이다. 가장 빠른 신칸센 가가야키로 도쿄역에서 도야마역까지 2시간 8분에 주파하여 거의 절반 가까이 소요 시간이 단축되고 이동도 한결 편리해졌다. 이 과정에서 재래선인 호쿠리쿠 본선은 여러 구간으로 쪼개져 사철에 이관되었는데, 도야마역에서는 아이노카제 도야마 철도가 이를 넘겨받았다. 또한 다카야마 방면의 다카야마 본선(이노타니역~도야마역)은 JR웨스트와 아이노카제 도야마 철도가 공동으로 운영하는 형태가 되었다. 도야마의 유명 관광지인 우나즈키 온천과 구로베 협곡, 알펜루트로의 이동은 사철인 도야마 지방철도가 담당한다. 또한 역 남쪽 출구 앞에서 출발하는 도야마 시내궤도선을 보유하고 있어서 시내 통근·통학에서도 중추적인 역할을 하고 있다. 신칸센 개통으로 역사를 전면 리뉴얼하면서 1층의 도야마 지방철도 승강장, 2층의 신칸센과 재래선 승강장으로 분리되었다. 또한 역 북쪽 출구에는 기존의 재래선을 활용한 노면전차 도야마 라이트 레일이 이와세 바닷가 마을까지 운행 중이다.

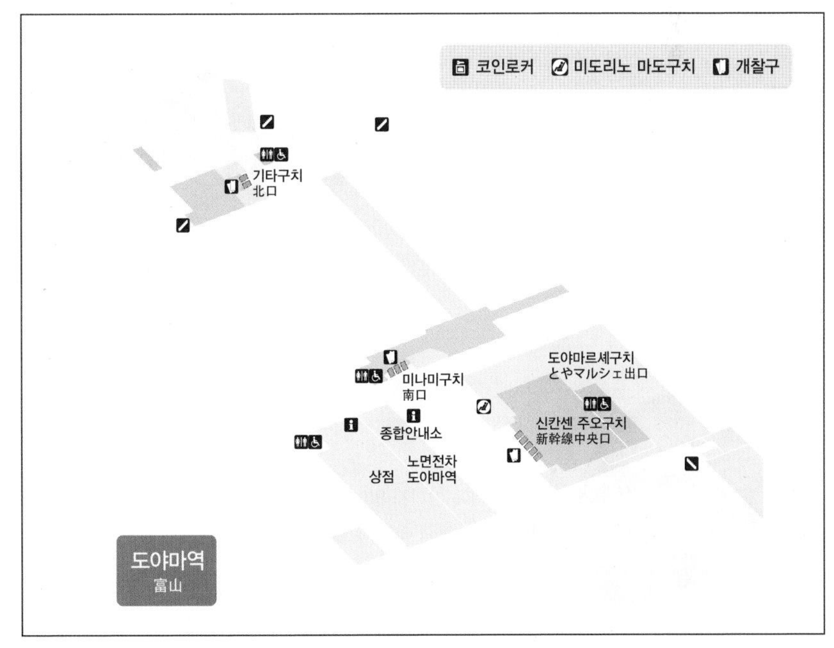

- 미도리노 마도구치 Open 05:40~23:30
- 도야마 관광안내소 Open 08:30~20:00, 12~2월 ~19:00, 연말연시 휴무 Tel 076-432-9751

키워드로 그려보는 도야마 여행

해발 3,000m급의 봉우리를 여럿 품고 있어 일본의 북알프스라 불리는 히다 산맥. 도야마는 이 북알프스 여행의 출발지다.

여행 난이도 ★★★☆
관광 ★★★★
쇼핑 ★★☆
식도락 ★★
기차 여행 ★★★

알펜루트 アルペンルート

해발 2,000m 이상의 일본 북알프스를 여러 대중교통 수단으로 넘는 알펜루트. 고산식물과 만년설, 거대한 눈 벽으로 상징되는 이 세계적인 산악 관광 루트의 시작점은 도야마다.

구로베 협곡 도롯코 전차 黒部峡谷トロッコ電車

구로베 개발과 발전소 건설에 혁혁한 공을 세운 협곡 전차는 이제 북알프스의 험준한 대자연 속으로 여행자를 안내하는 역할을 톡톡히 하고 있다.

블랙 라멘

전후 라멘에 밥까지 말아서 배불리 먹기 위해 진한 간장 국물을 내 만들었다는 블랙 라멘. 아메리카노 같은 검은색 국물의 색다른 일본 라멘에 도전해보자.

알짜배기로 놀자

북알프스의 장대한 대자연 속으로 들어가 보자. 알펜루트 코스와 구로베 협곡 코스 중 마음이 가는 쪽으로 선택하면 된다.

어떻게 다닐까?

도야마 지방철도 富山地方鉄道

도야마 동쪽의 북알프스 지역을 갈 때 편리한 사철. 우나즈키 온천 및 구로베 협곡 도롯코 열차의 탑승 역과 인접한 우나즈키온센역과 알펜루트의 시작점인 다테야마역까지 운행한다. 덴테쓰 도야마역에서 우나즈키온센역까지는 약 1시간 30분, 다테야마역까지는 1시간 10분 정도 소요된다.

Cost 덴테쓰 도야마역~우나즈키온센역 1,880엔, 덴테쓰 도야마역~다테야마역 1,230엔 Web www.chitetsu.co.jp

어디서 놀까?

다테야마 구로베 알펜루트 立山黒部アルペンルート

도야마현에서 나가노현으로 일본의 북알프스를 통과하는 교통로인 다테야마 구로베 알펜루트는 대중교통으로 해발 2,000m 이상을 오를 수 있는 산악 관광 루트이다. 케이블카, 버스, 로프웨이, 트롤리 버스 등 다양한 교통수단을 경험하는 즐거움도 있지만 각자의 목표에 따라 어느 정도의 난이도로 즐길 것인지를 선택하는 기쁨도 있다. 겨울철 버스가 다닐 수 있도록 도로 양옆으로 치운 눈이 만든 벽이 그 유명한 눈의 대계곡 '유키노오타니雪の大谷'이다. 눈이 단단한 시기에는 이 위를 걷는 워킹코스도 있다. 참고로 거대한 눈 벽이 생기는 시기는 의외로 한겨울이 아닌 4월에서 5월 사이이다.

Web www.alpen-route.com

Tip!

알펜루트 교통수단

덴테쓰 도야마역 도야마 지방철도 약 1시간 10분 다테야마立山역 다테야마 케이블카 7분 비조다이라美女平역 다테야마 고원버스 50분 무로도室堂역 다테야마 터널 트롤리버스 10분 다이칸보大観峰역 다테야마 로프웨이 7분 구로베다이라黒部平역 구로베 케이블카 5분 구로베코黒部湖역 댐 위를 도보로 약 15분 이동 구로베다무黒部ダム역 세키덴 터널 트롤리버스 16분 오기자와扇沢역 오마치 알펜라인 연락버스 35분 JR시나노오마치信濃大町역

알펜루트 한나절 추천 코스

도야마에서 해발 2,450m에 자리한 무로도까지 다녀오자. 비조다이라역에서 다테야마 고원버스를 타고 가다 도중의 미다가하라弥陀ヶ原에서 내려 고원의 습지 사이에 깔린 나무 산책로를 걸으며 자연을 둘러본다. 다시 버스를 타고 무로도까지 가면 고원의 평야 뒤로 솟은 다테야마의 산들과 산맥이 푸른 하늘을 압도하며 펼쳐진다. 계절에 따라 변동되는 고원버스 막차 시간을 체크하며 구경한 후 같은 경로로 도야마에 돌아간다. 덴데쓰 도야마역에서 무로도역까지 왕복 총 교통비용은 8,780엔(어른 기준)이다.

구로베 협곡 黒部峡谷

사람의 발길을 쉽게 허락하지 않는 험준한 구로베 협곡으로 가는 가장 좋은 방법은 관광열차를 이용하는 것이다. 우나즈키宇奈月역에서 구로베 협곡 도롯코 열차를 타고 계곡 상류의 게야키다이라欅平역까지 1시간 10분만에 갈 수 있다. 역에서 5분 거리의 가와하라 전망대에 마련된 족탕을 즐기고 암벽을 도려내 만든 산책로를 걷다가 다시 협곡열차를 타고 내려오면 반나절 코스로 알맞다. 열차를 타고 내려오는 길에 가네쓰리鐘釣역에서 내리면 강에서 솟아나는 노천 온천도 즐길 수 있다. 인근에 5월까지 구로베 협곡의 만년설을 볼 수 있는 전망대도 마련되어 있다. 단, 도중에 승하차할 수 없기 때문에 구간별로 열차 티켓을 따로 끊어야 한다.

Access 도야마 지방철도 우나즈키온센역에서 도보 5분 거리의 구로베협곡철도 우나즈키역에서 도롯코 열차 탑승, 약 1시간 10분 후 종점 게야키다이라역 하차 Cost 구로베 협곡 도롯코 열차(우나즈키역~게야키다이라역) 편도 1,980엔, 어린이 990엔(특별객차 370엔, 릴랙스 객차 570엔 추가)

끼니는 여기서

라멘 이로하 CiC점 RAMEN IROHA CiC店

'도야마 블랙'을 온몸으로 외치고 있는 라멘집. 도쿄 라멘쇼에서 5회에 걸쳐 우승했다. 육수의 진하기는 마찬가지지만 파가 채 쳐져 있어 산뜻함을 더해준다. 대신 계란은 간이 짭조름하게 밴 조미계란. 블랙라멘 외에도 미소라멘, 야키교자 등의 다른 메뉴가 있어 여럿이 가기에 부담이 없다.

Access JR도야마역에서 직결 Add 富山県富山市新富町1-2-3 CiC B1F Tel 076-444-7211 Open 11:00~22:00 Cost 블랙라멘 850엔, 야키교자 500엔 Web www.menya-iroha.com

하루 종일 놀자

대자연을 만끽한 후에는 시내 관광에 나서보자. 도시환경정비를 마친 깔끔한 도야마 시내와 레트로한 항구 마을의 풍경을 간직한 이와세가 그 목적지다.

어떻게 다닐까?

도야마 시내궤도 富山市内軌道

도야마 지방철도에서 운행하는 노면전차. 도야마에키역에서 크게 세 개의 노선이 있으며, 시내 구석구석을 연결한다. 구간 거리에 상관없이 동일한 요금이 적용된다.

Cost 1회 승차권 어른 210엔, 어린이 110엔 Web www.chitetsu.co.jp

어디서 놀까?

간스이 공원 富山県富岩運河環水公園

도야마 인공운하에 자리한 도심 공원. 일본에서 손꼽히는 아름다운 스타벅스가 있는 곳으로도 유명하다. 푸른 잔디 언덕 위에 유유히 흐르는 운하를 배경으로 서 있는 스타벅스는 뛰어난 현대 건축으로도 손색없다. 전면 유리창과 테라스를 통해 운하와 공원의 풍경을 가장 근사하게 내려다볼 수 있는 곳이기도 하다. 일몰 후부터 밤 10시까지 매시 정각, 20분, 40분에는 5분간 화려한 라이트업이 연출된다. 계절별로 서너 개의 다양한 테마로 밤하늘을 밝혀 무표정한 대도시에 촉촉한 감성을 채운다.

Access JR도야마역에서 도보 9분 또는 노면전차 인테크혼샤마에(인테크본사 앞)에서 도보 3분 Add 富山県富山市湊入船町 Tel 076-444-6041 Open 스타벅스 간스이공원점 08:00~22:30 Web www.kansui-park.jp

이와세 바닷가 마을 岩瀨

도야마 북쪽 바다와 맞닿은 이와세 마을은 에도 시대부터 메이지 시대까지 무역항으로 번성했던 그때를 여전히 추억하고 있는 동네다. 국가중요문화재로 지정된 '모리가森家'를 비롯해 도매상으로 부를 축적했던 저택과 큰 창고 건물이 곳곳에 남아 있다. 1km 남짓의 거리를 천천히 거닐며 그때 그 시절을 느껴보자. 20m 높이의 항구 전망대에서는 항구와 이와세 마을이 한눈에 보이고, 맑은 날이면 멀리 다테야마 산맥까지 볼 수 있다. 과거 JR의 도야마코선富山港線을 활용해 지금은 현대적인 노면전차 포트램이 달리고 있다. 히가시이와세역에서 내려 항구까지 도보로 이동한 후 이와세하마岩瀨浜역에서 다시 포트램을 타고 도야마로 돌아오면 된다.

Access 도야마 라이트 레일 도야마에키키타역에서 노면전차 타고 약 20분 후 히가시이와세역 하차, 도보 5분 Add 富山県富山市岩瀬東町 Open 모리가 09:00~17:00, 연말연시 휴관 Cost 모리가 어른 100엔, 고등학생 이하 무료

끼니는 여기서

니시초다이키 본점 西町大喜 西町本店

블랙 라멘의 원조 다이키. 원래 니시초에 있던 본점 때문에 니시초다이키이지만, 인기가 많아 역 앞에도 지점을 냈다. 좁은 입구를 열고 들어가면 바 자리만 있고, 마주 보이는 벽에는 맛있게 먹었다는 유명인들의 사인이 빼곡히 걸려 있다. 메뉴는 블랙라멘 한 가지로 대·중·소의 사이즈만 결정하면 된다. 국물은 진한데 잡맛 없이 깔끔한 편이라 우리 입맛에는 조금 짤 수도 있다. 평소 싱겁게 먹는 편이라면 덜 짜게 해달라고 미리 주문하자. 얼음이 든 물을 마셔가며 도톰한 면발을 꼭꼭 씹어 먹으면 면의 고소함을 느낄 수 있다.

Access 도야마 시내궤도선 그란도프라자마에역에서 도보 1분 Add 富山県富山市太田口通り1-1-7 Tel 076-423-3001 Open 11:00~20:00, 수요일 휴무 Cost 보통 850엔, 대 1,280엔 Web nisicho-taiki.com

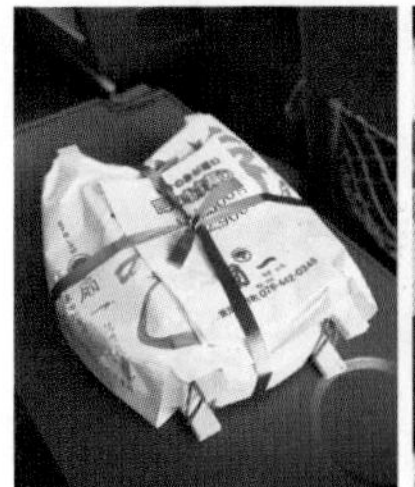

오기이치 마스즈시 본점 扇一 ます寿し 本舗

도야마의 특산품인 송어초밥 '마스즈시ます寿し'가 맛있기로 소문난 노포. 대나무 잎을 깐 원형 그릇에 송어초밥을 올린 후 잎으로 감싸 눌러 만든 마스즈시는 케이크처럼 칼로 잘라먹는 독특한 초밥이다. 생김새는 낯설지만 두툼한 송어살의 쫄깃한 식감과 새콤달콤한 초밥의 맛이 절묘하게 어우러진다. 포장만 가능하며 오후에는 매진되는 경우가 많다.

Access 도야마 시내궤도선 도야마역에서 15분 후 고이즈미초小泉町역 하차, 바로 Add 富山県富山市小泉町54-11 Tel 076-491-0342 Open 08:00~16:00(매진 시 종료) Cost 1,500엔

카페 아푸리콧토 あぷりこっと

이와세 마을 입구에 자리한 동네 카페. 반들반들한 목재 테이블과 온화한 미소의 노부부가 카페의 연륜을 말해주는 듯하다. 지나가던 동네 사람들이 스스럼없이 잡담을 나누는 모습도 정겹다. 커피와 시폰 케이크, 치즈케이크 등 디저트 메뉴가 있고, 점심때는 꽤 괜찮은 가격에 정식도 판매한다.

Access 도야마역에서 도야마항선 노면전차를 타고 약 20분 후 히가시이와세역 하차, 도보 5분 Add 富山県富山市東岩瀬町304 Tel 076-437-9775 Open 10:00~18:00(일요일 ~17:00) Cost 아이스커피 550엔, 런치 1,000엔

어디서 잘까?

도야마역 주변

도야마 지테쓰 호텔 富山地鉄ホテル

JR 및 덴테쓰 도야마역과 직결된 호텔로 접근성과 가격 면에서 매우 훌륭하다. 전자레인지도 사용 가능하고 쇼핑몰 건물과도 바로 연결되어 있으며 지하에 슈퍼와 건물 내 100엔숍 등이 있다.

Access 덴테쓰 도야마역 위 Add 富山県富山市桜町1-1-1 Tel 076-442-6611 Cost 싱글룸 6,400엔~ Web chitetsu-hotel.com

우나즈키온센역 주변

유카이 리조트 우나즈키 그랜드 호텔

湯快リゾート 宇奈月グランドホテル

우나즈키 온천에 있는 온천호텔. 일찍 예약하면 비즈니스호텔 수준의 요금으로 저녁과 아침 식사가 딸린 플랜도 예약할 수 있다.

Access 도야마 지방철도 우나즈키온센역에서 도보 5분 Add 富山県黒部市宇奈月温泉267 Cost 스탠다드 룸 조·석식 포함 7,500엔 Tel 0570-550-178 Web yukai-r.jp/unazuki-gh

© 金沢市

이시카와현의 현청 소재지인 가나자와시의 대표 역이다. 2015년 3월 개통한 호쿠리쿠 신칸센의 시·종착역이며, 도야마역과 함께 가장 활발하게 변화하고 있는 곳이다. 고상한 옛 문화를 간직하고 있는 가나자와는 매력적인 여행지임에도 불구하고 그간 애매한 동선 때문에 거의 알려지지 않았다. 이번 계기로 새로운 전환기를 맞이하게 된 가나자와는 2023년 교토의 관문인 쓰루가역까지 호쿠리쿠 신칸센이 연장되는 날을 고대하고 있다. JR의 재래선인 호쿠리쿠 본선은 신칸센 개통 후 일부 구간인 가나자와역~구리카라俱利伽羅역 구간을 분할해 IR이시카와 철도와 JR웨스트가 공동 운영 중이다. 역 지하에는 이시카와현 지역 사철인 호쿠리쿠 철도가 운행하고 있다. 전통과 현대를 절묘하게 결합한 역사 건축은 미국의 여행 잡지 <트래블 앤 레저Travel + Leisure>의 웹판에서 2011년 세계에서 가장 아름다운 역 중 하나로 선정되기도 했다. 눈과 비가 많은 가나

자와를 찾은 손님이 젖지 않도록 우산을 이미지화해 지은 거대한 유리 돔 모테나시もてなし와 가나자와 전통예능의 북에서 따온 목 구조의 쓰즈미鼓 문은 여행자의 단골 기념 촬영 장소이기도 하다. 역내에는 쇼핑몰 햐쿠반가이百番街가 넓게 조성되어 있으며, 가나자와의 특산품을 구입하기에 부족함이 없다. 출입구는 동쪽의 겐로쿠엔구치兼六園口 출구와 서쪽의 가나자와코구치金沢港口 출구로 나뉜다. 가나자와의 주요 관광지인 가나자와 성, 겐로쿠엔 정원, 21세기 미술관 등이 모두 겐로쿠엔구치 출구 방면이다.

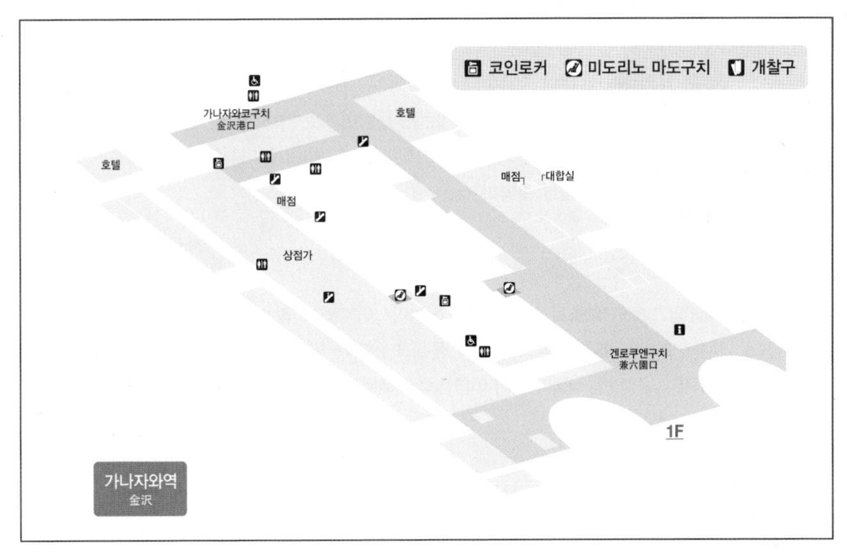

- 미도리노 마도구치(신칸센개찰구) Open 07:00~20:00
- 미도리노 마도구치(노리카에구치) Open 05:30~23:30
- 가나자와역 관광안내소 Open 08:30~20:00 Tel 076-232-6200

키워드로 그려보는 가나자와 여행

여행 난이도 ★★
관광 ★★★☆
쇼핑 ★★★☆
식도락 ★★★
기차 여행 ★☆

전통과 현대가 공존하는 가나자와에서는 먹는 것, 보는 것, 만드는 것 하나하나가 다 예사롭지 않다.

겐로쿠엔 兼六園

일본 3대 정원으로 이름난 겐로쿠엔. 가나자와 성의 정원으로 조성되었지만 지금은 성보다 더 유명하다. 아름다운 일본 전통 정원의 정수를 만나보자.

옛 거리

전쟁의 화를 입은 적이 없는 가나자와에는 사찰이 모여 있는 거리, 옛 찻집 거리 등 고즈넉한 분위기의 길이 많이 남아 있다. 소소한 산책의 기쁨을 누리며 몸과 마음이 정화되는 기분을 느낄 수 있을 것이다.

공예

예나 지금이나 손으로 만든 공예품이 발달한 가나자와. 전통을 현대적으로 재해석한 세련된 공방이 있는가 하면, 몇 년을 앞서가는 듯한 아방가르드한 공방도 찾아볼 수 있다. 가나자와의 품격 있는 크래프트 숍을 주목하자.

가가 채소

가나자와에서 재배되고 있는 채소로 그중에서도 '가가야사이加賀野菜'라는 브랜드로 판매되고 있는 15종의 품목은 특히 품질과 관리가 뛰어난 것으로 유명하다. 가나자와의 음식점에서 이 이름을 기억해두자.

화과자

다도문화가 발달한 가나자와에서는 이와 곁들이는 화과자(와가시和菓子) 제조 기술이 수백 년을 내려오며 꽃을 피운다. 보기에도 좋고 맛도 좋은 화과자는 선물로도 그만이다.

알짜배기로 놀자

시내 가까이 모여 있는 가나자와성과 겐로쿠엔 정원, 21세기 미술관을 오전에 돌아본 후 버스로 이동해 히가시차야 거리에서 이후 시간을 보내면 알맞다.

어떻게 다닐까?

조카마치 가나자와 주유버스 城下まち金沢周遊バス

가나자와역 앞 버스정류장 7번에서 출발하는 관광지 순환버스. 오른쪽 순환인 RL과 왼쪽 순환인 LL이 서로 반대 방향으로 관광지를 돈다. 운이 좋으면 옛날 분위기 물씬 풍기는 보닛 버스를 만날 수도 있다. 주유버스는 특이하게 차장이 모두 여성이다. 주유버스와 겐로쿠엔 셔틀버스, 가나자와 시내 중심부의 호쿠테쓰 시내버스도 이용 가능한 1일 승차권도 있다. 단 시내버스의 경우 반드시 정리권(승차지 증명번호)을 뽑아야 한다. 주요 관광시설의 입장료도 할인받을 수 있다. 가나자와역 동쪽 출구 버스정류장 7번 인근 안내소와 1번 호쿠테쓰 역 앞 센터에서 구입할 수 있다.

Cost 1회 승차권 200엔, 1일 승차권 어른 600엔, 어린이 300엔 Web www.hokutetsu.co.jp/tourism-bus/castle-town

어디서 놀까?

가나자와 성·겐로쿠엔 金沢城·兼六園

희고 매끈한 벽에 띠로 두른 듯 검은 선이 특징인 가나자와 성. 이 성을 중심으로 가나자와가 발달했으며 당시 정치의 조언을 담당한 사찰들이 주변에 많았다. 이에 사찰요리와 다도도 함께 발달하며 가나자와의 문화를 생성했다. 가나자와 성 공원은 너른 부지에 누구나 활용할 수 있게 되어 있어 날이 좋으면 삼삼오오 가족들이 캐치볼을 하거나 도시락을 먹고 있는 평화로운 풍경을 만날 수 있다. 가나자와 성의 정원인 겐로쿠엔은 일본의 정원 형식 중 하나인 '회유식' 정원으로, 돌아보면서 즐길 수 있도록 조성되었다. 가나자와 성의 주인은 바뀌어왔지만 정원의 기본 사상인 '신선사상'은 변하지 않고 중심에서 정원의 모습을 지켜와 큰 연못으로 나타낸 바다에 신선이 사는 섬을 띄운 환상적인 풍경을 연출해낸다. 특히 겨울철 나무들이 폭설에 상하지 않도록 우산살 모양으로 지지대를 만든 '유키쓰리'는 겐로쿠엔의 상징이기도 하다. 정원 내 찻집에서 차와 화과자를 즐기며 아름다운 정원을 감상할 수도 있다.

Access 가나자와역 동쪽 출구에서 주유버스로 겐로쿠엔시타(겐로쿠엔 쪽) 또는 히로사카(가나자와 성 쪽) 하차, 바로 Add 石川県金沢市丸の内1-1 Open 07:00~18:00(10월 16일~2월 28일 08:00~17:00) Cost 각 어른 320엔, 6~18세 100엔, 겐로쿠엔 · 문화시설공통이용권* 500엔 Tel 076-234-3800 Web www.pref.ishikawa.jp/siro-niwa/kenrokuen/

*겐로쿠엔과 함께 가나자와 성, 이시카와현립미술관, 이시카와역사박물관, 이시카와현립전통산업공예관 등 문화시설 한 곳을 이용할 수 있는 티켓

가나자와 21세기 미술관 金沢 21世紀美術館

겐로쿠엔이 번성했던 가가 번加賀藩을 상징한다면, 21세기 미술관은 예술과 문화가 살아 숨 쉬는 가나자와의 현재를 상징한다. 단순히 전시만을 하는 미술관을 넘어 지역 사회의 적극적인 참여하에 청소년의 미술 교육 현장으로 활용되고 있기 때문이다. 주로 지역 예술가들의 참신한 작품을 선보이고 있는데, 기획 수준과 전시 내용이 상당히 훌륭하다. 상설 작품 중에는 수영장 물속에 사람이 걸어 다니는 듯한 이미지를 만들어낸 설치 작품이 유명하다. 이와 함께 지름 112.5m의 납작한 유리 원통 안에 화이트 큐브의 전시 공간이 삽입된 건축 구조는 층과 공간의 개념을 완전히 새롭게 해석한 현대 건축의 걸작으로 평가받고 있다. 일본의 젊은 건축가 세지마 가즈요와 니시자와 류에가 대표로 있는 사나SANNA는 이 작품으로 2010년 건축의 노벨상이라 불리는 프리츠커상을 수상하기도 했다.

Access 가나자와역 동쪽 출구에서 주유버스 타고 히로사카 · 니주잇세이키비주쓰칸 하차, 바로 **Add** 石川県金沢市広坂 1-2-1 **Tel** 076-220-2800 **Open** 10:00~18:00(금 · 토요일 ~20:00), 월요일 휴관 **Cost** 전시회에 따라 다름 **Web** www.kanazawa21.jp

오미초 시장 近江町市場

자타공인 가나자와의 부엌. 채소, 과일, 생선 등 신선한 먹거리가 가득하고 상인과 현지인, 관광객이 어우러져 활기가 넘친다. 특히 유명한 것은 동해에서 잡아 올린 해산물로 만든 초밥을 저렴하게 즐길 수 있는 회전초밥집이다. 시장 내 곳곳에 초밥집이 있으며, 점심시간에는 손님으로 북적인다. 구경하면서 먹기 좋은 어묵튀김, 찐빵, 고로케 등 길거리 음식도 가득하다.

Access 가나자와역 동쪽 출구에서 도보 15분 또는 주유버스로 무사시가쓰지 · 오미초이치바 하차, 바로 **Add** 石川県金沢市上近江町50 **Tel** 076-231-1462 **Open** 09:00~17:00(점포에 따라 다름), 연초 휴업 **Web** ohmicho-ichiba.com

히가시차야ひがし茶屋 거리

가나자와의 3대 차야(찻집) 거리 중 하나. 납작 네모난 돌이 깔린 길 양쪽으로 에도 시대 목조건물들이 늘어선 풍경이 마치 영화 촬영 세트장 같은 느낌을 준다. 운이 좋으면 풍경과 어울리는 전통 복장의 게이코들을 볼 수도 있다. 가나자와의 전통 공예품점, 찻집 등 여행객들에게 추천할 만한 점포가 모여 있으며, 찻집 내부를 견학할 수도 있다(유료). 버스정류장에서 내려 10분 정도 걸어가야 하지만 깔끔하게 정비되어 있는 예쁜 길이라 시간이 아깝지 않다.

Access JR가나자와역 동쪽 출구에서 주유버스로 하시바초 하차, 도보 10분

❶ 가이카로 懐華樓

히가시차야 거리에서 차야(찻집) 건축을 볼 수 있도록 공개하면서 카페도 운영하고 있는 곳. 견학과는 상관없이 카페만 이용하는 것도 가능하다. 찻집이라고는 하지만 실제 사용은 음식과 게이코의 공연이 있는 요정을 상상하는 것이 가깝겠다. 가이카로는 현재에도 밤에는 한 팀만 예약을 받아 모시는 영업을 하고 있다. 붉게 칠해진 계단과 좁은 복도의 흰 벽, 나무 기둥에 어울리도록 고려한 조명, 방에 둘러싸인 네모난 작은 정원 등 알뜰살뜰 살펴볼 만한 구석이 가득하다.

Access 히가시차야 내 Add 石川県金沢市東山1-14-8 Tel 076-253-0591 Open 견학 10:00~17:00 Cost 견학료 성인 750엔 (학생 500엔), 황금 젠자이 2,000엔 Web www.kaikaro.jp

마와루 오미초 시장 초밥 廻る近江町市場寿し

오미초 시장 내에 있는 회전초밥집. 기계로 찍어내는 일본의 여느 회전초밥집과 달리 초밥 베테랑이 직접 손으로 쥐어 벨트에 얹는, 나름 고품격의 초밥집이다. 덕분에 기름기 많으면서 담백한 노도구로(눈볼대) 등 다른 회전초밥집에서 보기 힘든 초밥들도 먹을 수 있다. 청과길 입구 바로 안쪽에 자리한다.

Access JR가나자와역에서 도보 15분 혹은 노선버스 타고 무사시가쓰지 하차, 오미초 시장 내 Add 石川県金沢市下近江町28-1 Tel 076-261-9330 Open 08:30~20:00 Cost 한정 덮밥 1,480엔, 초밥 130엔~ Web www.ichibazushi.co.jp

카페 후무로야 カフェ 不室屋

글루텐을 주원료로 반죽해 삶아낸 후麩는 주로 고열 건조시켜 국에 넣어 먹는데, 카페 후무로야는 말리기 전의 생후를 요리와 디저트에 사용한 음식을 내는 곳이다. 생후는 두부고기처럼 쫄깃한 식감으로 사찰요리에도 자주 사용되어 '후 요리' 하면 정갈한 이미지가 떠오른다. 계절마다 채소와 과일들에 맞춘 한정 메뉴가 준비되므로 고르기 힘들 때 참고하면 좋다.

Access JR가나자와역 햐쿠반가이 구쓰로기칸 내 1층 Add 石川県金沢市木ノ新保町1-1 Tel 076-235-2322 Open 09:00~21:00 Cost 런치 1,100엔~, 생후 젠자이 880엔 Web www.fumuroya.co.jp/shop-list/cafe-kagafufumuroya

르 뮤제 드 애시 ル ミュゼ ドゥ アッシュ(LE MUSEE DE H)

이시카와현 출신의 유명 파티시에 쓰지구치 히로노부辻口博啓가 이시카와현립미술관 내에 지점을 낸 파티세리 카페다. 나나오시七尾市에 있는 본점의 오리지널 케이크와 초콜릿은 물론 이곳만의 한정 스위츠를 아름다운 미술관 공원을 바라보며 음미할 수 있다. 겐로쿠엔의 유키쓰리를 이미지화한 과자는 선물로도 좋다. 가나자와역 내 햐쿠반가이에 선물 매장도 문을 열었다.

Access 가나자와역 동쪽 출구에서 겐리쓰비주쓰칸 하차 바로, 이시카와현립미술관 내 1층 Add 石川県金沢市出羽町2-1 Tel 076-204-6100 Open 10:00~18:00 Cost 케이크 400~800엔 Web le-musee-de-h.jp

하루 종일 놀자

가나자와에 감돌고 있는 전통 예술의 기운을 느껴보자. 미술관, 박물관 등은 물론 아트 숍만 둘러봐도 범상치 않다.

어디서 놀까?

© 金沢市

가나자와·크래프트 히로사카 金沢·クラフト広坂

가나자와의 전통공예품에서 정수를 모았다는 자존심을 지켜가며 영업하고 있는 숍. 공예품이면서도 쓸모 있는 것들, 현재의 생활에서 포인트가 되고 즐거움을 더해줄 기술의 결과물을 전시·판매한다. 찻주전자, 죽세공품, 일본 우산, 유리공예품 등을 취급하며 수시로 기획전을 열기도 한다.

Access 가나자와역 동쪽 출구에서 주유버스 타고 히로사카 · 니주잇세이키비주쓰칸 하차, 도보 2분 Add 石川県金沢市広坂1-2-25 Tel 076-265-3320 Open 10:00~18:00, 월요일 · 연말연시 휴관 Cost 천 반짇고리 세트 2,420엔 Web www.crafts-hirosaka.jp

이마이 금박 今井金箔

가나자와의 공예품 중에서도 고급스러움에서 둘째가라면 서러워할 금박. 값비싼 금을 가능한 한 얇게 펴는 것은 고도의 기술을 요하는 작업으로, 약 1/10000mm의 두께로 펴낸다고 한다. 이곳에서는 금박을 공예품뿐만 아니라 음식과 화장품에도 넣는 등 다양한 형태로 활용한 상품을 판매하고 있다. 예약하면 금박 체험도 가능.

Access 가나자와역에서 노선버스 타고 니주잇세이키비주쓰칸 하차, 도보 1분 Add 石川県金沢市広坂1-2-36 Tel 076-221-1109 Open 10:00~18:00, 월요일 휴업 Cost 뿌려 먹는 금박 미니킨파쿠바나 648엔, 금박 기름종이 385엔 Web www.kinpaku-imai.jp

스즈키 다이세쓰 기념관 鈴木大拙館 D.T. SUZUKI MUSEUM

가나자와 출신의 불교학자인 스즈키 다이세쓰의 학문적 업적을 기리기 위해 건립된 기념관으로, 그 어떤 전시품보다 건축을 통해 그가 말한 사색과 명상의 세계로 안내하고 있다. 마찬가지로 가나자와 출신인 건축가 요시오 다니구치谷口吉生는 주변 숲을 적극적으로 건축 안에 끌어들이되, 건축 자체는 담백하고 여백이 많은 공간으로 연출하였다. 회랑과 수변 공간을 찬찬히 더듬으며 시간마저 멈춘 듯한 정적의 순간에 빠져보자. 기념관 주변의 숲 공원은 산책길을 통해 이시카와현립미술관으로 이어진다. 이 숲 산책로는 스즈키 다이세쓰 기념관에서 놓쳐서는 안 될 히든 포인트다.

Access 가나자와역에서 동쪽 출구에서 주유버스 타고 혼다마치 하차, 도보 4분 **Add** 石川県金沢市本多町3-4-20 **Tel** 076-221-8011 **Open** 09:30~17:00, 월요일 휴관 **Cost** 어른 310엔, 고교생 이하 무료 **Web** www.kanazawa-museum.jp/daisetz/index.html

나카타야 햐쿠반가이점 中田屋 金沢百番街店

어느 지역보다 세련되고 화려한 일본의 화과자를 즐길 수 있는 가나자와. 가나자와역 내 햐쿠반가이에는 유명한 화과점 전문점이 몰려 있는데, 그중 나카타야는 단연 인기 매장이다. 얇은 밀가루 껍질 안에 팥 알맹이가 포슬포슬 씹히는 '긴쓰바きんつば'가 이곳의 대표 화과자. 오리지널, 녹차, 밤의 세 가지 긴쓰바가 있으며, 차와 잘 어울리는 담백하면서도 고소한 맛이다.

Access 가나자와역 햐쿠반가이 린코 내 **Add** 石川県金沢市木ノ新保町1-1 **Tel** 076-260-6069 **Open** 08:30~20:00 **Cost** 오리지널 · 녹차 긴쓰바 각 216엔, 밤 긴쓰바 5개입 1,782엔

끼니는 여기서

오뎅 구로유리 季節料理 おでん 黒百合

가나자와식 오뎅 요리를 즐길 수 있는 노포 이자카야. 50년 이상 된 비법 육수에 계속 물과 재료를 첨가해 시간이 지나도 같은 맛을 유지하고 있다. 이 육수에 푹 끓여져 나온 20여 종의 오뎅 및 두부, 곤약, 무는 시원한 크림 생맥주와 아주 잘 어울린다. 가나자와 향토요리인 지부니治部煮를 비롯해 곤들매기 소금구이, 두부 튀김 등 단품 요리도 다양하다. 역내에 있어 관광객이 많을 것 같지만 의외로 현지 넥타이 부대가 더 즐겨 찾는다. 시끌벅적 활기찬 분위기 속에서 저녁 식사 겸 술 한잔 기울이기 좋은 곳이다.

Access 가나자와역 하쿠반가이 안토 내 Add 石川県金沢市木ノ新保町1-1 Tel 076-260-3722 Open 11:00~22:00 Cost 오뎅 개당 200~450엔 Web www.oden-kuroyuri.com

어디서 잘까?

가나자와역 주변

AB호텔 AB HOTEL

주 관광지 방면과 반대인 서쪽 출구에 있지만 그 정도는 충분히 감안할 수 있는 가격의 호텔이다. 대욕장이 있어 몸 쭉 뻗고 뜨거운 물에 몸을 담글 수 있다. 조식도 무료 제공.

Access JR가나자와역 서쪽 출구에서 도보 1분 Add 石川県金沢市広岡1-9-25 Tel 076-221-1305 Cost 싱글룸 5,800엔~ Web www.ab-hotel.jp/kanazawa

블루 아워 가나자와 Blue Hour Kanazawa

가나자와역이 공용 거실 창 밖에서 보이는 게스트하우스. 2016년 11월 오픈해 시설이 깔끔하다. 도미토리가 칸막이 형식이라 어느 정도 프라이버시가 확보된다. 혼성 도미토리(29인실)와 여성 전용 도미토리(14인실)가 있다.

Access JR가나자와역 동쪽 출구에서 도보 3분 Add 石川県金沢市此花町3-3 Cost 1인 2,500엔~ Tel 080-3749-7657 Web bluehourkanazawa.com

04

간사이·주고쿠

사철 대국에서 벌이는 JR의 고군분투

간사이 기차 여행자는 바쁘다. 일본의 전통유산과 특유의 지역문화가 어우러진 오사카, 교토, 고베를 구석구석 다니려면 늘 시간이 부족하다. 가장 빠르고 편리한 이동수단인 철도는 경쟁하듯이 여러 종류가 그물망처럼 얽히고설켜 있다. 이곳에선 JR패스보다 사철 패스가 더 잘 팔리고 유용할 정도다. 반면, 간사이의 주요 관광지를 벗어나 장거리 여행에선 JR이 다시 빛을 발한다. 일본의 다양한 철도 시스템을 경험하고 싶다면 간사이와 주고쿠에서의 기차 여행은 분명 흥미로운 시간이 될 것이다.

철도운영주체

JR웨스트

정식 명칭은 서일본여객철도주식회사西日本旅客鉄道株式会社, 일본어로는 JR니시니혼이다. 한국에서의 관광객 수 단연 1위인 간사이국제공항을 중심으로 한 오사카와 교토, 나라, 고베, 와카야마, 더 뻗어 오카야마와 히로시마, 돗토리까지 담당하고 있으며 여섯 개의 JR회사 중 노선이 가장 복잡하다. 특히 오사카, 고베, 교토 권역은 대행사철만 다섯 곳으로 JR노선 바로 옆에서 사철이 운행하는 등 무한 경쟁을 벌이고 있다. 대부분의 사철에서 통용되는 '간사이 스루패스' 앞에 막강한 JR패스도 맥을 못 추고 있는 실정이다. 이에 JR웨스트에서는 130km/h의 신쾌속 등급을 도입하고 직통 운전 구간을 확대해 교토역~오사카역 구간을 30분 미만으로 주파하면서 강력하게 대응하고 있다. 오사카 권역을 벗어나면 동쪽으로는 JR이스트와 JR센트럴, 남서쪽으로는 JR규슈과 노선을 공유하는 부분이 많아 운영구역이 헷갈리는 경우도 있다. 또한 수익성이 담보된 간사이 지역과 달리, 주고쿠·호쿠리쿠 지역의 로컬 노선은 적자를 면치 못하고 있다. JR웨스트의 열차 패스가 9가지 종류나 되는 것도 이러한 사정과 무관하지 않다. 틈새 공략의 일환으로 최근에는 한국인 관광객 전용의 열차 패스도 선보이며 적극적인 해외 관광객 유치에 나서고 있나. 넓은 권역에 비해 관광열차는 잘 발달하지 않았고 주로 이동 수단이라는 이미지가 강하다. 교통 IC카드는 '이코카ICOCA'. '떠날까'라는 의미의 일본어 발음과 같은 이코카의 캐릭터는 오리너구리 '이코짱'이다. 스이카Suica, 파스모PASMO 등 다른 JR회사의 IC카드와 호환된다.

총 철도노선 거리 4903.1km(51개 노선)
총 역 개수 1,174곳 **Web** www.westjr.co.jp

사철

간사이·주코쿠 지역에는 20개의 회사가 크고 작은 노선들을 운영하고 있다. 그중 막강한 5대 대형 사철을 소개한다. 사철은 대부분 '간사이 스루패스'로 이용할 수 있다. 사철의 기본 IC카드인 '피타파PiTaPa'는 후불카드이기 때문에 관광객은 이용하기 어렵다.

❶ 난카이 전기철도 南海電気鉄道株式会社

난카이 철도라고 줄여 부르며, 간사이국제공항에 내렸을 때 제일 먼저 만나게 되는 열차다. 간사이국제공항에서 오사카를 가장 빠르게 연결하는 라피토 열차도 이 난카이 철도다. 그 외에는 주로 오사카와 와카야마현의 고야산高野山을 연결하는 노선을 운행한다.

총 철도노선 거리 153.5km 총 역 개수 98역
Web www.nankai.co.jp

❷ 한큐 전철 阪急電鉄株式会社

오사카 우메다역에서 고베, 다카라즈카, 교토까지 연결하는 열차. 열광적인 여성 팬을 가진, 일본여성 가극단 다카라즈카宝塚歌劇団를 운영하는 회사로도 유명하다. 우메다역에 있는 한큐한신백화점은 이 회사에서 생겨 독립했다. 교토 지역은 대나무숲으로 유명한 아라시야마까지 운행한다. 별도 부동산 사업의 일환으로 오사카에서 잘 알려진 쇼핑몰인 누 차야마치, 그랑 프론트 오사카를 운영하고 있다. 그랑 프론트 오사카에 철도 모형 숍이 있다.

총 철도노선 거리 143.6km 총 역 개수 90역
Web www.hankyu.co.jp

❸ 한신 전철 阪神電気鉄道株式会社

모회사가 한큐 전철과 같은 한큐한신홀딩스다. 1905년 영업을 시작해 도시 간 전철로는 일본에서 가장 오래되었다. 한국에도 유명한 야구팀 한신 타이거즈의 구단주다. 오사카에서 고베를 잇는 노선이 주 영업노선으로 일본 고교야구의 드라마를 만들어내는 고시엔 구장에 가려면 이 열차의 고시엔甲子園 역을 이용하면 된다.

총 철도노선 거리 48.9km 총 역 개수 51역
Web rail.hanshin.co.jp

❹ 게이한 전철 京阪電気鉄道株式会社

오사카와 교토, 일본 최대 면적의 호수인 비와 호수변의 시가현 비와코하마오쓰びわ湖浜大津 역까지 연결하는 전철. 나카노시마 지역의 멋진 나무 역사를 가진 나카노시마선中之島線도 게이한 전철. 교토 지역의 관광지를 지역별로 버스와 함께 묶은 다양한 1일 패스를 판매한다.

총 철도노선 거리 91.1km 총 역 개수 89역
Web www.keihan.co.jp

❺ 긴키 닛폰 철도 近畿日本鉄道株式会社

간사이 지역에서 JR을 제외하고는 가장 긴 영업철도구간을 가진 사철. 긴테쓰라고 흔히 불리며, 오사카에서는 나라로 갈 때 JR나라역보다 긴테쓰나라역이 관광지에 더 가까워 편리하다. 나라 외에도 교토, 남쪽으로 요시노吉野, 동쪽으로 이세·시마伊勢·志摩를 망라하고 나고야까지 노선이 뻗어 있다. 특급요금 없이 승차요금만으로 이용할 수 있는 급행열차가 다양해 비용과 시간을 절약할 수 있다.

총 철도노선 거리 501.1km 총 역 개수 286역
Web www.kintetsu.co.jp

유용한 열차 패스

JR웨스트 패스

JR웨스트 권역 전체를 커버하는 패스는 따로 없고, 지역에 따라 다양한 패스를 판매한다. 한국에서 예매하는 것이 조금 싸다. 국내 여행사 또는 JR웨스트 홈페이지에서 교환권을 예매할 수 있다. JR웨스트 패스 교환 시 여권과 함께 교환증 또는 예약번호가 필요하다. 도시 간 이동 시에는 가장 빠르고 편리하나, 도시 내 관광에는 여러모로 아쉽다. 오사카 시영 지하철 1일권을 따로 구입하면 어느 정도 해결할 수 있다.

Web www.westjr.co.jp/global/kr/ticket/pass

❶ 간사이 패스 Kansai Area Pass

간사이공항에서 오사카, 교토, 고베, 나라, 히메지, 와카야마, 시가·쓰루가, 이가우에노까지 이용 가능하며, 간사이공항 특급 하루카의 자유석과 쾌속, 보통 열차를 탈 수 있다.

※하루카 이외의 특급 및 신칸센 이용 불가

종류	가격(엔)
1일권	2,400
2일권	4,600
3일권	5,600
4일권	6,800

❷ 간사이 와이드 패스 Kansai WIDE Area Pass

간사이 패스 지역에 더하여 오카야마·구라시키, 와카야마 남부인 시라하마, 효고의 유명한 온천 기노사키, 시코쿠의 입구 다카마쓰까지 이용 가능하고, 산요 신칸센(노조미와 미즈호 포함 신오사카역~오카야마 구간)·특급·쾌속·보통열차를 탈 수 있다.

※도카이도 신칸센(신오사카역~도쿄 구간)은 이용 불가

종류	가격(엔)
3일권	10,000

❸ 그 외 JR 웨스트 패스

이름	지역(대표 관광지)	기간	가격(엔)
간사이 히로시마 패스	간사이 와이드 패스 지역, 히로시마, 미야지마 페리 이용 가능	5일	15,000
산요 산인 패스	간사이 히로시마 패스 지역, 야마구치(시모노세키), 후쿠오카(하카타)	7일	20,000
간사이 호쿠리쿠 패스	간사이 와이드 패스 지역, 이시카와(와쿠라 온천), 도야마(구로베 협곡)	7일	17,000
호쿠리쿠 패스	후쿠이, 이시카와(와쿠라 온천), 도야마(구로베 협곡)	4일	5,090
산인 오카야마 패스	시마네(이즈모타이샤), 돗토리(돗토리 사구), 오카야마·구라시키	4일	4,580
히로시마 야마구치 패스	후쿠오카(하카타), 야마구치, 히로시마(오노미치)	5일	13,000
세토우치 패스*	오사카, 교토, 고베, 히메지, 오카야마, 다카마쓰, 에히메, 히로시마, 야마구치, 후쿠오카(하카타)	7일	19,000
오카야마 히로시마 야마구치 패스	후쿠오카(하카타), 야마구치, 히로시마, 시마네(마스다), 히로시마, 오카야마, 가가와(다카마쓰)	5일	15,000

*자세한 내용은 p375 참고.

JR 이외 패스

간사이 스루 패스 KANSAI THRU PASS

간사이 지역의 사철 연합 패스. 오사카와 그 주변 관광지인 효고(고베), 교토, 나라, 와카야마, 시가에서 JR노선 열차를 제외한 대부분의 지하철, 전철, 버스를 이용할 수 있다. 외국인 관광객 전용으로 구입 시 여권을 제시해야 한다. 한국에서 간사이를 여행하려는 여행자가 가장 많이 이용하는 패스이기도 하다. 국내 여행사에서 미리 구입해 가거나 현지에서 살 수 있다. JR패스와 달리 예매 시에 실제 티켓(자기 카드)을 받게 되므로 현지에서 바로 사용할 수 있어 편리하다. 사용 기간의 기준은 당일 첫차부터 막차까지로, 밤 12시 이후에도 이용이 가능한 경우가 있으며, 유효기간 내라면 연속한 날짜에 사용하지 않아도 된다. 유효기한이 매년 4월~다음 해 3월까지 판매, 다음 해 5월까지 사용할 수 있으므로 예매 시에 유의한다. 노선의 주변 관광지 260곳의 우대 할인 특전 쿠폰북도 함께 제공되므로, 여러 관광지를 두루두루 섭렵하는 스타일의 여행자에게 알맞다.

Web www.surutto.com

종류	가격(엔)
2일권	4,380
3일권	5,400
이용 가능 철도·버스	
간사이공항-오사카, 오사카 시영 지하철, 오사카에서 고베, 나라, 교토, 히에이잔, 오쓰, 와카야마, 고야산까지의 각 노선, 교토 시영 지하철 및 버스, 고베 시영 지하철 및 버스, 난카이린칸 버스 등	
이용 불가 시설	
리무진 버스, JR열차, USJ셔틀버스, 난카이 버스 등 긴테쓰·난카이 전철의 지정석, 특급열차는 추가요금 필요.	

한큐 투어리스트 패스 HANKYU TOURIST PASS

오사카(우메다역), 고베, 교토(가와라마치역)의 한큐 전철 노선을 무제한 이용할 수 있는 외국인 전용 열차 패스. 간사이의 사철 이용이 대체로 익숙하고 여행 동선이 정해져 있다면 간사이 스루 패스보다 경제적인 선택이다. 갈색의 고급스런 한큐 열차도 선택의 이유를 더한다. 한국 여행사를 통해 구입하면 좀 더 저렴하고, 실물 티켓을 바로 수령할 수 있다. 일본 현지에서는 한큐 투어리스트 센터 오사카·우메다 등 한큐 계열 관광안내소와 호텔에서 구입할 수 있으며, 여권을 제시해야 한다. 한큐 투어리스트 패스가 있으면 오사카역 앞에서 출발하는 공항 리무진 버스 티켓을 할인된 가격(편도 1,600엔→1,500엔)으로 구입할 수 있다.

Web www.hankyu.co.jp

종류	가격(엔)
1일권	800
2일권	1,400

열차 티켓 창구

미도리노 마도구치 みどりの窓口

간사이국제공항을 비롯해 JR 역내에 있는 JR 티켓 전용 창구로 JR웨스트 패스 교환 및 구입, 지정석권 발급 등 열차와 관련된 업무를 볼 수 있다. 특히 입국 후 공항 2층의 열차 연결통로에 자리한 미도리노 마도구치는 창구 내 2층이 외국인 전용이라 이용하기 한결 편하다.

간사이국제공항점 Open 05:30~23:00, 외국인 전용창구 10:30~18:30

간사이 투어리스트 인포메이션 센터

오사카 신사이바시 및 다이마루 신사이바시, 간사이국제공항, 교토 타워에 자리한 외국인 전용 관광안내센터. 간사이 스루 패스, 오사카 주유 패스, JR 웨스트 패스 등 각종 교통 패스 구입 및 각종 관광안내 서비스를 영어, 중국어, 한국어로 받을 수 있다.

Web www.tourist-information-center.jp/kansai/ko

난카이 전철 간사이쿠코역 창구

간사이공항 2층에서 연결된 간사이쿠코역에 들어가자마자 왼쪽에 있다. 주변에 안내해주는 직원들이 있어 바로 찾을 수 있다. 난카이 전철이 운행하는 라피토 열차 승차권은 물론 간사이 스루 패스 구입이 가능하다.

Open 05:00~23:29 Tel 072-456-6203

오사카시 비지터즈 인포메이션 센터 우메다/난바

오사카관광국에서 운영하는 관광안내소로 JR오사카역(우메다점)과 난카이 난바역(난바점)에 자리한다. 간사이 스루 패스와 오사카 주유 패스 등 각종 교통 패스를 구입할 수 있고, 오사카 시내 관광에 대한 다양한 정보를 얻을 수 있다.

슈퍼 이나바 スーパーいなば
뜻 흰 토끼 전설이 전해지는 지명
구간 오카야마~돗토리
차량 기하187계

야쿠모 やくも
뜻 산 위로 피어오르는 '수많은 구름'
구간 오카야마~이즈모시
차량 381계

슈퍼 마쓰카제 スーパーまつかぜ
뜻 솔솔 부는 '솔바람'
구간 돗토리~마스다
차량 기하187계

우즈시오 うずしお
뜻 빙글 빙글 돌아가는 '바다의 소용돌이'
구간 오카야마·다카마쓰~도쿠시마
차량 N2000계

노조미 のぞみ
뜻 어서 도착하고자 하는 '바람'
구간 도쿄~신오사카~하카타
차량 N700계, 16량

시오카제 しおかぜ
뜻 바다 냄새 물씬 풍기는 '바닷바람'
구간 오카야마~이마바리·마쓰야마·우와지마
차량 8000계·2000계

히카리 ひかり
뜻 이보다 빠른 건 없다, '빛'
구간 도쿄~신오사카~하카타
차량 N700계, 8량/700계, 8량 등

난푸 南風
뜻 따뜻하게 불어오는 '남풍'
구간 오카야마~고치·스쿠모
차량 2000계

고다마 こだま
뜻 빠른 속도가 만들어내는 '메아리'
구간 도쿄~신오사카~하카타
차량 700계, 16량·500계, 8량

미즈호 みずほ
뜻 황금빛 들판을 만들어낼 '벼이삭'
구간 신오사카~하카타~가고시마추오
차량 N700계, 8량

사쿠라 さくら
뜻 누구나 아는 '벚꽃'
구간 신오사카~하카타~가고시마추오
차량 N700계, 8량·800계, 6량

슈퍼 오키 スーパーおき
뜻 널찍한 마음으로 받아주는 '앞바다'
구간 돗토리~신야마구치
차량 기하187계

슈퍼 하쿠토 スーパーはくと
뜻 꾀 많은 '흰 토끼'
구간 돗토리~신야마구치
차량 HOT7000계

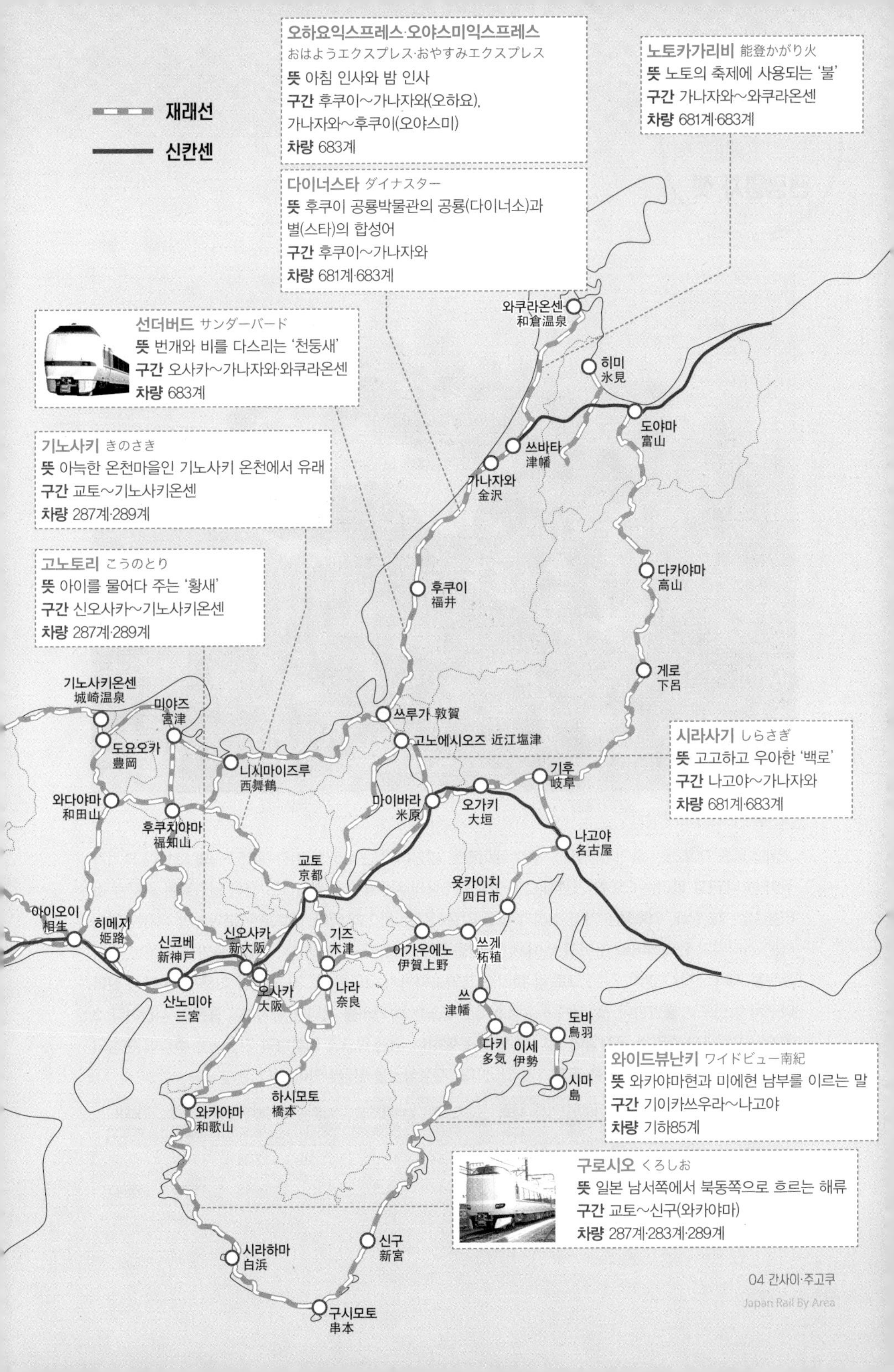
재래선
신칸센
오하요익스프레스·오야스미익스프레스
おはようエクスプレス·おやすみエクスプレス
뜻 아침 인사와 밤 인사
구간 후쿠이~가나자와(오하요),
가나자와~후쿠이(오야스미)
차량 683계
다이너스타 ダイナスター
뜻 후쿠이 공룡박물관의 공룡(다이너소)과
별(스타)의 합성어
구간 후쿠이~가나자와
차량 681계·683계
노토카가리비 能登かがり火
뜻 노토의 축제에 사용되는 '불'
구간 가나자와~와쿠라온센
차량 681계·683계
선더버드 サンダーバード
뜻 번개와 비를 다스리는 '천둥새'
구간 오사카~가나자와·와쿠라온센
차량 683계
기노사키 きのさき
뜻 아늑한 온천마을인 기노사키 온천에서 유래
구간 교토~기노사키온센
차량 287계·289계
고노토리 こうのとり
뜻 아이를 물어다 주는 '황새'
구간 신오사카~기노사키온센
차량 287계·289계
시라사기 しらさぎ
뜻 고고하고 우아한 '백로'
구간 나고야~가나자와
차량 681계·683계
와이드뷰난키 ワイドビュー南紀
뜻 와카야마현과 미에현 남부를 이르는 말
구간 기이카쓰우라~나고야
차량 기하85계
구로시오 くろしお
뜻 일본 남서쪽에서 북동쪽으로 흐르는 해류
구간 교토~신구(와카야마)
차량 287계·283계·289계
와쿠라온센 和倉温泉
히미 氷見
도야마 富山
쓰바타 津幡
가나자와 金沢
다카야마 高山
후쿠이 福井
게로 下呂
쓰루가 敦賀
고노에시오즈 近江塩津
기후 岐阜
마이바라 米原
오가키 大垣
나고야 名古屋
기노사키온센 城崎温泉
미야즈 宮津
도요오카 豊岡
니시마이즈루 西舞鶴
와다야마 和田山
후쿠치야마 福知山
교토 京都
욧카이치 四日市
아이오이 相生
히메지 姫路
신코베 新神戸
신오사카 新大阪
기즈 木津
이가우에노 伊賀上野
쓰게 柘植
산노미야 三宮
오사카 大阪
나라 奈良
쓰 津幡
도바 鳥羽
다키 多気
이세 伊勢
시마 島
하시모토 橋本
와카야마 和歌山
신구 新宮
시라하마 白浜
구시모토 串本

SL야마구치 SLやまぐち

JR웨스트를 대표하는 증기기관열차. '귀부인'이라는 별칭이 있는 C57형 기관차(C57-1)와 그보다 크기가 작아 '포니'라고 불리는 C56형 기관차(C56-160)가 5량의 차량을 견인한다. C57형이 날카로운 휘파람 소리를 내는 데 반해, C56형은 기적 소리가 낮고 강렬하다는 차이가 있다. 레트로한 분위기의 객차는 각기 다른 스타일과 인테리어로 꾸며져 있어서 몇 번을 타도 새롭다. 신야마구치역에서 출발한 열차는 유다온천을 지나 '산인 지방의 작은 교토'라 불리는 쓰와노역까지 다다른 후, 3시간가량 머문 다음 다시 신야마구치 방면으로 출발한다. 옛 저택과 고풍스러운 도노마치 거리를 거니며 즐기기에 충분한 시간이다. 3월부터 11월까지 주말과 공휴일에 1일 1회 왕복 운행하며, 골든위크와 여름방학 기간에는 주중에 편성되기도 한다. 전 좌석 지정석으로 JR패스가 있더라도 지정석권을 발급받아야 한다. Web www.c571.jp

역 이름	신야마구치 新山口	유다온센 湯田温泉	야마구치 山口	니호 仁保	시노메 篠目	나가토쿄 長門峡	지후쿠 地福	나베쿠라 鍋倉	도쿠사 徳佐	쓰와노 津和野
상행	10:50	11:05	11:12	11:33	11:56	12:02	12:30	12:35	12:42	12:58
하행	17:30	17:14	17:09	-	16:42	16:32	-	16:13	16:07	15:45

JR 외 열차

❶ 사가노 도롯코 열차 嵯峨野トロッコ列車

교토 아라시야마의 호즈 강을 따라 달리는 관광열차. 광산열차를 관광용으로 개조해 호즈 강변의 다이내믹한 계곡 풍경을 만끽할 수 있도록 했다. JR사가아라시야마역 바로 옆의 도롯코 사가역에서 탑승한 후 23분을 달려 도롯코 가메오카역에 다다른다. 5량의 객차는 모두 지정석으로 탑승할 수 있고, 유리창 없이 완전히 오픈된 객차 '더 리치호ザ·リッチ号(5호차)'는 한층 더 가까이서 강변 풍광을 즐길 수 있다. 우천 시 승객을 태울 수 없기 때문에 당일에만 티켓을 판매한다. 시간이 넉넉하다면 먼저 도롯코 열차를 타고 사가역에서 가메오카역까지 이동한 후 다시 호즈 강 유람선을 타고 도게쓰교로 가는 코스를 추천. Cost 편도 어른 880엔, 어린이 440엔 Web www.sagano-kanko.co.jp

역 이름	도롯코 사가역 トロッコ嵯峨	도롯코 아라시야마역 トロッコ嵐山	도롯코 호즈쿄역 トロッコ保津峡	도롯코 가메오카역 トロッコ亀岡
상행 10:00~16:00	매 2분	매 5분	매 13분	매 25분
하행 10:30~16:30	매 56분	매 53분	매 41분	매 30분

❷ 다마전차 たま電車

고양이 역장으로 유명한 기시역까지 운행하는 와카야마 전철 기시가와선의 로컬 전철. 와카야마역에서 기시역까지 단 두 량의 단출한 전차가 30분가량 시골길을 달린다. 고양이 역장이 캐리커처된 '다마전차'는 단연 인기만점. 앙증맞은 딸기가 잔뜩 그려진 '이치고(딸기) 전차'와 새빨간 전차 안에 옛날 장난감이 가득 채워진 '오모차(장난감) 전차' 등 동심을 자극하는 아기자기한 전차도 운행한다. 시간을 잘 맞추면 갈 때는 다마열차를, 돌아올 때는 이치고전차를 탈 수 있다. 노송나무 껍질로 된 지붕이 영락없이 고양이 얼굴을 연상케 하는 기시역 내 역장실에 니타마 역장이 앉아서 오가는 손님을 맞는다. 고양이 역장이 근무하는 요일과 시간이 정해져 있으니 미리 홈페이지에서 확인해두자. 기시역 내 카페에서는 고양이 모양의 카푸치노와 슈크림을 맛볼 수 있고, 기념품숍에는 다양한 고양이 테마 아이템이 가득하다.

Cost 와카야마역~기시역 편도 410엔, 어린이 210엔 / 기시가와선 1일 승차권 어른 800엔, 어린이 400엔 Web www.wakayama-dentetsu.co.jp

© DESIGNED BY EIJI MITOOKA+DON DESIGN ASSOCIATES

1 Day

간사이공항 ▶ 난바역

09:45 간사이국제공항 도착, 사철 패스* 구입
(*한큐투어리스트 패스 2일권+요코소! 오사카 티켓+한큐 공항 리무진 버스)

11:00 난카이 전철 라피토 열차 탑승

12:00 난바역 하차, 숙소 체크인(짐 맡기기)

13:00 도톤보리로 도보 이동,
다코야키나 오코노미야키로 점심 식사

14:00 난바역 쪽 난바 파크스, 난바 워크,
덴덴타운 관광

18:00 구시카쓰와 생맥주로 저녁 식사

20:00 우메다역 주변으로 이동하여 야경 감상

22:00 숙소 휴식

2 Day

우메다역 ▶ 아라시야마역 ▶ 가와라마치역

08:00 아침 식사 후 체크아웃

09:20 우메다역에서 한큐 본선 특급열차 탑승

09:54 가쓰라桂역 하차 한큐아라시야마선 열차로 환승

10:07 한큐 아라시야마역 하차, 역 코인로커 짐 보관

10:30 아라시야마 대숲 산책, 도게쓰교에서
호즈강 유람선 구경

12:00 점심 식사

13:02 도롯코 사가역에서 사가노 도롯코 열차* 탑승
(*지정석권 별도 구입)

13:25 도롯코 가메오카역 도착, 주변 산책

14:30 도롯코 가메오카역에서 사가노 도롯코열차 탑승(또는 인근의 JR우마호리馬堀역에서 보통 열차를 타면 JR사가아라시야마역까지 더 빠르고 저렴하게 이동할 수 있다.)

14:50 도롯코 아라시야마역 도착, 한큐 아라시야마역까지 도보 이동, 역에서 짐 찾기

15:27 한큐 아라시야마역에서
한큐아라시야마선 열차 탑승

15:35 가쓰라桂역 하차 한큐교토본선준급 열차로 환승

15:49 한큐 가와라마치역 도착

16:00 숙소 체크인

16:30 도보로 야사카 신사와 기온 관광 및 저녁 식사

21:00 숙소 휴식

❶ 나도 갔다 왔다, 오사카 3박 4일

오사카를 중심으로 한 교토, 고베의 대표 관광지로 꽉 채운 3박 4일 일정. 사철이 대세인 권역이므로 사철 패스를 적극 활용한다. 오사카가 처음이라면 대부분의 사철과 시영 지하철을 탈 수 있는 '간사이 스루 패스 2일권'으로 여러 관광지의 할인 혜택도 누리면서 편하게 다닐 수 있다. 비교적 여행 동선이 정해져 있고 사철 이용도 익숙하다면, '한큐 투어리스트 패스 2일권'으로 야무지게 오사카 관광을 즐길 수 있다. 어느 쪽이든 간사이 공항에서 오사카 시내를 잇는 교통편의 승차권은 따로 구입해야 한다.

3 Day

가와라마치역 ▶ 고베산노미야역 ▶ 오사카난바역

08:00 아침 식사

09:00 교토 시 버스 1day 패스 구입, 버스로 기요미즈데라로 이동

10:00 산넨자카·니넨자카 골목골목 관광

12:41 가와라마치역에서 한큐 전철 교트레인* 탑승 (*주말·공휴일 운행)

13:19 주소역에서 한큐고베본선 특급열차 환승

13:47 한큐 고베산노미야역 도착, 역 코인로커에 짐 보관

14:20 기타노이진칸의 이국적 건축물과 바다 풍경 감상

16:00 모토마치·난킨마치에서 쇼핑

18:00 베이에어리어 모자이크에서 고베 야경 보며 저녁 식사

20:26 고베산노미야역에서 한큐고베본선 특급열차 탑승

20:55 우메다역 도착, 숙소 체크인, 휴식

4 Day

오사카역 ▶ 간사이공항

08:00 아침 식사 후 숙소 체크아웃(짐 맡기기)

09:30 오사카 성, 역사박물관 관람

11:30 나카노시마로 이동, 점심 식사

12:30 나카노시마 박물관 및 건축물 탐방

14:00 숙소에서 짐 찾기

14:28 오사카역 앞(하비스 플라자 입구)에서 한큐 공항 리무진 버스 탑승

15:30 간사이국제공항 도착

17:05 간사이국제공항 출국

1 Day

간사이공항 ▶ JR오카야마역

09:45 간사이국제공항 입국, JR패스 교환 및 구입

11:16 간사이공항역에서 특급 하루카 탑승 (*간사이 와이드 패스 사용 개시)

12:05 JR신오사카역에서 신칸센으로 환승

12:25 신칸센 노조미 탑승

13:15 JR오카야마역 도착, 숙소 체크인(짐 맡기기)

14:05 JR오카야마역에서 특급 야쿠모 탑승

14:16 JR구라시키역 도착, 구라시키 미관지구 관광

18:00 저녁 식사

20:13 JR구라시키역 특급 야쿠모 탑승

20:23 오카야마 도착, 숙소 휴식

2 Day

JR오카야마역 ▶ JR시라하마역

08:00 아침 식사 후 체크아웃(짐 맡기기)

09:00 오카야마 성, 고라쿠엔 관광

12:00 점심 식사(또는 에키벤 구입) 후 숙소에서 짐 찾기

12:58 JR오카야마역에서 신칸센 사쿠라 탑승

13:42 JR신오사카역 도착, 열차 환승

14:00 특급 구로시오 탑승

16:33 JR시라하마역 도착

16:40 온천 숙소 무료 셔틀버스 또는 노선 버스로 숙소 이동

17:00 숙소 체크인

18:30 온천 숙소 또는 시라하마 긴자 거리에서 저녁 식사

20:00 숙소 온천 또는 공공 온천 시설에서 온천 후 휴식

❷ 열차 패스를 쓰려면 이렇게, 간사이 와이드 패스 4박 5일

오사카 위주의 관광에서 벗어나 오카야마와 와카야마 등 인근 도시까지 아우르는 4박 5일 코스. JR웨스트의 간사이 와이드 패스 5일권만 있으면 신칸센과 특급열차로 빠르고 편리하게 다닐 수 있다. 오사카와 교토의 주요 관광지는 놓치지 않으면서, 오카야마의 아름다운 소도시 구라시키와 와카야마에서 가장 오래된 바닷가 온천 시라하마 등 다채로운 일본의 풍경과 만날 수 있다. 고양이 역장으로 유명한 와카야마의 기시역으로 장난감 같은 전차를 타고 가는 일정도 빼놓지 말자.

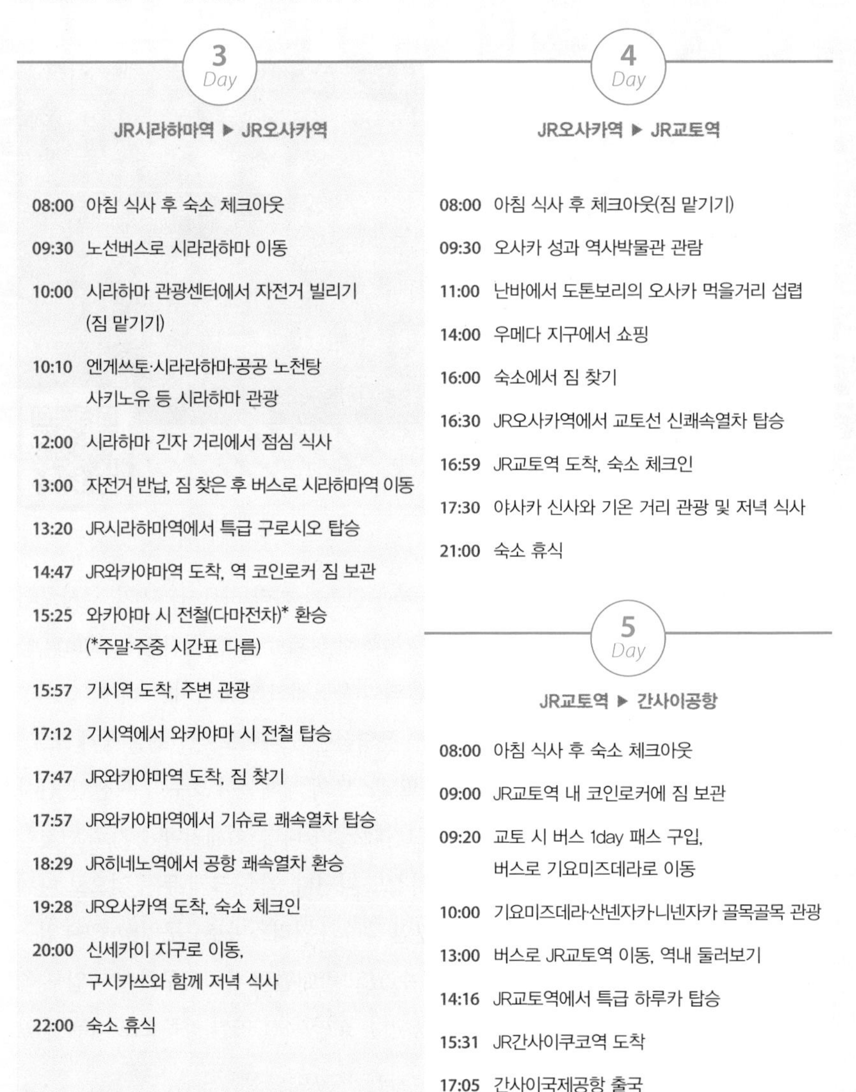

3 Day

JR시라하마역 ▶ JR오사카역

08:00 아침 식사 후 숙소 체크아웃

09:30 노선버스로 시라라하마 이동

10:00 시라하마 관광센터에서 자전거 빌리기 (짐 맡기기)

10:10 엔게쓰토·시라라하마·공공 노천탕 사키노유 등 시라하마 관광

12:00 시라하마 긴자 거리에서 점심 식사

13:00 자전거 반납, 짐 찾은 후 버스로 시라하마역 이동

13:20 JR시라하마역에서 특급 구로시오 탑승

14:47 JR와카야마역 도착, 역 코인로커 짐 보관

15:25 와카야마 시 전철(다마전차)* 환승 (*주말·주중 시간표 다름)

15:57 기시역 도착, 주변 관광

17:12 기시역에서 와카야마 시 전철 탑승

17:47 JR와카야마역 도착, 짐 찾기

17:57 JR와카야마역에서 기슈로 쾌속열차 탑승

18:29 JR히네노역에서 공항 쾌속열차 환승

19:28 JR오사카역 도착, 숙소 체크인

20:00 신세카이 지구로 이동, 구시카쓰와 함께 저녁 식사

22:00 숙소 휴식

4 Day

JR오사카역 ▶ JR교토역

08:00 아침 식사 후 체크아웃(짐 맡기기)

09:30 오사카 성과 역사박물관 관람

11:00 난바에서 도톤보리의 오사카 먹을거리 섭렵

14:00 우메다 지구에서 쇼핑

16:00 숙소에서 짐 찾기

16:30 JR오사카역에서 교토선 신쾌속열차 탑승

16:59 JR교토역 도착, 숙소 체크인

17:30 야사카 신사와 기온 거리 관광 및 저녁 식사

21:00 숙소 휴식

5 Day

JR교토역 ▶ 간사이공항

08:00 아침 식사 후 숙소 체크아웃

09:00 JR교토역 내 코인로커에 짐 보관

09:20 교토 시 버스 1day 패스 구입, 버스로 기요미즈데라로 이동

10:00 기요미즈데라·산넨자카·니넨자카 골목골목 관광

13:00 버스로 JR교토역 이동, 역내 둘러보기

14:16 JR교토역에서 특급 하루카 탑승

15:31 JR간사이쿠코역 도착

17:05 간사이국제공항 출국

01 교토역 京都駅

일본의 천년수도 교토. 그 현관인 교토역은 건축가 하라 히로시原広司가 '역사로의 문'이라는 콘셉트로 20세기 하이테크 건축을 접목해 설계했다. 뻥 뚫린 높이 50m의 중앙 유리 아트리움은 철골구조가 그대로 노출되어 웅장하고 압도적이며, 하루 60만 명이 넘는 역 이용객들을 맞이한다. JR센트럴이 운영하는 도카이도 신칸센을 통해 도쿄·나고야·오사카 방면으로 빠르게 연결하고, JR웨스트의 재래선이 호쿠리쿠·산인·간사이공항·와카야마로, 사철인 긴키 닛폰 철도(긴테쓰)가 나라·이세지마 등지로 연결한다. 또한 교토 시내를 오가는 교토 시영 지하철도 다닌다. 역은 크게 두 구역으로 나뉘며 이용할 수 있는 노선도 각기 다르다. 본관인 북쪽의 가라스마추오구치烏丸中央口 입구에서는 JR 재래선과 교토 시영 지하철을 탈 수 있고 반대편의 하치조구치八条口 입구 쪽 선로에는 도카이도 신칸센과 긴테쓰가 운행된다. 쇼핑 시설 또한 양쪽으로 나뉘어 있다. 이세탄 백화점과 빅카메라, 지하상가 포르타는 가라스마추오구치 쪽, 이온몰 교토점과 긴테쓰 지하상가는 하치조구치 쪽이다. 교토 시내 여행 시 가장 편리한 교통수단인 시 버스를 타려면 가라스마추오구치로 나와야 한다.

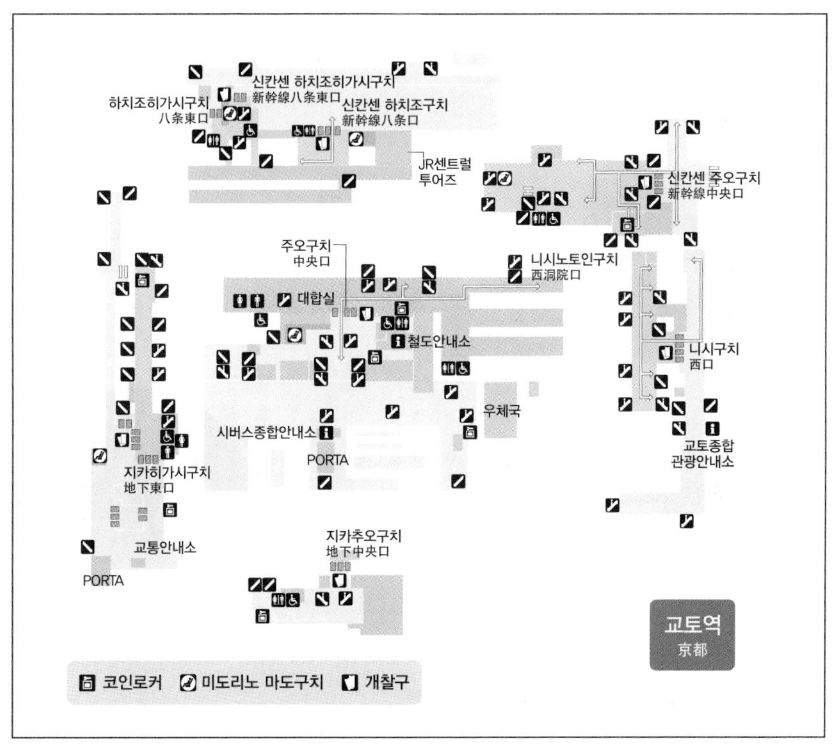

- 미도리노 마도구치 Open 06:30~21:00
- 교토종합안내소(교나비京なび) Open 08:30~19:00 Tel 075-343-0548
- JCB 라운지 교토 Open 10:00~18:00

Tip!

코인로커가 꽉 찼다면? 교토역 짐 보관·운반 서비스

수많은 여행자들이 오가는 교토역에는 구내 곳곳에 코인로커가 비치되어 있지만 늘 부족하다. 비어 있는 코인로커를 찾으려고 발을 동동 구르기보다 역의 짐 보관 서비스를 이용하자. 너무 이르거나 늦은 시간만 아니라면 언제든 짐을 맡기고 가볍게 교토를 여행할 수 있다. 이곳에서는 교토역에서 숙소로 짐을 운반해 주는 서비스도 제공한다.

Access JR선 중앙개찰구로 나와 에스컬레이터 타고 지하 1층 내리자마자 바로 Open 08:00~20:00 Cost 캐리어 1개 보관 800엔 · 숙소 운반 1,000엔~ Web https://kyoto.handsfree-japan.com

키워드로 그려보는 교토 여행

'일본다운 전통적인 관광지'를 대표하는 교토. 일본 내에서도, 전 세계적으로도 널리 알려진 '일본'을 경험할 수 있는 곳이다.

여행 난이도 ★
관광 ★★★★★
쇼핑 ★★★
식도락 ★★
기차 여행 ★

절과 신사

일본의 정신적 수도로 불리는 교토는 헤이안 시대부터 차곡차곡 쌓인 종교 문화가 도시 곳곳에 산재해 있다. 벚꽃과 본당의 전망으로 유명한 기요미즈데라, 금빛으로 반짝이는 킨카쿠지, 그리고 붉은 기둥이 인상적인 헤이안 신궁은 교토 여행에서 빼놓을 수 없는 필수 코스다.

게이코와 마이코

기모노 차림에 화려하게 치장한 게이샤 또는 게이코는 교토 이미지의 한 축이다. 기온 거리에서는 종종 이들을 볼 수 있는데, 실제 하얗게 분칠하고 화려한 머리 장식을 한 이들은 대부분 교육생인 마이코이며, 정식 게이코는 그보다 차림이 수수하고 특별한 행사에서나 볼 수 있다.

교료리 京料理

제철 채소 위주로 고급스럽게 재탄생한 교토 스타일의 요리. 값도 만만치 않고 두부며 채소가 다르면 얼마나 다를까 생각도 들지만, 맛뿐 아니라 모양과 분위기 등 오감으로 즐기는 교료리는 일본전통요리의 정수다. 캐주얼하게 먹을 수 있는 식당들도 많으니 교토에 왔다면 교료리를 맛보자.

우지차 宇治茶

교토의 우지차는 명차로 유명하다. 전통 분위기가 물씬 풍기는 찻집에서 우지차를 활용한 다양한 디저트들을 맛보자. 디자인과 맛과 향에 취하고 지친 다리도 쉬어갈 수 있다.

역에서 놀자

교토에서 출발할 때 시간 여유를 좀 가지고 둘러보면 좋겠다. 역 주변 상점가는 못 가더라도 역 건물의 특별한 구조와 공원, 공원 전망대에서의 풍경은 놓치기 아깝다.

스카이 가든 大空広場

JR교토역의 최상층에 있다. 교토 타워와 달리 무료 전망대라는 점이 기쁘다. 중앙개찰구를 나와 왼편의 에스컬레이터를 따라 올라가면 조형물처럼 나무가 심어진 옥상 공원이 나오는데 밤에도 은은한 조명을 밝혀둬 열차 시간을 기다리기에 좋다. 역사적인 건물과 현대 건축물이 어우러진 교토 시가지가 한눈에 보이며, 교토 타워도 가까이서 볼 수 있다. 10층의 구름다리空中径路에서는 교토역 내부와 교토 타워 주변이 자세히 내려다보인다.

Access 교토역 11층 **Open** 06:00~23:00 **Tel** 075-361-4401 **Web** www.kyoto-station-building.co.jp

교토에키마에치카가이 포르타 京都駅前地下街ポルタ

교토역 지하에 아기자기 모여 있는 지하 상점가. 일반 상점 및 서비스 숍이 65개, 음식점이 29개, 기념품 숍이 20개로, 컴팩트하면서도 지루할 틈 없는 곳이다. 특히 음식점은 교토 요리와 간사이 지방 요리를 비롯해 한국요리, 중국요리, 이탈리안 등 혹시라도 일본 음식에 지쳤을 혀를 달래줄 수 있는 소중한 곳이다.

Access 교토역 지하 **Open** 패션 · 잡화 · 서비스 10:00~20:30, 음식점(포르타 다이닝) 11:00~22:00(아침 식사 07:30부터), 기념품점 등 10:00~20:00 **Web** www.porta.co.jp

이세탄 백화점 伊勢丹

JR웨스트가 운영하는 백화점 이세탄. 남북자유통로 쪽 SUVACO에 인기 레스토랑과 카페, 잡화점 등을 모아두어 쇼핑을 더 편리하고 쾌적하게 즐길 수 있도록 했다. 특히 열차 여행자가 많은 역의 특징을 살린 테이크 아웃 전문 빵집, 주먹밥집, 일식 디저트집 추천.

Access 교토역 지하 2층~11층 **Open** 10:00~20:00, 레스토랑가 11:00~22:00, 오픈뷰 레스토랑 11:00~23:00 **Tel** 075-352-1111 **Web** kyoto.wjr-isetan.co.jp

끼니는 여기서

교토 라멘코지 京都拉麺小路

교토를 비롯한 전국 각지를 대표하는 라멘집 9곳이 모여 영업하는 교토 라멘코지. 삿포로의 시라카바산소白樺山荘, 니가타의 도요코東横, 후쿠시마의 반나이쇼쿠도坂内食堂, 도쿄의 다이쇼켄大勝軒, 도야마의 멘야이로하麺家いろは, 오사카의 긴세이きんせい, 교토의 마스타니ますたに, 도쿠시마의 라멘토다이ラーメン東大, 하카타의 잇코샤一幸舎가 영업하고 있다.

Access 교토역 10층 **Open** 11:00~22:00(L.O. 21:30) **Web** www.kyoto-ramen-koji.com

알짜배기로 놀자

교토는 시내의 주요 관광지를 보는 데만도 하루를 다 써야 한다. 걷는 구간이 많아 체력도 소진하기 일쑤. 너무 욕심내면 이후의 일정을 다 그르칠 수 있으니 쉬엄쉬엄 다니도록 하자.

어떻게 다닐까?

시 버스·교토 버스 1day 패스

교토 관광의 가장 편리한 교통수단은 버스. 관광객을 위한 노선 안내가 잘 되어 있고, 주요 관광지를 수시로 운행하며 균일 구간 내 1일 무제한 승차권이 700엔으로 저렴해 하루 종일 알뜰하게 이용할 수 있다. 만약, 킨카쿠지를 생략한다면 기요미즈데라에서 시작해 도보만으로 대부분의 관광지를 돌아볼 수 있다. 관광안내소나 교토역 D1 정류장 앞 자동판매기에서 구입할 수 있으며, 버스 기사에게 직접 구입도 가능하다. Cost 1일 승차권 어른 700엔, 어린이 350엔

어디서 놀까?

기온 거리 祇園

기온시조역과 한큐 가와라마치역이 있는 가모가와 강에서 야사카 신사까지 400m 정도 이어진 길로 교토의 대표적인 기념품숍과 음식점이 모여 있는 번화가이다. 거리는 짧지만 강변의 기온신바시, 일본에서 가장 오래된 가부키극장인 미나미자, 교토의 옛 모습이 아직도 남아 있는 하나미코지도리 등 은근히 볼거리가 많다. 시간이 넉넉한 편이라면 큰길 말고도 사이사이 골목길로 들어가서 가게를 구경해보는 것도 좋다.

Access 시 버스 12, 46, 100, 201, 202, 203, 206, 207번 타고 기온 하차 또는 게이한 전철 기온시조역 2번 출구 또는 한큐 가와라마치역 1B 출구에서 연결 Web www.gion.or.jp

킨카쿠지 金閣寺

화려한 금빛 누각으로 유명한 선종 사찰. 미시마 유키오의 소설 『금각사』의 무대로 등장한 이후 교토의 상징 중 하나가 되었다. 긴카쿠지(은각사), 니시혼간지의 비운각과 함께 교토의 3대 누각으로 불린다. 1397년 세워져 원 이름은 본래 로쿠온지이나 연못 위에 세워진 금박의 3층짜리 누각 때문에 킨카쿠지로 더 알려졌다. 해 질 녘 노을이 반사하는 모습이 멋지다. 킨카쿠지와 약 600년의 역사를 같이한 소나무 리쿠슈노마쓰도 볼거리다.

Access 시 버스 12, 59번 타고 킨카쿠지마에 하차 후 도보 3분 Add 京都市北区金閣寺町1 Open 09:00~17:00 Cost 어른 400엔, 중학생 이하 300엔 Tel 075-461-0013 Web shokoku-ji.jp/k_about.html

야사카 신사 八坂神社

일본의 3대 마쓰리 중 하나인 기온마쓰리(매년 7월 17일 개최)가 열리는 것으로 유명한 신사. 액땜과 사업번창, 연애운을 기원하는 신사로 유명하며 '기온상'이라는 별칭으로도 불린다. 매년 1월 1일 새벽 5시에 열리는 오케라사이(1년간의 평안을 기원하는 마쓰리)로도 잘 알려져 있다. 섣달 그믐날 저녁 신사에서 '오케라비'라는 불을 새끼줄에 받아가 일본식 떡국 오조니를 끓이며 무병장수를 기원하는 풍습이 있었다.

Access 시 버스 12, 46, 100, 201, 202, 203, 206, 207번 타고 기온 하차 후 도보 1분 또는 게이한 전철 기온시조역 2번 출구에서 도보 8분 **Add** 京都市東山区祇園町北側625 **Open** 일출~일몰 **Cost** 무료 **Tel** 075-561-6155 **Web** www.yasaka-jinja.or.jp

기요미즈데라 清水寺

교토의 고찰 중 하나로 헤이안 시대 초기인 778년 창건되었다. 교토의 대표적인 관광명소로 유네스코 세계문화유산으로 지정되어 있으며 연간 300만 명이 방문할 정도로 인기가 많다. 절벽 위에 아슬아슬하게 세워져 있는 거대한 본당 건물과 지혜와 연애, 장수의 운을 가져다준다는 오토와노타키音羽の滝의 세 줄기 물이 특히 인기가 높아 늘 줄이 길다. 본당 왼편에는 인연을 맺어주는 신사로 알려진 지슈신사地主神社가 있다. 신사 앞에 있는 두 개의 바위 사이 20m의 길을 눈을 감고 똑바로 가면 원하는 이와 맺어진다고 한다.

Access 시 버스 100, 202, 206, 207번 타고 고조자카 또는 기요미즈미치 하차, 도보 15분 **Add** 京都市東山区清水1-294 **Open** 06:00~18:00(계절에 따라 다름) **Cost** 본당 400엔 **Web** www.kiyomizudera.or.jp

산넨자카·니넨자카 언덕거리 産寧坂·二年坂

기요미즈데라로 가는 옛 참배로 중 가장 유명한 쇼핑거리. 전통 목조 가옥이 늘어서 있는 데다 분위기 좋은 카페들이 중간중간 숨어 있어 인기가 많다. 가끔 길을 못 찾아 헤매는 이들이 있는데, 기요미즈데라를 정면으로 바라보고 올라가는 기요미즈자카 중간에서 왼편으로 꺾어지면 산넨자카와 니넨자카가 차례로 이어진다. 산넨자카라는 이름은 '산모의 안녕을 기원하는 언덕'이라는 의미로 순산을 기원했던 참배로의 전통에서 유래했다. 가파른 계단길을 조심하라는 의미에서 넘어지면 3년 안에 죽는다는 전설이 전해져 산넨자카三年坂로 불리기도 한다.

Access 시 버스 100, 202, 206, 207번 타고 기요미즈미치 하차, 도보 10분

헤이안 신궁 平安神宮

1895년 헤이안 천도 1,100주년을 기념해 세운 신사. 높이 24m에 달하는 대형 도리이를 지나면 진홍빛과 녹색이 강렬한 대비를 이루는 화려한 신전이 나온다. 신궁 안쪽에 위치한 진엔정원은 근대 일본정원 건축의 선구자로 불리는 오가와 지헤에의 작품이며 3개의 연못과 정원수, 산책로가 아름답게 조화를 이루고 있다. 3만㎡에 달하는 드넓은 정원에는 희귀 조류, 등딱지에 이끼가 나 있는 남생이 등 진귀한 동물이 살고 있다. 매년 1월 1일에는 일대의 차량을 모두 통제하고 신년맞이 참배 행사를 벌인다.

Access 시 버스 5, 32, 46, 100번 타고 교토카이칸비주쓰칸마에 하차 후 도보 5분 또는 교토 시영 지하철 도자이선 히가시야마역 1번 출구에서 도보 17분 Add 京都市左京区岡崎西天王町 Open 06:00~17:30 (정원 08:30~17:00, 계절 따라 다름) Cost 입장료 무료, 진엔정원 600엔 Tel 075-761-0221 Web www.heianjingu.or.jp

끼니는 여기서

다이묘진 소혼포 大明神総本舗 神宮道店

일본 요리의 기본이라 하는 다시(육수)에 특별한 신념을 가지고 있는 음식점이다. 소금과 설탕, 화학조미료를 사용하지 않은 육수의 우동이 대표 메뉴. 교토의 물과 식재료 중에서 엄선한 것만 사용해 요리한다. 요리에 대한 이러한 특별한 철학으로, 관광지에 있는 음식점이면서도 지역주민을 단골로 만들어내고 있다. 다양한 오반자이(교토 가정식)를 700~3,000엔 사이의 가격으로 판매하고 있다. 입맛에 따라 선택할 수 있어 좋다.

Access 시 버스 100, 5번 타고 진구미치 하차 후 바로 앞 Add 京都府京都市東山区三条通り神宮道上る堀池町373-46 Open 11:00~15:30 도착 손님까지, 월요일 휴무 Cost 1,000엔 전후 Tel 075-7612-6900

이치바코지 데라마치 본점 市場小路寺町本店

교료리는 맛보고 싶은데 가격이 부담된다면 이치바코지를 찾아가보자. 교료리를 맛볼 수 있으면서 양식도 함께 파는 캐주얼한 분위기의 창작 다이닝으로, 일본 레스토랑에서는 보기 드물게 점심시간에 밥과 두부를 무한리필 제공한다. 저녁에는 음료 무한리필의 코스 요리도 가능하다.

Access 시 버스 3, 11, 12, 32, 46, 201, 203, 207번 타고 시조가와라마치 정류장 하차 후 도보 5분, 또는 가와라마치역에서 데라마치 거리 안쪽으로 도보 3분 Add 京都府京都市 中京区錦小路上円福寺前283 Open 평일 11:30~16:00, 17:00~23:00 Cost 오반자이 플레이트 1,428엔, 스테이크 998엔~ Tel 075-252-2008

기노네 季の音

창밖으로 교토의 거리를 내려다보며 한가로이 한때를 보내기 좋은 4층의 카페. 캐주얼한 분위기지만 맛은 본격적. 흔히 마시는 말차인 오우스, 우린 차 중에서도 고급인 옥로 등과 차에 빠질 수 없는 화과자 및 녹차를 활용한 디저트를 판다.

Access 시 버스 3, 11, 12, 32, 46, 201, 203, 207번 타고 시조가와라마치 하차 후 도보 3분 또는 가와라마치역 1번 출구에서 도보 2분 Add 京都市中京区河原町通四条上ル米屋町384 Open 11:30~18:30, 화요일 휴무 Cost 오우스(말차) 650엔 Tel 075-213-2288 Web kyoto-kinone.jp/index.html

하루 종일 놀자

시간이 모자라 어쩔 수 없이 지나갔던 교토의 관광지를 섭렵하거나, 교토를 벗어나 고즈넉한 대나무 숲을 거닐 수 있는 아라시야마로 떠나도 좋다. 호즈 강을 따라 달리는 사가노 도롯코 열차를 타고 사계절 각양각색의 풍광도 즐길 수 있다.

어떻게 다닐까?

인력거

인력거를 타고 교토를 여행하는 것도 특별한 추억이다. 걷다가 지친 다리를 쉬이고, 인력거 타는 재미도 쏠쏠하다. 교토와 아라시야마는 인력거를 타고 돌아보기 좋은 곳이다. 인력거를 타면 비록 일본어지만 교토의 젊은이들이 여행지에 대한 상세한 설명도 해준다.

에비스야 교토 아라시야마 총본점 **Add** 京都市右京区嵯峨天龍寺芒ノ馬場町3-24 **Tel** 075-864-4444 **Open** 09:30~일몰 **Cost** 1구간(12분 정도) 1인 4,000엔, 2인 5,000엔 **Web** ebisuya.com

자전거

아라시야마는 여행지가 넓다. 다리품을 적게 팔려면 자전거를 이용하는 것도 좋은 방법이다. 한큐 아라시야마역 앞의 자전거 대여점에서 자전거를 빌려 여행을 한 후 다시 이곳에 반납하는 일정으로 짜면 편리하다. 자전거 대여는 신분증만 있으면 된다.

한큐 아라시야마 렌터사이클 **Web** www.hankyu.co.jp/station/service/rental01.html

어디서 놀까?

니조 성 二条城

1603년 도쿠가와 이에야스가 머물 거처로 지은 성이다. 이 성에서 이에야스는 숙적 도요토미 히데요시와 회견을 했다. 오사카 성을 함락시키기 위해 벌인 두 번의 전투에서는 이 성이 참모본부가 됐다. 전쟁이 끝난 후에는 도요토미 히데요시가 지었던 후시미 성의 건물 일부를 이곳으로 옮겨오는 등의 공사를 거쳐 1626년에 완공되었다. 이후 니조 성은 권력의 실세 역할을 했던 도쿠가와 막부 시대 쇼군의 거처로 사용되었다. 니조 성은 또 1867년 15대 쇼군 도쿠가와 요시노부가 메이지유신의 씨앗이 된 '대정봉환'을 한 역사적 장소이기도 하다. 1994년 유네스코 세계문화유산으로 지정되었으며, 혼마루고텐과 니노마루고텐 등 22종의 국보와 문화재가 남아 있다. 특히, 니조조의 건축물들은 호화로운 장식이 특징인 전형적인 모모야마 건축 양식을 띠고 있다.

Access 교토 시영 지하철 도자이선 니조조마에역 1번 출구에서 도보 1분 **Add** 京都市中京区二条通堀川西入二条城町541 **Open** 08:45~17:00(연말연시 및 1, 7, 8, 12월 매주 화요일 휴관) **Cost** 성인 800엔, 중고생 400엔, 초등학생 300엔 Tel 075-841-0096 **Web** https://nijo-jocastle.city.kyoto.lg.jp/

긴카쿠지 銀閣寺

무로마치 막부의 8대 쇼군이었던 아시카가 요시마사가 별장으로 지어 지쇼지로 불렸으나 킨카쿠지(금각사)에 빗대 긴카쿠지(은각사)라는 이름으로 더 많이 알려졌다. 어린 나이에 쇼군이 되어 은거하는 삶을 택했던 요시마사가 미적 감각을 총동원해 8년 동안 지은 긴카쿠지는 간결하면서도 기품 있는 '히가시야마東山 문화'의 정수로 손꼽히고 있다. 화려한 누각에 비해 주변 풍경이 조금 허전한 킨카쿠지와 달리 건물과 자연이 아름답게 조화를 이루고 있다. 특히 사찰 전체와 정원이 한눈에 내려다보이는 전망대는 꼭 들러보길 추천한다.

Access 시 버스 5, 17, 32, 100, 102, 203, 204번 타고 긴카쿠지미치 하차 후 도보 10분 Add 京都市左京区銀閣寺町2 Open 08:30~17:00, 12~2월 09:00~16:30 Cost 성인 500엔, 중학생 이하 300엔 Tel 075-771-5725 Web shokoku-ji.jp/g_about.html

철학의 길 哲学の道

긴카쿠지 부근의 긴카쿠지바시부터 난젠지와 에이칸도 등의 사찰이 있는 냐쿠오지바시까지 이어지는 산책길. '일본의 길 100선'에도 선정될 만큼 아름다운 길이다. '철학의 길'이라는 이름은 교토학파로 알려진 철학자 니시다 기타로와 다나베 하지메가 사색했던 길에서 유래했다. 비와 호수의 관개시설로 만들어진 수로를 따라 약 2km 거리의 좁은 길이 나 있다. 길을 따라 450여 그루의 벚나무와 각종 수목들이 이어진다. 또 곳곳에 작은 카페나 갤러리, 기념품점이 있다. 봄의 벚꽃, 여름의 반딧불이, 가을의 단풍 등 계절마다 다른 매력이 있다.

Access 시 버스 5, 17, 32, 100, 102, 203, 204번 타고 긴카쿠지미치 하차 후 도보 3분

도게쓰교 渡月橋

'달이 다리를 건너는 듯하다'는 의미에서 유래한 다리다. 다리 위에 서면 아라시야마의 경치를 한눈에 볼 수 있다. 도게쓰교는 왕복 2차선의 좁은 다리지만 한큐 아라시야마역에서 아라시야마 시내로 가기 위해서는 꼭 건너게 된다. 도게쓰교가 가로지르는 호즈 강 주변 풍경도 아름답다. 벚꽃과 단풍철에는 다리와 강변을 따라 산책하는 관광객들이 넘쳐난다. 인력거 관광의 출발지라 다리 주변에는 인력거도 자주 눈에 띈다. 호즈 강 유람선 선착장도 있다. 란덴 아라시야마역에서 도보 5분, 한큐 아라시야마역에서 직진 10분.

Access 사가노 도롯코 열차 도롯코 아라시야마역에서 도보 2분

아라시야마 嵐山

교토 여행사진 중 위로 쭉 뻗은 녹색 대나무 숲을 걷는 풍경에 마음을 뺏겼다면 꼭 가봐야 할 곳. 교토 시내 번화가와는 다른 느낌의 감동을 준다. 아라시야마 여행의 하이라이트는 대숲을 거니는 것이다. 대숲은 덴류지 북쪽부터 오코치산소에 이르는 100m 거리에 있다. 한아름도 넘는 굵은 대나무가 하늘을 향해 시원하게 솟구쳐 있다. 숲길에 들어서면 대나무 특유의 청량감이 속세의 번잡함을 잊게 해준다.

Access JR 사가아라시야마 하차, 대숲은 도롯코 아라시야마역에서 도보 2분

호즈 강 유람선 保津川遊覧船

미슐랭 그린 가이드에도 소개될 만큼 명물이다. 가메야마에서 아라시야마까지 유람선을 타고 호즈 강을 따라 내려오면서 호즈 강이 빚은 기암과 계절마다 변하는 산의 풍경을 감상할 수 있다. 유람선의 종착점은 도게쓰교 부근. 도게쓰교에서 강변 산책을 하다 보면 유람선이 내려오는 것을 볼 수 있다. 유람선은 17인승 규모의 작은 나무배로 겨울에는 배에 난방을 하고 비닐 덮개를 씌워 운항한다.

Access JR 가메오카역에서 도보 10분 Open 09:00~15:00(매시 정각에 출발) Cost 성인 4,100엔, 4세~초등학생 2,700엔 Tel 0771-22-5846 Web www.hozugawakudari.jp

끼니는 여기서

오모 카페 omo cafe

일본식 퓨전 디저트를 판매하는 카페. 예전에 건어물 가게였던 건물을 활용한 점포가 분위기 있다. 적정한 가격의 캐주얼한 카페로 가볍게 도전해도 좋다. 일본식의 디저트는 물론 런치를 대표하는 특제 카레가 인기. 맥주도 판매. 금요일에는 사케와 안주를 평소보다 할인된 500엔에 맛볼 수 있다. 실내가 약간 어두워 눈치 보지 않고 천천히 쉬어가기에 좋은 곳.

Access 한큐교토선 가와라마치역 4번 출구에서 도보 10분 Add 京都市中京区梅屋町499 Open 11:00~21:00 Cost 특제 카레 1,400엔 Tel 075-221-7500 Web www.secondhouse.co.jp/omoya2_cafe-top.html

요지야 카페 기온점 よ-じやカフェ 祇園店

교토의 대표적인 기념품숍이자 내추럴 화장품으로 잘 알려진 요지야의 카페. 맛차 카푸치노에는 새초롬한 요지야의 캐릭터가 라테 아트로 등장하고, 교아이스 사쿠라는 벚꽃 컬러의 아이스크림이 나와 여름에 팥빙수처럼 즐기기에 좋다. 요지야 매장에서는 계절별 한정 화장품도 선보이고 있어 사용해보는 것이 좋다.

Access 게이한본선 기온시조역 2번 출구에서 도보 3분 Add 京都府京都市東山区祇園町北側266 井澤ビル 2F Open 10:00~19:00 Cost 맛차 카푸치노 770엔, 함박 런치 1,000엔 Tel 075-746-2263 Web www.yojiyacafe.com/index.html

카페 란잔 カフェ Ranzan

1967년 오픈한 카페. 아라시야마를 한자음으로 읽은 것에서 카페 이름 란잔이 유래했다. 카페에 들어서면 80석 규모의 널찍한 내부 공간이 먼저 눈에 띈다. 하지만 곧 복고풍의 멋스러움과 사랑방 같은 친근함을 느끼게 된다. 커피와 디저트 메뉴뿐 아니라 오므라이스 등의 가벼운 식사도 있다. 숯불로 로스팅한 스미야키 커피가 인상적이다. 특히 오리지널 디저트류가 인기가 많아 관광객뿐 아니라 지역 주민도 많이 찾는다. 한큐 아라시야마역 부근에 있고, 폐점 시간도 비교적 늦은 편이라 여행을 마무리하면서 들르기 좋다.

Access 한큐 아라시야마역에서 도보 1분 **Add** 京都市西京区嵐山西一川町8-3 **Open** 09:00~22:00 **Cost** 스미야키 커피 440엔, 티라미스 핫케이크 880엔, 오므라이스 820엔 **Tel** 075-861-0251

나카무라야 中村屋総本店

JR사가아라시야마역으로 가는 길에 만나게 되는 고로케 가게다. 도게쓰교를 등진 채 게이후쿠 아라시야마역을 지나 다음 골목에서 우회전해 가다 보면 사람들이 줄을 서 있는 정육점이 나온다. 이곳이 바로 나카무라야다. 고로케, 튀김 등이 저렴해 여행 중에 간식으로 좋다. 일본의 정육점에서는 신선한 고기를 이용해 고로케를 만들어 파는 곳이 많다. 싸고 맛있는 고로케를 맛보려면 정육점으로 고고씽~.

Access JR사가아라시야마역에서 도보 6분. 게이후쿠 아라시야마역에서 도보 7분 **Add** 京都市右京区嵯峨天龍寺龍門町20 **Open** 09:00~18:30, 수요일 휴무 **Cost** 고로케 118엔, 구시카쓰 162엔, 민치카쓰 345엔, 돈가스 486엔, 비프가스 864엔 **Tel** 075-861-1888 **Web** nakamuraya-souhonten.jimdo.com

어디서 잘까?

교토역 주변

호텔 도미 인 프리미엄 교토에키마에

HOTEL dormy inn PREMIUM 京都駅前

저렴한 비지니스호텔이면서도 천연온천을 경험할 수 있다. 스마트폰 충전기도 준비되어 있고, 1층의 컴퓨터 코너에서 무료로 웹서핑이 가능하다.

Access JR교토역에서 도보 3분 **Add** 京都市下京区東塩小路町558-8 **Cost** 트윈룸(조식 포함) 1인 8,600엔 **Tel** 075-371-5489 **Web** www.hotespa.net/hotels/kyoto

미야코 호텔 교토하치조 都ホテル 京都八条

교토역과 가까워 동선 짜기에 좋고, 호텔의 매점도 늦게까지 영업한다. 체크아웃도 11시로 넉넉하다. 호텔 내의 레스토랑도 가격대비 만족도가 높은 편.

Access JR교토역에서 도보 2분 **Add** 京都市南区西九条院町17 **Cost** 트윈룸 1인 7,300엔~ Tel 075-661-7111 **Web** www.miyakohotels.ne.jp/newmiyako

02
오사카역
大阪駅

JR웨스트의 중심역이자 최대 유동 인구의 오사카역은 그에 걸맞은 규모와 시설을 자랑한다. 철골 트러스 지붕이 공항 터미널을 연상케 하는 대규모 역사에는 JR도카이도 본선의 열차뿐 아니라 사철인 한큐 전철과 한신 전철의 열차가 오가고, 여기에 오사카 시영 지하철의 세 개 노선이 지나면서 언제나 승·하차객들로 북적인다. JR역명인 오사카보다 사철과 지하철 역명인 우메다梅田를 더 자주 듣고 쓰게 된다. 역과 연결된 쇼핑 시설 또한 스케일이 다르다. 대형 쇼핑몰과 일본의 유명 백화점이 바로 옆 건물에서 경쟁하고 있으며 최근에도 꾸준히 새로운 백화점과 쇼핑센터가 신설·입점되고 있는, 간사이 최대의 쇼핑 격전지다. 오사카역에서 JR 노선으로 한 정거장 떨어진 신오사카역은 오사카역의 신칸센 버전으로 이해하면 쉽다. 또한 장거리 열차가 많아 에키벤 매장의 규모만큼은 뒤지지 않으며, JR패스 여행자가 한 번쯤은 들르는 역이다.

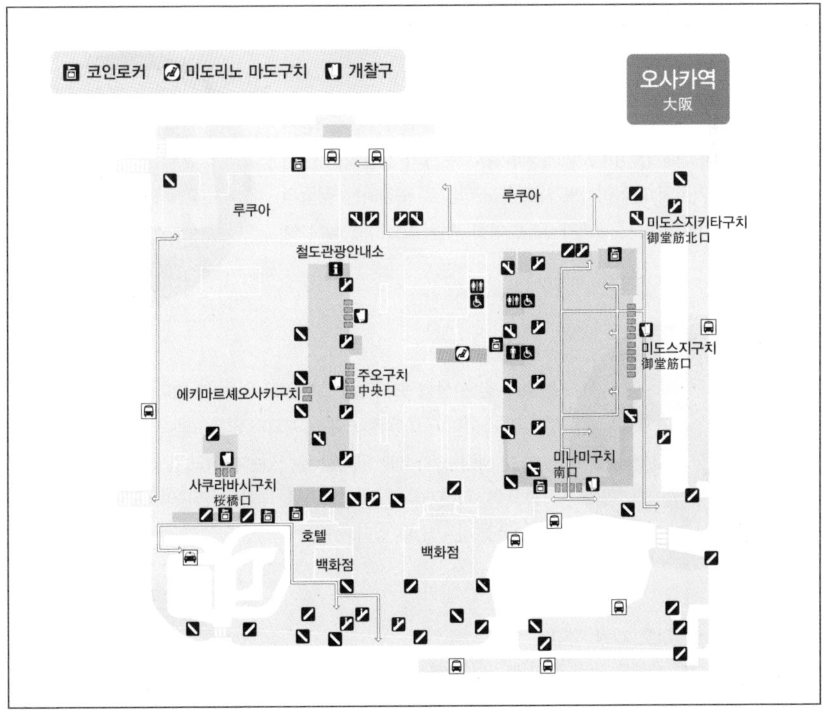

- 미도리노 마도구치(주오구치) Open 06:00~22:00
- 오사카관광안내소 Open 09:00~20:00

키워드로 그려보는 오사카 여행

여행 난이도 ★★
관광 ★★☆
쇼핑 ★★★★★
식도락 ★★★★★
기차 여행 ★★

최근 들어 한국인 관광객에게 인기 급상승 중인 오사카. 재방문하는 관광객이 꾸준히 느는 데에는 그만한 이유가 있다.

일본 제2의 도시

오사카는 도쿄와 함께 명실공히 일본의 양대 도시다. 에도 시대부터 상업 도시로 성장해 메이지유신을 거치면서 더욱 융성하게 발전했다. 도쿄와 그리 먼 거리가 아님에도 사투리인 '오사카벤'과 같이 오사카만의 독특한 지역 문화를 가지고 있으며, 이에 대한 시민들의 자부심도 대단하다.

음식

먹다가 죽는다는 '천하의 부엌' 오사카. 다코야키, 구시카쓰 등의 기존 소울푸드에 더해 간사이 지역에 새로운 브랜드가 진출하는 관문이기도 하다. 기존의 음식이라도 새로운 스타일로 도전하는 실험적인 레스토랑이 많아 삼시 세끼가 아닌, 여섯 끼는 소화하고 싶은 맛있는 도시다.

쇼핑

역사 깊은 상업 도시답게 그야말로 없는 게 없다. 일본 특유의 아이디어 소품이나 아직 한국에 소개되지 않은 브랜드, 일본발 브랜드 제품을 저렴한 가격에 구매할 수 있는 최적의 장소. 100엔숍, 드러그스토어, 가전제품몰, 대형쇼핑몰, 백화점, 명품아웃렛에서 원하는 것은 무엇이든 살 수 있다.

유니버설 스튜디오 재팬(USJ)

유니버설 스튜디오 재팬은 하루 종일 즐겨도 부족하다. 이 USJ를 위해 오사카를 방문하는 사람이 적지 않은 것도 사실! 도쿄의 디즈니랜드와는 또 다른 어트랙션으로 매력 있는 이 테마파크를 위해 패스 사용 시기 등을 잘 조정해보자.

역에서 놀자

오사카역을 중심으로 한 우메다 지구는 간사이 지역은 물론, 일본 내에서도 손꼽히는 쇼핑 메카다. 셔틀버스가 운행할 정도로 규모가 어마어마하고, 사고 싶은 쇼핑 목록도 차고 넘친다.

그랑 프론트 오사카 Grand Front Osaka

오사카역 북쪽에 통로로 이어져 있는 거대한 건물들로 이루어진 복합쇼핑몰. 주 건물은 북관과 남관으로 나뉘며 수준 높은 숍과 레스토랑이 입주해 오사카 쇼핑의 중심을 기타(북쪽) 지역으로 끌어온 일등공신이다. 특히 지상의 우메키타 히로바 광장과 더불어 맛있는 레스토랑과 잡화점이 모인 우메기타 셀러는 놓치지 말자. 해 질 녘 옥상공원의 멋진 노을은 공짜다.

Access JR오사카역 직결 Open 상점 11:00~21:00, 레스토랑 11:00~23:00(점포마다 다름) Tel 06-6372-6300 Web www.grandfront-osaka.jp

❶ 무지 無印良品

국내에도 지점이 있지만 일본에 오면 꼭 둘러보게 되는 무지. 할인 시에는 한국에서 사는 것보다 저렴한 것도 많고, 한국에서 보이지 않는 소품도 많다. 또 그랑 프론트 오사카의 무지는 건강한 한 끼를 먹을 수 있는 무지 카페가 함께 있어 먹고 사는 것이 한 번에 해결된다. 특히 다양한 인스턴트 소스(파스타 소스, 카레 등)는 가격과 맛, 다양성에서 모두 만족스럽다.

Access 그랑 프론트 오사카 북관 4층 Open 10:00~21:00 Tel 06-6359-2171 Web www.muji.com

❷ 우메키타 플로어 UMEKITA FLOOR

오사카 기타(북쪽) 지역의 밤을 보내기에 좋은 우메키타 플로어. 잠드는 것이 아까운 관광객들에게 마지막 한 잔과 야경을 선물한다. 바, 비스트로, 타파스 전문점, 풀사이드 비어가든 등 가게의 장르도 다양하다. 맘에 드는 곳에 들어가 자리를 잡아도 되고, 복도나 공용 구역의 테이블에 앉아 이곳저곳 서로 다른 장소에서 음식과 술을 사다 먹어도 된다.

Access 그랑 프론트 오사카 북관 6층 Open 11:00~23:30 Tel 점포마다 다름 Web umekita-floor.jp

오사카 스테이션 시티 Osaka Station City

오사카역을 감싸고 있으며 예전부터 오사카역과 함께 해온 여러 쇼핑몰이 입점해 있다. 다이마루 백화점과 루쿠아, 옛 이세탄 백화점 자리에 새로 단장한 루쿠아 이레, 지하를 가로지르는 맛집 골목 에키마르셰 등이 모두 오사카 스테이션 시티를 구성하는 시설이다. 특히 다이마루 백화점의 도큐핸즈와 핸즈카페, 새로운 감성으로 세대를 아우르는 루쿠아 이레는 물건을 사지 않더라도 한번 볼 가치가 있다.

Access JR오사카역에서 직결 **Open** 10:00~23:00(점포마다 다름) **Tel** 06-6458-0212 **Web** osakastationcity.com

한큐 우메다 본점 Hankyu うめだ本店

우메다역에서 직결되는 한큐 백화점. 통로를 따라 계절마다 테마로 장식된 쇼윈도를 미술품 감상하듯 천천히 지나치게 된다. 특히 유명한 것은 지하의 식품매장. 오사카 한정품, 오사카에 선보이는 첫 관문이 이곳이라 해도 과언이 아닐 만큼 새롭고 특별한 것이 많아 늘 매장별로 여기저기에 줄이 늘어서 있다. 오픈 시간보다 점심시간 직후 즈음이 줄이 짧은 경우가 많으니 참고.

Access 지하철 우메다역에서 직결 **Open** 10:00~20:00 **Tel** 06-6361-1381 **Web** www.hankyu-dept.co.jp

❶ 바통도르 Baton d' or

오사카에서만 만날 수 있는 고급 과자. 빼*로의 귀족버전이라고 할까? 농후한 버터향과 바삭하면서도 부드러운 과자의 식감에 감탄하게 된다. 가장 기본인 슈거버터(파란 상자)가 들기도 많이 들었지만 취향을 타지 않게 맛있다. 그 외에도 녹차맛, 딸기맛 등이 있고 기본 슈거버터에 비해 두꺼운 편이면서 개수는 적게 들었다.

Access 한큐 백화점 지하 1층 **Cost** 1박스 601엔 **Tel** 없음 **Web** www.glico.co.jp/batondor/shop.html

끼니는 여기서

카페&밀 무지 Café&Meal MUJI

무지 매장 내에 있는 카페&밀 무지는 20~30대 여성들이 특히 좋아할 만한 장소다. 건강식을 표방한 그날그날의 단품 메뉴와 잡곡밥, 식사빵 등 맛있으면서 건강한 식사를 할 수 있다. 3품 세트나 4품 세트는 좋아하는 것만 골라 먹을 수 있어 합리적이다. 입구 쪽에 비치된 문자판으로 자리를 맡은 후 음식들이 진열된 바에 가서 원하는 음식들을 골라 트레이에 담은 뒤 계산하면 된다.

Access 그랑 프론트 오사카 북관 4층 Open 10:00~21:00 Tel 06-6359-2173 Cost 3품 세트 900엔, 4품 세트 1,000엔 Web cafemeal.muji.com/jp

엠 앤 델리 M&Deli

신오사카역 내에서 간단히 즐길 수 있는 샌드위치를 파는 엠 앤 델리. 샌드위치라고 얕보지 말자. 내용물은 일본 최고의 소고기로 치는 마쓰자카 소고기다. 마쓰자카 소고기 100%의 나카노시마 비프샌드中之島ビーフサンド는 값도 상당해 웬만한 한 끼 값은 거뜬히 넘는다. 식빵 안에 고기는 만족할 만큼 들었지만 채소가 적고 마요네즈가 짭짤해 음료가 필요하다. 비프샌드와 가츠샌드의 하프 앤 하프 세트도 있다.

Access JR신오사카역 3층 중앙 출구와 중앙 입구 사이 Open 06:30~21:00 Tel 06-4806-0014 Cost 나카노시마 비프샌드 1,290엔 Web www.mdeli.jp/beefsand.html

핸즈카페 우메다 HANDS CAFE UMEDA

다이마루 백화점 10층, 도큐핸즈 내에 있는 카페. 카페 디저트 메뉴도 좋지만 런치 정식을 더 추천하고 싶다. 탁트인 유리창에 도큐핸즈다운 톡톡 튀는 인테리어 덕분에 앉아서 음식을 기다리는 시간도 즐겁다.

Access 오사카 스테이션 시티 다이마루 백화점 10층 Open 평일 · 토요일 10:00~21:00, 일 · 공휴일 10:00~20:30 Tel 06-6347-7188 Cost 정식 콤보 플레이트 1,290엔 Web www.handscafe.jp/umeda

알짜배기로 놀자

오사카는 음식과 쇼핑이 특히 유명한 관광지다. 도톤보리의 달리는 '글리코 러너' 전광판과 사진을 찍었다면 주변의 음식점가에서 오사카의 소울푸드인 다코야키로 배를 채우고 오사카역 주변의 쇼핑몰은 도시를 떠나기 전에 마지막으로 들르자.

어떻게 다닐까?

오사카 시영 지하철 大阪市営地下鉄

오사카시 교통국이 운영하는 일본 최초면서 최대의 공영 지하철이다. 오사카를 관광할 때 가장 많이 이용하게 되며 미도스지선, 요쓰바시선 등 8개의 노선이 있다. 노선명의 머릿글자인 알파벳을 기호로 사용하니, 역명을 외우기 어려운 경우 이 기호와 숫자로 역을 알 수 있다. JR패스를 사용해 여행하는 여행자들은 JR신오사카역까지 JR패스로 이용 가능하고, 이후 지하철인 미도스지선을 타려면 별도 요금이나 패스가 필요하다.

Cost 1일 승차권 800엔(주말은 600엔) Web https://subway.osakametro.co.jp/guide/page/enjoy-eco.php

노선명		주요 역
미도스지선御堂筋線	M	JR신오사카역, 우메다*, 혼마치, 신사이바시, 난바, 덴노지
다니마치선谷町線	T	덴진바시스지로쿠초메, 히가시우메다*, 덴마바시, 다니마치로쿠초메, 덴노지
요쓰바시선四つ橋線	Y	니시우메다*, 혼마치, 신사이바시, 난바, 다이코쿠초, 스미노에코엔
주오선中央線	C	모리노미야, 다니마치욘초메, 혼마치, 오사카코(오사카 항)
센니치마에선千日前線	S	나카노시마, 사쿠라가와, 난바, 닛폰바시, 쓰루하시, 이마자토
사카이스지선堺筋線	K	오기마치, 기타하마, 사카이스지혼마치, 닛폰바시, 에비스초, 도부쓰엔마에
나가호리쓰루미료쿠치선 長堀鶴見緑地線	N	교바시, 모리노미야, 다니마치로쿠초메, 마쓰야마치, 나가호리바시, 신사이바시
이마자토스지선今里筋線	I	센바야시, 미도리바시, 이마자토

* 우메다, 히가시우메다, 니시우메다는 모두 JR오사카역과 지하도로 연결되어 있다.

요코소! 오사카 티켓 YOKOSO! OSAKA TICKET

공항에서 시내(난바역)로 들어가는 라피트 열차의 편도 티켓을 포함하고 있어 JR패스의 사용 시작 전이나, 오사카 주유 패스보다 좁은 범위를 여행하고자 할 때 유용하다. 오사카 시영 지하철과 뉴트램, 버스 전 노선을 당일 1일간 무제한 이용할 수 있고 시내 관광 명소 32곳의 할인을 받을 수 있다. 구매일 혹은 구매일 다음 날을 지정해서 사용 가능하다. 간사이공항 2층에서 연결되는 간사이쿠코역 난카이 티켓 오피스에서 구입할 수 있다.

Cost 1,690엔 Web www.howto-osaka.com(한국어 있음, 웹 한정 할인티켓 정보 등 다양)

어디서 놀까?

오사카 성 大阪城

오사카의 상징인 오사카 성. 흰 건물에 연한 푸른빛의 지붕과 어우러진 연분홍의 벚꽃이 오사카를 대표하는 이미지로 많이 알려져 있다. 성의 주인은 임진왜란을 일으킨 도요토미 히데요시. 성은 여러 번의 난을 겪으며 대부분이 소실되었다가 천수각 등 일부가 복원되어 현재 관광객들을 맞이한다. 공원에는 많은 매화나무와 벚나무가 있어 늦겨울~초봄에 장관을 이룬다.

Access 오사카 시영 지하철 다니마치욘초메역에서 도보 5분 **Add** 大阪市中央区大阪城1-1 **Open** 천수각 09:00~17:00 **Tel** 06-6941-3044 **Cost** 천수각 어른 600엔, 중학생 이하 무료 **Web** www.osakacastle.net/hangle

우메다 스카이 빌딩 梅田スカイビル

우메다 지역의 랜드마크다. JR교토역을 건축한 하라 히로시의 작품으로 건물 중앙과 상층부를 뚫어 하늘을 건물 안으로 끌어들여 오사카의 미래지향적인 이미지를 형상화했다. 39층에 있는 공중정원 전망대는 데이트 코스로 유명하다. 1층 야외공간은 크리스마스 시즌에는 독일 마켓으로 변신한다. 우메다역에서 도로를 건너고 긴 지하도도 지나는 등 찾아가는 길이 복잡한 편이니 반드시 지도를 확인하며 이동하자!

Access JR오사카역 또는 한큐 전철 우메다역에서 도보 10분 **Add** 大阪市北区大淀中1-1-88 **Open** 공중정원 전망대 09:30~22:30, 공원 10:00~21:00, 식당가 11:00~22:00 **Tel** 06-6440-3899 **Cost** 전망대 어른 1,500엔, 4세~초등학생 700엔 **Web** www.skybldg.co.jp(빌딩)

오사카역사박물관 大阪歴史博物館

오사카의 역사를 생생하게 재현한 박물관. 풍부한 실물자료와 체험형 이벤트로 오사카의 변천사와 고고학의 매력도 한꺼번에 체험할 수 있다. 한국어 안내문도 충실해 언어의 장벽을 걱정할 필요가 없다는 것도 장점. 특히 엘리베이터 앞에 오사카 성이 내려다보이는 통유리의 전망대가 있어 오사카 성을 전망하기에도 좋다.

Access 오사카 시영 지하철 다니마치욘초메역에서 도보 2분 **Add** 大阪市中央区大阪城4-1-32 **Open** 09:30~17:00, 화요일 휴관 **Tel** 06-6946-5728 **Cost** 어른 600엔, 고등 · 대학생 400엔 **Web** www.mus-his.city.osaka.jp

도톤보리 道頓堀

간사이 제일의 맛집 골목이자 오사카 최고의 관광명소. 도톤보리 강을 중심으로 수많은 음식점들이 자리해 여행자의 식욕을 충족시켜주는 오사카의 대표적인 유흥가로, 현지인과 관광객이 뒤섞여 밤낮을 가리지 않고 시종 활기가 넘친다. 오사카 여행 인증샷으로 유명한 두 팔을 번쩍 든 '글리코 러너'가 자리 잡은 에비스바시 다리 부근에는 언제나 카메라를 든 사람들로 넘친다. 맛집도 이쪽에 모여 있다.

Access 지하철 난바역 또는 닛폰바시역에서 바로 **Web** www.dotonbori.or.jp

끼니는 여기서

마쓰바 총본점 松葉総本店

다코야키만 오사카의 소울푸드가 아니다. 신세카이 지역에서 유명한 구시카쓰를 우메다 지역에서 제대로 먹을 수 있는 곳. 좌석은 따로 없고 튀기는 카운터를 둘러싸 서서 먹으면 된다. 주문을 따로 하지 않고 튀겨져 나오는 것 중 먹고 싶은 것은 자신의 접시로 가져와 먹으면 되고 아니면 다음 튀김이 나올 때까지 기다린다. 구시카쓰 소스는 공용이니 한 번만 찍어 먹도록 하자. 우메다역에서 이어지는 좁은 골목길인 신우메다 식당가에 있다.

Access JR오사카 혹은 지하철 우메다역에서 도보 2분 **Add** 大阪市北区角田町9-25 **Open** 평일 14:00~22:00, 토요일 11:00~21:30, 1월1일~3일 휴무 **Tel** 06-6312-6615 **Cost** 구시카쓰 한 꼬치 100엔~ **Web** matsuba-sohonten.com

기지 본점 きじ 本店

지글지글 오코노미야키를 굽는 소리와 연기가 자욱한 실내가 식욕을 자극한다. 눈앞에서 직접 구워주는 카운터석(8석)도 좋고, 마주보고 맥주잔을 기울일 수 있는 테이블석도 좋다. 겉옷과 소지품을 의자 밑에 넣어두어야 하고, 좌석 사이도 넉넉하지는 않지만 워낙 인기가 높아 평일 저녁에도 기다려야 한다. 넘버 원 메뉴는 모던야키. 신우메다 식당가 1층에 자리한다.

Access JR오사카역 또는 지하철 우메다역에서 도보 2분 **Add** 大阪市北区角田町9-20 **Open** 11:30~21:30(일요일 휴무) **Tel** 06-6361-5804 **Cost** 모던야키 830엔

하루 종일 놀자

오사카에서는 자신이 좋아하는 한 가지 테마를 정해 하루 종일도 충분히 놀 수 있다. 유니버설 스튜디오 재팬 같은 테마파크를 가거나, 예술적 감성을 키워주는 건축과 풍경을 감상하거나, 100엔숍에서부터 명품까지 다양하게 쇼핑을 해도 좋다. 여기에 다코야키에서부터 프렌치까지 온갖 장르의 음식을 더하면 나만의 오사카 여행이 완성된다.

어떻게 다닐까?

오사카 주유 패스 OSAKA AMAZING PASS

오사카 시내를 관광할 때 편리한 패스. 시내의 지하철(사철)과 뉴트램, 시영버스를 대부분 이용할 수 있다. 관광시설의 할인혜택도 풍부해 무료 이용 시설이 47개소, 할인 등의 특전은 16개 시설과 30개 가게에서 받을 수 있다. 구입 시 바코드가 있는 카드 승차권과 'TOKUx2' 쿠폰이 포함된 가이드북이 함께 제공된다. 카드 승차권은 교통패스를 겸하며 관광지 입장 때는 바코드를 찍는 방식이다. 카드 승차권과 쿠폰은 분실 시 재발행이 불가하고 쿠폰을 다 쓰면 추가 발행은 되지 않으니 주의하자. 또한 월요일에 휴관인 시설이 많다.

Web www.osp.osaka-info.jp/kr

종류	1일권	2일권
가격(엔)	2,800	3,600
이용 가능 노선(공통)	미도스지선, 사카이스지선, 다니마치선, 요쓰바시선, 주오선, 센니치마에선, 나가호리쓰루미료쿠치선, 이마자토스지선, 난코포트타운선, 시영버스	
이용 가능 노선(1일권만)	한큐 전철, 한신 전철, 게이한 전철, 긴키 닛폰 철도, 난카이 전철	-

어디서 놀까?

헵 파이브 대관람차 HEP FIVE

오사카를 대표하는 관람차. 붉은색 구조가 인상적이라 우메다 부근에서는 어디에서나 찾을 수 있다. 지름 75m, 정상 높이는 106m에 달하며, 일주 시간은 15분 정도다. 오사카 시내는 물론 고베까지도 감상할 수 있다. 쇼핑몰과 결합된 헵 파이브 건물 7층에서 이용하면 된다. 8~9층에는 게임 테마파크로 유명한 조이 폴리스가 있다.

Access 지하철 우메다역 2번 출구에서 도보 4분 Add 大阪市北区角田町5-15 Open 11:00~22:45(최종 탑승시각) Tel 06-6313-0501 Cost 600엔, 5세 이하 무료(오사카 주유패스 이용 시 무료) Web www.hepfive.jp/ferriswheel

유니버설 스튜디오 재팬 ユニバーサル・スタジオ・ジャパン®

할리우드의 초대형 블록버스터 영화를 테마로 어트랙션 시설과 쇼, 계절별 다양한 이벤트와 퍼레이드 등이 펼쳐진다. 아이부터 어른까지 전 연령층에게 인기가 높다. 공원 안은 산호섬을 중심으로 샌프란시스코, 뉴욕, 할리우드 등 미국의 주요 도시의 거리를 재현한 구역과 스누피 스튜디오, 애미티 빌리지, 워터월드, 쥐라기 공원 등의 영화 관련 구역들로 나누어져 있다. '위저딩 월드 오프 해리 포터™'은 인기가 높아 당일 방문으로는 입장이 힘들 수도 있으니 입장 확약티켓을 미리 확보하자.

Access JR유니버설시티역에서 도보 5분 **Add** 大阪府大阪市此花区桜島2-1-33 **Open** 09:00~21:00(요일이나 월마다 조금씩 다름) **Tel** 06-6465-4005 **Cost** 스튜디오 패스(1일 패스) 어른 8,900엔, 어린이(만 4~11세) 5,700엔 **Web** www.usj.co.kr

나카노시마 中之島

강변 도시 오사카의 매력을 만끽할 수 있는 레트로와 예술의 도시다. 100여 년 역사의 레트로 건축물과 강변 카페 레스토랑, 박물관이 점점이 위치해 있다. 근대 건축물과 박물관이 많아 아트기행에 최적이다. 나카노시마와 그 주변 강변(기타하마, 도지마)을 중심으로 멋진 카페와 레스토랑이 대거 들어서 기타 지역의 새로운 명소로도 떠올랐다. 크리스마스 시즌에는 환상적인 불빛쇼 '오사카 빛의 르네상스'도 이곳에서 열린다. 난바역 근처의 미나토마치 리버플레이스에서 출발하는 나니와 탐험 크루즈나 수상버스 아쿠아라이너 등 유람선으로도 나카노시마의 매력을 만끽할 수 있다.

Access 지하철 요도야바시역 1번 출구에서 도보 1분

나카자키초 中崎町

나카자키초는 구역 전체가 핸드메이드 타운을 형성하고 있다. 골목마다 디자인 잡화, 소품점, 갤러리 카페들이 가득 들어찼다. 따뜻한 감성의 디자인 잡화나 생활 잡화들을 개성 넘치게 전시해 여성들의 절대적인 지지를 받고 있다. 흡사 신사동 가로수길이나 홍대 주차장 골목을 연상시킨다. 단, 일본에 익숙한 사람이라도 길을 잃기 쉽고 주변에 사람이 적어 묻기도 어렵다. 지도를 철저히 준비해 가자.

Access 지하철 나카자키역 2번 출구

덴진바시스지 상점가 天神橋筋商店街

길이 2.6km에 달하는 대형 상점가. 지하철 사카이스지선의 미나미모리마치역에서 덴진바시스지로쿠초메역까지 이어지는 쇼핑 아케이드로 일본에서 가장 긴 쇼핑가다. 미나미 오사카에 센니치마에 도구 상점가가 있다면 이곳은 기타 오사카의 대표적인 서민 상점가인 셈. 학문의 신(스가와라노 미치자네)을 모신 오사카 덴만구가 있어 입시철에는 수험생과 학부모들이 운집한다.

Access 지하철 미나미모리마치역 4-A 출구에서 도보 3분, 덴진바시스지로쿠초메역 8번 출구에서 도보 3분 Add 大阪市北区天神橋1 부근 Web tenjin123.com

아메리카무라 アメリカ村

자유를 표방하는 오사카의 젊은이들을 만날 수 있는 곳이다. 1020세대가 즐겨 찾는 이곳만의 개성 넘치는 패션은 이름처럼 '미국'스러우면서도 매우 일본스러운 묘한 매력이 있어 서일본의 하라주쿠로도 불린다. 애칭은 '아메무라'. 10대와 20대를 겨냥한 캐주얼 패션이 주류이나 빅스텝 등의 쇼핑몰뿐 아니라 저렴한 구제의류와 액세서리, 생활잡화 등 다양한 숍들이 포진해 있다. 특히 젊은이 특유의 독특하면서 과감한 패션 구경으로 눈이 즐거운 곳이다.

Access 지하철 신사이바시역 7번 출구에서 도보 4분 또는 지하철 요쓰바시역 5번 출구에서 도보 1분 Web americamura.jp

가브 위크스 GARB weeks

중앙공회당이 바로 보이는 곳에 위치한 단독건물의 카페 레스토랑. 맛은 기본, 중앙공회당의 아름다운 야경까지 덤으로 즐길 수 있다. 농가에서 직접 제공받는 신선한 채소로 파스타와 피자 등을 요리하고, 수제 스모크햄도 맛볼 수 있다. 식사뿐 아니라 신선한 과일과 채소를 사용한 디저트 메뉴도 충실하다. 특히 야경이 아름다우니 데이트에도 모자람이 없다.

Access 오사카 시영 지하철 기타하마역에서 도보 3분 또는 게이한 전철 나니와바시역에서 바로 연결 Add 大阪市北区中之島1-1-29 Open 11:30~15:00, 17:30~21:30 (날짜에 따라 다름) Tel 06-6226-0181 Cost 런치 900엔~, 커피 490엔~ Web www.garbweeks.com

홋쿄쿠세이 신사이바시 본점 北極星心斎橋本店

아메리카무라 근처에 위치한 고풍스런 오므라이스 전문점. 1950년에 세워진 일식 건물에 안에는 작은 정원이 있다. 홋쿄쿠세이는 지점마다 한정 메뉴가 있는데, 이 본점에서는 명란 시푸드, 하야시, 비프스튜 오므라이스가 한정. 런치 메뉴에는 오므라이스에 추가 반찬이 더해져 작은 샐러드와 함께 먹을 수 있다. 부드러운 계란과 새콤달콤한 토마토소스에는 자꾸 생각나게 하는 중독성이 있다.

Access 지하철 난바역 25번 출구에서 도보 6분 Add 大阪市中央区西心斎橋2-7-27 Open 11:30~21:30 Tel 06-6211-7829 Cost 치킨 오므라이스 980엔 Web hokkyokusei.jp

쿠아 아이나 난바 파크스점 クアアイナ なんばパークス店

하와이에서 가장 유명한 수제버거&샌드위치 레스토랑의 오사카 지점이다. 쿠아 아이나는 하와이 시골 마을에서 1975년 탄생했으며, 하와이어로 '시골 사람'이라는 뜻이다. 일본에 상륙한 지는 15년 됐다. 하와이를 연상시키는 분위기에 누가 뭐래도 엄청난 볼륨을 자랑하는 빅 버거가 배고픈 관광객을 흥분하게 만든다. 가게 안에서 먹어도 좋지만 난바 파크스의 많은 외부 의자에서 소풍 온 기분으로 즐기자.

Access 난카이 난바역 중앙출구에 바로 연결되는 난바 파크스 6층 Add 大阪市浪速区難波中2-10-70 Open 11:00~22:00 Tel 06-6635-1610 Cost 아보카도 버거 1,140엔, 팬케이크 720엔 Web www.kua-aina.com/shop/108.html

원조 구시카쓰 다루마 난바 본점

元祖串かつ だるま なんば本店

오사카의 대표 음식 중 하나인 구시카쓰 전문점이다. 최근 우리나라에도 강남과 홍대에 가게를 냈다. 단품 메뉴 외에 9종부터 15종까지 맛볼 수 있는 4가지 세트로 구성됐다. 초보자는 9종 세트인 '레이디스 세트'나 '도톤보리 세트'를 주문한 후 부족하다면 단품으로 추가하는 것이 좋다. 소스는 함께 이용하므로 먹기 전 소스에 찍고 부족한 경우에는 양배추로 떠서 꼬치에 뿌린다. 양배추는 무한 리필된다.

Access지하철 난바역 14번 출구에서 도보 5분 Add 大阪市中央区難波1-5-24 Open 11:30~22:30 Tel 06-6213-2033 Cost 레이디스 세트 1,300엔, 도톤보리 세트 1,500엔 Web www.kushikatu-daruma.com

어디서 잘까?

JR오사카역 · 우메다역 주변

호텔 그란비아 오사카 HOTEL GRANVIA OSAKA

JR오사카역 다이마루 백화점 옆으로 로비가 있다. 역 바로 위에 있어 짐을 들고 돌아다니는 수고로움이 없다. 주변을 관광하다 잠깐 들러 짐을 놓거나 쉬다 나갈 때도 적합하다.

Access JR오사카역 직결 Add 大阪市北区梅田3-1-1 Cost 트윈룸 12,500엔~ Tel 06-6344-1235 Web www.granvia-osaka.jp

신한큐호텔 아넥스 新阪急ホテルアネックス

한큐 우메다역과 거의 이어져 있어 교통이 매우 편리하다. 건물 앞뒤로 자잘한 숍과 음식점들이 밀집해 있어 늦게까지 놀기에도 좋다.

Access JR오사카역 미도스지 출구, 우메다역 미도스지선 출구에서 도보 5분 Add 大阪市北区芝田1-8-1 Tel 06-6372-5101 Cost 트윈룸(조식 포함) 15,100엔~ Web www.hankyu-hotel.com/hotel/hh/shhannex

제이 호퍼즈 J-hoppers

현지에서 친구를 사귀고 싶다면 추천하는 게스트 하우스. 매주 금요일에 국제교류파티 이벤트가 열리는데, 게스트 하우스에 묵는 손님은 물론 근방의 지역 주민들도 함께한다.

Access JR오사카칸조(순환)선 후쿠시마역에서 도보 3분, JR오사카역에서 도보 15분 Add 大阪市福島区福島7-4-22 Cost 도미토리 2,000엔~, 트윈 3,000엔~ Tel 06-6453-6669 Web osaka.j-hoppers.com

난바역 주변

비즈니스 인 난바 ビジネスインナンバ

밤에 체크인하면 시간별로 점점 요금이 저렴해진다. 게다가 인터넷에서 카드로 선결제를 하고 가면 약 1,000엔이 더 싸다. 난바역에서 가까워 교통도 편리.

Access 난바역에서 도보 4분 Add 大阪市浪速区難波中1-1-2 Tel 06-6649-7777 Cost 세미더블룸 6,000엔~ Web business-inn-namba.com

퍼스트 캐빈 미도스지 난바 FIRST CABIN 御堂筋難波

비행기의 일등석을 콘셉트로 한 캡슐호텔. 저렴한 가격에 넓고 깨끗한 객실을 혼자 이용할 수 있다는 것은 매력적이지만 호텔만큼 편하지는 않다. 샤워실과 화장실은 공용.

Access 지하철 미도스지선 난바역 13번 출구와 바로 연결 Add 大阪市中央区難波4-2-1 難波御堂筋ビル4F Cost 퍼스트 클래스 4,000엔~ Tel 06-6631-8090 Web www.first-cabin.jp

JR신이마미야역 주변

OMO7오사카 OMO7大阪

2022년 4월 공항과 역에서 접근하기 좋은 덴노지 동물원과 센세카이 인근에 호시노리조트의 시티호텔 브랜드인 OMO7오사카가 오픈했다. 호텔에서 유니버셜 스튜디오까지 왕복 셔틀버스를 운행한다. 호텔 직원 OMO레인저가 안내하는 신세카이 투어, 다시 투어 등 현지 문화를 경험하고 현지인과 교류할 수 있는 프로그램도 참가할 수 있다.

Access JR신이마미야역에서 도보 2분 Add 大阪市浪速区恵美須西3丁目16番30号 Cost 1인 12,000엔~ Tel 050-3134-8095 Web https://hoshinoresorts.com/ja/hotels/omo7osaka/

JR신오사카역 주변

도요코 인 주오구치 본관·주오구치 신관·히가시구치

TOYOKO INN 中央口本館·中央口新館·東口

오사카역 주변에서 숙소를 잡기 힘들다면 신오사카역 쪽으로도 눈을 돌려보자. 도요코인이 JR신오사카역에서 도보권 내에 3개의 시설을 운영하고 있어 방이 있는 경우가 많다.

Access JR신오사카역 중앙 출구에서 도보 8분 Tel 06-6305-1045 Cost 싱글 6,600엔~ Web www.toyoko-inn.com

03 산노미야역·신코베역
三ノ宮駅·新神戸駅

고베의 중심 역은 고베역이 아닌 산노미야역이다. JR열차만 다니는 고베역과 달리, 산노미야역에는 JR은 물론 사철인 한신 전철, 한큐 전철 모두 선다. 고베 시영 지하철의 세이신·야마테선西神·山手線과 가이간선海岸線, 그리고 남쪽 인공섬 위의 고베공항으로 가는 모노레일 포트아일랜드선ポートアイランド線에서도 산노미야역은 기점 또는 주요 환승역으로 기능한다. 참고로, 산노미야역은 JR에서는 '三ノ宮'라 표기하고 사철은 '三宮'를 쓴다. 정식명칭은 각각 JR산노미야역과 한신 고베산노미야역·한큐 고베산노미야역이며, 서로 가까이 있다. 신칸센이 다니는 JR신코베역은 산노미야역에서 북쪽으로 1.5km 정도 떨어져 있다. JR로 연결되어 있지 않기 때문에 지하철이나 노선버스, 또는 도보로 이동해야 한다. 이 산노미야역과 JR고베역, 신코베역을 아우르는 구역이 고베의 주 관광지이며, 체력이 받쳐준다면 걸어 다닐 만하다.

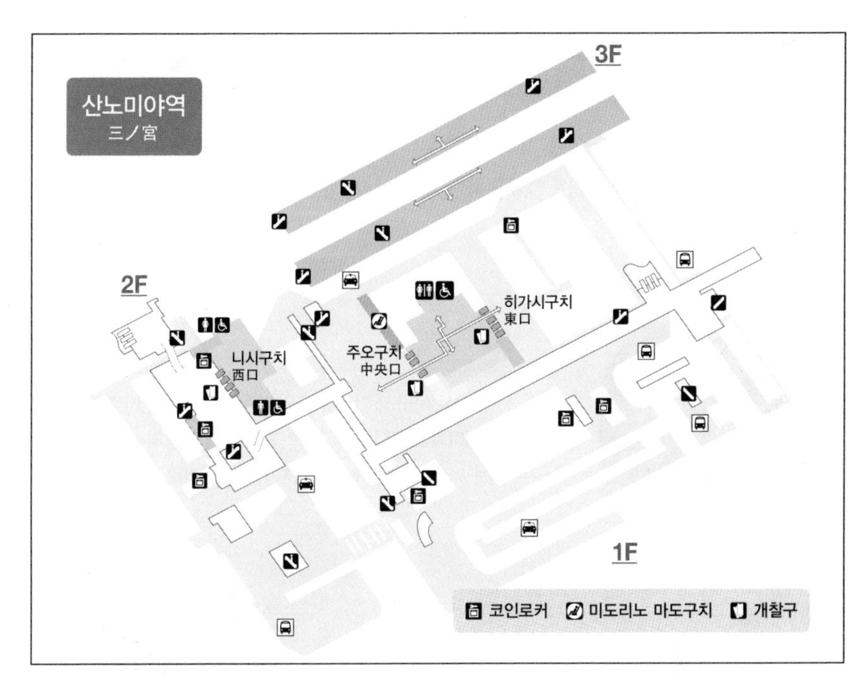

- 미도리노 마도구치 Open 06:00~22:00
- 고베시 종합 인포메이션 센터 Open 09:00~19:00 Tel 078-322-0220

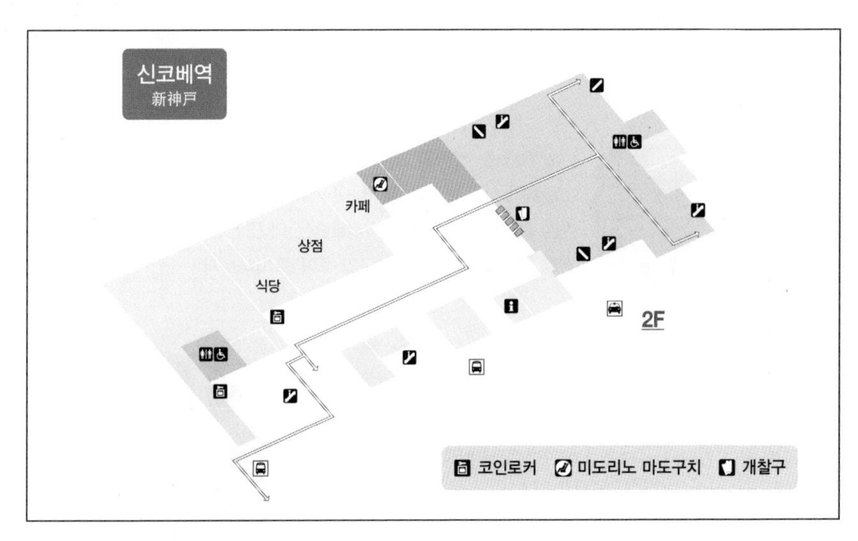

- 미도리노 마도구치 Open 06:00~22:00
- 관광안내소 Open 09:00~18:00 (11월-2월 ~17:00) Tel 078-251-8360

키워드로 그려보는 고베 여행

오사카에서 한나절 정도 근교 여행을 하고자 할 때 가장 좋은 선택지는 고베다. 오사카 만을 따라 달리는 열차를 타면 개항 시대의 낭만 어린 풍경 속으로 들어갈 수 있다.

여행 난이도 ★
관광 ★★★
쇼핑 ★★★
식도락 ★★★★
기차 여행 ★★

이국적 정취

'고베' 하면 낯선 이국의 건축물이 양지바른 언덕에서 바다를 바라보고 있는 풍경이 떠오른다. 19세기 말 고베 항이 개항하며 조성된 외국인 거주지는 이제 고베의 대표 관광지이자 이미지로 자리매김했다.

항구 야경

고베의 랜드마크인 고베 포트 타워는 108m의 붉은색 철골 구조물로 낮과 밤의 모습이 천지 차이이다. 불이 켜진 포트 타워와 주변 항구의 건축물이 만들어낸 야경은 기억에 남을 만한 밤을 선사한다. 맞은편 하버랜드의 모자이크 광장에서 바라보는 것이 가장 좋다.

맛있는 커피와 케이크

일찍이 서양 문물을 받아들여 커피와 디저트 문화가 발달한 고베. 조금 과장하자면 고베의 디저트숍은 다 맛집이다. 맛있는 케이크와 쿠키, 초콜릿을 찾아 '달다구리 투어'를 떠나보자.

고베규(소고기)

씹을 틈이 없이 입에서 사르륵 녹아 없어지는 환상적인 마블링의 고베 소고기. 고베규의 고향 고베에서는 식사는 고민할 것도 없이 소고기다. 합리적인 가격까지 겸비한 철판구이로 먹어보자.

알짜배기로 놀자

대부분의 관광지가 도보 1시간 이내로 옹기종기 모여 있어서 여행 초보자도 별 어려움 없이 다닐 수 있다. 오사카에서 JR쾌속열차로 20분, 사철로는 우메다역에서 30분 정도로 가깝다.

어떻게 다닐까?

시티 루프 버스 1일 승차권 シティ-ル-プバス

고베의 주요 관광지를 순환하는 버스로, 녹색 몸통에 빨간 띠를 둘렀다. 외국인 거류지로 유명한 기타노 지역(신코베역)에서부터 베이 에어리어인 하버랜드 모자이크(JR고베역), 메리켄파크와 구 거류지, 산노미야역까지 주요 관광지를 망라하고 있어 편리하다. 산노미야 고베시 종합 인포메이션 센터, 신코베 관광안내소에서 구입할 수 있으며, 버스 운전기사에게 직접 구입 가능하다.

Cost 원데이패스 어른 700엔, 어린이 350엔 **Open** 09:00~21:00 **Web** www.shinkibus.co.jp/bus/cityloop

도보

짐을 가볍게 하고 운동화를 신고 식사와 차를 즐기며 살짝 쉬기도 하면서 걷자. 신코베역~기타노이진칸~산노미야역~모토마치~난킨마치~모자이크·우미에~고베역의 루트로 움직이면 좋다. 기타노이진칸 지역이 언덕이라 내려오는 길이다. 단순히 도보 시간만 따졌을 때 1시간 정도 소요된다.

어디서 놀까?

기타노이진칸 北野異人館

고베 관광의 중심지인 기타노이진칸. '이진'은 개화기 일본에 들어왔던 외국인들을 일컫는 말로, 기타노 지역에서 외국식으로 지어진 건물을 기타노이진칸이라 부른다. 1868년 에도 막부가 미국, 영국, 프랑스, 러시아, 네덜란드 5개 국가와 통상 조약을 맺으며 외국인들이 고베 항을 통해 일본으로 대거 이주하면서 만들어진 거주지로, 대부분 콜로니얼 양식으로 지어졌다. 베란다가 있고, 페인트로 외벽을 칠했으며, 돌출된 창과 벽돌로 만든 굴뚝 등이 특징이다. 이진칸 거리에 있는 스타벅스도 문화재로 지정된 건물이다. 거리를 따라 특별한 건물들이 몰려 있어 하나씩 찾아보는 재미가 있다.

Access 산노미야역에서 도보 20분 또는 JR신코베역에서 도보 10분 또는 시티 루프 버스 기타노이진칸 정류장에서 하차 **Web** kobe-ijinkan.net

Tip!

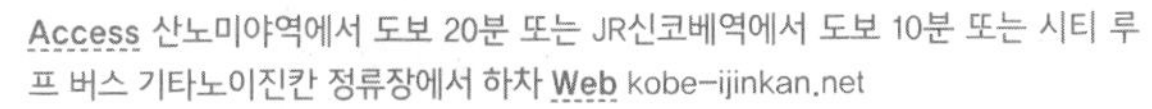

기타노이진칸 통합입장권

기타노이진칸에 있는 건물들은 대부분 입장료를 받는다. 입장료를 받는 곳은 모두 17곳. 입장료는 500~1,000엔이다. 만약 여러 곳을 돌아볼 작정이면 통합입장권을 구매하는 것이 저렴하다. 예를 들어 9곳을 돌아보려면 입장료가 4,700엔이지만 통합입장권을 구입하면 3,000엔이다. 통합입장권은 2~8곳까지 다양한 종류가 있다. 시간이 적다면 대표적인 두 곳 가자미도리(풍향계)노야카타와 모에기(연두색)노야카타를 볼 수 있는 2관권 650엔으로도 충분. 통합입장권은 각 건물 부근의 매표소에서 판매한다.

모토마치·난킨마치 元町·南京町

양손은 무겁게, 지갑은 가볍게 만드는 모토마치와 모토마치에서 조금 걸어 내려오면 있는 고베의 차이나타운 난킨마치. 이진칸 언덕길을 다 걸어 내려와 베이 에어리어 쪽으로 이동할 때 거치게 되는 거리이기도 하다. 이곳에서는 일본 내에서 패션의 도시로 이름난 고베의 진정한 모습을 볼 수 있다. SPA 브랜드부터 명품, 개성적인 디자이너의 숍까지 만날 수 있다. 난킨마치는 작지만 중국음식점이 빼곡히 들어서 있어 색다른 간식을 원할 때 좋다.

Access JR · 한신 모토마치역 하차 후 도보 2분

우미에&모자이크 UMIE&MOSAIC

고베역 동쪽의 하버랜드에 위치한 복합 쇼핑몰. 물결치는 에스컬레이터가 독특한 우미에는 지하의 슈퍼가 둘러볼 만하다. 붉은색 대관람차로 유명한 모자이크는 로드숍처럼 꾸며놓아 구경하는 재미가 있다. 모자이크 광장에서는 붉은색의 고베 포트 타워와 고베 해양박물관이 어우러진 풍경이 가장 멋지게 보인다.

Access JR고베역 남쪽 출구에서 도보 5분 또는 시티 루프 버스 하버랜드 하차 **Add** 兵庫県神戸市中央区東川崎町1-7-2 **Open** 10:00~20:00(상점마다 다름) **Tel** 078-382-7100 **Web** umie.jp

메리켄 파크 メリケンパーク

항구를 기점으로 번성했던 도시인 고베의 특징을 잘 알 수 있는 공원. 고베 개항 120주년을 기념해 조성된 메리켄 파크는 콜럼버스가 대서양을 횡단했을 때 사용했던 산타마리아호의 복제선이나 내일의 희망을 위해 이민을 떠나던 가족을 형상화한 동상 등 다양한 야외 전시물들을 만날 수 있다. 고베 야경의 주인공인 빨간색 고베 포트 타워도 이곳에 있다. 오사카로 가는 크루즈도 고베 항에서 탈 수 있다.

Access JR고베역 남쪽 출구에서 도보 5분 또는 시티 루프 버스 메리켄 파크 하차

스테이크 랜드 고베점 Steak Land

고베의 브랜드 소고기 '고베규'를 착한 가격에 맛볼 수 있는 곳. 셰프가 손님이 보는 앞에서 철판에 스테이크를 구워주는데, 입에서 살살 녹는 고베규를 런치 타임(11:00~14:00)에는 1,200엔이라는 착한 가격에 즐길 수 있다. 좋은 위치와 저렴한 가격, 뛰어난 맛까지 일석삼조. 산노미야역 인근 이웃한 건물에 두 곳 있다.

Access 한큐 산노미야역 2번 출구 바로 **Add** 兵庫県神戸市中央区北長狭通1-8-2 **Open** 11:00~14:00, 17:00~22:00(주말·공휴일 11:00~22:00) Tel 078-332-1653 Cost 런치 스테이크 세트 1,200엔 **Web** steakland.jp

카페 프로인드리브 Cafe Freundlieb

일본 유형문화재로 등록된 오래된 교회 건물을 개조한 카페. 1층은 테이크 아웃 전문 베이커리, 2층은 카페로 운영되고 있다. 샌드위치를 중심으로 한 평일 런치 세트가 괜찮고, 다양한 케이크와 오가닉 커피도 즐길 수 있다. 유럽의 궁전을 닮은 고풍스런 건물도 볼거리다.

Access 지하철 산노미야역 동쪽 2번 출구 도보 12분 **Add** 神戸市中央区生田町4-6-15 **Open** 10:00~18:00, 수요일 휴무 **Cost** 런치 세트 1,540엔 **Tel** 078-231-6051 **Web** freundlieb.jp

그린 하우스 실바 Green House Silva

도심 한가운데 숲 속에 지은 별장 같은 공간을 마련한 카페 레스토랑. 넓고 폭신한 소파와 은은한 빛을 밝히는 조명이 기분 좋다. 반숙 계란이 올려져 있는 카르보나라, 메이플 시럽이 뿌려진 폭신폭신한 시폰 케이크, 여성 손님들에게 가장 인기 있는 음료인 아이스 캐러멜 우유를 대나무 정원을 바라보며 즐길 수 있다. 늦은 밤까지 영업하는 것도 매력적이다.

Access JR 산노미야역 동쪽 출구 도보 3분 **Add** 兵庫県神戸市中央区琴ノ緒町5-5-25 **Open** 11:00~00:00 **Tel** 078-262-7044 **Cost** 파스타 1,000엔~ **Web** www.green-house99.com

라베뉴 L'AVENUE

2009년 '세계 초콜릿 경연대회'에서 우승해 마스터의 칭호를 가진 히라이 시게오가 고향인 고베에 차린 가게다. 세계대회 우승작인 '모드'는 여러 종류의 초콜릿에 헤이즐넛과 살구를 더해 만들었다. 새콤한 프랑브아즈와 다크 초콜릿 무스를 더한 초콜릿 프랑브 등 20여 종류의 케이크를 맛볼 수 있다. 포장 판매가 되지 않는 매장 한정 판매 메뉴들이 많으니 꼭 들러보자.

Access 지하철 산노미야역 서쪽 3번 출구에서 도보 8분 **Add** 神戸市中央区山本通3-7-3 **Open** 10:30~18:00 수요일 휴무(화요일 부정기 휴무) **Cost** 모드 650엔 **Web** www.lavenue-hirai.com

04
오카야마역
岡山駅

동쪽으로 오사카, 서쪽으로는 히로시마, 북쪽으로는 산인 지방, 그리고 남쪽으로 시코쿠까지 연결하는 오카야마역은 주고쿠, 시코쿠 지역 철도 교통의 허브다. 신칸센의 모든 열차가 정차하며, 산요 본선, 우노선, 세토대교선, 쓰야마선의 시·종착역이기도 하다. 침대열차인 선라이즈 이즈모·세토도 오카야마역에서 병결 또는 분리된다. 신칸센 승강장은 3층에, 나머지 열차는 1층에서 탈 수 있다. JR웨스트의 간사이 와이드 패스를 비롯한 산인 오카야마 패스, 간사이 히로시마 패스, 간사이 호쿠리쿠의 해당 구간으로 간사이·주고쿠를 아우르는 기차 여행에서 들러볼 만한 역이다. 역은 넓은 지하상가와 이어져 있고, 동쪽 지하보도로 연결된 이온몰 오카야마점은 주코쿠에서 가장 트렌디한 쇼핑몰이다. 오카야마 성을 비롯해 시내 관광지는 동쪽 출구로 나가야 하며, 출구 바로 앞의 지하로 내려가면 외국인 관광객에게 유용한 모모타로 관광안내소가 있다.

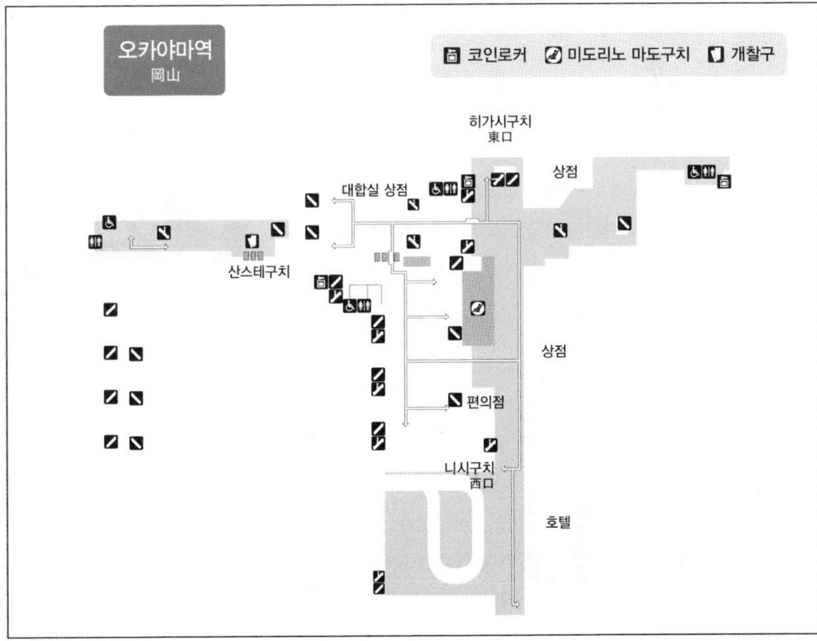

- 미도리노 마도구치(2층 개찰구 밖) Open 08:00~20:00
- 미도리노 마도구치(신칸센 노리카에구치) Open 05:30~23:30
- 오카야마시 관광안내소 Open 09:00~18:00

키워드로 그려보는 오카야마 여행

여행 난이도 ★★
관광 ★★★★
쇼핑 ★★★
식도락 ★☆
기차 여행 ★★☆

철도 교통의 요충지인 오카야마는 간사이는 물론 주코쿠, 시코쿠 지역에서도 접근성이 좋다. 더욱이 이곳에는 놓치면 아쉬운 보석 같은 여행지가 숨어 있다.

구라시키 미관지구

300년 전 에도 시대의 거리 풍경이 생생하게 살아 있는 구라시키 미관지구. 세트장이라 해도 믿을 만큼 아기자기한 거리와 고풍스러운 흰 벽의 건축물을 배경으로 영화 포스터 같은 기념사진 한 컷 남겨보자.

모모타로(복숭아 동자)

아이 없는 노부부에게 어느 날 시냇물을 따라 커다란 복숭아가 떠내려 오고, 그 속에서 태어난 동자 '모모타로桃太郎'가 도깨비를 무찌른다는 이야기는 일본에서 가장 널리 알려진 전실 중 하나다. 이 이야기의 배경이 된 오카야마에서는 곳곳에서 관련 흔적을 찾아볼 수 있다.

청바지

구라시키의 고지마 지역은 일본 청바지의 발상지다. 질 좋은 원단으로 개성 있는 핸드메이드 데님 제품을 발견할 수 있고, 세상에서 단 한 벌뿐인 청바지 제작도 가능하다.

알짜배기로 놀자

오카야마역을 중심으로 도보권 내에 주요 관광지가 있으며, JR열차로 20분 정도 거리에 일본 옛 거리가 그대로 보존된 구라시키 미관지구가 있어 한나절 여행하기에 알맞다.

어떻게 다닐까?

노면전차

오카야마는 노면전차가 시내의 대부분을 아우른다. 노면전차로 이동한 후 걸어 돌아오면서 숍이나 레스토랑에 들를 수 있도록 동선을 짜면 돼 특별히 1일 패스를 사지 않아도 좋다. 노면전차를 가장 많이 이용하는 구간은 오카야마역 앞 오카야마에키마에岡山駅前역에서 오카야마 성을 갈 때 이용하는 시로시타城下역으로, 요금은 100엔이며 도보로는 15~20분 거리다.

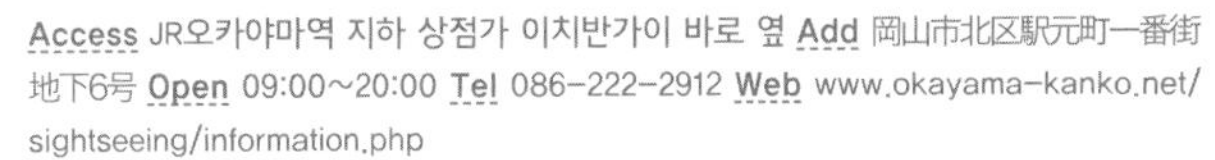

Tip!

관광안내소를 활용하자

오카야마는 일본의 다른 지역에 비해 한글 관광정보가 적은 편이다. 오카야마역 내에도 관광안내소가 있지만 역 지하의 '모모타로 관광안내소ももたろう観光センター'에 외국인을 위한 관광 정보가 더 많다. 한글 맵과 타운정보지 등을 얻을 수 있으며 특히 구루메 맵Gourmet Map이 쓸 만하니 관광에 최대한 활용하자.

Access JR오카야마역 지하 상점가 이치반가이 바로 옆 **Add** 岡山市北区駅元町一番街地下6号 **Open** 09:00~20:00 **Tel** 086-222-2912 **Web** www.okayama-kanko.net/sightseeing/information.php

어디서 놀까?

오카야마 성 岡山城

별명은 '까마귀성'. 효고현 히메지 성의 애칭인 '백로성'이 이 까마귀성에 대조되는 흰 모습 때문이라는 설이 있을 정도로 검게 빛나는 성이다. 약 400년 전에 지어진 일본의 대표적 성곽 건축물로 고라쿠엔 정원에서 다리를 건너 올라갈 수 있는데, 바로 나타나는 문으로 들어가지 말고 옆으로 걸으면 지붕이 하늘과 만들어내는 아름다운 곡선을 볼 수 있다.

Access 오카야마 노면전차 시로시타역에서 도보 13분 **Add** 岡山県岡山市北区丸の内二丁目3-1 **Open** 09:00~17:30, 연말 휴관 **Tel** 086-225-2096 **Cost** 오카야마 성 입장권 300엔, 고라쿠엔 · 오카야마 성 세트 입장권 580엔 **Web** www.okayama-kanko.net/ujo/index.html

고라쿠엔 後楽園

오카야마를 대표하는 관광지로 일본 3대 정원. 오카야마 성의 정원으로 조성되었다. 정문으로 들어가 사와노이케 연못과 류텐 정자, 유이신잔 산을 둘러본 뒤 남문을 통해 아사히 강을 가로지르는 쓰키미바시 다리를 건너 오카야마 성으로 가는 코스가 추천 동선. 특별한 날엔 야간 조명이 들어와 더욱 포토제닉한 장소로 변신한다. 정원 내 찻집에서 파는 기비단고(찹쌀경단)가 맛있다.

Access 오카야마 노면전차 시로시타역에서 도보 10분 **Add** 岡山県岡山市北区後楽園 1-5 **Open** 3월 20일~9월 30일 07:30~18:00, 10월 1일~3월 19일 08:00~17:00 **Tel** 086-272-1148 **Cost** 고라쿠엔 입장권 410엔, 고라쿠엔+오카야마성 세트 입장권 580엔 **Web** www.okayama-korakuen.jp

오하라 미술관 大原美術館

서양 근대 미술을 전시한 일본 최초의 사립 미술관. 1930년 도쿄나 오사카가 아닌 작은 도시에 고갱, 모네, 피카소의 작품을 전시할 수 있었던 것은 구라시키의 방적공장으로 부를 축적한 오하라 마고사부로라는 인물 덕분이다. 그의 후원에 힘입은 오랜 수집을 통해 엘 그레코의 '수태고지', 로댕의 '칼레의 시민'과 같이 유럽 미술관에서나 볼 법한 명작을 이곳에서 만날 수 있게 되었다.

Access JR구라시키역에서 도보 10분, 구라시키 미관지구 내 **Add** 岡山県倉敷市中央1-1-15 **Open** 09:00~17:00, 월요일 휴관 **Tel** 086-422-0005 **Cost** 어른 1,500엔, 초·중·고등학생 500엔 **Web** www.ohara.or.jp

구라시키 미관지구 倉敷美観地区

오랫동안 상업으로 번성한 구라시키의 옛 모습을 그대로 보존하고 있는 아름답고 고풍스러운 곳이다. 물류 창고로 쓰던 흰색 흙벽의 건축물이 원형을 간직한 채 잡화점, 카페, 레스토랑 등으로 쓰이고 있다. 수양버들이 드리워진 아늑한 운하를 따라 옹기종기 모여 있어 반나절 도보 관광과 기념사진 찍기에 그만이다. 저녁이 되면 강변과 거리는 은은한 조명이 켜지며 낭만적인 분위기를 연출한다. 코인로커 이용을 비롯해 미관지구의 관광 정보는 옛 시청사 건물 자리에 들어선 휴게소 겸 관광안내소인 구라시키관에서 얻을 수 있다.

Access JR구라시키역에서 도보 10분 **Open** 09:00~18:00(구라시키관 관광안내소) **Tel** 086-422-0542(구라시키관 관광안내소) **Web** www.kurashiki-tabi.jp

끼니는 여기서

신스이 民芸茶屋 新粋

나무판자에 분필로 간판을 적은 듯한 구라시키의 이자카야. 들어가면 묵직하게 바가 있는데, 포장마차처럼 미리 준비된 안주들이 있어 요리를 직접 보고 주문이 가능하다. 고민하기 싫다면 코스 요리를 추천한다. 가게에서 추천하는 메뉴로 구성되어 있어 맛과 양이 만족스럽다.

Access JR구라시키역에서 도보 13분, 아치신사 입구 인근 Add 岡山県倉敷市本町11-35 Tel 086-422-5171 Open 17:00~22:00, 일요일 휴무 Cost 단품 180엔~, 코스 3,200엔~ Web www.k-suiraitei.com/shinsui/

미야케 상점 三宅商店

디저트로 소문난 카페 겸 레스토랑. 여러 종류의 과일 파르페와 예쁘게 플레이팅된 수제 케이크를 맛볼 수 있다. 평일에만 판매하는 카레 세트는 채소가 듬뿍 들어간 카레와 현미밥, 국, 미니 디저트, 커피까지 구성이 알차다. 가게 한쪽에는 주인이 직접 디자인한 종이 테이프도 판매한다.

Access JR구라시키역에서 도보 10분 Add 岡山県倉敷市本町3-11 Open Open 평일 11:30~17:30, 토요일 11:00~18:00, 일요일 10:30~17:30 Tel 086-426-4600 Cost 미야케 카레 세트(평일) 1,370엔, 계절한정 파르페 1,045엔 Web www.miyakeshouten.com

하시야 はしや

JR오카야마역 지하상가인 오카야마 이치반가이岡山一番街 내 식당. 메인 메뉴를 고르면 다섯 가지 이상의 채소 반찬과 밥, 국으로 균형 잡힌 식사를 할 수 있다. 밥은 잡곡밥과 흰쌀밥 중에 선택할 수 있으며 리필도 가능하다.

Access JR오카야마역에서 도보 3분 Add 岡山県岡山市北区駅元町1-1 Open 11:00~21:00 Tel 086-235-0835 Cost 정식 1,089엔~ Web https://sun-ste.com/okayama-ichibangai/shopping/?c=shop_view&pk=1596103021

안테나 Antenna アンテナ

커피와 과일 파르페, 스리랑카 커리를 맛볼 수 있는 카페 레스토랑. 진한 커리 맛이 훌륭하다. 고라쿠엔 내 차밭에서 딴 한정판 차도 있다. 고라쿠엔 정문으로 이어지는 쓰루미바시 다리 바로 앞에 있어 관광객들이 많이 찾는다.

Access 오카야마 노면전차 시로시타역에서 도보 8분 Add 岡山県岡山市北区出石町1-8-23 Tel 086-221-9939 Open 11:00~19:00, 화요일 휴무 Cost 커리 1,080엔~ 고라쿠엔 녹차 500엔

노무라 味司 野村

1931년에 창업해 지금까지 메뉴 변경 없이 영업해오고 있는 이름난 식당. 노무라는 돈가스 덮밥 위에 데미그라스 소스를 얹은 오카야마 명물 도미그라스 가쓰돈이 유명하다. 주문은 자판기로 해야 한다.

Access 오카야마 노면전차 오카야마에키마에역에서 도보 5분 Add 岡山県岡山市北区平和町1-10 Tel 086-222-2234 Open 11:00~14:40, 17:30~21:00(주말 · 공휴일 11:00~21:00) Cost 가쓰돈 로스 900엔

하루 종일 놀자

JR열차로 오카야마의 좀 더 먼 곳까지 가보자. 쇼핑에 관심이 있다면 도이야초 거리를, 모모타로 전설에 흥미가 있다면 기비쓰 신사를 추천한다. 일본 청바지의 발상지인 고지마에서는 자전거를 빌려 다니자.

어떻게 다닐까?

JR열차

오카야마 근교 관광지는 대부분 JR열차로 다닐 수 있다. 도이야초는 오카야마역에서 JR열차로 한 정거장인 기타나가세역에서 가깝고, 고지마역까지는 특급열차 또는 마린라이너マリンライナー로 20분 정도 소요된다. 기비쓰 신사가 있는 기비쓰역은 보통열차로 15분 거리다.

어디서 놀까?

도이야초 거리 問屋町

오카야마 서쪽의 도이야초는 도매상점들이 모여 있던 거리로 젊은 주인장의 개성 있는 옷가게와 잡화점과 카페, 레스토랑이 하나둘 문을 열기 시작하면서 새롭게 떠오르고 있는 동네다. 현재 약 50곳의 도매점과 60여 곳의 소매점이 사이좋게 공존하고 있다. 대형 트럭이 다니는 길은 점포와 점포 사이가 널찍해 한적한 느낌이고, 주차도 편하다. 생각보다 많이 걷게 되므로 편한 신발은 필수.

Access JR기타나가세역에서 도보 15분

기비쓰 신사 吉備津神社

모모타로 이야기 속 모델이라 알려진 기비쓰히코신을 모신 신사. 본전은 국보로 지정되어 있다. 400m에 달하는 긴 회랑이 멋진 분위기를 연출하는 곳이다. 도보 20분 거리에 있는 기비쓰히코 신사와 더불어 함께 볼 수도 있다.

Access JR기비쓰역에서 도보 8분 Add 岡山県岡山市北区吉備津931 Web kibitujinja.com

고지마 진즈 스트리트 児島 Jeans Street

일본 청바지의 발상지인 고지마. 일찍이 섬유 산업이 발달해 여전히 구라시키의 캔버스 천과 청바지는 일본에서도 고급품이다. 한국에도 일부 셀렉트숍에서 볼 수 있는 모모타로 진즈가 바로 고지마의 청바지. 25개의 청바지 전문 매장이 모여 있는 진즈 스트리트에서는 고지마 원단의 청바지뿐 아니라 데님으로 만든 다양한 생활 소품도 구입할 수 있다.

Access JR고지마역에서 도보 15분 **Web** jeans-street.com

베티스미스 청바지 박물관 Betty Smith Jean's Museum

고지마의 대표 청바지 브랜드인 베티스미스의 청바지 박물관에서는 청바지의 역사와 작업공정을 전시하고 있다. 또한 방문객이 직접 옷감부터 버튼, 리벳, 실의 종류를 선택해 세상에서 단 하나뿐인 청바지를 주문제작 할 수 있다. 고지마역 부근에서 자전거를 빌려 다니면 좋다.

Access JR고지마역에서 도보 30분 **Add** 岡山県倉敷市児島下の町5-2-70 **Open** 09:30~17:00 **Tel** 086-473-4460 **Cost** 입장 무료 **Web** betty.co.jp/village/museum01

카페 데셰르 DESCHL

도이야초에서 길을 걷다 눈을 휘둥그렇게 뜨게 하는 달콤한 냄새가 나는 곳. 팬케이크와 프렌치토스트를 전문으로 하는 카페 데셰르는 길가 쪽으로 창이 난 주방에서 조리를 한다. 도톰한 팬케이크에 생크림, 신선한 버터가 깔끔한 본연의 맛을 느끼게 해준다. 팬케이크는 기본 세 장으로 디저트라 하기에는 양이 좀 많아 식사 대용으로도 손색없다.

Access JR기타나가세역에서 도보 20분 Add 岡山県岡山市北区問屋町9-101 Tel 086-250-4832 Open 08:50~20:00(한 시간 전 주문 마감) Cost 팬케이크 플레인 740엔

네이버 커피 컴퍼니 NEIGHBOR COFFEE COMPANY

모던한 분위기의 도넛 카페. 달콤한 도넛과 커피는 물론, 핫도그와 샌드위치로 가볍게 식사를 대신해도 괜찮다. 고지마역에서 진즈 스트리트로 진입하는 모퉁이에 있는 카페로, 커피나 과일주스를 테이크 아웃하기 딱 좋은 위치다.

Access JR고지마역에서 도보 15분 Add 岡山県倉敷市児島味野2-2-39 Tel 086-472-5183 Open 08:00~18:00, 목요일 휴무 Cost 허니치킨샌드 550엔 Web neighbor-coffee.com

오코노미 레스트 앗찬 OKONOMI REST あっCHAN

지역 주민 사이에서 알려진 맛집. 가정집 같은 외관에 글씨를 오려 붙인 듯한 간판은 그냥 지나치기 십상이다. 기본은 히로시마풍 오코노미야키이며 간사이풍으로 주문할 수도 있다. 고지마 명물인 문어소금볶음이 섞인 야키소바도 맛볼 수 있다. 김치 철판 볶음밥도 제법 맛있다.

Access JR고지마역에서 도보 10분 Add 岡山県倉敷市児島児島駅前1-88 Tel 086-472-9108 Open 11:30~14:00, 17:30~21:00, 월요일 휴무 Cost 야키소바 756엔, 김치 볶음밥 756엔

어디서 잘까?

오카야마역 주변

비아인 오카야마 ヴィアイン岡山

오카야마역 위에 있는 비즈니스호텔. 길을 잃을 염려도 없고, 열차를 이용하는 여행에는 최적의 입지다. 특히 객실이 높아 위에서 오카야마 시내와 신칸센을 포함한 오카야마 역사의 선로를 창문으로 감상할 수 있다. 민감한 편이 아니라면 열차소리도 거의 방해되지 않는다.

Access JR오카야마역 위 **Add** 岡山県岡山市北区駅元町1-25 **Tel** 086-251-5489 **Cost** 트윈룸 5,450엔~ **Web** www.viainn.com/okayama

호텔 그란비아 오카야마 HOTEL GRANVIA OKAYAMA

JR오카야마역과 통로로 이어져 있으며 널찍한 방과 맛있는 조식이 유명하다. 호텔 내의 카페와 레스토랑도 오카야마의 맛집으로 유명하다. 바로 옆에 대형쇼핑몰이 있다.

Access 오카야마역에서 연결통로로 3분 **Add** 岡山県岡山市北区駅元町1-5 **Tel** 086-234-7000 **Cost** 싱글룸(조식 포함) 11,500엔~ **Web** www.granvia-oka.co.jp

구라시키역 주변

구라시키 아이비스퀘어 KURASHIKI IVY SQUARE

구라시키 미관지구 내에 있으면서 특이한 광석 온천을 경험할 수 있는 호텔. 시설은 오래된 느낌이지만 아이비스퀘어의 정원과 부설 시설들과의 연계가 좋다.

Access 구라시키 미관지구 입구에서 도보 5분 **Add** 岡山県倉敷市本町7-2 **Tel** 086-422-0011 **Cost** 싱글룸(조식 포함) 8,430엔 **Web** www.ivysquare.co.jp

여기도 가보자

일본의 성 가운데 가장 아름다운 자태를 뽐내는 히메지 성은 효고현과 오카야마현 경계에 있는 JR히메지역에 있다. 신칸센 사쿠라로 JR오카야마역에서 21분, JR신코베역에서는 17분 거리로 JR패스 여행자라면 부담 없이 잠시 내려 반나절 정도 여행하기 좋다. 히메지역에서 도보 20분 거리로 버스로 이동하여 성을 본 다음, 걸어 돌아오면서 양쪽 길가의 상점가를 둘러보는 코스를 추천한다. 히메지역의 2층 전망대에서 히메지 성과 시가지가 어우러진 전경이 한눈에 들어온다.

히메지 성 姫路城

목조 건축물의 완성도와 당시의 건축양식이 잘 살아 있는 점을 평가받아 일본 최초의 세계문화유산으로 지정된 히메지 성. 천수각을 비롯한 여러 건물이 일본의 국보이기도 하다. 성벽이 하얗게 칠해져 있고 지붕 기와의 검은 물결치는 모습이 백로와 닮았다 하여 '백로성'으로 불리기도 한다. 여러 전화를 기적적으로 모면한 끝에 가장 번성했던 시절의 원형을 간직한 히메지 성은 화려함의 극치를 보여준다. 7층 구조의 대천수각은 물론이고 성벽의 문양 또한 일본의 다른 성에서 볼 수 없는 다채로움을 지니고 있다. 300m의 백 칸 복도가 있는 니시노마루에는 히메지 성과 관련된 여러 유물과 생활상이 전시되어 있다. 2015년에 보수공사를 끝낸 후 관광객의 수가 한층 증가했다. 한적하게 돌아보려면 개장 시간에 맞춰 입장하는 것이 좋다. 홈페이지에서 대기시간을 알려주는 서비스를 실시하고 있으니 참고하자.

Access JR히메지역에서 도보 20분, 혹은 역 북쪽출구에서 버스로 5분 후 오테몬마에 하차 바로 **Add** 兵庫県姫路市本町 68 **Open** 09:00~17:00(4월27일~8월31일 18:00까지), 연말 휴무 **Cost** 어른 1,000엔, 초 · 중 · 고등학생 300엔 **Web** www.himejicastle.jp

하마모토 커피 はまもと珈琲

히메지의 가장 맛있는 카페로 소문난 하마모토 커피. 매번 바뀌는 콩의 상태에 따라 조금씩 달리 블렌딩하며 맛을 지키는 하마모토 블렌드는 부드러우면서도 산뜻한 새콤함이 특징이다. 히메지 특산물인 아몬드버터 토스트와 함께 먹으면 금상첨화.

Access 히메지역에서 도보 10분, 미유키도리 상점가 내 **Add** 兵庫県姫路市二階町49 **Cost** 하마모토 블렌드 500엔, 오늘의 스페셜 커피 500엔 Tel 079-282-2233 Open 07:00~18:00, 목요일 휴무 **Web** www.hamataku.com

다코피 TACOPY

다코야키와 매우 비슷하지만 속이 조금 더 묽고 국물에 찍어 먹는 아카시야키는 효고 지역의 대표 간식이다. 다코야키처럼 굽다가 반만 동그랗게 만들어 판 위에 뒤집어 얹으면 아카시야키 한 판 완성. 다코피아에서는 다코야키 메뉴로 국물을 함께 주고, 소스는 테이블에 놓여 있다. 소스를 살짝 발라 국물에 찍어 먹으면 짭짤 시원 고소한 것이 한 끼 식사로도 좋다.

Access 히메지역에서 도보 1분, 그랑페스타 지하 1층 **Add** 兵庫県姫路市駅前町188-1 グランフェスタ B1F **Open** 10:00~20:00 **Tel** 079-221-3657 **Cost** 다코야키 450엔

05 히로시마역 広島駅

주코쿠 최대 도시인 히로시마의 중심이 되는 JR역이다. 승차인원 역시 주코쿠 통틀어 1위. 신칸센의 모든 열차가 정차하며 산요 본선이 지나고 지역 노선인 게이비선·가베선·구레선의 시·종착역이다. 신칸센은 북쪽 고가에, 나머지 재래선의 철로는 남쪽에 위치하는데 가운데 역사로 가로막혀 둘 사이를 이동하려면 역전 노면전차 정류장 부근의 지하도를 이용해야 하는 불편함이 있다. 현재 이를 개선하고자 통로 정비 공사가 진행 중이다. 남쪽 출구 바로 앞에 노면전차 '히로덴'이 다니며, 히로시마 시내는 물론 남쪽 미야지마宮島까지 빠르고 편리하게 연결한다. JR웨스트 패스는 간사이 히로시마 패스, 산요 산인 패스, 히로시마 야마구치 패스가 해당된다. 간사이의 오사카보다 규슈의 후쿠오카가 더 가까워 후쿠오카공항으로 출입국하는 기차 여행으로 계획할 수도 있다.

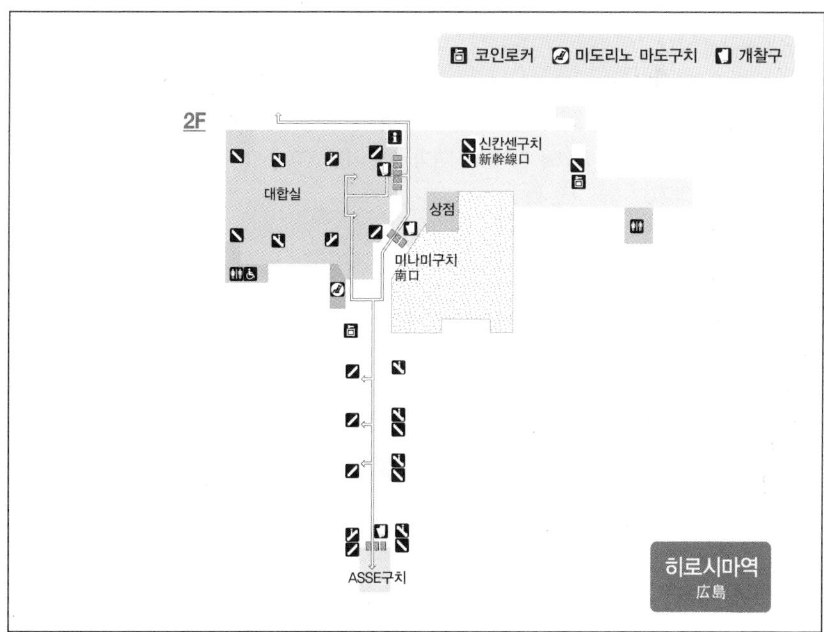

- 미도리노 마도구치 Open 05:30~23:00
- 미도리노 마도구치(신칸센 노리카에구치) Open 05:30~23:15
- 히로시마시 관광안내소(미나미구치) Open 09:00~17:30(점심시간 있음) Tel 082-261-1877
- 히로시마시 관광안내소(신칸센구치) Open 09:00~17:30(점심시간 있음)

키워드로 그려보는 히로시마 여행

물 위에 뜬 아름다운 신사와 현대적이고 세련된 쇼핑 거리, 맛있는 오코노미야키 등을 만날 수 있는 히로시마. '히로시마 원자폭탄'뿐 아니라 기억해야 할 것이 많은 도시다.

여행 난이도 ★★
관광 ★★★★
쇼핑 ★★★★
식도락 ★★★
기차 여행 ★★★

원자폭탄

제2차 세계대전 당시 원자폭탄이 떨어진 도시로 유명한 히로시마. 당시의 희생자들을 기리며 평화의 중요성을 되새기도록, 피폭된 건물을 보존하고 평화기념공원을 만들어 기억하고 있다. 일본 학생들의 수학여행지로 빠지지 않는 곳이기도 하다.

이쓰쿠시마 신사

밀물 때는 배로, 썰물 때는 바닥을 걸어 신사의 문으로 이동하는 미야지마의 이쓰쿠시마 신사. 섬 자체를 신의 영역으로 여기지 않았다면 바다 속에 문을 만들지도 않았을 것이다. 사슴과 함께 사는 신의 영역으로 들어가 보자.

오코노미야키

일본 오코노미야키의 양대 산맥인 히로시마풍 오코노미야키의 본거지. 간사이풍이 모든 재료를 섞은 반죽을 철판에 올리는 데 반해, 히로시마풍은 재료를 따로따로 구워 합체한 뒤 밀가루 반죽을 부어 형태를 잡으며 흔히 굵직한 면이 들어간다.

모미지 만주

이름 그대로 단풍잎 모양의 만주. 그 역사가 100년이 넘는 히로시마의 대표 화과자다. 팥소 사이 찹쌀떡이 쫄깃하게 씹히는 니시키도にしき堂의 모미지 만주는 늘 오미야게 랭킹 상위를 차지한다. 미야지마에는 오랜 전통의 모미지 만주 가게가 여럿 있으며, 모미지 만주에 튀김옷을 입혀 바삭하게 튀겨낸 아게모미지도 맛볼 수 있다.

알짜배기로 놀자

히로시마 시내 중심의 관광과 미야지마 섬 중심의 관광 중 취향에 따라 선택하자. 아침 일찍부터 좀 바쁘게 움직이고 쇼핑 시간을 줄이면 양쪽 모두 여행하는 것도 가능하다. 히로시마역에서 미야지마구치역까지 JR 열차로 30분 정도 소요된다.

어떻게 다닐까?

노면전차 히로덴

히로시마 관광에서 절대적으로 유용한 교통수단. 7개의 노선이 히로시마 구석구석 연결하고 있으며, 미야지마 구간(니시히로시마~미야지마)를 제외하고 모든 구간의 요금이 180엔으로 동일하다. 4회 이상 탄다면 1일 승차권이 이득. 단, 미야지마를 갈 경우 JR도 거의 같은 구간을 운행하기 때문에 JR패스가 있다면 JR열차를 타는 것이 당연히 낫다. 시간도 절반밖에 안 걸린다.

Cost 1일 승차권 700엔, 1일 승차권+미야지마 페리 900엔, 1회 승차권 170엔~ Web www.hiroden.co.jp

Tip!

JR패스가 있다면 미야지마 페리가 공짜!

기차역이 아닌 곳에서 JR패스가 빛을 발하는 구간이 히로시마의 미야지마다. JR열차로 미야지마까지 갈 수 있을뿐더러, 미야지마 섬까지 가는 페리를 공짜로 이용할 수 있다. 미야지마구치역에서 내리면 두 곳의 선착장이 나오는데, 이 중 'JR'이 크게 써진 곳으로 가서 JR패스를 제시하면 된다.

어디서 놀까?

오모테산도 상점가 表参道商店街

이쓰쿠시마 신사 앞까지 이르는 300m 정도의 상점가. 좁은 골목 양옆으로 굴과 붕장어 전문 식당과 나무주걱, 미야지마 맥주 등을 파는 기념품 상점이 즐비하고 모미지 만주, 붕장어 만두, 굴 구이 등 길거리 주전부리가 풍성하다. 이쓰쿠시마 신사 등 미야지마 주요 관광지를 구경하고 나서 돌아오는 길에 식사 겸 기념품 쇼핑을 하면 좋다.

Access JR미야지마구치역 앞 선착장에서 미야지마행 배로 10분, 미야지마산바시에서 내려 도보 5분

Tip!

미야지마의 무법자, 사슴

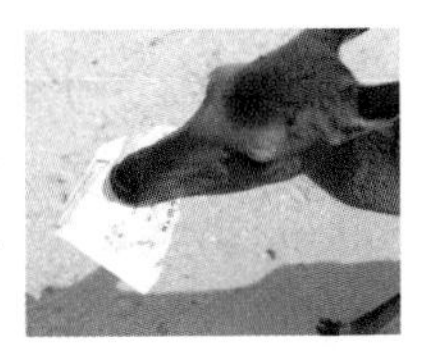

미야지마 섬에는 수백 마리의 야생 사슴이 살고 있다. 원래 미야지마의 원시림에 살던 사슴은 관광객이 주는 먹이에 맛을 들여 아예 시가지에 눌러 살게 되었다. 처음에는 사람을 겁내지 않는 사슴이 귀엽고 신기했지만, 보고 있던 여행 지도를 낚아채 씹어 먹는 걸 본 후론 피해 다니게 되었다. 사슴을 조심하라는 경고 문구가 괜히 섬 여기저기 붙어 있는 것이 아니다. 절대 먹이를 주지 말고, 특히 종이를 조심하자.

히로시마 평화기념공원·원폭돔

平和記念公園·原爆ドーム

히로시마에 원폭이 투하되었을 당시의 모습을 전시한 히로시마 평화기념자료관과 원폭돔 등을 포함한 히로시마 시내의 기념공원. 일본에서도 많은 학생들이 수학여행으로 찾는 곳이며, 내부에는 한국인 희생자 위령비도 건립되어 있어 한국인 관광객의 발걸음을 멈추게 한다. 원폭돔은 1945년 8월 6일 피폭 당시의 모습을 그대로 남겨둔 옛 히로시마현 산업장려관으로 세계문화유산에 등록되어 있다. 내부로는 들어갈 수 없지만 밖에서 참혹한 모습을 그대로 볼 수 있다.

Access 노면전차 겐바쿠도무마에 하차 후 바로 Add 広島県広島市中区中島町1-2 히로시마 평화기념자료관 Open 3~11월 08:30~18:00(계절에 따라 다름), 연말연시 휴관 Cost 기념관 입장료 어른 200엔, 고등학생 100엔, 중학생 이하 무료 Tel 082-241-4004 Web www.pcf.city.hiroshima.jp

오리즈루 타워 おりづるタワー

평화를 기원하는 종이학를 뜻하는 오리즈루 타워는 2016년에 오픈하자마자 히로시마의 명소로 떠올랐다. 온통 나무로 뒤덮인 12층 전망대에서 히로시마 시가지를 가장 아름답게 전망할 수 있기 때문. 루프탑 카페와 바도 운영된다. 유명한 구마노 붓 등 히로시마 특산물을 판매하는 1층 기념품 매장도 놓치지 말 것.

Access 노면전차 겐바쿠도무마에原爆ドーム前역 하차 후 바로 Add 広島県広島市中区大手町1-2-1 Open 전망대 10:00~18:00(계절마다 다름) Cost 전망대 입장료 성인 1,700엔, 중고생 900엔, 초등학생 700엔, 유아 500엔 Tel 082-569-6803 Web www.orizurutower.jp

이쓰쿠시마 신사 嚴島神社

바다 위에 떠 있는 큰 도리이(신의 영역과 속세를 구분하는 신사의 문)가 신비로운 신사. 국보이면서 중요문화재이며 세계문화유산이다. 신사가 지어진 미야지마 섬 전체를 신의 영역으로 보아 훼손할 수 없다 하여 땅을 파지 않고 바다에 놓여 있는 형태가 되었다. 섬 가장자리의 붉은 회랑을 걸어 들어가면 도리이를 정면에서 볼 수 있는 본전의 노能(일본 전통 예능인 가면극) 무대가 있는데 바닷물이 빠져 있을 때는 걸어서 도리이 아래까지 갈 수 있고, 바닷물이 들어와 있을 때는 물 위에 뜬 듯한 비현실적인 풍경을 감상할 수 있다. 밤에는 라이트업을 하며 나이트크루즈도 운항한다.

Access JR미야지마구치역 앞 선착장에서 미야지마행 배로 10분, 미야지마산바시에서 내려 도보 15분 Add 広島県廿日市市宮島町嚴島神社 Tel 0829-44-2020 Cost 입장료 어른 300엔, 고등학생 200엔, 초·중학생 100엔 Open 06:30~18:00 Web www.sp.itsukushimajinja.jp

컨트리 캣 Country Cat

나무간판에 나무기둥, 뭔가 재미있는 물건을 발견할 듯한 기분이 들어 빨려 들어가듯 안으로 발길을 옮기게 되는 귀여운 잡화점. 코티지 방들을 숍으로 꾸민 듯 공간이 나뉘어 있고 가지가지의 귀여운 소품들이 서로 자신을 데려가라며 아우성을 치는 듯하다. 집에 가져다 놓고 싶은 물건들은 물론 여행지에서 쓰임새 있을 법한 물건 등 다양하다.

Access 노면전차 혼도리역에서 도보 1분 Add 広島県広島市中区大手町1-5-11 Open 10:30~19:00, 목요일 휴무 Tel 082-247-7286 Cost 지퍼백 세트 302엔 Web www.country-cat.com

히로시마 후데센터 広島筆センター

서예용 붓에서부터 미술용 붓, 화장용 붓까지 히로시마 구마노 지역에서 생산되는 붓은 품질이 좋기로 유명하다. 특히 다람쥐 털을 사용한 화장붓은 자르지 않고 직접 길이를 맞춰 심어 더욱 부드러운 촉감이 피부에 닿는다. 수작업으로 한 올 한 올 만드는 만큼 가격이 비싼 편이다. 옛 문방구 같은 분위기의 편안한 가게로 혼도리 상점가에 있다.

Access 노면전차 혼도리역에서 도보 1분 Add 広島県広島市中区大手町1-5-11 Open 10:00~19:00(일요일 ~18:30) Tel 082-543-2844 Cost 다람쥐 털 100% 페이스브러시 9,180엔, 양모 100% 세안브러시 3,456엔 Web www.kumanofude-center.com

끼니는 여기서

오코노미무라·お好み村

히로시마를 대표하는 음식인 히로시마풍 오코노미야키 식당들이 신림동 순대촌처럼 한 건물에 모여 있는 곳. 원조 옆에 비슷한 건물이 함께 있는 것까지 비슷하다. 총 24개의 점포 모두 맛있지만 사람이 많이 있는 가게를 가면 분위기도 좋다. 철판에 직접 구워 철판 위에 놓고 먹으며, 오코노미야키 외에 철판구이 메뉴도 다양하다. 재료를 하나하나 구워 가며 형태를 잡는 히로시마풍 오코노미야키의 본고장에서 철판의 열기에 얼굴을 붉혀 가며 배부르게 먹어보자.

Access 노면전차 핫초보리역 또는 에비스초역에서 도보 3분 Add 広島県広島市中区新天地5-13 Open 11:00~23:00(점포에 따라 영업시간과 휴무일이 다름) Web www.okonomimura.jp

내추럴 스탠스 natural stance

전면이 유리로 된 밝은 카페. '자연체'라는 카페 이름처럼 꾸미거나 힘주지 않은 편안한 느낌의 장소다. 종업원들의 서비스도 은근하니 과하지 않아 더욱 마음에 든다. 간단하게 맛있는 카페런치가 먹고 싶을 때도 좋다.

Access 노면전차 핫초보리역에서 도보 7분(파르코 백화점 뒤) Add 広島県広島市中区袋町7-2 4F Open 12:00~22:00(금-일 ~23:00), 목요일 휴무 Tel 082-243-5664 Cost 오늘의 런치 920엔, 반찬을 고를 수 있는 델리런치 1,000엔

이자카야 스이세이안 居酒屋 すいせい庵

들어오는 누구나 가족처럼 챙겨주는 이자카야. 술집이지만 식사도 할 수 있다. 그날그날 주인아주머니가 만드는 안주 메뉴를 반찬 삼아 밥이 나오고, 음료도 포함된다. 메뉴가 따로 없는데 하나 같이 정갈하고 맛있다.

Access 노면전차 에비스초역에서 도보 3분 Add 広島県広島市中区鉄砲町7-2 Open 11:30~13:30, 18:00~23:00(일·공휴일 휴무) Tel 082-223-8772 Cost 런치 810엔, 저녁 정식 1,080엔

미야지마 식당 みやじま食堂

미야지마의 명물 요리를 선보이는 심플 모던 스타일의 레스토랑. 세토 내해에서 나는 붕장어와 굴을 메인으로 한 정식 메뉴가 인기다. 국과 반찬 두어 가지가 나오는 플레이팅이 깔끔하고 양도 적당하다. 유명 요리 연구가 후지이 메구미가 히로시마 채소를 재료로 프로듀싱한 정식 메뉴도 있다.

Access JR미야지마구치역 앞 선착장에서 미야지마행 배로 10분, 미야지마산바시에서 내려 도보 5분 Add 広島県廿日市市宮島町590-5 Open 11:00~21:00(계절에 따라 다름) Tel 0829-44-0321 Cost 굴 정식 1,800엔

사라스바티 sarasvati サラスヴァティ

커피 볶는 냄새가 멀리까지 진동하는 로스팅 카페. 주택가 뒷골목에 자리한 작은 카페지만 제대로 된 커피 한 잔이 고픈 여행자라면 그냥 지나칠 수 없는 곳이다. 검은 페인트로 칠하고 심플한 원목가구로 꾸며진 내부는 차분히 쉬었다 가기에도 그만이다. 영어가 능통한 인상 좋은 주인장과 이런저런 이야기를 나누기도 좋다.

Access JR미야지마구치역 앞 선착장에서 미야지마행 배로 10분, 미야지마산바시에서 내려 도보 15분 Add 広島県廿日市市宮島町407 Open 08:30~19:00 Tel 0829-44-2266 Cost 아이스 라테 550엔 Web www.sarasvati.jp

하루 종일 놀자

아직 많이 알려지지 않은 히로시마 근교까지 열차로 더 다녀오자. 오노미치는 고양이 거리로 유명한데, 길 구석구석 작은 돌에 그려진 고양이들이 숨어 있고 실제 고양이들도 많다. 조선통신사가 들러 일본 최고의 경승지라 칭한 도모노우라는 오노미치의 동남쪽 바닷가에 있다.

어떻게 다닐까?

JR열차

히로시마 근교 관광지는 JR열차로 다닐 수 있다. 오노미치역은 히로시마역에서 신칸센을 탄 후 미하라三原역에서 산인본선의 보통열차로 갈아타야 한다. 총 소요 시간은 1시간 남짓. 도모노우라는 히로시마역에서 신칸센으로 후쿠야마福山역까지 간 후 노선버스를 타고 이동한다.

어디서 놀까?

오노미치 尾道

히로시마시 동쪽, 세토 내해의 섬들 사이를 지나는 수로가 여러 갈래로 교차하는 곳에 오노미치시가 있다. 로컬선만 지나가는 작은 역이지만, 예전에는 바다 교통의 요지였으며 혼슈와 시코쿠를 잇는 시마나미 해도의 출발점이기도 하다. 고즈넉한 분위기의 마을은 영화 〈동경 이야기〉나 애니메이션 〈시간을 달리는 소녀〉의 배경이 되기도 했다.

Access JR오노미치역 하차

센코지 공원 千光寺公園

오노미치 시내를 내려다보고 있는 센코지 산 일대는 '고양이 공원'으로 불린다. 처음 본 이에게도 스스럼없이 애교를 피우는 고양이를 만날 수 있을 뿐만 아니라, 로프웨이 승강장에서 조금 내려가면 고양이 갤러리, 카페, 잡화점 등이 골목을 따라 아기자기하게 자리잡고 있다.

Access JR오노미치역에서 도보로 15분 이동해 로프웨이 이용, 또는 20분 정도 등산

센코지산 로프웨이 千光寺山ロープウェイ

센코지산 정상까지 단 3분만에 오를 수 있는 케이블카. 탑승 시간은 짧지만 발 아래 오노미치 시가지와 세토 내해가 펼쳐지는 경험을 할 수 있다. 정상 전망대에서 편안히 경치를 감상한 후 천천히 걸어 내려오면서 센코지와 아기자기한 고양이 골목을 감상하자.

Access JR오노미치역에서 도보 15분(로프웨이 탑승장) Add 広島県尾道市東土堂町20-1 Tel 0848-22-4900 Cost 어른 편도 500엔, 왕복 700엔 / 어린이 편도 250엔, 왕복 350엔 Web https://mt-senkoji-rw.jp

도모노우라 鞆の浦

히로시마현과 오카야마현의 경계에 있는 도모노우라. 18세기경 조선통신사가 이동을 위해 머물던 곳으로, 언덕 위에 보이는 후쿠젠지福禪寺의 영빈관 다이초로対潮楼에서 수려한 풍경을 감상하며 융숭한 대접을 받았다. 창을 떼어낸 다이초로의 바다 쪽 전면은 커다란 액자처럼 바다 건너 풍경을 보여주는데 1711년 조선통신사 이방언이 '일본 제일의 경승日東第一形勝'이란 편액을 남기기도 했다. 바닷가 항구까지 이어지는 옛 풍경이 그대로 남은 골목길과 항구 옆의 백 년 넘게 밤바다를 은은하게 밝혀 온 상야등常夜燈이 없는 감수성도 불러일으킨다.

Access JR후쿠야마역에서 노선버스로 약 30분 후 도모노우라 하차 Add 広島県福山市鞆町鞆2(후쿠젠지) Cost 다이초로 입장료 200엔

끼니는 여기서

코몽 COMMON

센코지 산 로프웨이 매표소 맞은편에 있는 자그마한 와플 전문점. 깔끔한 외관에 비해 40년에 가까운 오랜 역사를 자랑하는 곳이다. 신선한 포도를 갈아서 그대로, 혹은 우유를 섞어 내오는 주스와 와플이 환상 궁합이다.

Access JR오노미치역에서 도보 10분, 로프웨이 탑승장 매표소 맞은편 Add 広島県尾道市長江1-2-2 Tel 0848-37-2905 Open 10:30~17:00, 화요일 휴무 Cost 블루베리 아이스크림 와플 700엔 Web http://common.jp/sp

도모노우라 @카페 鞆の浦 @café

부둣가의 상야등 바로 앞에 있는 카페로 가게까지 은은히 바닷바람이 들어온다. 세토우치 지역의 바다 소금을 사용한 레몬 파스타는 지역과 메뉴의 밸런스를 완벽하게 맞춰낸 인기 메뉴.

Access JR후쿠야마역에서 노선 버스로 약 30분 후 도모코 하차, 도보 2분 Add 広島県福山市鞆町鞆844-3 Open 10:00~18:00 수요일 휴무 Tel 084-982-0131 Cost 파스타 1,200엔~

어디서 잘까?

히로시마역 주변

비아인 히로시마 ヴィアイン広島

기차 여행자의 절대적인 아군인 비아인 호텔의 지점. 노면전차를 타러 나가기 쉬운 남쪽 출구에 위치해 더욱 편리하다. JR히로시마역 남쪽 출구로 나오자마자 오른쪽에 보인다.

Access JR히로시마역에서 바로 Add 広島県広島市南区松原町2-50 Tel 082-264-5489 Cost 싱글룸 6,000엔~ Web www.viainn.com/hiroshima

06 돗토리역 鳥取駅

돗토리 사구로 유명한 돗토리현의 중심 역이다. 우리나라 동해와 맞닿은, 주고쿠 북쪽의 산인 지역에 속한 돗토리현은 산악지형으로 막혀 있어 다른 지역으로의 연계가 쉽지 않다. 간사이·산요·시코쿠 지역으로 가려면 돗토리역이 시·종착역인 인비선 因美線을 통해 특급열차로 2시간 거리의 JR오카야마역을 징검다리 삼아 이동해야 한다. 또는 교토에서 출발해 동해를 따라 서쪽으로 시모노세키까지 이어지는 산인 본선山陰本線이 돗토리역을 지난다. 열차 패스는 간사이공항에서부터 이용 가능한 산요 산인 패스가 있으며, 인천공항에서 주 3회 운항하는 요나고공항과 산인 오카야마 패스를 연계하는 것도 가능하다. 버스터미널과 택시 승강장은 돗토리역 북쪽 출구에 있으며, 역 쇼핑몰 샤미네, 이온몰 돗토리점, 다이마루 백화점 등의 상업 시설은 주로 남쪽 출구에 자리한다.

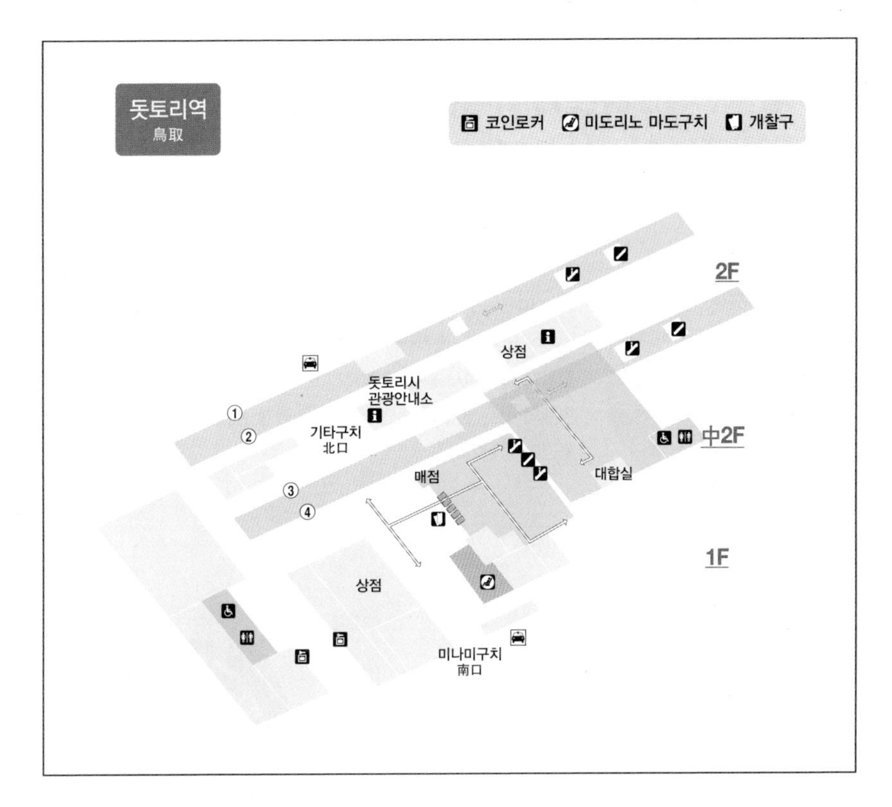

- 미도리노 마도구치 Open 06:00~19:00
- 돗토리시 관광안내소 Open 08:30~17:00 Tel 0857-22-3318
- 돗토리시 국제관광객 서포트 센터 Open 09:00~19:00(연말연시 휴무) Tel 0857-36-3767

Tip!

요나고공항에서 JR패스 이용하기

돗토리현과 시마네현의 경계에 위치한 요나고공항은 유일한 국제노선이 인천공항일 정도로 한국 관광객을 위한 공항이다. 요나고공항과 연계하기 좋은 JR웨스트의 산인 오카야마 패스 또한 한국 여행자를 위한 패스라고 봐도 무방하다. 단, 요나고공항 인근의 요나고쿠코역은 무인역이라 JR패스의 교환이 불가능하다. 열차를 타고 사카이미나토역이나 요나고역으로 이동해야 열차 패스로 교환할 수 있다. 이 구간은 예외적으로 JR패스의 교환권만 보여줘도 승차할 수 있다.

키워드로 그려보는 산인 여행

자연이 빚은 거대한 예술부터 상상력을 자극하는 만화, 건강한 삶을 약속하는 온천까지, 일본의 숨은 여행지 산인으로 떠나보자.

여행 난이도 ★★★
관광 ★★★
쇼핑 ★★
식도락 ★★★☆
기차 여행 ★★☆

사구

일본에서 돗토리현 하면 떠오르는 키워드는 돗토리 사구! 사막처럼 힘들지 않으면서 광활히 펼쳐진 모래언덕 너머 탁 트인 바다를 보면 현재의 힘든 일들에 초연해질 힘을 얻게 된다. 특히 노을 질 즈음의 풍경이 압권이다.

만화

JR사카이미나토역에서 이어지는 미즈키 시게루 로드는 이름부터 만화가의 이름을 딴 만화 거리다. 또한 JR유라역과 가까운 이오야마 고쇼 후루사토관은 만화 〈명탐정 코난〉의 작가 이름을 딴 기념관이기도 하다. 생각만 해도 웃음이 피어나는 만화 속으로 걸어 들어가 보자.

온천

돗토리현에는 일본은 물론 세계에서도 드문 라돈 온천으로 유명한 미사사 온천三朝温泉과 해수 성분이 체지방 분해를 도와주는 가이케 온천皆生温泉 등 탁월한 효능의 온천 마을이 여럿 있다. 료칸이나 온천 호텔에서 숙박을 하며 천천히 즐기기를 권한다. 시간이 빠듯하다면 돗토리 시내의 작은 온천 시설에서도 간단히 피로를 풀 수 있다.

알짜배기로 놀자

돗토리 시내의 관광지는 대부분 역에서 멀리 떨어져 있다. 관광버스가 다니기는 하나 여러모로 택시가 유용하다. 특급열차로 30분 거리의 구라요시에서는 고풍스러운 옛 창고 거리를 거닐 수 있다.

어떻게 다닐까?

구룻토 돗토리 주유 택시

외국 관광객들을 위한 관광택시 서비스. 1대 당 3,000엔을 지불하면 3시간 동안 택시 관광을 즐길 수 있다. 승차 인원은 1대 당 3명까지다. 돗토리역에서 하쿠토해안, 돗토리사구, 돗토리성을 둘러보고 다시 돗토리역으로 돌아오는 코스를 비롯해 28개의 코스가 마련되어 있어 다양하게 즐길 수 있다. 접수는 각 출발 시설에서 하면 된다.

어디서 놀까?

우라도메 해안 浦富海岸

지질학적으로 가치가 높은 지형을 지정한 산인지오파크 내 리아스식 해안. 동해의 거친 파도가 만들어낸 단애 절벽과 동굴의 웅장한 자태, 푸른 소나무와 하얀 백사장이 조화를 이루는 평온한 경관이 인상적이다. 전망대는 입구에서 산책로를 따라 5분 정도 올라가야 한다. 여름에는 바닥이 그대로 비치는 맑고 투명한 바닷물에서 해수욕과 스노클링을 즐겨도 좋다. Access JR돗토리역에서 택시 타고 25분, 돗토리사구에서 15분

시라카베도조군·아카가와라 白壁土蔵群・赤瓦

에도 시대부터 메이지 시대까지 지어진 옛 창고를 보존하고 있는 거리. 작은 개울을 따라 빨간 기와(아카가와라)와 흰 벽(시라카베)의 창고들이 늘어서 있고, 이를 찻집, 갤러리, 토산품 매장 등으로 활용하고 있다. 각 창고는 아카가와라 1호부터 16호까지 번호를 붙여 부른다. 빛바랜 간판과 오래된 건축물 사이로 타임슬립을 경험할 수 있다. 지도와 관광 정보를 얻을 수 있는 관광안내소는 아카가와라 10호관 2층이다.

Access JR돗토리역에서 특급 열차로 약 30분 후 JR구라요시역에서 내려 니시쿠라요시행 버스로 환승해 15분 후 시라카베도조 아카가와라 하차 Web www.kurayoshi-kankou.jp

돗토리 사구 鳥取砂丘

오랜 시간 동안 강과 바다와 바람이 만들어낸 동서 16km, 남북 2.4km의 모래언덕으로 천연기념물로 지정되어 있다. 누구나 걸어 올라갈 수 있는데, 바다 쪽으로 높게 솟아오른 언덕 '우마노세(말의 등)'까지 걸어가는 데 20여 분 소요된다. 언덕 위에서는 급한 경사로 바닷가로 내려갈 수 있다. 중심에서 살짝 벗어난 주변부에서 모래 위에서 보딩하는 샌드보드, 패러글라이딩 등이 체험이 가능하며 사막을 배경으로 낙타가 있어 함께 사진을 찍거나 타고 잠시 산책할 수 있다(둘 다 유료).

Access JR돗토리역에서 택시 타고 15분 **Add** 鳥取県鳥取市福部町湯山2164-661(사구사무소) **Tel** 0857-22-0581(사구사무소)

끼니는 여기서

시라카베 클럽 白壁倶楽部

시라카베도조군 안에 있는 문화재로 지정된 옛 은행 건물을 사용해 영업하고 있는 레스토랑. 런치 메뉴가 인기 있는데 장르는 프렌치다. 테이블 사이가 넉넉하고 층고가 높아 사람이 많아도 시끄럽거나 답답한 느낌이 적다.

Access JR구라요시역에서 니시쿠라요시행 버스로 15분, 시라카베도조 아카가와라 하차 도보 10분 **Add** 鳥取県倉吉市魚町2540 **Tel** 0858-24-5753 **Open** 10:30~21:00, 수·화요일 저녁·셋째 주 화요일 휴무 **Cost** 런치 1,100엔~, 디너 코스 2,500엔~ **Web** shirakabeclub.jp

마치야 세이스이안 町屋 清水庵

고기가 아닌 떡을 샤부샤부로 먹을 수 있는 가게. 채소가 듬뿍 든 전골에 얇게 자른 여러 종류의 떡을 넣어 살짝 익혀 먹는다. 10초면 충분하고 2초라도 더 넣고 있으면 떡이 늘어져 젓가락으로 들어 올릴 수 없게 된다. 짭조름한 국물에 어우러진 고소한 찰떡이 상상과는 달리 매우 잘 어울린다.

Access JR구라요시역에서 니시쿠라요시행 버스 타고 15분 후 시라카베도조 아카가와라 하차, 도보 10분 **Add** 鳥取県倉吉市堺町1-876 **Open** 11:00~14:00, 17:00~20:00, 화요일 휴무 **Tel** 0858-22-4759 **Cost** 떡샤부 1,100엔, 가니(게)모치샤부 3,000엔 **Web** seisuian.jp

하루 종일 놀자

JR열차를 타고 동해를 따라 서쪽으로 이동하면 '코난 박물관'이 자리한 유라역, 요괴열차를 탈 수 있는 요나고역을 지나 마쓰에 성이 있는 시마네현의 마쓰에역까지 닿는다.

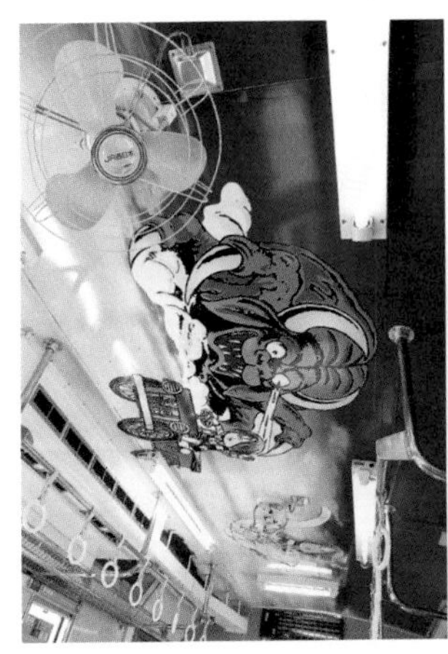

어떻게 다닐까?

JR열차

돗토리역에서 산인 본선을 통해 유라역까지 돗토리라이너とっとりライナー로 50분, 요나고역까지 특급열차 슈퍼 하쿠토スーパーはくと로 1시간, 마쓰에역까지 특급열차 슈퍼 하쿠토로 1시간 20분 소요된다.

어디서 놀까?

마쓰에 성 松江城

마쓰에의 중심부에 있는 검은 성. 실제 전쟁을 대비해 만들어져 견고하고 좁고 경사 급한 계단과 적을 공격할 수 있는 창 등이 특징이다. 국보로 지정되어 있으며, 성의 주변에 판 해자를 나룻배를 타고 유람하는 호리카와 유람이 인기. 봄에는 벚꽃의 명소로 라이트업을 하기도 한다. 성의 주변에는 차를 좋아했던 영주의 취향에 맞추어 차와 화과자가 맛있는 가게들이 많다. 외국인은 여권을 제시하면 입장료가 반액이다.

Access JR마쓰에역에서 도보 20분, 혹은 레이크라인 관광버스로 5분 **Add** 島根県松江市殿町1-5 **Open** 4월 1일~9월 30일 08:30~18:30, 10월 1일~3월 31일 08:30~17:00 Tel 0852-21-4030 Cost 천수각 680엔 Web www.matsue-castle.jp

아오야마 고쇼 후루사토관 青山剛昌ふるさと館

한국에서도 인기 높은 만화 〈명탐정 코난〉의 작가 아오야마 고쇼의 고향에 세워진 기념관. 현재도 왕성하게 활동하고 있는 작가의 발자취와 20년 넘게 연재하고 있는 〈명탐정 코난〉의 작업 과정, 원화 등을 전시하고 있다. 관내를 돌며 퀴즈를 풀면 즉석에서 인증서 카드를 발급해주는데 한글로도 가능하다. JR유라역에서 할인권을 얻을 수 있으며, 역 앞에 짐을 맡길 수 있는 점포가 있다. 역에서 후루사토관까지 가는 길에도 코난 관련 오브제가 곳곳에 놓여 있어 찾아보는 재미가 쏠쏠하다.

Access JR유라역에서 도보 25분 **Add** 鳥取県東伯郡北栄町由良宿1414 **Tel** 0858-37-5389 **Open** 09:30~17:30 **Cost** 어른 700엔, 중·고등학생 500엔, 초등학생 300엔 **Web** www.gamf.jp

미즈키 시게루 로드 水木しげるロード

일본 요괴만화의 원조 〈게게게노키타로〉의 만화가 미즈키 시게루의 고향, 사카이미나토境港에 만들어져 있는 요괴 테마 길. 요나고역에서 사카이선 보통열차를 타고 약 45분 달리면 사카이미나토역에 도착한다. 이 열차 중 4량이 〈게게게노키타로〉의 캐릭터 열차로 열차로 왕복하는 경우 큰 어려움 없이 한 번 이상 캐릭터 열차를 경험할 수 있다. 안내방송도 성우들이 캐릭터의 목소리로 녹음했다. 사카이미나토역에 내리면 약 800m의 길에 150개 가까운 요괴동상이 길 양옆에서 관광객들을 맞이한다. 거리 전체에 요괴마크가 사용되었고, 길 끝에는 미즈키 시게루 기념관이 있어 작품세계를 엿볼 수 있다.

Access JR요나고역에서 사카이선 보통열차 타고 약 45분 후 JR사카이미나토역 하차 후 바로 **Open** 기념관 09:30~17:00 **Cost** 기념관 입장료 어른 700엔, 중고생 500엔, 초등학생 300엔 **Web** mizuki.sakaiminato.net(기념관)

끼니는 여기서

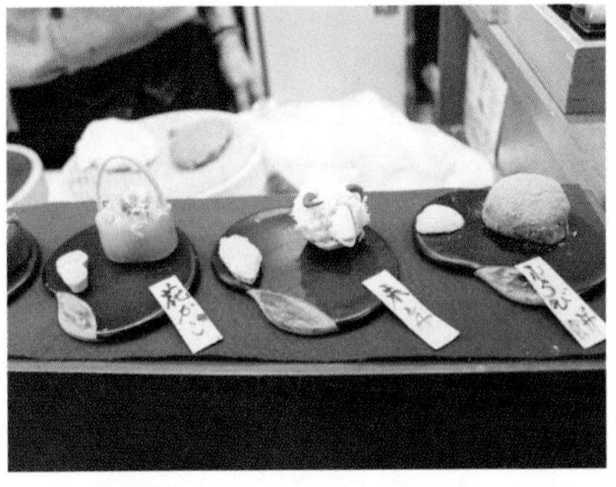

쓰키가세 月ヶ瀬

특이하게도 경단과 라멘을 같이 하는 가게. 들어서면 진열장에 각양각색의 경단이 놓여 있고 안쪽으로 테이블이 있다. 경단을 사서 먹고 가도 좋고, 별도 메뉴의 라멘을 주문해도 되는데 이 지역은 날치로 육수를 낸 아고다시 라멘. 산뜻하면서도 깊은 맛에 명물로 꼽힌다.

Access JR마쓰에역에서 도보 15분, 마쓰에성에서 도보 10분 Add 島根県松江市末次本町87 Open 10:00~18:30 Cost 경단 88엔~, 라멘 660엔~ Web www.matuetukigase.net

찻집 기하루 喫茶きはる

예술작품에 가까운 화과자와 말차를 마실 수 있다. 화과자의 명공이 직접 과자를 만들고 있어 운이 좋으면 과정을 지켜볼 수도 있다. 마쓰에 역사관 내에 있으니 당황하지 말고 안으로 들어가자. 단정한 정원을 바라보며 앉아 마실 수 있도록 다다미가 깔린 방에 탁자가 놓인 공간이 기하루다. 들어가는 입구의 꽃도 설탕공예품.

Access JR마쓰에역에서 도보 20분 Add 島根県松江市殿町279 Open 09:30~17:00, 월요일 휴무 Cost 화과자와 말차 세트 870엔 Web matsu-reki.jp/kiharu

어디서 잘까?

돗토리역 주변

그린 호텔 모리스 GREEN HOTEL MORRIS

대욕장과 사우나를 갖춘 기능적인 비즈니스호텔. 관내에는 예약하면 사용할 수 있는 '마이키친' 룸이 따로 있어 식기와 조리기구 등을 무료로 사용할 수 있다. 세탁기·건조기도 무료.

Access JR돗토리역에서 도보 2분 Add 鳥取県鳥取市今町2-107 Cost 싱글룸 5,616엔~ Tel 0857-22-2331 Web www.hotel-morris.co.jp/tottori

호텔 레시 HOTEL RESH

돗토리역 바로 앞에 있고 방도 깔끔해 저렴하게 묵기에 좋다. 침대도 포켓스프링으로 편안한 잠에 신경 쓴 비즈니스호텔이다. 카페라테, 커피, 코코아 등을 무료로 24시간 제공한다.

Access JR돗토리역에서 도보 2분 Add 鳥取県鳥取市栄町752 Cost 싱글룸 5,500엔~ Tel 0857-29-1111 Web www.resh.jp

와카야마 성에서 내려다본 와카야마 시내

07 와카야마역 和歌山駅

오사카부와 와카야마현의 경계에 자리한 와카야마역은 JR웨스트의 간사이 패스를 이용할 수 있는 가장 먼 역 중 하나다. 간사이국제공항이 오사카역보다 더 가까워 첫날 또는 마지막 날 일정으로 넣으면 알뜰하게 패스를 쓸 수 있다. 와카야마역에는 JR웨스트가 관할하는 기세이 본선紀勢本線·한와선阪和線·와카야마선和歌山線의 열차가 오가고, 사철인 와카야마 전철의 시·종착역이다. 와카야마 전철은 '고양이 역장'으로 유명한 기시역까지 운행하는 기시가와선貴志川線 하나뿐이다. 역 서쪽 출구에는 긴테쓰 백화점이 있는데, 우메슈(매실주) 등 와카야마 특산품을 구입하거나 유명한 와카야마 라멘을 맛볼 수 있는 지하 식품 매장이 들러볼 만하다. 시내를 다니는 노선버스는 중앙출구로 나가면 된다.

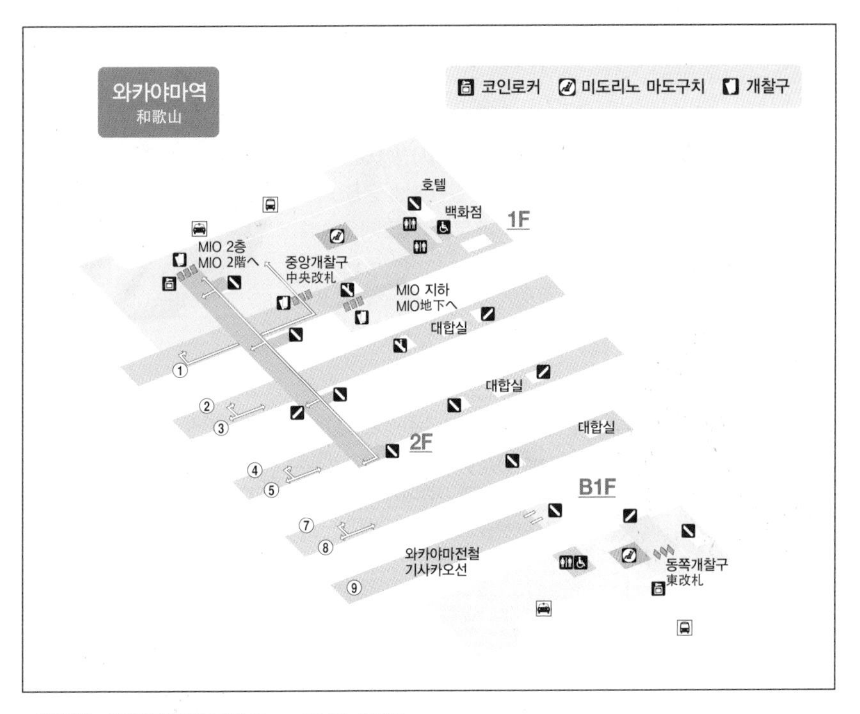

- 미도리노 마도구치(주오구치) Open 06:00~22:00
- 미도리노 마도구치(히가시구치) Open 06:00~22:00
- 와카야마시 관광안내소 Open 08:30~19:00(월~토요일), 08:30~17:15(일요일 · 공휴일) Tel 073-422-5831

키워드로 그려보는 와카야마 여행

여행 난이도 ★★★★
관광 ★★★☆
쇼핑 ★☆
식도락 ★★★
기차 여행 ★★☆

해발 1,500m 전후의 봉우리가 연이은 기이 산지를 품고 드넓은 태평양에 감싸인 와카야마현. 오사카, 교토와는 또 다른 간사이를 만날 수 있는 이 여행의 시작은 와카야마역이다.

고야산 高野山

일본 불교의 발상지로 알려진 고야산은 그 역사가 1,200년에 헤아리는 사찰마을이다. 산중 조용한 전통 사찰에서 새벽 예불과 사찰(쇼진) 음식을 경험할 수 있는 템플스테이에 참가해보자.

참치

와카야마는 일본 최대의 참치어항이다. 구로시오 어시장에서는 생참치를 바로 해체하며 고기를 팔거나, 그대로를 올린 덮밥 등을 먹을 수 있다. 일반적인 일본의 부드러운 숙성 회와 달리 한국인이 선호하는 오독오독한 식감이 살아 있다.

매실

와카야마는 최고급 매실 품종인 난코우메南高梅의 최대산지다. 이 매실을 사용한 우메보시(매실절임)는 알이 굵고 살이 부드러워 그 맛에 익숙지 않은 사람에게도 부담스럽지 않고, 우메슈(매실주)는 깊고 진한 단맛을 느낄 수 있다.

고양이 역장

와카야마 전철 기시카와선의 종점, 기시貴志역의 역장은 다름 아닌 고양이다. 작년에 니타마라는 2대 역장이 취임했다. 도시를 벗어나 한적한 시골길을 달리는 여정은 짧지만 따뜻한 추억을 선사한다.

알짜배기로 놀자

와카야마 시내는 도보 또는 노선버스로 다닐 수 있으며 오전에 와카야마 성을 산책한 후, 구로시오 시장이 있는 마리나시티로 이동하면 된다.

어떻게 다닐까?

시내 노선버스

와카야마 성은 고엔마에公園前(공원 앞) 방면의 노선버스를 탑승하면 된다. 마리나시티 내 구로시오 시장을 가려면 22번 노선버스를 타야하는데, 1시간에 1대꼴로 운행해 돌아올 때 버스 시간을 미리 알아두는 것이 좋다. 와카야마역 중앙 출구에 버스터미널이 있다.

어디서 놀까?

와카야마 성 和歌山城

와카야마 시내 중앙에 자리한 성. 초록빛을 띠는 독특한 암성으로 지은 성벽 위로 흰 벽과 검은 기와지붕의 천수각이 우뚝 서 있다. 3층 높이의 천수각에 오르면 360도로 와카야마 시내 전체를 굽어볼 수 있고 멀리 굽이치는 고야산의 능선도 보인다. 연못 위로 지나는 목조 어교는 성주가 집무실에서 숙소로 이동할 때 이용하던 것으로 경사진 복도로 연결된 것이 특징이다.

Access JR와카야마역에서 도보 20분 혹은 시내버스 타고 고엔마에 하차 후 바로 Add 和歌山県和歌山市一番丁 Open 09:00~17:30, 12월 29일~31일 휴무 Tel 073-422-8979 Cost 천수각 입장료 410엔

우메이치반 梅いちばん

최상품 매실품종인 난코바이로 만든 우메보시 전문점. 전통적인 짠맛, 자소 잎을 넣은 것, 꿀을 넣어 단 것 등 각각의 맛을 시식해보고 구매할 수 있다. 종류별로 염분이 표시되어 있으니 참고하자. 흰쌀밥이나 죽에 함께 먹으면 그 맛을 제대로 느낄 수 있다.

Access JR와카야마역에서 도보 15분, 와카야마 성에서 도보 5분 Add 和歌山県和歌山市十一番丁25 Open 09:00~19:00, 화요일 휴무 Cost 각종 우메보시 60g 324엔, 100g 594엔 Tel 073-433-7527 Web www.ume1.com

구로시오 시장 くろしお市場

와카야마시 남서쪽 바다에 조성된 대규모 테마파크 마리나 시티 내의 어시장. 와카야마의 특산품인 참치를 부위별로 정교하게 토막 내는 참치 해체쇼는 구로시오 시장의 명물이다. 매일 3회(11:00, 12:30, 15:00) 진행되며 그날 해체된 참치는 시장에서 맛볼 수 있다.

Access JR와카야마역에서 22번 버스 타고 약 30분 후 마리나시티 하차 Add 和歌山県和歌山市毛見1527 Open 10:00~18:00(동절기 ~17:00) Tel 073-448-0008 Web www.kuroshioichiba.co.jp

세이노 긴테쓰 백화점 와카야마점 清乃 近鉄百貨店和歌山店

와카야마 지방의 소문난 라멘집 세이노가 시내에 지점을 냈다. 돼지 사골을 베이스로 한 진한 간장 국물의 와카야마 라멘과 함께 긴테쓰점 한정 니보시부라쿠煮干ブラック(멸치블랙) 라멘을 맛볼 수 있다. 말린 멸치 육수의 감칠맛이 기존 와카야마 라멘에 대한 고정관념을 확 바꾼다.

Access JR와카야마역 중앙 개찰구로 나와 긴테쓰 백화점 지하 1층 **Add** 和歌山県和歌山市友田町5-46 **Open** 10:00~18:45 **Tel** 073-433-1122 **Cost** 와카야마 라멘 800엔, 니보시부랏쿠 800엔 **Web** www.konomise.com/chuki/seino

미하나미 三八波

현지인들이 사랑하는 술집. 지역의 신선한 제철 해산물을 아낌없이 담아낸 모둠 사시미와 산에서 기른 건강한 닭의 달걀로 만든 달걀말이 등 선택하는 메뉴마다 실패가 적다. 고야산의 쇼진요리를 테마로 한 창작요리에 일가견이 있는 사장님은 한국, 홍콩 등 여러 국제 요리 경연 대회에 참가한 실력자. 서툴지만 한국말로 유쾌하게 말을 건네는 사장님 덕분에 술자리가 더욱 무르익는다.

Access JR와카야마역 동쪽 개찰구로 나와 도보 3분 **Add** 和歌山県和歌山市黒田2-1-25 **Open** 11:00~14:30, 17:00~21:30, 화요일 휴무 Tel 073-475-2949 Cost 모둠 사시미(회) 2,280엔 **Web** www.3873.jp

하루 종일 놀자

와카야마 동쪽의 일본 불교성지 고야산 사찰마을. 와카야마역에서 JR열차와 난카이 전철의 케이블카를 타고 2시간을 가야 하는 머나먼 여정이지만 하루의 시간을 낼 만한 충분한 가치가 있다. 산중 산사에서 하룻밤 머물며 속세의 번뇌를 뒤로 하고 진정한 자아와 만나보자.

어떻게 다닐까?

난카이린칸南海りんかん 버스

고야산을 다니는 노선버스. 난카이 전철 고야산역에서 출발해 곤고부지, 오쿠노인 등 고야산의 주요 관광지를 순회한다. 가장 먼 오쿠노인까지 버스로 이동해 돌아본 후, 다시 버스를 타고 다이몬 방면으로 와 곤고부지, 단조가란을 둘러보고 걸어서 상점가를 구경하면 된다.

Cost 1일 어른 승차권 840엔, 어린이 420엔 Web www.rinkan.co.jp/koyasan

어디서 놀까?

고야산 高野山

풍수지리상의 명당자리에 명승 고보弘法 대사가 수행을 시작한 뒤 일본 최고의 불교 성지가 된 고야산. 해발 800m에 자리한 마을 전체가 사원이자 불교 도시다. 1832년에는 812개의 사원이 세워졌을 정도로 성황을 이루었으나 이후 탄압 등을 겪고 현재는 117개의 사찰이 남아 있다. 이 중 반 정도의 사찰에서 숙박과 새벽 예불을 겸한 템플스테이(슈쿠보宿房)를 운영한다. 마을은 고야산 진언종의 총본산인 곤고부지를 중심으로 고보 대사의 묘가 있는 오쿠노인 방면과 고야산의 대문인 다이몬 방면의 세 구역으로 나눌 수 있다.

Access JR와카야마역에서 JR하시모토역까지 이동한 다음, 난카이 전철로 환승해 난카이 전철 고쿠라쿠바시역에서 케이블카 타고 고야산역 하차, 난카이린칸 버스 타고 약 10분 후 센주인바시 하차(고야산 중심가) Web www.shukubo.net

곤고부지·단조가란 金剛峯寺·壇上伽藍

곤고부지는 일본 전역 3,600개에 이르는 진언종의 총본산 사찰이다. 원래 도요토미 히데요시가 그의 어머니를 기리기 위해 지은 절로, 그 후 다른 절과 합쳐져 현재에 이르렀다. 사찰 내부에는 당대 유명 화가의 그림으로 장식된 방과 2천 명을 한꺼번에 대접할 수 있는 호화로운 부엌, 일본식 바위 정원 등을 볼 수 있다. 곤고부지 바로 옆에는 816년 고보 대사가 고야산에 진언종을 설파할 때 가장 먼저 세운 사찰 단조가란이 자리한다. 특히 주황색 단청을 한 50m 높이의 2층탑 곤폰다이토는 고야산을 대표하는 건축물이다.

Access 고야산역에서 난카이린칸 다이몬행 버스 타고 곤고부지마에 정류장에서 하차 **Add** 和歌山県伊都郡 高野町高野山132 **Open** 곤고부지 08:30~17:00, 곤폰다이토 08:30~17:00 **Cost** 곤고부지 1,000엔, 곤폰다이토 500엔 **Web** www.koyasan.or.jp

오쿠노인 奧之院

고보 대사의 묘를 비롯해 일본의 유명인사 등 20만 명의 묘소가 있는 고야산 성지의 중심. 속세와 경계가 되는 이치노하시 다리를 건너면 고보 대사의 묘소까지 2km 길에 천년을 헤아리는 삼나무가 늘어서 있다. 오다 노부나가와 같이 역사상 중요한 인물부터 '마음껏 낙서해 달라'고 적힌 한 만화가의 묘까지, 삶과 죽음의 다양한 면면을 엿볼 수 있다. 오쿠노인마에 버스정류장에서 내리면 좀 더 짧은 코스로 갈 수 있다.

Access 고야산역에서 난카이린칸 버스 타고 약 20분 후 이치노하시구치 하차, 도보 40분 또는 오쿠노인마에 하차 후 도보 20분

끼니는 여기서

중앙식당 산보 中央食堂・さんぼう

고야산의 사찰음식 전문 식당. 튀김, 조림, 무침, 생식 등 다양한 조리법으로 맛을 낸 건강한 음식을 먹을 수 있는 쇼진하나카고벤토精進花籠弁当를 추천한다. 깨두부와 밀가루떡인 후는 고정 메뉴이고, 나머지는 계절에 따라 바뀌어 사찰음식이면서도 원 플레이트 가이세키 같은 느낌.

Access 난카이린칸 버스 타고 센주인바시 하차 후 도보 2분 Add 和歌山県伊都郡高野町高野山722 Open 10:00~16:00 Cost 쇼진하나카고벤토 2,300엔, 일반 정식 1,100엔~ Tel 0736-56-2345

어디서 잘까?

와카야마역 주변

호텔 그란비아 와카야마 ホテルグランヴィア和歌山

JR와카야마역에서 나와 바로 오른쪽 앞. 긴테쓰 백화점과 연결된 편리한 비즈니스호텔. 긴테쓰 백화점과 같은 건물로 1~4층까지는 백화점이, 7~9층에 객실이 자리하고 있다.

Access JR와카야마역 중앙출구에서 도보 1분 Add 和歌山県和歌山市友田町5-18 Tel 073-425-3333 Cost 싱글룸 8,200엔~ Web www.granvia-wakayama.co.jp

고야산 지역

혼가쿠인 本覚院

일본정원 역사연구가가 디자인한 아름다운 정원과 본당 천장의 한 장 한 장 다른 에도 시대 그림 판자가 유명한 슈쿠보. 57개의 객실이 있으며, 깨끗한 공동욕실도 이용할 수 있다.

Access 난카이린칸버스 타고 게사쓰쇼마에 하차 후 도보 2분 Add 和歌山県伊都郡高野町高野山618 Tel 0736-56-2711 Cost 숙박 1인(2식 포함) 16,000엔~ Web www.hongakuin.jp

08 기이타나베역·시라하마역 紀伊田辺駅·白浜駅

기이타나베역*은 와카야마현 타나베시의 중심역이자 세계문화유산으로 지정된 참배길 '구마노고도'로 가는 출발역이다. 구마노고도의 각 코스로 가는 버스가 활발히 오가며, 역 관광안내소에서는 알짜배기 여행 정보를 얻을 수 있다. 또한 간사이 와이드 패스의 가장 먼 구간인 JR신구역까지 가기 위해서도 대체로 기이타나베역이 기점이 되는 경우가 많다. 기이타나베역에서 JR열차로 10여 분이면 도착하는 시라하마역에서는 일본에서 가장 오래된 온천지 중 하나인 시라하마 온천과 하얀 모래, 기암괴석이 어우러진 아름다운 바닷가를 여행할 수 있다. 역에서 시라하마 시가지가 5km 떨어져 있기 때문에 노선버스로 이동한 후 버스 또는 자전거로 다니면 된다.

* 기이는 와카야마현이 속한 반도의 이름이다. 다나베역이 다른 곳에도 있어 공식 명칭은 기이타나베역이지만 현지에서는 다나베역으로 많이 불린다. 이 와카야마의 열차역 이름에는 이와 비슷하게 앞에 '기이'가 붙은 이름이 많은데 현지에서는 기이를 빼고 부르는 경우가 많다.

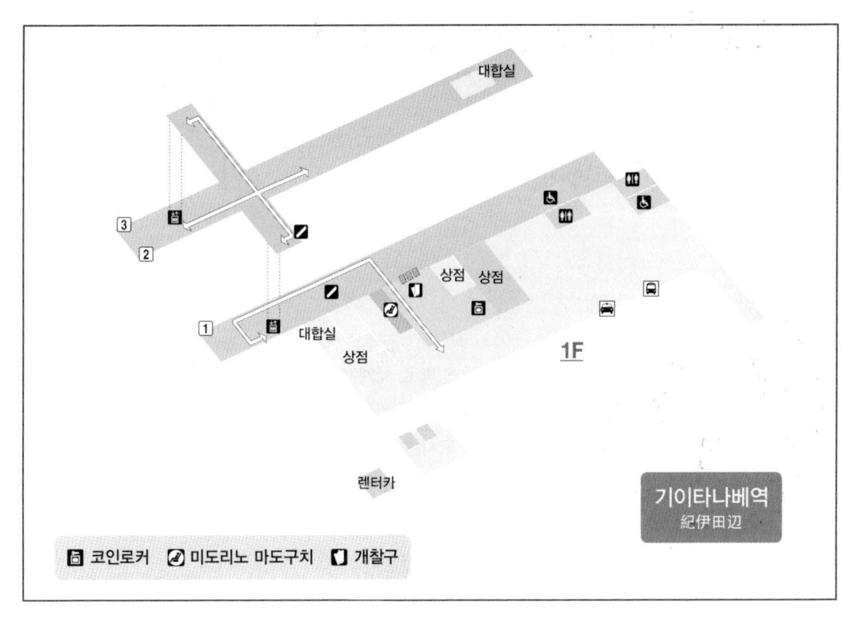

• 미도리노 마도구치 Open 05:20~20:00
• 다나베 투어리스트 인포메이션 센터 Open 09:00~18:00 Tel 0739-34-5599

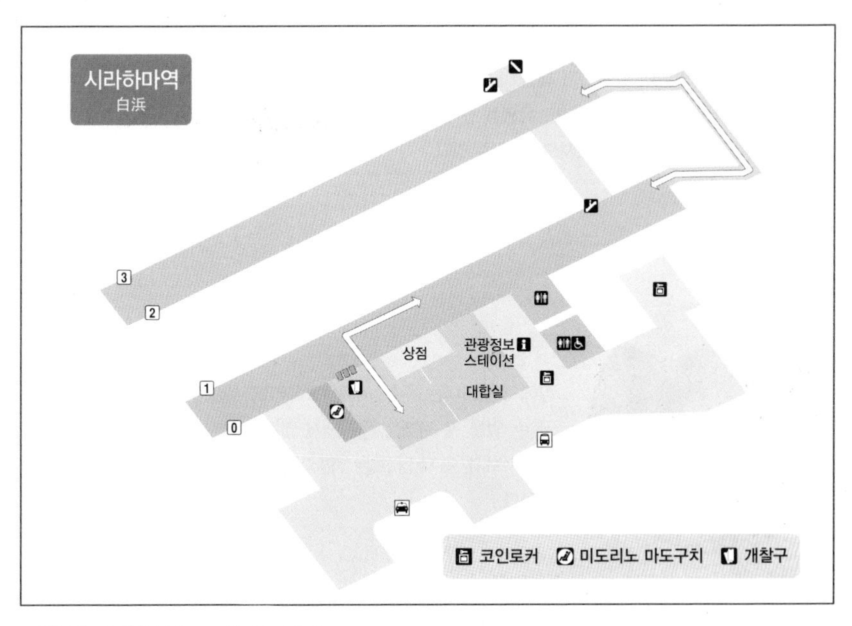

• 미도리노 마도구치 Open 08:00~20:00

키워드로 그려보는 다나베·시라하마 여행

어디나 별반 다를 것 없는 대도시에서 벗어나 깊은 산과 넓은 바다로 떠나는 기차 여행을 상상하고 있다면 와카야마 남쪽을 기억해두자.

여행 난이도 ★★★★
관광 ★★★★
쇼핑 ★
식도락 ★★★
기차 여행 ★★☆

구마노고도 熊野古道

세계에서 두 번째로 세계문화유산으로 등재된 일본의 옛길. 울울창창한 숲과 이끼 낀 돌바닥, 고즈넉한 산골 민가, 여러 갈래의 강을 지나 자연신을 모시는 세 곳의 신사를 찾아가는 참배길에는 마음의 평안을 구하고자 하는 전 세계의 여행자가 몰려든다.

시라라하마 해변 白良浜

와카야마의 남쪽 해변 시라라하마는 이름처럼 새하얗고 고운 모래사장이 펼쳐져 있어 '일본의 와이키키 해변'이라 불린다. 특히 여름휴가 시즌에는 인산인해를 이룬다. 온천도 유명해 눈부신 바다를 바라보며 뜨거운 온천에서 몸을 푸는 호사도 누릴 수 있다.

온천

강에서 솟아나는 온천, 세계문화유산에 지정된 온천, 바다에 손도 담글 수 있을 듯 가까운 온천에서 열차 여행으로 피곤해진 근육을 어루만져보자. 묵지 않고 온천만 이용할 수 있는 공공 온천 시설도 다양하다.

알짜배기로 놀자

시라하마의 관광지는 걸어 다니기엔 좀 멀지만 노선버스가 수시로 운행하고, 자전거 이용도 어렵지 않아 한나절 여행 코스로 알맞다. 유서 깊은 온천 지역답게 곳곳에는 공공 온천탕과 무료 족욕 시설이 있어서 온천 여행으로도 손색이 없다.

어떻게 다닐까?

시라하마 온천 패스

시라하마 온천 주변의 관광지를 순회하는 버스를 사용기간 내 몇 번이고 타고 내릴 수 있는 버스 패스. JR시라하마역에서부터 엔게쓰토 바위섬, 시라라하마 해변 등 주요 관광지를 아우르며 1일권·2일권·3일권이 있다. 메이코 버스明光バス의 산단베키행 또는 순환 버스를 타면 되고, 시라하마역 내 메이코 버스 카운터에서 구입할 수 있다.

Cost 시라하마역~시라라하마 340엔, 1일권 어른 1,100엔 · 어린이 550엔 Tel 0739-42-3008 Web meikobus.jp

자전거

엔게쓰토~시라라하마~산단베키까지 3km 정도이며, 중간중간 공공 온천탕과 족욕 시설, 식사를 할 수 있는 긴자 거리가 있어서 관광하기 좋다. 시라라하마 해변 인근의 시내종합안내소 시라스나まちなか総合案内所しらすな에서는 관광객을 위해 자전거를 빌려준다. 대여료와 함께 보증료 1,000엔을 지불해야 하고, 자전거 반환 시 보증료는 돌려준다. 자전거를 빌리면 짐도 맡아준다.

시내종합안내소 시라스나 Access JR시라하마역에서 메이코 버스를 타고 시라라하마 하차 Add 和歌山県西牟婁郡白浜町1384-57 Open 08:30~17:00 Tel 0739-43-1618 Cost 일반 자전거 500엔, 전동 자전거 1,000엔(대여 시간 09:00~16:30) Web www.nankishirahama.jp/spot/detail.php?spot_id=3

어디서 놀까?

엔게쓰토 바위섬 円月島

바위 사이에 동그란 구멍이 나 있는 바위섬. 석양의 명소로 유명하며, 시간대가 잘 맞으면 섬 중앙의 원 모양 구멍에 지는 해가 딱 담긴다. 석양 감상 포인트는 린카이 버스 정류장 앞. 그냥 보는 것만으로 심심하다면 미후네 아시유御船足湯에서 엔게쓰토 바위섬을 바라보며 족욕을 즐겨도 좋다. 린카이 버스 정류장에서 해변을 따라 남쪽 300m쯤 떨어져 있다.

Access JR시라하마역에서 메이코 버스 타고 린카이 하차(석양 포인트) 또는 시라하마버스센터 하차, 도보 3분(미후네 아시유)

산단베키 절벽 三段壁

웅장한 해안 절벽과 짙은 남청색의 바다가 조화를 이루는 산단베키. 높이 50m의 깎아지른 듯한 절벽이 2km나 이어져 있다. 가파르게 깎인 절벽과 푸른 바다가 어우러져 강한 생동감을 준다. 절벽 아래로 내려가면 길이 36m의 해식동굴이 있다. 이 동굴에서 바라보는 바다의 파노라마가 환상적이다. 산단베키 동굴 관람은 유료다.

Access JR시라하마역에서 메이코 버스 타고 산단베키 하차 후 바로 **Open** 08:00~17:00 **Tel** 0739-42-4495 **Cost** 산단베키 동굴 관람료 어른 1,300엔, 초등학생 이하 650엔 **Web** sandanbeki.com(산단베키 동굴)

시라라하마 해변 白良浜

시라하마를 대표하는 해변으로 여름에는 피서객들로 알록달록하게 물든다. 모래가 놀랄 만큼 하얗고 고우며 언제나 잔잔한 파도가 밀려온다. 여유롭게 해변 산책하기 좋은 곳. 해변 중간쯤에 공공 온천탕인 시라라유白良湯(07:00~11:00, 16:00~21:30, 목요일 휴무, 420엔)가 있어서 해수욕 후 온천탕에 몸을 담그며 피로를 푸는 호사도 누릴 수 있다. 해변 남단에는 무료 족욕을 즐길 수 있는 쓰쿠모토 아시유つくもと足湯도 있다.

Access JR시라하마역에서 메이코 버스 타고 시라라하마 하차 후 바로

사키노유 崎の湯

시라하마 온천을 대표하는 공공 노천탕. 암벽에 부딪치는 파도 바로 앞에서 온천을 즐길 수 있다. 시원한 바닷바람과 파도치는 소리가 내내 온몸을 감싸고, 바다 깊은 곳에서 그대로 퍼 올린 온천수는 염분을 다량 함유해 몸이 잘 식지 않는다. 옷을 벗어놓을 수 있는 사물함도 노천에 있어서 조금 당황스러울 수 있다. 비누 등의 사용을 금하고 있으며, 수건은 각자 지참해야 한다.

Access JR시라하마역에서 메이코 버스 타고 유자키 하차 후 도보 1분 **Add** 和歌山県西牟婁郡白浜町湯崎1668 **Open** 08:00~17:00(7월~8월 07:00~19:00, 4월~6월, 9월 08:00~18:00) **Cost** 500엔

도레토레 시장 とれとれ市場

시라하마 어업협동조합이 운영하는 대형 수산물 쇼핑센터. 전국 각지의 해산물 및 와카야마의 특산물을 판매한다. 해동이 아닌 생참치를 해체하여 파는 마구로(참치) 코너에서는 실제 해체 장면을 구경할 수도 있다. 구입한 해산물을 직접 구워먹을 수 있는 BBQ 코너가 있으며(유료, 1인 300엔), 이외의 초밥이나 해산물 덮밥을 먹을 수 있는 식당과 카페도 있다.

Access JR시라하마역에서 메이코 버스 타고 도레토레이치바 하차 후 바로 **Add** 和歌山県西牟婁郡白浜町堅田2521 **Open** 08:30~18:30 **Tel** 0739-42-1010 **Cost** 해산물 덮밥 1,600엔, 해산물 라멘 780엔 **Web** https://toretore.com

기라쿠 喜楽

시라하마의 제철 해산물을 이용한 향토요리 식당. 참치, 성게알 등 신선한 해산물 덮밥에 간 마와 달걀을 함께 풀어서 섞어 먹는 '구마노지돈熊野路丼'은 낯선 모양새와 달리 부드럽게 술술 잘 넘어간다. 다양한 절임류도 그날그날 만들어 신선하다. 시라하마 긴자거리 내에 위치한다.

Access JR시라하마역에서 메이코 버스 타고 시라하마버스센터 하차 후 도보 3분 **Add** 和歌山県西牟婁郡白浜町890-48 **Open** 11:00~14:00, 16:00~21:00, 화요일 휴무 **Tel** 0739-42-3916 **Cost** 구마노지돈 1,450엔

카페 엠 カフェ m.

아티스트의 감성이 묻어나는 베이커리 카페. 하나하나 사 모은 잡화와 주인장이 직접 그린 모자이크화가 멋스러운 분위기를 더한다. 천연 효모를 이용해 만든 프랑스빵이 특히 유명하다. 매일 아침 구운 천연 효모 베이글에 각종 채소와 계란, 햄을 넣어 만든 샌드위치는 건강한 맛이 느껴진다. 사키노유에서 산단베키로 가는 길목에 있다.

Access JR시라하마역에서 메이코 버스 타고 신유자키 하차 후 도보 3분 **Add** 和歌山県西牟婁郡白浜町1729-16 **Open** 11:30~18:00, 수 · 목요일 휴무 **Tel** 090-3999-1305 **Cost** 커피 450엔, 베이글 샌드위치 600엔~

하루 종일 놀자

구마노고도 코스 가운데 열차와 연계해 가기 좋은 구마노나치타이샤 코스를 추천한다. JR기이타나베역에서 코스 시작점인 JR나치역으로 가는 내내 남쪽 바다의 멋진 풍광을 감상할 수 있다. 그 전날 저녁 다나베 시내 숙소에 도착해 아침 일찍부터 열차를 타고 이동하는 일정으로 계획하는 것이 좋다.

어떻게 다닐까?

구마노고보난카이버스 熊野御坊南海バス

구마노고도 코스 가운데 JR기이카쓰우라역·나치역에서 나치타이샤 신궁으로 가는 노선버스를 운영하는 회사. 열차 시간에 맞춰 버스가 운행하기 때문에 편리하다.

Cost 나치역~나치노타키마에 490엔 Tel 0735-55-0637(나치잔 관광센터) Web https://kumanogobobus.nankai-nanki.jp

코스 안내부터 숙소 예약까지, 타나베시 구마노 투어리즘 뷰로

타나베 투어리스트 인포메이션 센터 2층에 자리한 구마노고도 전문 관광안내소로, 구마노고도를 걷는 여행자에게 사막의 오아시스 같은 곳이다. 외국인이 많이 찾는 지역 특성상 영어를 구사하는 직원이 상주하고 있으며 구마노고도 코스 안내와 교통 정보, 민박 예약까지 도움을 얻을 수 있다.

Open 09:00~17:00, 주말 · 공휴일 휴무 Tel 0739-26-9025 Web www.tb-kumano.jp

어디서 놀까?

나치역~구마노나치타이샤 코스

구마노산잔熊野三山의 3대 신사 가운데 하나인 구마노나치타이샤까지 이르는 7.4km의 길이다. 나치역에서 바다를 등지고 200m 정도 떨어진 '하마노미야오지浜の宮王子'가 이 코스의 실질적인 시작점이다. '오지'는 구마노고도 중간중간 절을 하거나 공양을 올리는 의식을 할 수 있도록 작은 신사나 동상을 놓은 장소다. 여기서 나치강那智川을 끼고 30분 정도 평지를 걷다가 숲길로 들어선다. 계속 걷다 보면 시노노 초등학교 인근의 '이치노노오지市野々王子'가 나타나고, 여기서 20분 정도 더 걸으면 이끼 낀 돌계단이 멋스러운 '다이몬자카大門坂'가 보인다. 다이몬자카의 울울창창한 삼나무길 중간 '다후케오지多富気王子'를 지나면 최종 목적지인 구마노나치타이샤가 코앞이다. 도보로는 약 2시간 거리지만 여유롭게 주변을 둘러보려면 넉넉하게 4시간 정도 잡아야 한다. 되돌아올 때는 나치노타키마에那智の滝前 정류장에서 나치역 방면 구마노교통 버스를 타면 된다.

Access JR기이타나베역에서 열차 타고 약 2시간 20분 후 JR나치역 하차

구마노산잔이란?

구마노산잔은 예로부터 자연 숭배의 땅으로 알려진 와카야마 남쪽 '구마노'의 혼구本宮·신구新宮·나치那智의 세 지역을 이르는 말로, 이곳에는 각기 구마노혼구타이샤熊野本宮大社·구마노하야타마타이샤熊野速玉大社·구마노나치타이샤熊野那智大社의 세 신사가 자리한다. 구마노고도는 이 세 신사로 가는 길을 일컬으며 총 6개의 코스, 총 길이 307km에 이른다. 원래 일본불교의 한 종파인 슈겐도修験道의 수도승이 수행을 위해 걷던 험준한 길이었으나, 헤이안 시대 중기부터 왕족과 귀족이 찾기 시작했고 에도 시대 이후 대중에게 널리 알려졌다. 귀족부터 서민에 이르기까지 남녀노소 참배행렬이 줄을 잇는다 하여 '개미의 고도'라 불리기도 했다.

❶ 다이몬자카 大門坂

천년 세월의 흔적이 고스란히 묻어나는 돌계단길. 흙 위로 포석을 덮은 것은 기이 반도가 일본에서도 손꼽히는 강우 지역이기 때문이다. 짙은 이끼가 낀 포석 양옆으로는 천년을 헤아리는 아름드리 거목이 도열하듯 서 있다. 걷는 것만으로도 마음의 위로가 되는 아름다운 길이다.

❷ 구마노나치타이샤 熊野那智大社

구마노산잔 3대 신사 가운데 하나로, 일본 최대 폭포인 나치노오타키를 자연신으로 모시고 있다. 해발 500m에 있으며 다이몬자카에서 467개의 돌계단을 밟아서 올라간다. 경내는 여섯 채의 신전과 이를 둘러싼 대문 및 울타리로 이루어져 있으며 모두 국가중요문화재이다. 초록이 짙은 원시림 속에 둘러싸인 주황색 단청 건물이 아주 강렬하다.

③ 나치잔세이간토지 那智山青岸渡寺

구마노나치타이샤에서 나치노오타키 폭포를 향해 가면 나오는 절이다. 4세기 인도의 승려가 창건했다고 전해진다. 세계문화유산으로 지정된 본당보다 더 유명한 것은 25m 높이의 삼층탑. 선명한 주황색의 탑과 바로 뒤의 나치노오타키 폭포가 어우러진 풍경이 볼 만하다. 삼층탑의 3층 전망대에서 바라보는 나치노오타키 폭포의 장엄한 모습도 놓치지 말자.

④ 나치노오타키 폭포 那智の大滝

113m의 높이에서 초당 1톤의 물이 떨어지는 초대형 폭포. 천둥 같은 소리와 물보라를 흩뿌리는 나치노오타키 폭포를 마주하면 탄성이 절로 나온다. 삼층탑 아래 계단으로 내려가면 한층 더 가까이 볼 수 있다.

끼니는 여기서

마루타 식당 まるた食堂

기이타나베역에서 점심을 먹는다면 추천. 백반 같은 정식 두 종류가 700엔이다. 조금 호화롭게 디저트까지 포함한 마루타 고젠(정식 세트)은 가운데에 살짝 잡아당기면 양쪽으로 펼쳐지는 병풍 같은 그릇에 튀김, 채소조림, 회까지 다양한 음식이 나온다. 디저트로 음료 중 하나와 그날의 스위츠를 함께 준다.

Access JR기이타나베역에서 도보 2분 Add 和歌山県田辺市湊1189 Open 11:00~14:00, 18:00~22:00, 일·공휴일 휴무 Cost 정식 800엔~ Tel 0739-22-1577

호라이즈시 宝来寿司

지역의 해산물을 이용한 덮밥 요리를 뜻하는 '아가라돈あがら丼'이 맛있기로 소문이 자자한 곳이다. 특제 양념에 절인 두툼한 참치 회와 가마아게시라스釜揚げしらす(잔멸치를 솥에 삶아 말린 것)를 함께 즐기는 호라이즈시의 아가라돈은 이 한 그릇에서 일본 남쪽 바다의 신선한 맛을 느낄 수 있다. 회를 좋아하지 않는다면 큼지막한 제철 생선 튀김을 그대로 얹은 아가라돈도 좋다.

Access JR기이타나베역에서 도보 5분 Add 和歌山県田辺市湊1126 Open 10:00~21:00, 월요일 휴무 Tel 0739-22-0834 Cost 아가라돈 1,210엔

어디서 잘까?

기이타나베역 주변

다나베 스테이션 호텔 田辺ステーションホテル

역 바로 앞에 있어 교통의 편리함에서 최고다. 역을 나서서 바로 오른쪽 상가들 안으로 들어가야 한다. 자칫 입구를 지나칠 수 있으니 주의.

Access JR기이타나베역 바로 앞 Add 和歌山県田辺市湊961 Cost 싱글룸 4,908엔~ Tel 0739-24-2020

호텔 난카이로 NANKAIRO

깔끔 심플한 비즈니스호텔. 역 앞 상점가 길 옆으로 입구가 있다. 상점가 지붕 때문에 시선 위의 간판을 놓칠 수 있다. 바로 앞의 계단을 오르지 말고 안쪽 엘리베이터로 3층까지 올라가자.

Access JR기이타나베역에서 도보 1분 Add 和歌山県田辺市湊996 Cost 싱글룸 4,800엔~ Tel 0739-22-0730 Web https://hotel-nankairo.com

시라하마 지역

게스트하우스 플러스완 +WAN

시멘트 건물에 방은 전부 다다미방. 공용 부엌, 냉장고, 거실이 있으며 시설에서 직접 만든 한국어로 프린트된 주변 지도도 얻을 수 있다. 작은 온천탕도 있다.

Access JR시라하마역에서 메이코 버스 타고 종점 산단베키 하차, 도보 3분 Add 和歌山県西牟婁郡白浜町2927-1813 Cost 더블룸 2,500엔~ Tel 0739-43-7980 Web http://116.80.0.7/index.html

루안돈 시라하마 ルアンドン白浜

전 객실에서 바다가 보인다. 시설 내의 작은 온천은 전세탕으로 이용되며 프런트에 사용 시간을 예약하면 된다. 근처 공공 온천탕인 아미노유綱の湯까지 도보 2분, 편의점까지도 도보 5분.

Access JR시라하마역에서 메이코 버스 타고 약 10분 후 시라하마산바시 하차, 도보 2분 Add 和歌山県西牟婁郡白浜町3354-9 Cost 트윈룸(조식 포함) 7,500엔~, 입탕세 150엔 별도 Tel 0739-43-3477 Web www.luandon-sh.com

IYONADA MONOGATARI

05

시코쿠

시코쿠에서는 시간 여행을 떠날 수 있다. 일본에 신칸센이 도입된 지 50년이 넘었건만 여전히 과거의 협궤 노선만 운행되는 시코쿠는 열차도 도시도 크게 달라지지 않았다. 낡은 디젤 기관차가 운행되고 시내에선 덜커덕거리는 노면전차가 버스보다 더 자주 눈에 띈다. 열차는 느리고 산악 지대에 막힌 노선은 여러 번 갈아타야 하는 불편함이 잊고 살던 시절에 대한 향수와 낭만을 불러일으킨다. JR은 물론 시코쿠 내 모든 노면전차를 탈 수 있는 올 시코쿠 레일패스가 이 과거로의 시간 여행에 필요한 티켓이다.

철도운영주체

JR시코쿠

일본을 이루는 4개의 섬 중 가장 작은 시코쿠를 관할하는 철도회사다. 시코쿠와 혼슈(오카야마현)를 연결하는 세토대교瀬戸大橋선까지 포함한다. 홋카이도와 마찬가지로 각 역에 번호를 도입하고 있다. 정식 명칭은 시코쿠여객철도주식회사四国旅客鉄道株式会社. 6개의 JR 회사 중 가장 규모가 작다. 홋카이도 신칸센 개통 후 유일하게 신칸센이 없는 지역이 되었다. 즉, 전 노선이 1,067mm의 협궤 재래선이다. 인구가 적고 철도보다는 버스 교통이 편리한 지역인 데다, 고속도로 요금 할인 정책 등으로 철도 수익이 감소하며 적자를 면치 못하고 있다. 이에 대한 자구책으로 원맨 열차 운행과 무인역이 증가하고 있다. 관광열차라기에 다소 부족한, 앙팡만(호빵맨) 캐릭터로 도배된 열차를 주로 운영하다가 최근 들어 새로운 타입의 관광열차를 연달아 론칭하고 있다. 유명 철도 디자이너를 영입하는 등 JR규슈의 디자인 열차 전략을 많이 참고하고 있는 것으로 보인다. JR시코쿠의 IC카드는 따로 없으며, JR웨스트 이코카의 제휴카드인 '시코쿠 이코카SHIKOKU ICOCA'가 세토대교를 연결하는 주요 노선에서 사용 가능하다.

총 철도노선 거리 853.7km 총 역 개수 259역
Web www.jr-shikoku.co.jp

사철

시코쿠 지역 자체가 워낙 철도 수요가 적은 편이어서 작은 규모의 사철만 운행하지만 도심지의 통근·통학 노선에서는 꽤 안정적인 편이다. 또 대개 역사가 100년을 넘었으며 시코쿠에 국철이 놓이기 전부터 운행하던 곳도 있다. 현재 운행 중인 사철 회사는 총 5곳으로, 그중 여행자들도 자주 이용하는 사철 3곳을 소개한다. 사철이지만 JR시코쿠의 올 시코쿠 레일패스로 이용이 가능하다.

❶ 이요 철도 伊予鉄道

마쓰야마시를 중심으로 에히메현 일대의 노면전차와

전철, 버스 등을 운행 중이다. 1888년 개업한 시코쿠 최초의 철도이며 현재 남아 있는 일본 사철 중에서 두 번째로 오래되었다. 나쓰메 소세키의 소설 『도련님』에도 이 철도에 대한 이야기가 나온다. 노선은 교외선과 시내선으로 나뉘며, 시내선은 노면전차다. 그 중 옛 증기기관차를 본뜬 노면전차 '봇찬(도련님)열차'는 관광객 사이에서 특히 인기가 높다.
총 철도노선 거리 철도 33.9km, 노면전차 9.6km
총 역 개수 철도 36역, 노면전차 27역
Web www.iyotetsu.co.jp

❷ 다카마쓰고토히라 전기철도 高松琴平電気鉄道
일명 '고토덴琴電'. 열차 캐릭터는 사누키 우동을 먹고 있는 펭귄 '고토짱'이다. 다카마쓰시를 중심으로 가가와현 일대에 고토히라선琴平線·나가오선長尾線·시도선志度線의 세 개 노선을 운영한다. 세 노선이 만나는 가와라마치瓦町역 일대는 다카마쓰시의 중심지 중 하나이다. 시코쿠에서 유일하게 표준 궤간인 1,435mm의 노선을 보유하고 있으며, 최신 전동열차부터 다이쇼 시대 레트로 스타일 열차까지 운행하고 있어 살아 있는 열차 박물관으로 불린다.
총 철도노선 거리 60km 총 역 개수 52역
Web www.kotoden.co.jp

❸ 도사덴 교통 とさでん交通
고치현 중부를 중심으로 노면전차와 버스를 운영하고 있다. 1903년 창업한 도사전기철도가 전신이다. 시내를 다니는 노면전차는 이노선伊野線·고멘선後免線·산바시선桟橋線이 있으며, 하리마야바시はりまや橋역에서 모두 교차한다. 과거 외국에서 달리던 전차를 수입해 주말과 공휴일 고치에키마에역에서 마스가타역까지 운행해 색다른 재미를 느낄 수 있다.
총 철도노선 거리 25.3km 총 역 개수 76역
Web www.tosaden.co.jp

유용한 열차 패스

❶ 올 시코쿠 레일패스 ALL SHIKOKU Rail Pass
시코쿠를 다니는 모든 열차를 이용할 수 있는 외국인 전용 패스. JR 시코쿠 외의 고토덴과 고치·마쓰야마 지역의 노면전차(봇찬열차 제외) 등도 포함한다. 단, 관광열차인 이요나다 모노가타리는 추가 그린차 요금(980엔)을 지불해야 한다. 다른 JR패스와 마찬가지로 해외에서 교환권을 구입하는 것이 현지에서 직접 구입하는 것보다 저렴하다.
Web shikoku-railwaytrip.com/kr

종류	가격(엔)
3일권	9,000
4일권	10,000
5일권	11,000
7일권	13,000

❷ 세토우치 패스
JR웨스트와 JR시코쿠가 공동 운영하는 외국인 전용 교통 패스. 세토 내해를 끼고 자리한 여러 도시의 열차 노선과 쇼도시마 섬으로 가는 페리, 시마나미 해도를 운행하는 고속버스 등을 이용할 수 있다. 시코쿠의 가가와와 에히메를 비롯해 오사카, 교토, 고베 등 간사이 지역과 오카야마, 히로시마 등의 주고쿠 지역을 두루 여행할 때 유용하다.
Web www.westjr.co.jp/global/kr/ticket/setouchi/

종류	가격(엔)
7일권	19,000

열차 티켓 창구

JR시코쿠 여행센터 와프 WARF
시코쿠를 찾은 외국인 관광객을 위한 여행센터. 올 시코쿠 레일패스를 교환하거나 구입할 수 있고 각종 여행 정보를 얻을 수 있다. 시코쿠 주요 역 5곳에 지점이 있으며, 오사카역 인근에도 한 곳 있다. 연말연시에는 문을 닫는다.
Web shikoku-railwaytrip.com/kr

미도리노 마도구치 みどりの窓口
JR 전용 티켓 창구로, 시코쿠 여행센터 와프보다 일찍 열고 늦게까지 운영하기 때문에 여행센터가 문을 닫았을 때는 이곳을 이용하면 된다.

시코쿠
열차 종류

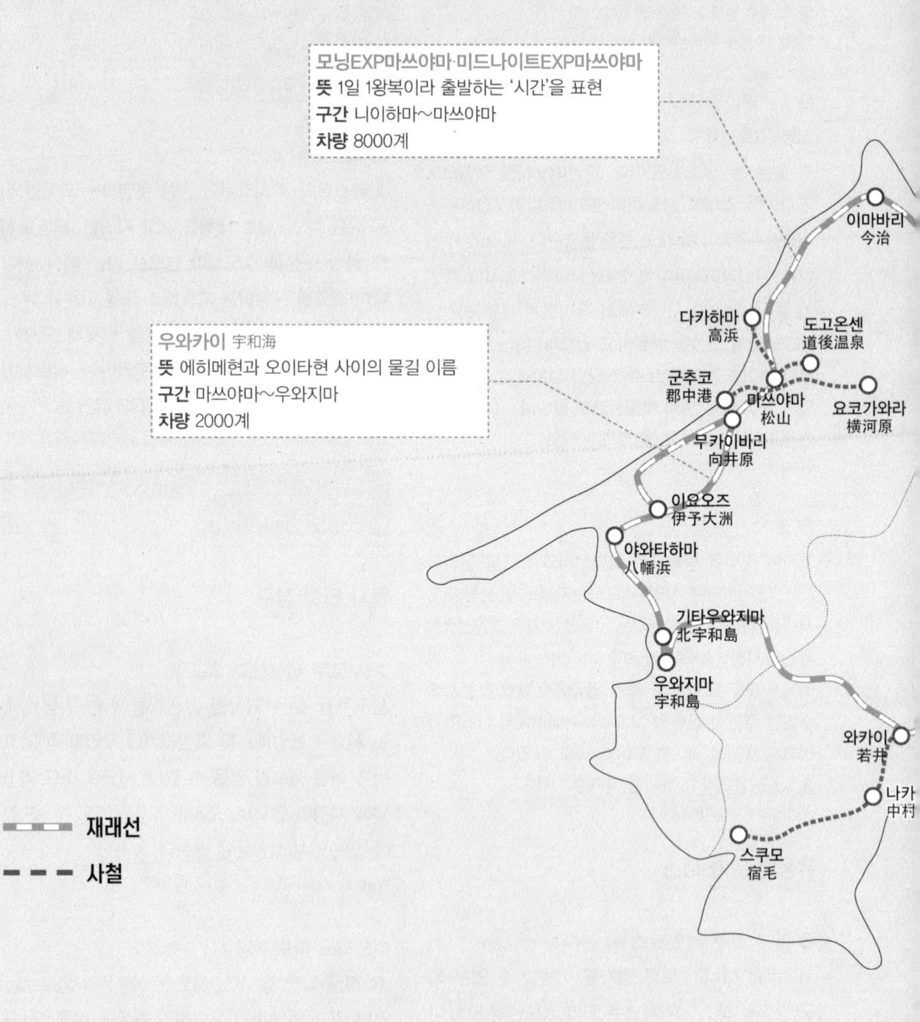
모닝EXP마쓰야마·미드나이트EXP마쓰야마
뜻 1일 1왕복이라 출발하는 '시간'을 표현
구간 니이하마~마쓰야마
차량 8000계
우와카이 宇和海
뜻 에히메현과 오이타현 사이의 물길 이름
구간 마쓰야마~우와지마
차량 2000계
이마바리 今治
다카하마 高浜
도고온센 道後温泉
군추코 郡中港
마쓰야마 松山
요코가와라 横河原
무카이바리 向井原
이요오즈 伊予大洲
야와타하마 八幡浜
기타우와지마 北宇和島
우와지마 宇和島
와카이 若井
나카 中村
스쿠모 宿毛
재래선
사철

이시즈치 いしづち
뜻 일본 100명산에 들어가는 '이시즈치 산'
구간 다카마쓰~마쓰야마
차량 8600계, 4량 또는 2량·8000계, 2량·2000계

시오카제 しおかぜ
뜻 시원하게 불어오는 '바닷바람'
구간 오카야마~이마바리·마쓰야마
차량 8600계, 4량·8000계, 5량·2000계, 5량

우즈시오 うずしお
뜻 도쿠시마현의 유명한 '소용돌이'
구간 오카야마·다카마쓰~도쿠시마
차량 2000계, 2량 또는 3량 또는 5량·185계, 4량

시만토 しまんと
뜻 고치현을 흐르는 '시만토 강'
구간 다카마쓰~고치·나카무라
차량 2000계, 2량 또는 3량

난푸 南風
뜻 따뜻한 남쪽 지역에서 불어오는 '남풍'
구간 오카야마~고치·나카무라·스쿠모
차량 2000계, 3량 또는 4량

아시즈리 あしずり
뜻 고치현에 있는 '곶 이름'
구간 고치~나카무라·스쿠모
차량 2000계, 2량 또는 3량 또는 4량

시코쿠에서 꼭 타봐야 할 관광열차 넷

JR시코쿠

❶ 이요나다 모노가타리 伊予灘ものがたり

에히메의 아름다운 풍경 속을 구석구석 달리는 석양빛의 관광열차. 기하47형을 개조한 기동차 2량 편성으로 1호차는 노을빛, 2호차는 황금빛의 테마로 꾸몄다. 마쓰야마역에서 이요오즈伊予大洲역 또는 야와타하마八幡浜역까지 에히메의 서해안을 달리는 두 노선을 상행과 하행으로 구분한 네 개의 관광상품으로 판매한다. 좌석에는 모두 테이블이 있으며, 열차가 달리는 동안 아름다운 풍경을 감상하면서 식사 또는 애프터눈 티 세트를 즐길 수 있다. 사전 예약해야 하며 식사 및 애프터눈 티 세트 비용(3,000~5,500엔)은 별도이다. 2호차 바 카운터에서 음료 등을 구매할 수 있다. 올 시코쿠 레일패스로 이용하는 경우, 그린차 요금 980엔(편도)을 추가해야 한다. Web iyonadamonogatari.com

편명	출발역	도착역
1 오즈大洲편	마쓰야마역 08:26	이요오즈역 10:28
2 후타미双海편	이요오즈역 10:57	마쓰야마역 13:01
3 야와타하마八幡浜편	마쓰야마역 13:31	야와타하마역 15:50
4 도고道後편(애프터눈 티 세트)	야와타하마역 16:14	마쓰야마역 18:17

❷ 시만토롯코 しまんトロッコ

화물열차를 개조한 관광열차로, 규슈의 고급 리조트 열차 '나나쓰보시ななつ星'의 디자이너 미토오카水戸岡가 디자인 리뉴얼에 참여했다. 고치현 시만토 강의 풍경에 어울리는 들꽃의 노란 열차가 선로를 달린다. 2량 구성이며 1량은 완전히 오픈된 차량으로 바람을 느끼며 풍경을 즐길 수 있다. 10~11월의 주말과 공휴일에 구보카와窪川역과 우와지마宇和島역 사이를 운행하며 정원은 40명, 전석 지정석이다. 덧붙이자면, 시만토롯코가 달리는 요도선予土線에는 '요도선 삼형제 열차'가 유명하다. 시만토롯코는 그 맏형이고, 둘째인 '가이요도 하비 트레인海洋堂ホビートレイン'과 셋째인 '데쓰도 하비 트레인鉄道ホビートレイン'은 1량짜리 장난감 기차 같다. 둘째는 피규어 메이커 가이요도의 작은 전시장처럼 꾸며졌고 셋째는 신칸센의 외관을 본떴다. Web www.jr-shikoku.co.jp/yodo3bros

하행	구보카와역 13:21	우와지마역 15:57
상행	우와지마역 09:33	구보카와역 12:06

❸ 시코쿠 만나카 센넨 모노가타리 四国まんなか千年ものがたり

2017년 4월 1일부터 가가와현의 다도쓰多度津역에서 출발해 곤피라산이 자리한 고토히라역을 지나, 절경의 계곡으로 유명한 도쿠시마현의 오보케大歩危역까지 운행하는 관광 열차. 외관은 일본의 사계절, 내부 인테리어는 집처럼 차분하게 연출한 열차에서 가가와·도쿠시마의 현지 식재료로 맛을 낸 식사(사전 예약)를 즐길 수 있다. 주말과 공휴일에 운행하며 전석 지정석이다. 올 시코쿠 패스로는 이용할 수 없고, 편도 요금은 4,000엔(어른 기준, 식사 비용 별도)이다.

Web www.jr-shikoku.co.jp/sennenmonogatari

하행	다도쓰역 10:19	오보케역 12:47
상행	오보케역 14:21	다도쓰역 17:14

JR외의 열차

❶ 봇찬열차 坊っちゃん列車

메이지 시대 마쓰야마를 달리던 증기기관차를 복원한 열차. 봇찬(도련님)이라는 이름은 유명한 작가 나쓰메 소세키의 소설에서 따왔다. 현재 달리는 열차는 디젤 기관차 1호와 14호로, 각 2량의 객차가 달린 노면전차이다. 예전 분위기를 재현하고자 당시의 제복을 입고 있는 기관사와 차장 두 명이 열차에 탑승한다. 전체적으로 나무로 만들어졌으며, 결코 자리가 편한 열차는 아니지만 분위기 때문에 모두가 타고 싶어 한다. 마쓰야마 시내에서 도고 온천까지 연결하여 관광뿐 아니라 교통 목적으로도 탈 만하다. 종점인 도고온센역에서 승무원이 수동으로 기관차와 객차를 분리하고 기관차의 방향을 반대로 돌린 후 다시 객차와 합체하는 작업을 하는데, 이 장면이 또 볼거리다.

Access 이요 철도 도고온센역~마쓰야마시역, 도고온센역~고마치역의 두 노선 Open 09:00~16:00에 약 4회 왕복(현재 주말 · 공휴일만 운행) Cost 어른 1,300엔, 어린이 650엔 Tel 089-948-3323(이요철도) Web www.iyotetsu.co.jp/botchan

1 Day

마쓰야마공항 ▶ 마쓰야마역

16:40 마쓰야마공항 도착, 공항 리무진 버스 탑승

17:20 JR마쓰야마역 도착

17:30 여행센터에서 올 시코쿠 레일패스(4일권) 교환 및 지정석권 발급

17:50 숙소 체크인

18:10 이요 철도 마쓰야마에키마에역에서 노면전차 탑승

18:20 이요 철도 오카이도역 도착

18:30 오카이도 상점가 구경, 저녁 식사

20:30 이요 철도 오카이도역에서 노면전차 탑승

20:40 이요 철도 마쓰야마에키마에역 도착, 숙소 휴식

2 Day

마쓰야마역 ▶ 다카마쓰역

08:00 아침 식사 후 숙소 체크아웃(짐 맡기기)

09:00 이요 철도* 마쓰야마에키마에역에서 노면전차 탑승(*올 시코쿠 레일패스 개시)

09:10 이요 철도 오카이도역 도착

09:30 마쓰야마 성 로프웨이 이용, 성 관람

11:00 인근 상점가 구경 및 점심 식사

12:30 이요 철도 오카이도역에서 노면전차 탑승

12:40 이요 철도 마쓰야마에키마에역 도착, 짐 찾기

13:26 JR마쓰야마역에서 특급 이시즈치 탑승

15:55 JR다카마쓰역 도착, 숙소 체크인

16:15 고토덴 다카마쓰칫코역에서 노면전차 탑승, 가와라마치역 환승

16:41 고토덴 고토히라야사마역 도착

16:50 시코쿠무라 관람

18:01 고토덴 고토덴야시마역에서 노면전차 탑승

18:15 고토덴 가와라마치역 도착, 저녁 식사

19:23 고토덴 가와라마치역에서 노면전차 탑승

19:28 고토덴 다카마쓰칫코역 도착

19:40 항구 야경 감상하며 맥주 한잔

21:00 숙소 휴식

시코쿠를 일주하는 4박 5일 철도 여행

JR뿐 아니라 시코쿠의 사철을 모두 이용할 수 있는 올 시코쿠 레일패스로 시코쿠 일주에 도전해보자. 한국에서 항공편이 있는 마쓰야마공항으로 입국해 반시계 방향으로 돌아 다시 마쓰야마로 돌아오는 일정이다. 그 사이 역사 깊은 도고 온천과 검객 료마의 고향을 돌아보고 사누키 우동도 즐길 수 있다. JR시코쿠에서 최근 선보인 관광열차도 놓치지 말자.

3 Day

다카마쓰역 ▶ 고토히라역 ▶ 고치역

07:30	아침 식사 후 숙소 체크아웃
08:30	고토덴 다카마쓰칫코역에서 노면전차 탑승
09:32	고토덴고토히라역 도착, 역 코인로커 짐 보관
10:00	고토히라구 오르기
11:30	하산 후 사누키 우동으로 점심 식사
13:04	짐 찾고, JR고토히라역에서 특급 난푸 탑승
14:42	JR고치역 도착, 숙소 체크인(짐 맡기기)
15:40	마이유 버스 탑승
16:32	가쓰라하마 도착, 풍경 감상
17:00	마이유버스 탑승
17:54	하리마야바시 다리 하차
18:20	히로메 시장 구경 및 저녁 식사
20:00	도사덴 오하시도리역에서 노면전차 탑승
20:10	도사덴 고치에키마에역 도착, 숙소 휴식

4 Day

고치역 ▶ 마쓰야마역

07:30	아침 식사 후 숙소 체크아웃
08:20	JR고치역 특급 시만토 탑승
09:26	JR구보카와역 도착
10:43	JR구보카와역에서 데쓰도 하비 트레인 탑승
12:52	JR지카나가역 도착, 점심 식사 및 마을 산책
13:55	JR지카나가역에서 요도선 보통열차 탑승
14:31	JR우와지마역 하차, 환승
14:56	특급 우와카이 탑승
15:27	JR야와타하마역 도착, 주변 관광
16:14	JR야와타하마역에서 이요나다 모노가타리* 탑승 (*그린차 요금 추가)
18:17	JR마쓰야마역 도착, 숙소 체크인
18:30	오카이도 상점가 구경, 저녁 식사
20:30	이요 철도 오카이도역에서 노면전차 탑승
20:40	이요 철도 마쓰야마에키마에역 도착, 숙소 휴식

5 Day

마쓰야마역 ▶ 마쓰야마공항

08:00	아침 식사 후 숙소 체크아웃(짐 맡기기)
09:00	이요 철도 마쓰야마에키마에역에서 노면전차 탑승
09:25	이요 철도 도고온센역 도착
10:00	도고 온천 본관에서 온천 즐기기
11:00	온천 상점가 구경 후 점심 식사 및 족욕
12:35	이요 철도 도고온센역에서 노면전차 탑승
13:00	이요 철도 마쓰야마에키마에역 도착, 숙소 짐 찾기
15:40	공항 리무진 버스 탑승
16:00	마쓰야마공항 도착
17:40	마쓰야마공항 출발

01

다카마쓰역

高松駅

웃는 얼굴의 귀여운 이모티콘이 역사 전면에서 승객을 맞는 다카마쓰역. 가가와현의 중심 역이자 시코쿠에서 가장 큰 규모의 역사다. 시코쿠에서 승하차객 각각 1만 명이 넘는 유일한 역이기도 하다. 역의 애칭은 '사누키우동역'이며, 시코쿠 최북단 역이라는 타이틀을 내걸고 있다. 다카마쓰와 마쓰야마를 연결하는 요산선과 도쿠시마를 연결하는 고토쿠선의 시·종착역이다. 요산선은 오카야마현에서 넘어오는 세토대교선 중 하나이다. 역 북쪽 출구에 세토 내해의 여러 섬으로 가는 다카마쓰 항이 있다. 이 중에는 '예술의 섬'으로 유명한 나오시마 섬도 있다. 나오시마의 성공을 계기로 주변 섬에도 예술이 가미되었고, 3년마다 '세토 내해 트리엔날레'라는 이름의 예술제를 개최하기도 한다. 항구와 가까운 노면전차 고토덴의 역 이름은 '다카마쓰칫코'이다. 역 바로 앞에 자리한 다카마쓰시 정보 플라자(09:00~18:00)에서 여행에 관한 각종 정보를 얻을 수 있다.

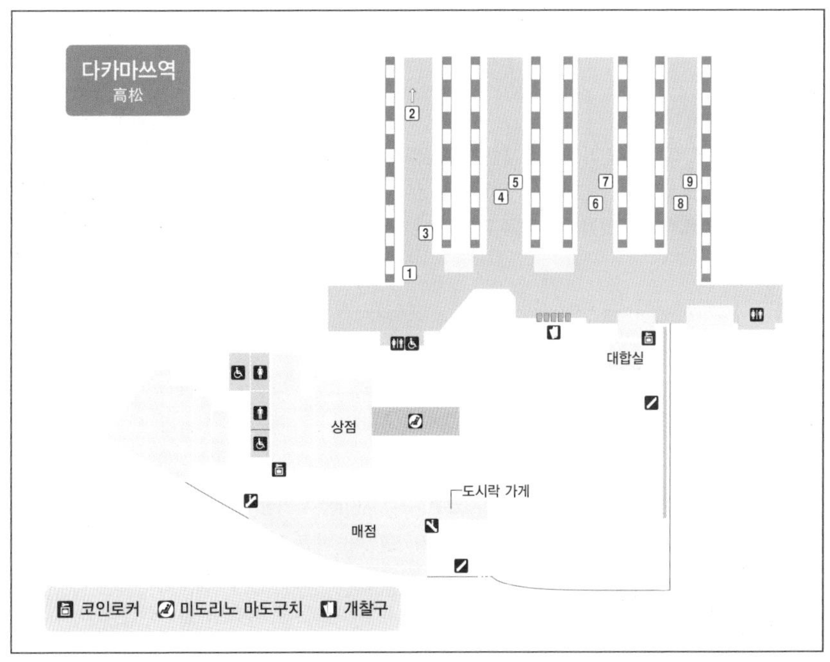

- 미도리노 마도구치 Open 04:20~22:00 Tel 087-825-1702(07:00~20:30)
- JR시코쿠 여행센터 와프 Open 10:00~18:00, 주말 · 공휴일 ~17:00 Tel 087-851-1326

키워드로 그려보는 가가와 여행

시코쿠의 현청소재지인 가가와현. 일본의 도도부현 중 면적은 가장 작지만 그 안에 역사 · 음식 · 예술이 응축되어 있다.

여행 난이도 ★★☆
관광 ★★★
쇼핑 ★☆
식도락 ★★★☆
기차 여행 ★★☆

우동현 うどん県

가가와현 대신 '우동현'으로 홍보할 정도로 우동이 유명하다. 우리가 흔히 알고 있는 굵직하고 네모진 면인 '사누키讃岐 우동'의 고향이 바로 여기! 일반 주문식부터 셀프 스타일까지 다양한 우동집을 경험해볼 수 있다.

곤피라산 こんぴらさん

공부가 성공으로 이어지길 바라면서 자신은 공부를 하고 대신 강아지를 참배 보낸 이야기가 전해지는 곤피라산 신사. 귀여운 참배 강아지와 일 년을 책임질 웃음의 부적을 얻어오면 나의 일 년도 행복해질 듯!

세토 내해

혼슈와 시코쿠, 규슈 사이에 자리한 길고 좁은 바다인 세토 내해는 오카야마와 가가와를 잇는 세토 대교에서 가장 잘 볼 수 있다. 그 위를 달리는 열차 안에서 마주하는 시리도록 푸른 바다와 점점이 자리한 여러 작은 섬의 때 묻지 않은 풍경이 감탄을 자아낸다.

알짜배기로 놀자

참배객이 줄을 잇는 고토히라구를 비롯해 다카마쓰의 주요 관광지는 JR다카마쓰역에서 거리가 좀 있다. 다행히 고토덴의 노면전차로 편리하게 다닐 수 있다.

어떻게 다닐까?

고토덴 琴電

가가와현의 주요 관광지를 다니는 노면전차 세 개 노선을 운행하는 지역 사철. JR다카마쓰역 인근의 다카마쓰칫코역부터 곤피라산이 있는 고토덴 고토히라역까지 약 1시간 소요된다. 올 시코쿠 패스로도 이용이 가능하다.

Cost 1일 승차권 1,230엔 Web www.kotoden.co.jp

어디서 놀까?

리쓰린 공원 栗林公園

가가와현을 대표하는 경승지이자 미쉐린 가이드에서 별 세 개를 받은 유수의 관광지다. 16세기 후반부터 200여 년 동안 가꾸어졌으며, 6곳의 연못과 13곳의 인공 산으로 이루어져 있다. 한 바퀴 도는 데만 1시간이 족히 걸리는 드넓은 정원에는 분재처럼 손질된 아름다운 천 그루의 소나무와 연못, 목조 다리, 석조물, 계절마다 피어나는 꽃이 어우러져 걷는 걸음마다 탄성을 자아낸다. 특히 연못을 가로지르는 목조 다리 '엔게쓰쿄偃月橋'와 그 너머로 고풍스러운 정자 '기쿠게쓰테이掬月亭'가 한 폭의 그림 같다. 기쿠게쓰테이에서는 고즈넉한 분위기에서 차와 화과자도 즐길 수 있다.

Access JR리쓰린코엔기타구치역에서 도보 3분 또는 고토덴 리쓰린코엔역에서 도보 10분 Add 香川県高松市栗林町 1-20-16 Open 05:30~19:00(계절마다 다름), 기쿠게쓰테이 09:00~16:30 Cost 입장료 성인 410엔, 중학생 이하 170엔 / 기쿠게쓰테이 말차 세트 700엔 Tel 087-833-7411 Web www.my-kagawa.jp/ritsuringarden

고토히라구 金刀比羅宮

친근하게 애정을 담아 '곤피라상'이라 불리는 고토히라구. 고토히라역에서 내리면 정면으로 코끼리를 삼킨 보아뱀 모양을 한 산이 보이는데, 그 위에 있다. 해상교통의 안전을 지켜주는 신으로 예로부터 참배객이 많다. 산에 있는 고토히라구까지는 계단길이 이어지는데 본궁까지는 785계단, 안쪽 신사인 오쿠샤까지는 1,368계단이다. 본궁까지 가는 계단 양옆으로 기념품 가게들이 있고 짐을 맡아주거나 지팡이를 빌려주기도 한다. 계단을 오르기 힘든 사람들을 위해 흔들가마 같은 탈것을 제공하기도 한다. 본궁에 오르면 시내가 훤히 내려다보인다. 내려가는 길에 올라가는 사람들이 종종 많이 남았냐고 묻기도 하는데 왠지 모르게 뿌듯함을 느낄 수 있으니 포기하지 말고 끝까지 올라가보자. 본궁에서는 노란(금색) 행복부적을 살 수 있다.

Access JR고토히라역 또는 고토덴 고토히라역에서 계단 입구까지 도보 10분 **Add** 香川県仲多度郡琴平町892-1 **Open** 본궁 07:00~17:00(계절에 따라 조금씩 달라짐), 오쿠샤 09:00~16:30 **Tel** 0877-75-2121 **Web** www.konpira.or.jp

나카노야 우동학교 中野 うどん学校 琴平校

남녀노소 누구나 사누키 우동을 손쉽게 만들어볼 수 있는 체험교실. 일본에서 최초로 우동 만들기 교실을 열어 100년 넘는 역사를 자랑한다. 전문 우동 장인에게서 밀가루 반죽부터 밀대로 얇게 편 후 칼로 썰어 면을 만들고 끓는 물에 삶아 먹는 과정까지 1시간 가량 우동 만드는 방법을 전수받는다. 체험 종료 후에는 간단한 졸업식과 함께 인증서를 받고 기념 촬영을 할 수 있다. 친구나 가족끼리 추억을 만들 수 있는 체험으로 인기가 높다. 500명까지 단체도 소화 가능하다.

Access JR고토히라역에서 도보 10분 또는 고토덴고노히라역에서 도보 7분 **Add** 香川県仲多度郡琴平町796 **Open** 09:00~15:00 **Cost** 우동 체험 1인 1,600엔(15인 이상 단체 1인 1,400엔) **Tel** 0877-75-0001 **Web** www.nakanoya.net

끼니는 여기서

가미쓰바키 神椿

고토히라구 계단을 오르고 올라 뭔가 탁 트인 곳에 처음 도착하면, 종종 다 올라왔다고 착각하게 되는 500단째 계단 앞. 이곳에 시세이도 팔러에서 음식과 차를 담당하는 레스토랑 카페, 가미쓰바키가 있다. 숲 속을 내려다볼 수 있는 위치이며, 계단을 오르내리느라 달아오른 볼을 식히며 커피 한 잔과 달콤한 디저트를 즐기기에 딱 좋다. 두 개가 합쳐진 듯한 쌉싸름한 커피젤리에 바닐라아이스가 얹힌 메뉴를 추천! 기왕이면 오쿠샤까지 다녀온 뒤 내려가기 전에 들르자. 오르던 도중이라면 자리를 일어나기 힘들어질지도 모른다.

Access JR고토히라역 또는 고토덴 고토히라역에서 도보 30분, 고토히라구 내 Add 香川県仲多度郡琴平町892-1 Open 카페 09:00~17:00/레스토랑 런치 11:30~15:00 Cost 가미쓰바키 파르페 1,230엔 Tel 0877-73-0202 Web kamitsubaki.com

덴테코마이 てんてこ舞

한국에서는 보기 힘든 우동 카페테리아. 시코쿠, 특히 우동으로 유명한 가가와현에서는 이런 셀프 우동집이 많다. 먼저 우동을 주문해 받아서 자신이 먹고 싶은 토핑을 올린다. 주로 튀김류이고, 추가적으로 유부초밥이나 주먹밥, 계란 등도 고를 수 있다. 튀김은 역시 갓 튀긴 게 제일 맛있지만, 튀김 담당 아주머니가 맛있는 것을 권해주기도 한다. 연근, 오뎅, 계란, 새우, 채소튀김 등이 각 100엔~150엔 정도. 다 골랐으면 계산을 하고 원하는 자리에 앉아 먹으면 된다. 고기우동은 달게 볶아져 있고 생각보다 기름지다. 튀김을 토핑할 거라면 고기가 안 들어간 우동을 고르는 게 좋다. 탱글탱글한 면발과 고소한 튀김이 후루룩 넘어간다.

Access JR고토히라역 또는 고토덴 고토히라역에서 도보 15분(고토히라구 계단 입구) Add 香川県仲多度郡琴平町717 Open 09:30~16:00(매진 시 영업 종료), 수요일 휴무 Cost 일반 우동 대 450엔, 소 350엔, 고기우동 대 650엔, 소 550엔 Tel 0877-75-0001 Web www.nakanoya.net/tentekomai

마쓰야마 성

02 마쓰야마역 松山駅

에히메현 마쓰야마시에 자리한 JR시코쿠와 JR화물의 역이다. 마쓰야마의 대표 역으로 주로 먼 도시와의 연결을 담당한다. 역사는 1953년에 지어진 초대 건물로, 2000년 리뉴얼하면서 소설 『도련님』 속 주인공이 부임했던 마쓰야마 중학교의 삼각 지붕을 건물 정면에 이미지화해 레트로한 분위기를 내고 있다. 역내에서는 베이커리, 식당, 카페 등의 편의 시설을 이용할 수 있다. 역 바로 앞에는 이요 철도의 노면전차가 운행하고 있으며, 이요 철도의 노선버스와 JR시코쿠의 고속버스 승강장도 있다. 마쓰야마역은 서쪽으로 다소 치우쳐 있어서 실질적인 시내 중심가는 이요 철도로 두 정거장 떨어진 마쓰야마시松山市역이다. 또는 마쓰야마성과 오카이도 상점가가 가까운 이요 철도의 오카이도大街道역을 거점으로 삼으면 관광하기 편리하다. 시내 노면을 달리는 꼬마 증기기관차 '봇찬열차'도 이요 철도에서 운행하고 있다.

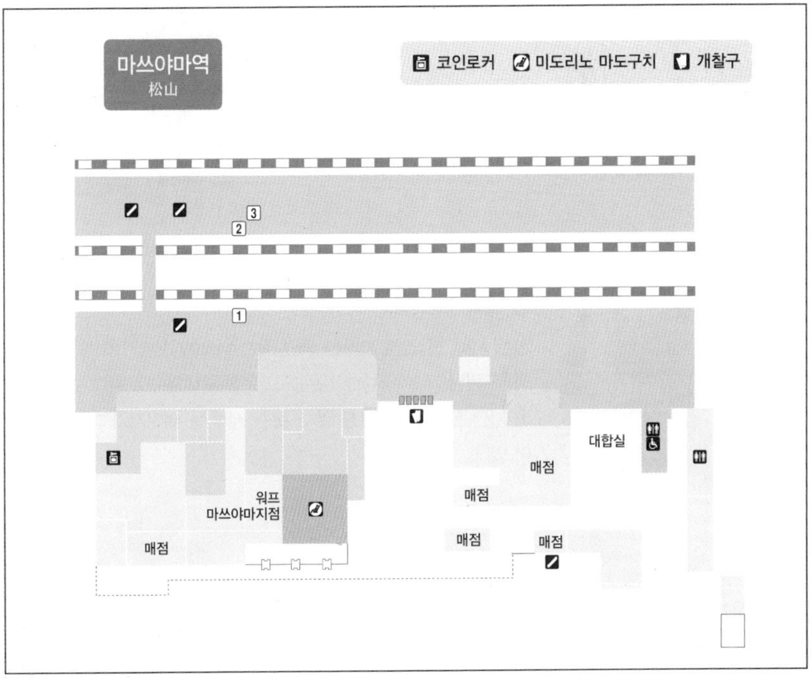

- 미도리노 마도구치 Open 04:50~21:00 Tel 089-943-5101(07:00~21:00)
- JR시코쿠 여행센터 와프 Open 10:00~18:00, 주말 · 공휴일 ~17:00 Tel 089-945-1689
- 관광안내소 Open 08:30~17:00 Tel 089-931-3814

키워드로 그려보는 에히메 여행

천년 역사를 이어온 온천과 맛 좋은 귤의 고장 에히메. 소설과 영화의 배경이 된 그 거리와 풍경 속으로 걸어 들어가 보자.

여행 난이도 ★☆
관광 ★★★★
쇼핑 ★★☆
식도락 ★★☆
기차 여행 ★★★

센과 치히로의 행방불명

일본에서 전국적으로 유명한 온천이면서 애니메이션 〈센과 치히로의 행방불명〉에서 그려진 온천장의 모델이 된 '도고 온천'이 마쓰야마에 있다. 현대적인 거리와 옛날 건물, 온천가에 울려 퍼지는 관광객의 게다 소리 사이에서 우리도 행방불명~

귤

에히메는 일본 전국에서도 알아주는 귤 산지다. 시내 곳곳에서 갓 짠 신선한 귤 주스를 마실 수 있다. 품종에 따라 맛도 조금씩 다르니 탄산음료 대신 귤 음료로 건강해지자.

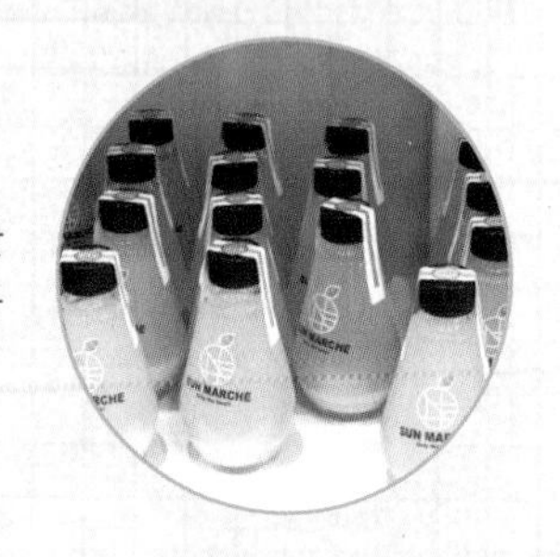

봇찬 坊っちゃん

일본 지폐 천 엔에 그려진 국민 작가 나쓰메 소세키夏目漱石의 대표작 『도련님坊っちゃん(봇찬)』은 도고 온천을 배경으로 한다. 도고 온천에 가면 봇찬 당고, 봇찬 열차, 봇찬 시계 등 여기저기 그 이름이 붙어 있다.

마쓰야마 성 松山城

시내 중심가에 있는 마쓰야마 성은 성 자체를 보는 재미도 있지만 성까지 오르는 리프트와 케이블카가 재미의 큰 부분을 차지한다. 1인 1석의 오픈된 리프트로 둥실둥실 성 아래까지 올라가보자. 잘 숨겨진 성의 입구를 찾아 이리저리 돌아보는 것도 여행의 묘미.

알짜배기로 놀자

마쓰야마 여행의 양대 산맥, 마쓰야마 성과 도고 온천을 돌아보자. 노면 전차가 편리하게 운행해 한나절 정도의 스케줄로 계획할 수 있다.

어떻게 다닐까?

이요 철도 伊予鉄道

마쓰야마 시내의 노면전차 및 버스를 운행하는 회사. 마쓰야마 시내에서 도고온천까지 노면전차만으로 충분하다. 옛 증기기관차를 본뜬 봇찬열차는 매우 인기 있다. 올 시코쿠 레일패스가 있다면 따로 티켓을 구입할 필요 없다.

Cost 마쓰야마에키마에역~도고온센역 어른 180엔, 어린이 90엔 / 봇찬열차 어른 1,300엔, 어린이 650엔 Web www.iyotetsu.co.jp

어디서 놀까?

마쓰야마 성 松山城

마쓰야마 시내에 중심가에 있는 성. 부지 내 21개 건물들이 중요문화재로 지정될 정도로 보존이 잘 되어 있다. 전쟁을 위해 건설되었기 때문에 입구에서부터 천수각까지의 동선이 적에게 혼란을 줄 수 있도록 꼬여 있다. 군데군데 적을 헷갈리게 하기 위한 장치가 있어 안내문을 잘 읽으며 돌아보면 더 재미있다. 성은 높은 산 위에 있어 성의 입구 아래 팔부능선까지 로프웨이 또는 리프트로 이동할 수 있다. 춥지 않다면 리프트를 선택해보자. 유리창의 방해 없이 마쓰야마 시내를 전망할 수 있다. 노면전차 오카이도역에서 마쓰야마 성의 로프웨이까지 가는 길도 깔끔한 상점가로 정비되어 있다.

Access 이요 철도 오카이도역에서 마쓰야마 성 로프웨이 승강장까지 도보 5분 Add 愛媛県松山市大街道3-2-46(성 사무소) Tel 089-921-4873 Open 천수각 09:00~17:00(30분 전 입장), 12월 셋째 주 수요일 휴무, 로프웨이 08:30~17:00(계절에 따라 다름) Cost 천수각 520엔, 로프웨이 왕복 520엔 Web www.matsuyamajo.jp

로프웨이 상점가 ロープウェー商店街

마쓰야마성 로프웨이 승강장까지 가는 길은 여느 상점가와 달리 정갈한 간판과 고풍스러운 가로등으로 꾸며져 있다. 기분 좋게 걸을 수 있는 거리 양 옆으로는 유명한 화과자점부터 마쓰야마의 미식을 즐길 수 있는 음식점과 귤 주스, 수건 등 에히메현 특산품 매장이 들어서 있다.

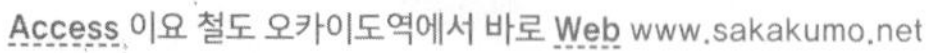

Access 이요 철도 오카이도역에서 바로 Web www.sakakumo.net

❶ 기리노모리카시코보 마쓰야마점 霧の森菓子工房 松山店

무농약 차를 재배하는 기리노모리의 화과자점. 녹차 찹쌀떡 안에 크림과 팥소가 들어 있는 '기리노모리 다이후쿠霧の森大福'가 가장 인기 있다. 차의 쌉싸름함과 크림의 부드러움, 팥의 단맛이 어우러져 한입에 쏙 먹을 수 있다. 주말에 인기 상품은 품절되는 경우가 많다. 가게 안에 단출한 좌석도 마련되어 있다.

Access 이요 철도 오카이도역에서 도보 1분 Add 愛媛県松山市大街道3-3-1 Open 10:00~19:00, 넷째 월요일 휴업 Cost 기리노모리 다이후쿠 1개 195엔, 8개들이 박스 1,296엔 Tel 089-934-5567 Web www.kirinomori.co.jp/shop/matsuyama

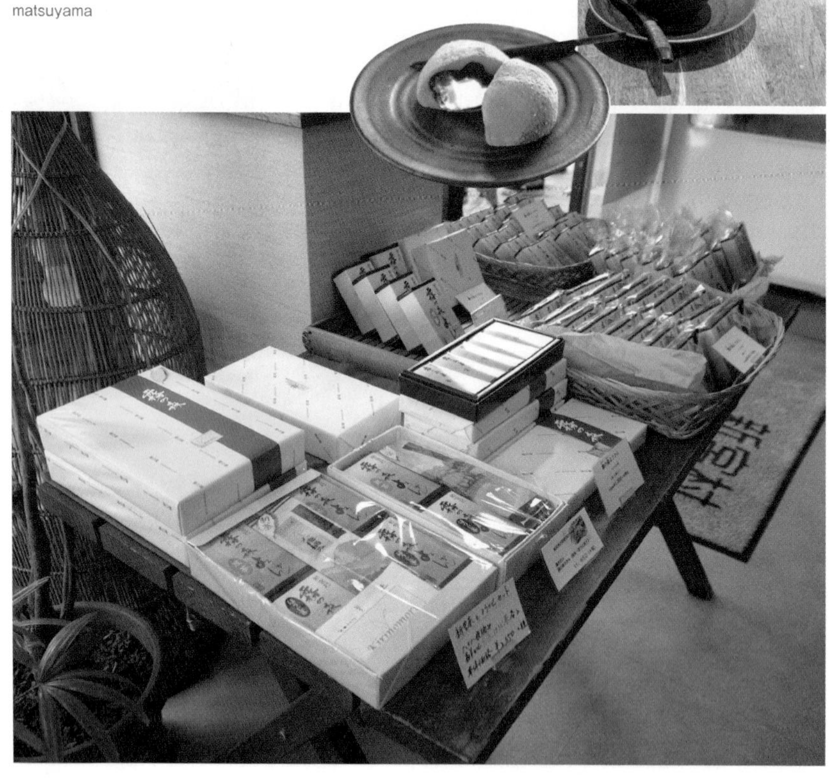

하이카라도리 상점가 ハイカラ通り

노면전차 도고온센역 옆 좁은 골목길 양옆으로 가게들이 빼곡히 들어선 상점가. 도고 본관에서부터 약 240m로 길이는 길지 않지만 에히메와 도고의 특산품, 레스토랑, 기념품 매장 등 충실이 자리하고 있다. 또 늦은 시간까지 열려 있는 상점이 많아 저녁이면 여러 료칸에서 제공한 유카타 차림의 관광객이 게다를 딸각거리며 걸어 다니고 있어 온천 마을 특유의 분위기를 제대로 느낄 수 있다.

Access 이요 철도 도고온센역에서 바로 Add 愛媛県松山市道後湯之町 Tel 089-931-5856 Open 09:00~22:00(점포에 따라 다름) Web dogo-shoutengai.jp

❶ 이오리 도고 유노마치점 伊織道後湯之町店

이마바리 수건 브랜드 중에서도 감각적인 디자인으로 유명한 이오리. 실생활에 쓰기 좋은 단순한 디자인부터 구매욕구를 불러일으키는 예술적인 제품까지 선택의 폭이 넓다. 도베야끼와 같은 지역 장인의 공예품과 조미료, 귤 주스 등 에히메현 및 시코쿠·세토우치 지역의 오리지널 상품도 만날 수 있다. 5,000엔 이상 구입 시 면세를 받는다.

Access 전차 도고온센역에서 도보 3분, 하이카라 상점가 내 Add 愛媛県松山市道後湯之町20-21 Open 10:00~18:00(토요일 09:30~21:00) Tel 089-913-8122 Web www.i-ori.jp

❷ 10팩토리 도고점 10ファクトリー道後店

트렌디한 감각이 넘치는 귤 전문 매장. 마치 와인을 만들듯 기후와 토양에 따른 에히메현 곳곳의 토종귤로 독특한 산미와 당도의 귤 주스를 선보인다. 드라이 프루트, 잼, 꿀, 젤리, 식초, 젤라토 등 귤의 다양한 변신이 보는 재미까지 더한다.

Access 이요 철도 도고온센역에서 도보 3분 Add 愛媛県松山市道後湯之町12-34 Tel 089-997-7810 Open 10:00~19:00 Cost 귤 주스(200ml) 540엔 Web 10-mikan.com

도고 온천 본관 道後温泉本館

1894년에 지어진 도고 온천의 상징적인 온천탕. 매일 아침 6시 온천 개관과 함께 북소리가 마을 전체에 울려 퍼진다. 목조로 된 3층 건물로 온천 시설과 휴게실이 있고, 나쓰메 소세키 관련 전시실 '봇찬노마'가 온천 입욕객에게 무료로 개방되어 있다. 계단과 복도가 여기저기 얽혀 있어 만화 속 주인공이 아니더라도 길을 잃기 쉽다. 네 가지 종류의 입장권에 따라 이용 가능한 구역이 나누어져 있으며, 복도에 그려진 색으로 구분되어 있다. 추천 온천 플랜은 입욕 후 유카타를 입고 간단히 차를 마시며 쉬었다 나올 수 있는 '가미노유 니카이세키神の湯二階席' 플랜. 온천은 물이 매끄러우며 욕조가 깊어 몸을 편안히 푹 담글 수 있다.

Access 이요 철도 도고온센역에서 도보 2분 Add 愛媛県松山市道後湯之町5-6 Tel 089-921-5141 Open 06:00~23:00 Cost 입욕 420엔 Web www.dogo.or.jp/pc/about

도고 온천 별관 아스카노유 道後温泉別館 飛鳥乃湯泉

도고 온천 본관을 현대의 감각에 맞게 재해석한 새로운 온천 시설. 본관과 같이 일본 아스카 시대 건축 양식을 따랐으며 학이 앉은 종탑과 타일 벽화가 있는 실내 탕, 널찍한 대 휴게 공간은 좀 더 세련된 형태로 재탄생했다. 여기에 작은 정원에 딸린 노천탕이 새로 생겼고 본관의 황실 전용 유신덴又新殿을 재현한 전세탕(예약제)이 더해졌다. 팀 단위로 이용하기 좋은 독립된 휴게 공간이 다섯 곳 있는데, 지역 공예 장인들이 만든 장식, 조명, 그림 등이 멋스러운 분위기를 더한다. 본관과 마찬가지로 휴게 공간 이용(제한 시간 90분)에 따라 입욕 티켓을 선택하면 된다.

Access 이요 철도 도고온센역에서 도보 3분 Add 愛媛県松山市道後湯之町19-22 Open 06:00~22:00 Cost 입욕 610엔, 입욕+휴게실 이용 1,280엔~ Tel 089-932-1126 Web dogo.jp/onsen/asuka

도고 온천 쓰바키노유 道後温泉 椿の湯

도고 온천 본관과 같은 온천수를 쓰는 자매탕. 인기가 높은 본관은 주말이나 휴가철에 탕 안이 콩나물시루가 된다. 느긋하게 온천을 즐기고 싶다면 쓰바키노유로 가자. 천장이 높아 오래 있어도 답답하지 않다. 2017년 말에 리뉴얼 오픈했다.

Access 이요 철도 도고온센역에서 도보 1분 Add 愛媛県松山市道後湯之町19-22 Tel 089-935-6586 Open 06:30~23:00 Cost 어른 400엔, 어린이 150엔 Web dogo.jp/onsen/tsubaki

봇찬 가라쿠리도케이 坊っちゃんからくり時計

도고 온천 입구 방생원 공원에 조성된 시계탑. 도고 온천 본관 지붕 위의 '신로가쿠振鷺閣'를 본떠 만들었다. 매시간 정각(특별기간에는 30분마다)에 시계탑에서 '도련님'과 '마돈나' 등 소설 『도련님』 속 등장인물이 경쾌한 음악소리와 함께 나타난다. 바로 옆에 마련된 족욕 시설은 늘 인기 만점이다.

Access 이요 철도 도고온센역에서 도보 1분 Add 愛媛県松山市道後湯之町放生園 Open 08:00~22:00

끼니는 여기서

도고노마치야 道後の町屋

고풍스런 외관에 아름다운 정원을 갖춘 비스트로 카페. 다이쇼 말의 도고 우체국 건물과 국장의 자택을 개조한 것으로, 당시의 생활과 분위기를 재현한 인테리어로 꾸며졌다. 이곳에는 커피와 케이크, 빙수 등의 카페 메뉴와 수제 버거, 샌드위치, 카레 등의 식사 메뉴가 있다. 에히메식 어묵을 넣은 자코텐 버거가 이곳의 시그니처 메뉴. 짭조름하고 쫀득한 생선살과 토마토 살사 소스, 부드러운 수제 빵의 궁합이 생각보다 괜찮다.

Access 이요 철도 도고온센역에서 도보 2분 Add 愛媛県松山市道後湯之町14-26 Tel 089-986-8886 Cost 자코텐 버거 500엔 Open 10:00~21:00, 화요일 · 셋째 주 수요일 휴무 Web www.dogonomachiya.com

도고맥주관 道後麦酒館

도고 온천 본관 바로 옆에 너무나 유혹적으로 자리 잡고 있는 도고맥주관. 도고의 크래프트 맥주인 도고비어 켈슈, 알토, 스타우트, 바이젠과 지역산 식재료로 만든 각종 안주를 즐길 수 있으며, 간단한 식사가 가능하다. 테이크 아웃으로도 판매해 온천가를 거닐며 맥주를 즐길 수도 있다. 영업 종료 시간이 밤 10시로 맥줏집치고는 이른 편이니 체크해둘 것.

Access 이요 철도 도고온센역에서 도보 3분 Add 松山市道後湯之町20-13 Open 11:00~22:00 Cost 도고비어 250ml 600엔, 500ml 900엔, 센잔키(닭튀김) 650엔 Tel 089-945-6866 Web www.dogobeer.jp/bakusyukan-restaurant

하루 종일 놀자

여유 있게 온천을 즐기거나 마쓰야마의 숨은 여행지를 찾아다니려면 아무래도 시간이 좀 더 필요하다. 늦게까지 문을 여는 오카이도 상점가에서 하루를 마무리 짓는 일정으로 계획하자.

어떻게 다닐까?

이요테쓰 노면전차 1일 승차권

마쓰야마를 좀 더 구석구석 돌아보려면 노면전차 1일 승차권을 구입하자. 관광안내소 또는 차내에서 차장에게 구입할 수 있다.

Cost 어른 800엔, 어린이 400엔 Web www.iyotetsu.co.jp

어디서 놀까?

사카노우에노쿠모 뮤지엄 坂の上の雲ミュージアム

메이지 시대 마쓰야마 출신의 세 젊은이가 겪는 격동의 세월을 담은 소설 『언덕 위의 구름坂の上の雲(사카노우에노쿠모)』 테마 전시관. 우파 성향의 작가 시바 료타로司馬 遼太郎의 소설인 만큼 러일전쟁에 대한 시각 등 역사관에 대해 비판받을 부분은 존재한다. 그러한 점을 감안하고 본다면, 이곳은 마쓰야마의 근대화 과정을 꽤 자세하게 기술한 역사 사료관에 가깝다. 방대한 자료 수집과 철저한 고증을 통해 탄생한 소설의 이야기를 따라가다 보면 당시 시대상이 눈앞에 그려지는 듯하다. 한국어 오디오 가이드를 빌려주고 디오라마와 연표 등 관람자를 배려한 전시도 볼 만하다. 삼각형 부지에 지어진 건축물은 안도 다다오가 설계했다.

Access 이요 철도 오카이도역에서 도보 2분 Add 愛媛県松山市一番町三丁目20 Tel 089-915-2600 Open 09:00~18:30, 월요일 휴관 Cost 어른 400엔, 고등학생 200엔, 중학생 이하 무료 Web www.sakanouenokumomuseum.jp

반스이소 萬翠荘

1922년 지어진 프랑스 르네상스 양식의 별장이자 중요문화재. 사카노우에노쿠모 뮤지엄 입구에서 맞은편 길로 올라가면 마쓰야마 성 남쪽 기슭에 자리하고 있다. 히사마쓰 사다코토久松定謨 백작이 오랜 프랑스 생활을 토대로 지었으며, 각계 명사들의 사교 모임 장소로 쓰였다. 화려했던 시절은 건축물의 높은 첨탑과 각종 장식, 실내의 대리석과 샹들리에 등에서 엿볼 수 있다. 현재 개인 전시회를 여는 전시장으로 활용되고 있다.

Access 이요 철도 오카이도역에서 도보 5분 Add 愛媛県松山市一番町3-3-7 Tel 089-921-3711 Open 09:00~18:00, 월요일 휴관 Cost 기획전에 따라 다름 Web www.bansuisou.org

오카이도 상점가 大街道商店街

맥도널드부터 무지, 드러그 스토어, 카페까지 쇼핑몰을 2열로 세워놓은 듯한 상점가. 직선으로 쭉 뻗어 있어 길 잃을 염려도 없다. 500m 정도의 거리이므로 한쪽 숍을 보면서 쭉 걸어갔다가 반대쪽을 보며 돌아오면 딱 좋다. 깔끔하고 널찍한 길 위에 지붕이 있어 날씨가 궂어도 안심이다. 노면전차 오카이도역에서 마쓰야마 성과는 반대쪽 건너편으로, 역을 사이에 두고 있다.

Access 이요 철도 오카이도역에서 바로 Add 愛媛県松山市大街道2-2-3 Tel 089-931-7473 Web www.okaido.jp

봇찬 열차 박물관 坊っちゃん列車ミュージアム

이요 철도 본사 1층에 봇찬 열차 1호 기관차의 복제품이 전시되어 있다. 특이한 점은 스타벅스 내에 있다는 것. 봇찬 열차를 모티브로 외관을 꾸민 스타벅스 매장 안쪽에 작은 박물관이 자리하는 셈이다. 그밖에 과거 철도 영상 및 열차 관련 부속품이 전시되어 있어서 철도에 관심이 있다면 들러볼 만하다.

Access 이요 철도 마쓰야마시역에서 도보 3분 Add 愛媛県松山市湊町四丁目4-1 伊予鉄道本社ビル1階 Open 07:00~21:00 Cost 입장 무료 Tel 089-948-3290 Web www.iyotetsu.co.jp/museum

고시키 본점 五志喜 本店

에히메현 특산 도미 요리를 다양하게 즐길 수 있는 향토요리 전문점. 밥에 도미를 넣고 찌는 호조 지역 스타일과 도미 스시를 밥에 얹고 간장소스를 곁들이는 우와지마 지역 스타일의 도미밥(타이메시)을 둘 다 비교해가며 맛볼 수 있다. 지역 특산품인 오색국수에 찐 도미가 통째로 나오는 도미국수(타이소멘)는 압도적인 비주얼과 달리 누구나 맛있게 즐길 수 있는 요리다.

Access 이요 철도 오카이도역에서 도보 5분, 오카이도 상점가 내 Add 愛媛県松山市三番町3-5-4 Open 11:00~14:00, 17:00~22:00 (일요일 및 공휴일 ~21:00) Cost 타이소멘(도미 한 마리) 1,800엔, 우와지마 도미밥 1,150엔 Tel 089-933-3838

에히메 키친 ef 笑姫きっちん ef

마쓰야마 성 로프웨이 승강장으로 올라가는 길 안쪽의 작은 레스토랑. 소탈한 아주머니와 부지런한 손놀림의 셰프가 정성들인 한 끼를 선보인다. '오늘의 추천 메뉴'는 덮밥과 샐러드, 밑반찬이 깔끔하게 차려지는 한 상이다. 가마에서 굽는 피자, 철판 나폴리탄 등도 인기다.

Access 이요 철도 오카이도역에서 도보 2분 Add 愛媛県松山市大街道3-3-5 Open 11:00~21:00 (일·공휴일 11:00~17:00), 수요일 휴무 Cost 오늘의 추천 메뉴 1,200엔~ Tel 089-993-6450

카페BC カフェBC

1968년 커피 볶는 집으로 문을 연 카페 레스토랑. 생산자와 품질, 재배 방법이 명확한 원두만을 고집한다. 회색 콘크리트 벽에 앤티크 가구와 아늑한 조명으로 꾸며진 복고풍의 실내는 차분하게 커피를 음미하기에 제격이다. 1층보다는 2~3층 좌석이 좀 더 조용하다. 모닝세트를 11시 30분까지 원코인(500엔)으로 저렴하게 즐길 수 있고, 매달 메뉴가 바뀌는 '이달의 파스타'도 인기다.

Access 이요 철도 오카이도역에서 도보 4분 Add 愛媛県松山市大街道2-2-20 Tel 089-945-9295 Cost 커피 500엔~, 이달의 파스타 900엔 Open 09:00~18:00 목요일 휴무 Web bonjour-cafebc.com

아사히 アサヒ

마쓰야마 시민의 소울푸드라 불리는 나베 야키 우동을 맛볼 수 있는 곳. 쇼와 시대로 돌아간 것 같은 가게 안에서 딱 그 시절 양은 냄비에 우동이 담겨 나온다. 요즘 우동과 달리 달착지근한 맛도 과거의 맛 그대로라고 한다. 처음엔 생소하지만 먹다 보면 자꾸 당기는 단맛이다. 유부 초밥과 곁들여 먹으면 딱 양이 좋은데, 유부 초밥은 점심 이후에 가면 떨어지는 일이 잦다.

Access 이요 철도 마쓰야마시역 도보 10분 **Add** 愛媛県松山市湊町3-10-11 **Open** 10:00~16:00, 화, 수요일 휴무 **Cost** 나베 야키 우동 680엔 **Tel** 089-921-6470

어디서 잘까?

마쓰야마역 주변

터미널 호텔 마쓰야마 ターミナルホテル松山

JR마쓰야마역 출구에서 길을 따라 왼쪽으로 도보 1분 거리. 오래된 느낌은 있지만 역을 중심으로 이동하는 열차 여행에는 더할 나위 없다. 현금 할인, 연박 할인 등 행사 진행 중.

Access JR마쓰야마역에서 도보 1분 **Add** 愛媛県松山市宮田町9-1 **Cost** 싱글룸 3,980엔~ **Tel** 089-947-5388 **Web** www.th-matsuyama.jp

비즈니스호텔 미마치 ビジネスホテル美町

터미널 호텔 마쓰야마와 이웃한 비즈니스호텔. 비즈니스호텔로는 드물게 다다미방이 있고 조금 더 저렴하다. 체크인은 프런트가 닫기 전인 23:00까지 할 것.

Access JR마쓰야마역에서 도보 1분 **Add** 愛媛県松山市宮田町9-6 **Cost** 싱글 다다미방 3,900엔~ **Tel** 089-921-6924 **Web** www.hotel-mimachi.com

도고 온천 주변

도고 프린스 호텔 道後プリンスホテル

서비스나 시설, 규모에 있어서 도고 온천 내에서 손꼽히는 온천 호텔. 서로 다른 종류의 여덟 가지 노천탕이 있으며 전세탕 네 종류를 더하면 총 열두 가지의 노천탕을 누릴 수 있다.

Access 이요 철도 도고온센역에서 도보 8분, 또는 송영 차량으로 3분 **Add** 愛媛県松山市道後姫塚100 **Cost** 17,050엔(2인 이용 시 1인 요금, 조·석식 포함)~ **Tel** 089-947-5111 **Web** www.dogoprince.co.jp

도고 사이초라쿠 道後彩朝楽

도고 온천가와 조금 떨어져 있는 대신 합리적인 가격에 묵을 수 있는 온천 호텔. 옥상 노천탕에서는 시원하게 펼쳐지는 마쓰야마 시가지의 야경을 바라보며 온천을 즐길 수 있다.

Access 이요 철도 도고온센역에서 도보 10분, 또는 송영 차량으로 3분 **Add** 愛媛県松山市道後姫塚112-1 **Cost** 9,290엔(2인 이용 시 1인 요금, 조·석식 포함)~ **Tel** 0570-550-480 **Web** dogo-saichoraku.jp

03 고치역 高知駅

고치현의 중심 역이자 시코쿠 남부 교통의 허브 역할을 하는 고치역은 이 지역 삼나무를 이용한 아치형 지붕으로 2008년 리뉴얼되면서 명성에 맞는 규모도 갖추었다. 애칭은 '고래돔'. 2층에 위치한 역 플랫폼에 서면 고치 시가지와 오가는 열차가 파노라마처럼 펼쳐진다. 가장 큰 역이라고는 하나 이 지역이 워낙 철도 교통의 오지인지라 고속버스의 편리함에는 미치지 못하는 실정이다. 역 남쪽 출구 앞에 고치관광안내소인 도사테라스とさてらす(08:30~18:00)에서 각종 정보 및 관광버스 티켓을 얻을 수 있다. 역 앞에는 지역 사철인 도사덴의 노면전차가 운행한다. '도사'는 고치현을 이르는 옛 지명이다.

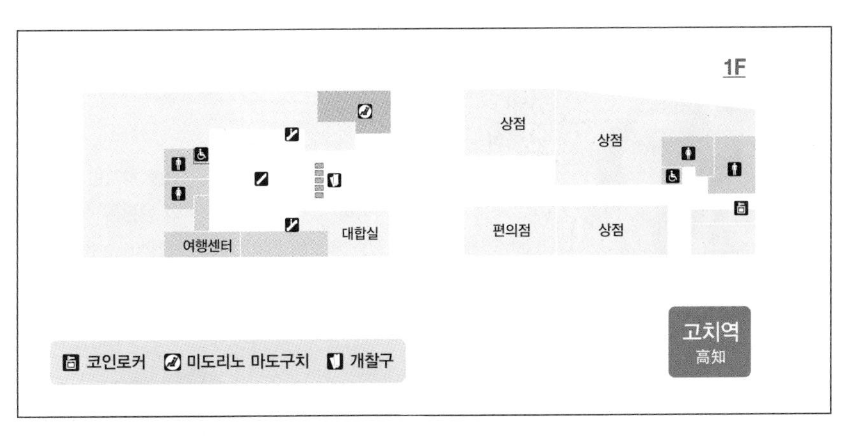

- 미도리노 마도구치 Open 04:40~23:00 Tel 088-822-8229
- JR시코쿠 여행센터 와프 Open 10:00~18:00(주말 · 공휴일 ~17:00) Tel 088-822-8130

키워드로 그려보는 고치 여행

마쓰야마나 다카마쓰에 비해 덜 알려진 고치. 맛있는 향토 음식부터 이름난 명승지, 활기찬 축제까지 알면 알수록 더 알고 싶어지는 도시다.

여행 난이도 ★★★☆
관광 ★★
쇼핑 ★☆
식도락 ★★★★
기차 여행 ★★

사카모토 료마 坂本龍馬

일본인이 사랑하는 무사이자 지사志士, 사카모토 료마. 소설을 통해에도 막부의 숨은 개혁자로 알려지면서 대중적인 인지도를 얻은 인물이다. 그의 고향인 고치현에는 곳곳에 동상과 비석이 있어 인기를 더욱 실감케 한다.

가쓰라하마 桂浜

고치시 남쪽 해안인 가쓰라하마는 소나무 절벽과 하늘에 걸린 달, 둥그렇게 빚어진 해안선이 완벽한 조화를 이뤄 달 경치 중 으뜸이라 일컬어지는 곳이다. 이곳에도 사카모토 료마의 동상이 있다.

음식

일본에서 '맛있는 지역 음식이 많은 행정구역' 1위를 차지한 고치. 짚불로 구운 가쓰오(가다랑어) 다타키, 매운 고추와 된장을 섞은 유즈코쇼柚子胡椒를 얹은 회를 먹으면 혀의 새로운 경험에 온몸이 춤을 출 것이 틀림없다.

요사코이 마쓰리

도쿠시마현의 전통 춤인 아와오도리阿波踊り에 대항하기 위해 고치현에서 탄생한 축제이다. 고치의 구전 민요를 록, 삼바, 힙합 등 현대의 음악으로 편곡하고 그에 맞춰 최대 150명까지 군무를 춘다. 경쾌한 딸랑이와 화려한 무대의상까지 더해지면 축제가 열리는 매년 8월 9일부터 12일까지 고치 전체가 들썩거린다.

하루 종일 놀자

시내 중심가는 노면전차로, 교외 관광지는 관광버스로 다닌다. 유명 관광지인 가쓰라하마 해변공원이 역에서 버스로 50분 거리이기 때문에 이동하고 구경하는 데만 반나절 이상 소요된다. 시내까지 제대로 돌아보려면 하루를 잡고 다니는 것이 좋다.

어떻게 다닐까?

도사덴 とさでん

고치역 바로 앞 고치에키마에高知駅前역에서 시내 중심지인 하리마야바시播磨屋橋 다리, 고치 성을 갈 때 편리하다. 역시 올 시코쿠 레일패스로 이용 가능하다. 1일 승차권은 차내에서 판매한다. **Cost** 1일 승차권 500엔 **Web** www.tosaden.co.jp/train

마이유 버스 MY遊バス

고치의 가장 유명한 관광지인 가쓰라하마를 갈 때 편리한 버스다. 일반 노선버스보다 가격도 저렴하고 관광지를 들르는 버스이므로 다른 곳과 연계해서 보려고 할 때도 편리하다. 주요 관광시설의 입장료 할인도 해준다. 외국인 여권을 제시하면 1일 승차권을 반액에 구입할 수 있다. 차내 및 고치역 관광안내소에서 판매한다.
Cost 1일 승차권 가쓰라하마권 1,000엔 **Web** www.attaka.or.jp/kanko/kotsu_mybus.php

어디서 놀까?

고치 성 高知城

1601년에 착공, 약 10년 만에 완성된 성으로 일본의 100명성 중 하나. 현재 남아 있는 천수각은 1749년에 건립된 것으로, 외부에서 보기에는 4층이지만 내부는 3층과 6개의 계단으로 만들어져 있다. 천수의 꼭대기층 밖을 두른 난간은 당시 시코쿠에서는 고치 성에만 있던 극히 드문 형식. 천수각을 포함해 가이토쿠칸懐徳館, 난도구라納戸蔵, 고쿠테쓰몬黒鉄門 등 총 15개 건물이 문화재로 지정되어 있다. 오테몬 옆에 무료 코인로커가 있어 둘러볼 때 이용하면 편리하다.
Access JR고치역에서 도보 25분 혹은 도사덴 고치조마에 하차, 도보 1분 **Add** 高知市丸ノ内1-2-1 **Open** 09:00~17:00 **Tel** 088-824-5701 **Cost** 어른 420엔, 18세 미만 무료 **Web** kochipark.jp/kochijyo

지쿠린지 竹林寺

시코쿠 88개 불교성지 중 하나이자 고다이산 전망대 인근의 사찰. 본당에 문수보살을 모시고 있으며, 교토, 나라와 함께 일본 3대 문수보살에 꼽힌다. 보물관에 있는 불상 17채가 모두 국가중요문화재이다. 마이유버스 지쿠린지 정류장에서 내리면 산문으로 들어가 가장 안쪽의 오층탑까지 올라가야 하는 데 반해, 고다이산 정류장에서는 오층탑에서부터 내려가는 방향으로 좀 더 편하게 경내를 돌아볼 수 있다. 14세기 초반 조성된 정원이 매우 아름답다.

Access JR고치역에서 마이유 버스 타고 29분 후 지쿠린지 하차, 바로 Add 高知県高知市五台山3577 Tel 088-882-3085 Open 보물관 08:30~17:00 Cost 보물관 400엔 Web www.chikurinji.com

호니야 ほにや HONIYA

고치의 유명 축제인 요사코이 마쓰리를 테마로 한 잡화점. 일본색 짙은 문양과 색감의 패브릭 가방과 옷, 소품 등을 판매한다. 일본에 다녀왔다는 기념품을 하나 장만하고 싶을 때 딱이다. 세련된 리빙, 인테리어 제품과 고치를 포함한 시코쿠의 각종 특산품도 판매한다. 고치의 국민과자라 불리는 '요사코이 밀레 비스킷よさこいミレービスケット'도 구입할 수 있다. 한 번 손대면 멈출 수 없는 중독적인 맛의 과자다. 오비야마치 상점가에 자리하고 있다.

Access 도사덴 오하시도리역에서 도보 3분 Add 高知県高知市帯屋町2-2-4 Tel 088-872-0072 Open 11:00~18:00(토요일 ~19:00) Cost 파우치 1,500엔~, 숄더백 4,800엔 Web www.honiya.co.jp

하리마야바시 播磨屋橋

전국적으로 유명한 고치의 민요 '요사코이부시よさこい節'에 등장하면서 관광 명소가 되었다. 노면전차와 버스가 오가는 교통의 중심지이자 고치의 번화가에 위치한다. 현재 다리로 쓰이지도 않는 데다가 명성에 비하면 보잘것없으니 큰 기대는 하지 말자. 주변에는 작은 인공 수로와 공원이 조성되어 있다. 현지에서는 주로 히라가나 표기를 섞어 'はりまや橋'라 쓴 경우가 많다.

Access JR고치역에서 도보 25분 또는 도사덴 하리마야바시역 하차, 도보 1분

가쓰라하마 해변공원 桂浜

아름다운 초승달 모양의 해변 위에 오뚝 솟은 곶, 바다, 소나무로 예로부터 달이 뜬 풍경을 최고로 쳐온 경승지 가쓰라하마. 막부 말기의 지사인 사카모토 료마의 커다란 동상이 서 있는 곳으로도 유명하다. 동상 부근에서 해변을 따라 오른쪽으로 걸으면 바다 쪽으로 솟아 있는 바위 위로 와타쓰미海津見 신사의 용왕궁이 그림처럼 놓여 있는데 그곳까지 산책 코스로 딱이다. 길가에 노점들이 있으니 간식과 함께 풍경을 즐겨보자.

Access JR고치역에서 마이유 버스 타고 50분 후 가쓰라하마 하차, 도보 5분 Add 高知市浦戸9

고다이산 전망대 五台山展望台

고치 시가지와 항구를 굽어보는 전망대이자 야경 명소. 해발 154m의 고다이산 정상에 공원이 조성되어 있고, 그 중심에 전망대가 있다. 시내에서 비교적 가까워 연인들의 데이트 장소로도 인기가 높다. 단, 마이유버스가 야간 운행을 하지 않기 때문에 야경을 보려면 택시를 이용하는 수밖에 없다. 2층 카페에서 커피와 디저트는 물론, 간단한 식사도 가능하다.

Access JR고치역에서 마이유버스 타고 24분 후 고다이산텐보다이 하차, 도보 2분 Add 高知県高知市五台山2101 Open 24시간 Cost 무료 Web www.panorama-fukei.com/39/godaisan/daytime/guide.html

끼니는 여기서

도사차카페 土佐茶カフェ

고치의 특산품 도사차를 세련되게 즐길 수 있는 차 카페. 삼나무로 꾸며진 내부는 내추럴하면서도 일본 전통 분위기를 낸다. 산간지대에서 주로 재배되는 도사차는 쓴맛이 적고 구수하면서 깔끔한 맛이 특징. 10종류 이상의 도사차를 고를 수 있고 차를 이용한 롤케이크, 파르페, 단팥죽 등 디저트도 다양하다. 현지 식재료를 이용한 오늘의 정식도 깔끔하게 나온다.

Access 도사덴 오하시도리역에서 도보 3분 Add 高知市帯屋町2-1-31 Open 11:00~17:00, 수요일 휴무 Cost 녹차 세트 360엔~, 녹차 롤케이크 300엔 Tel 088-855-7753 Web www.tosacha.net

세이멘도코로 구라키 製麺処 蔵木

쓰케멘 맛집으로 소문난 구라키. 가장 인기 있는 메뉴는 우시 호르몬(소 곱창) 쓰케멘이다. 직접 뽑은 면은 굵으면서도 탄력 있고 소 내장과 생선, 각종 채소를 넣고 푹 고아낸 국물에선 깊은 맛이 느껴진다. 진득한 콜라겐 덕분에 면을 찍었을 때 딱 알맞게 국물이 배어난다. 양이 부족하면 국물에 밥을 말아 먹어도 좋다. 평일에도 점심때면 밖에 줄이 금세 생긴다.

Access 도사덴 하리마야바시역에서 도보 5분 Add 高知県高知市帯屋町1-10-12 Tel 088-871-4059 Open 11:00~16:00, 17:30~24:00 Cost 우시 호르몬 쓰케멘 890엔

히로메 시장 ひろめ市場

맛있는 지역 음식으로 이름 높은 고치의 맛이 모여 있는 곳. 시장 안쪽에는 수백 명은 너끈히 앉을 수 있는 테이블 좌석이 마련되어 있고 그 주변을 가다랑어를 짚불에 구운 다타키, 속이 꽉 찬 만두, 다양한 꼬치요리 등을 판매하는 포장마차가 겹겹이 둘러싸고 있다. 이 중 다타키로 유명한 묘진마루明神丸는 지역에서도 손꼽히는 맛집. 소금(시오)과 간장(소유) 중 양념을 고를 수 있고 유자 식초에 찍어 먹으면 맛이 한층 더 살아난다. 식사 후에 귤과 자몽의 중간쯤인 고치 특산품 도사분탄土佐文旦으로 입가심하면 좋다.

Access 도사덴 오하시도리역에서 도보 2분 Add 高知県高知市帯屋町2-3-1 Tel 088-822-5287 Open 10:00~23:00 (일요일 09:00~) Cost 묘진마루 다타키 소 730엔, 중 980엔, 대 1,350엔 Web www.hirome.co.jp

어디서 잘까?

고치역 주변

고치 호텔 高知ホテル

고치역 출구 정면 앞에 보이는 호텔. 노면전차 역은 더 가까워 교통이 매우 편리하며 값도 저렴하다. 싱글룸은 침대가 넓고, 트윈은 방이 여유롭다.

Access JR고치역에서 도보 2분 Add 高知市駅前町4-10 Tel 088-822-8008 Cost 더블룸(2인 이용 시 1인 요금) 4,350엔~ Web www.kochihotel.co.jp

고치 퍼시픽 호텔 高知パシフィックホテル

당일에 한한 한정플랜을 이용하면 저렴하게 묵을 수 있다. 침대와 테이블, 욕조가 모두 넓어 여행을 정리하며 편히 쉴 수 있는 호텔.

Access JR고치역에서 도보 4분 Add 高知県高知市駅前町1-15 Tel 088-884-0777 Cost 더블룸(2인 이용 시 1인 요금) 4,050엔~ Web kochi-pacific.co.jp

あそぼーい!
KURO
3
KURO

06

규슈

일본 기차 여행의 묘미를 다양한 관광열차에서 찾는다면 규슈만 한 곳이 없다. 다른 지역에 비해 신칸센의 도입이 늦고 관광객을 끌어들일 만한 확실한 콘텐츠가 있는 것도 아닌 현실에서 JR규슈는 일찍이 관광열차 개발에 힘을 쏟는다. 디자인Design과 스토리Story가 결합된 일명 'D&S 열차'는 이동 수단인 동시에 그 자체로 하나의 여행 코스가 되었다. 단순히 외관만 멋스럽게 꾸민 것이 아니라 일본의 오래된 전설과 아름다운 이야기를 곁들인 열차에서 누구나 동심으로 되돌아간다. 맑은 강과 화산, 초원 등 규슈의 숨겨진 풍경을 더욱 잘 보고 느낄 수 있는 것도 이 관광열차 덕분이다.

철도운영주체

JR규슈

일본의 4개 섬 중 최남단에 자리한 규슈 지역을 비롯해, 규슈와 혼슈(야마구치현)를 해저터널로 잇는 모지역~시모노세키역 구간의 철도를 관할한다. 단, 하카타역~신시모노세키 구간의 산요 신칸센은 JR웨스트 소속이며, JR규슈는 재래선만 해당된다. 철도 외에 부산항과 후쿠오카항을 연결하는 페리 '비틀호'도 운영한다. 정식 명칭은 규슈여객철도주식회사九州旅客鉄道株式会社. 규슈 지역 북부는 고속버스와 치열한 경쟁 관계에 있지만, 규슈 남부에서는 어느 정도 우위를 점하고 있다. 하카타역과 가고시마추오역을 단 1시간 20분만에 주파하는 규슈 신칸센 덕분. 재래선에서는 회사 내에 전담 디자이너를 영입하고 다양한 디자인을 도입한 특급열차를 선보이며 차별화에 성공했다. 'Design & Story', 즉 D&S 열차라 일컬어지는 JR규슈의 특급열차는 운행하는 지역의 스토리텔링을 기반으로 한 독특한 외관과 실내 디자인으로 관광객의 높은 호응을 얻고 있다. 1989년 최초의 관광특급열차인 '유후인노모리ゆふいんの森'를 시작으로 현재(2018년 3월) 11종류의 D&S 열차가 규슈 전 지역에서 운행 중이다. 이러한 열차 디자인 노하우를 기반으로 2013년 초호화 크루즈 트레인인 '나나쓰보시인 규슈ななつ星in九州'가 탄생하기도 했다. 교통 IC카드는 스고카SUGOCA이며 스이카SUICA, 파스모PASMO 등의 타 지역 IC카드와 호환 사용이 가능하다.

총 노선 길이 2342.6km 총 역 개수 571
Web www.jrkyushu.co.jp

사철

규슈에는 대형 사철인 서일본철도가 있지만 주로 버스 사업 쪽에 무게를 두고 있고, 그 외에는 아주 짧은 철도 구간을 운영하는 사철이 영업 중이다. 실질적으로 JR이 대세라고 봐도 무방하다.

서일본철도 西日本鉄道

대형 사철이자 규슈 최대의 버스 회사. 일명 '니시테쓰'. 서일본철도에서 발행하는 버스 패스, '산큐패스 SunQ Pass'가 워낙 유명해 버스 회사로 착각하기도 쉽지만 엄연히 1908년 창립한 규슈전기궤도九州電気軌道가 전신이며, 후쿠오카 최대 번화가인 덴진의 니시테쓰후쿠오카(덴진)역이 본진이다. 후쿠오카 근교 여행지로 즐겨 찾는 다자이후 방면 다자이후선太宰府線을 비롯해 주변의 대도시권을 중심으로 덴진오무타선天神大牟田線·아마기선西鉄甘木線·가이즈카선西鉄貝塚線 등 4개 노선을 운영 중이다. 참고로, 이름이 비슷한 서일본여객철도(JR서일본)와 혼동하지 말자.

총 노선 길이 106.1km 총 역 개수 72 Web www.nishitetsu.jp

유용한 열차 패스

JR규슈 레일패스

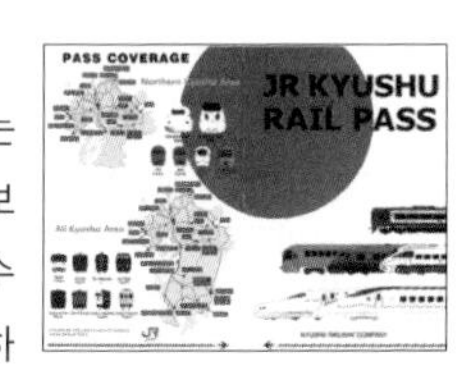

JR규슈에서 운행하는 신칸센, 특급열차, 보통열차를 이용할 수 있는 열차패스. 단, 하카타역에서 고쿠라역까지 운행하는 신칸센은 탑승할 수 없다. 후쿠오카의 북쪽 도시에서만 가능한 북큐슈 레일패스와 그 외 남쪽 도시에 해당하는 남큐슈 레일패스, 전 지역에서 통하는 전큐슈 레일패스가 있다. 여타 JR패스와 달리 지정석 이용 가능 횟수가 제한된다. 북큐슈 레일패스와 남큐슈 레일패스는 6회까지, 전큐슈 레일패스는 무제한으로 지정석을 추가요금 없이 이용할 수 있다.

Web www.jrkyushu.co.jp/korean/railpass/railpass.html

종류		가격(엔)
북큐슈* 레일패스	3일권	10,000
	5일권	14,000
남큐슈 레일패스	3일권	8,000
전큐슈 레일패스	3일권	17,000
	5일권	18,500
	7일권	20,000

※북큐슈 지역: 시모노세키, 후쿠오카, 사가, 나가사키, 오이타, 구마모토

Tip!

JR규슈 레일패스의 특전을 받자

JR규슈 레일패스는 지역마다 할인이나 특전을 받을 수 있는 점포가 있다. 시기에 따라 점포와 내용이 다를 수 있으니 홈페이지에서 확인하자. 한글로 되어 있어 쉽게 확인이 가능하다.

Web www.jrkyushu.co.jp/korean/railpass/coupon/coupon_list01.jsp(한국어)

열차 티켓 창구

JR규슈 여행 지점 JR九州旅行

JR규슈 레일패스를 이용하는 외국인 관광객을 위해 규슈 주요 역에 설치된 티켓 창구다. JR규슈 레일패스의 교환 및 구매가 가능하며, 신칸센·특급·관광열차의 지정석권을 발급받을 수 있다. 또한 일본 내 항공권의 예약 및 발권도 진행한다.

미도리노 마도구치 みどりの窓口

규슈 주요 역에 마련된 티켓 창구로 JR규슈 레일패스의 교환 및 구매를 할 수 있으며, 각종 열차의 지정석권 발급이 가능하다.

역 여행센터 駅旅行センター

모지코, 벳푸, 사세보역 등 일부 역에는 각종 여행 상품을 취급하는 여행센터가 있다. 이곳에서 JR규슈 레일패스의 교환 또는 구입이 가능하다.

TISCO 여행 정보 센터

후쿠오카공항 국제선 터미널 1층에 마련된 여행센터 겸 티켓 창구로 한국어·영어·중국어가 가능한 직원이 상주하고 있다. JR규슈 레일패스의 구입만 가능하다.

하카타항 비틀 카운터

부산항에서 선박을 이용해 후쿠오카로 입국한 경우, 하카타항 비틀 카운터에서 JR규슈 레일패스를 구입할 수 있다.

규슈 지역 열차 종류

재래선

신칸센

유후인노모리 特急ゆふいんの森
뜻 유후인을 둘러싼 자연, '유후인의 숲'
구간 하카타~벳푸
차량 기하185계, 3량 또는 4량 또는 5량

가모메 特急かもめ
뜻 바닷가에 끼룩끼룩, '갈매기'
구간 하카타~나가사키·이사하야
차량 885계, 6량·787계, 7량·783계, 4량

특급 하우스텐보스
뜻 하카타 직통 열차
구간 하카타~하우스텐보스
차량 783계, 4량

가와세미·야마세미
뜻 구마가와강에 서식하는 물총새와 뿔호반새
구간 구마모토~히토요시
차량 기하47계 개조, 2량

사쿠라 さくら
뜻 누구나 아는 '벚꽃'
구간 하카타~가고시마추오
차량 N700계, 8량·800계, 6량

쓰바메 つばめ
뜻 물 찬 '제비'
구간 하카타~가고시마추오
차량 N700계, 8량·800계, 6량

미즈호 みずほ
뜻 황금빛 들판을 만들어낼 '벼이삭'
구간 하카타~가고시마추오
차량 N700계, 8량

이사부로·신페이
뜻 철도 건립의 주역
구간 히토요시~요시마쓰
차량 기하40계, 2량

이부스키노 다마테바코 特急指宿のたまて箱
뜻 지역에 전해 내려오는 동화 속 '소중한 상자'
구간 가고시마추오~이부스키
차량 기하47계 개조, 2량

특급 기리시마
뜻 두 지역 사이의 아름다운 산
구간 미야자키~가고시마추오
차량 787계 또는 783계, 4~5량

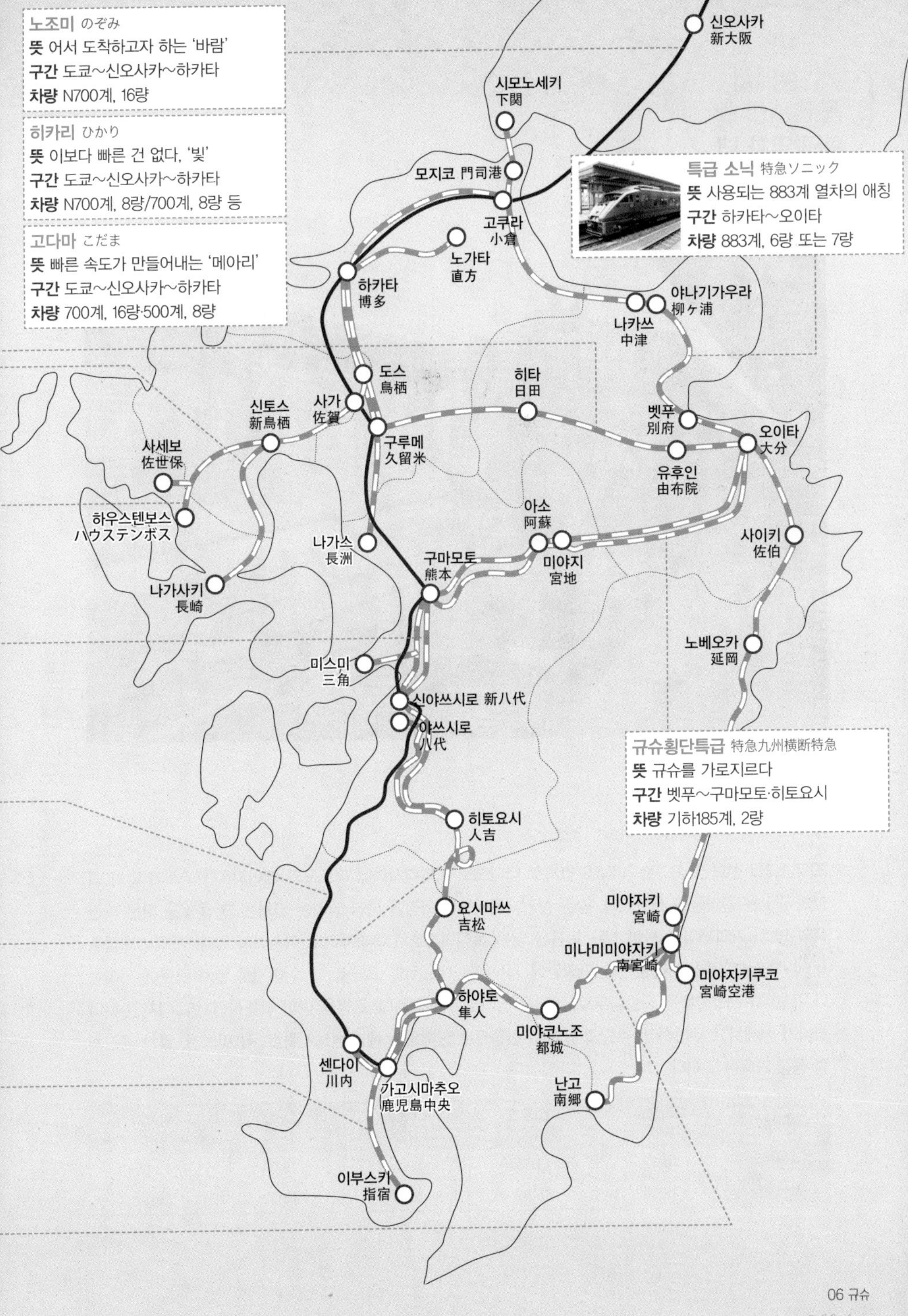
노조미 のぞみ
뜻 어서 도착하고자 하는 '바람'
구간 도쿄~신오사카~하카타
차량 N700계, 16량
히카리 ひかり
뜻 이보다 빠른 건 없다, '빛'
구간 도쿄~신오사카~하카타
차량 N700계, 8량/700계, 8량 등
고다마 こだま
뜻 빠른 속도가 만들어내는 '메아리'
구간 도쿄~신오사카~하카타
차량 700계, 16량·500계, 8량
특급 소닉 特急ソニック
뜻 사용되는 883계 열차의 애칭
구간 하카타~오이타
차량 883계, 6량 또는 7량
규슈횡단특급 特急九州横断特急
뜻 규슈를 가로지르다
구간 벳푸~구마모토·히토요시
차량 기하185계, 2량
신오사카 新大阪
시모노세키 下関
모지코 門司港
고쿠라 小倉
노가타 直方
하카타 博多
나카쓰 中津
야나기가우라 柳ヶ浦
도스 鳥栖
사가 佐賀
신토스 新鳥栖
히타 日田
벳푸 別府
오이타 大分
구루메 久留米
유후인 由布院
사세보 佐世保
하우스텐보스 ハウステンボス
아소 阿蘇
미야지 宮地
나가스 長洲
사이키 佐伯
구마모토 熊本
나가사키 長崎
노베오카 延岡
미스미 三角
신야쓰시로 新八代
야쓰시로 八代
히토요시 人吉
요시마쓰 吉松
미야자키 宮崎
미나미미야자키 南宮崎
미야자키쿠코 宮崎空港
하야토 隼人
미야코노조 都城
센다이 川内
가고시마추오 鹿児島中央
난고 南郷
이부스키 指宿

규슈에서 꼭 타봐야 할 관광열차 넷

JR규슈

❶ 가와세미·야마세미 かわせみ・やませみ

2017년 3월 선보인 JR규슈의 D&S 열차로 나나쓰보시의 디자이너 미토오카 에이지水戸岡鋭治가 맡아 명성에 걸맞은 결과물을 선보였다. 깊은 산기슭의 구마가와강을 따라 달리는 열차는 그 물빛을 닮은 파란색의 1호차 가와세미와 산의 짙은 녹음을 닮은 녹색의 2호차 야마세미로 이루어져 있다. 가와세미(물총새)와 야마세미(뿔호반새)는 구마가와강에 서식하는 대표적인 조류로, 그 이미지를 열차 곳곳에 가미했다. 또한 가구와 창틀은 노송나무로, 바닥은 삼나무로 꾸몄는데, 조명을 받아 따뜻하면서도 디자인 하나하나가 섬세하고 우아하다. 주말과 공휴일 한정으로 판매하는 에키벤(도시락)도 꼭 맛보자. 열차 공간처럼 정성 가득한 맛이다.

역 이름	구마모토 熊本	히고오즈 肥後大津	다테노 立野	아소 阿蘇	미야지 宮地
상행 1호	10:32	11:15	11:33	12:04	12:09
하행 2호	17:08	16:37	16:22	15:52	15:47

❷ 이사부로·신페이 いさぶろう·しんぺい

'일본의 3대 차창'이라는 명성에 걸맞은 아름다운 산악 풍경 속을 달리는 관광열차. 전망 공간의 커다란 차창을 통해 울울창창한 화산지대의 장엄한 풍광이 여과 없이 펼쳐진다. 또한 험준한 야타케矢岳 산을 통과하기 위해 고리 모양의 철로에서 스위치백을 경험할 수 있는 곳으로도 유명하다. 전진과 후퇴를 반복하며 산악을 오르면 해발 약 536m의 오코바大畑역에 다다른다. 그 밖에 D51형 증기기관차가 전시된 야타케역과 일본 국철시대에 사용되었던 '행복의 종'이 마련된 마사키真幸역 등 중간중간 향수가 깃든 무인역에서 약 5분간 정차한다. 기본 편성은 2량이며, 주말에는 1량 더 증결한다. 자유석과 지정석의 구성 방식은 날짜에 따라 조금씩 변경된다. 특이하게 상행과 하행 열차의 이름이 다른데, 그 이유는 이 노선의 공사를 시작할 당시는 체신부 장관 야마가타 이사부로山縣伊三郎, 완공될 때는 철도청장 고토 신페이後藤新平로 각기 책임자가 달랐던 데서 연유한다.

역 이름		구마모토 熊本	신야쓰시로 新八代	야쓰시로 八代	히토요시 人吉	오코바 大畑	야타케 矢岳	마사키 真幸	요시마쓰 吉松
상행	이사부1호	08:31	08:58	09:03	10:04	10:24	10:54	11:15	11:30
	이사부3호	-	-	-	13:22	13:30	13:59	14:18	14:33
하행	신페이2호	-	-	-	12:58	12:46	12:26	12:00	11:41
	신페이4호	18:18	17:53	17:48	16:43	16:22	16:01	15:34	15:15

※주말 운행 기준, 2호차와 3호차 각각 반은 지정석, 반은 자유석

❸ SL히토요시 SL人吉

유유히 흐르는 구마가와 강을 따라 달리는 검은 차체의 증기기관 열차. 58654(국철시대 생산된 8630형 증기기관차의 58654호기) 증기기관차가 클래식한 짙은 목재 좌석으로 꾸며진 3량의 객차를 이끈다. 1호차와 3호차의 각 양단에는 살롱형 전망실이 마련되어 있어서 유리 전창을 통해 강과 들판, 숲이 만들어 내는 한가로운 풍경을 감상할 수 있다. 전망실의 화려한 천 소파가 다이쇼 시대의 낭만을 곁들인다. 주로 금요일과 주말, 공휴일, 여름휴가 시즌에 운행하며 대개 수요일에는 운행을 쉰다. 전 좌석 지정석.

역 이름	구마모토 熊本	다마나 玉名	오무타 大牟田	구루메 久留米	도스 鳥栖
상행	10:25	11:23	11:58	13:10	13:21
하행	18:31	17:50	17:08	15:59	15:47

※2호차에 매점 및 스탬프 코너 있음

❹ 이부스키노 다마테바코 指宿のたまて箱

가고시마에서 바닷가를 끼고 남쪽의 모래찜질 온천으로 유명한 이부스키까지 운행하는 관광열차이다. 바다 쪽을 향하는 객차의 절반은 흰색으로, 산 쪽을 향하는 반대면은 검은색으로 칠한 외관이 이색적이다. 일본에서 널리 알려진 용궁 신화를 모티브로 한다. 거북이를 구해준 보답으로 용궁에 초대받은 어부 우라시마 타로浦島太郎가 3일을 머물다 보물 상자를 하나 받고 다시 육지로 왔는데, 이미 시간은 300년이 흐른 뒤였다. 절대 보물 상자를 열어보지 말라는 말을 잊고 무심코 열었다가 흰 연기와 함께 순식간에 노인으로 변했다는 이야기다. 보물 상자의 명암을 두 가지 대비되는 색으로 표현했으며, 열차가 도착하면 흰 수증기가 열차 주위에서 뿜어져 나온다. 바다 전망을 잘 볼 수 있도록 창에 바 형식으로 길게 좌석이 배치되어 있고 남큐슈산 삼나무가 객차 실내 전체를 감싸 아늑한 분위기를 연출한다. 관광열차로서뿐 아니라, 정차 역을 최소화해 이부스키까지 가는 가장 빠른 열차이기도 하다.

역 이름	가고시마추오 鹿児島中央	기이레 喜入	이부스키 指宿
상행 1호	09:56	10:26	10:47
상행 3호	11:56	12:27	12:48
상행 5호	13:56	14:28	14:49
하행 2호	11:48	11:17	10:56
하행 4호	13:48	13:18	12:57
하행 6호	16:00	15:29	15:07

※2호차에 매점 및 스탬프 코너 있음

1 Day

후쿠오카공항 ▶ 하카타역 ▶ 벳푸역

08:35 후쿠오카공항 입국, 지하철 또는 버스로 하카타역 이동

09:30 JR하카타역 내 JR규슈 여행 센터에서 규슈 레일 패스 교환 및 지정석권 발권

10:21 JR하카타역에서 특급 유후인노모리 탑승 (*규슈 레일패스 개시)

13:27 JR벳푸역 도착, 숙소 체크인(짐 맡기기)

14:00 JR벳푸역 관광안내소에서 마이벳푸프리 버스 1일권 구입

14:30 지고쿠(지옥) 8곳 순례

16:00 간나와 온천에서 무시유(증기 온천) 즐기기

18:10 버스 타고 벳푸역으로 이동, 저녁 식사

20:00 다케가와라 시영 온천에서 피로 풀기

21:00 숙소 휴식

2 Day

벳푸역 ▶ 구마모토역

07:30 아침 식사 후 숙소 체크아웃

08:51 JR벳푸역에서 특급 소닉 탑승

10:03 JR고쿠라역 하차, 신칸센으로 환승

10:21 JR고쿠라역에서 신칸센 사쿠라 탑승

11:19 JR구마모토역 도착, 역 코인로커에 짐 보관

11:51 JR구마모토역에서 특급 아소 탑승

12:59 JR아소역 도착, 아소산 관광

15:52 JR아소역에서 가와세미야마세미(주로 주말·공휴일 운행) 탑승

17:08 JR구마모토역 도착, 숙소 체크인

18:00 시모토리 아케이드 상점가 쇼핑 및 저녁 식사

21:00 숙소 휴식

3 Day

구마모토역 ▶ 가고시마역

08:00 아침 식사 후 숙소 체크아웃

09:00 구마모토성 관광

10:34 JR구마모토역에서 신칸센 사쿠라 탑승, 2회 환승

13:46 JR요시마쓰역 도착

14:36 JR요시마쓰역에서 JR 탑승

15:36 JR 하야토역에서 특급 기리시마 탑승

16:25 JR가고시마추오역 도착, 숙소 체크인

17:00 덴몬칸 상점가 쇼핑

19:00 가곳마 야타이(포장마차)에서 저녁 식사 겸 술 한잔

21:00 숙소 휴식

신칸센과 디자인 관광열차로 5박 6일 규슈 일주

후쿠오카를 중심으로 동북부의 온천 마을 벳푸, 개항기의 향수가 어린 서북부의 나가사키, 활화산 아소산이 자리한 중부의 구마모토, 일본의 나폴리라 불리는 남부의 가고시마까지 규슈의 주요 도시를 섭렵하는 일정이다. 규슈 신칸센이 후쿠오카에서 가고시마까지 빠르게 연결하고 전큐슈 레일패스 5일권이면 JR규슈의 디자인 관광열차를 최대한 즐길 수 있다. 출·입국은 인천공항에서 저가 항공편이 수시로 뜨는 후쿠오카국제공항으로 한다.

4 Day

가고시마역 ▶ 나가사키역

- 08:00 아침 식사 후 체크아웃, 역 코인로커에 짐 보관
- 09:58 JR가고시마추오역에서 이부스키노 다마테바코 탑승
- 10:49 JR이부스키역 도착
- 11:10 사라쿠 온천회관에서 이부스키 모래찜질 온천
- 13:30 점심 식사
- 15:07 JR이부스키역에서 이부스키노다마테바코 탑승
- 16:00 JR가고시마추오역 도착, 역 코인로커에서 짐 찾기
- 16:36 JR가고시마추오역에서 신칸센 사쿠라 탑승
- 17:28 JR신토스역 하차, 열차 환승
- 17:43 JR신토스역에서 특급 카모메 승차
- 19:25 JR나가사키역 도착, 숙소 체크인
- 20:00 노면전차 데지마역 하차, 저녁 식사 겸 술 한잔
- 22:00 숙소 휴식

5 Day

나가사키역 ▶ 하카타역

- 08:00 아침 식사 후 체크아웃 (짐 맡기기)
- 10:00 노면전차로 오우라텐슈도시타역 하차, 그라바엔 관광
- 12:30 노면전차 쓰키마치역 이동, 차이나타운에서 나가사키 짬뽕으로 점심 식사
- 14:00 노면전차 고카이도마에역 이동, 쇼켄의 나가사키 카스텔라 맛보기
- 15:00 메가네바시 다리 산책
- 16:00 JR나가사키역으로 이동, 짐 찾기
- 16:20 JR나가사키역에서 특급 가모메 승차 (*규슈 레일패스 이용 종료)
- 18:14 JR하카타역 도착, 숙소 체크인
- 19:00 덴진 야타이에서 저녁 식사 겸 술 한잔
- 22:00 숙소 휴식

6 Day

하카타역 ▶ 후쿠오카공항

- 08:00 아침 식사 후 체크아웃 (짐 맡기기)
- 10:00 캐널 시티 쇼핑
- 11:30 하카타 라멘 또는 후쿠오카 함바그로 점심 식사
- 13:00 덴진 지하상가 쇼핑
- 15:30 숙소 짐 찾은 후 JR하카타역에서 공항 방면 버스 탑승
- 15:40 후쿠오카공항 도착
- 17:35 후쿠오카공항 출국

01 하카타역 博多駅

후쿠오카현을 대표하는 중심 역이자 규슈의 최대 거점 역이다. 하카타역에서 규슈 주요 도시를 연결하는 신칸센·특급열차와 후쿠오카 도시권의 쾌속·준쾌속·보통 열차가 운행한다. 특히 하카타역은 JR웨스트에서 운행하는 산요 신칸센의 시·종착역으로 산요·도카이도 신칸센을 통해 서쪽의 오사카·나고야·도쿄까지 노조미, 히카리, 고다마가 직통 연결된다. 또한 2011년 개통한 규슈 신칸센을 통해서는 규슈 남단의 가고시마추오역까지 미즈호, 사쿠라, 쓰바메가 운행하는 등 도쿄 서쪽을 달리는 모든 신칸센 열차가 정차하는 유일한 역이다. 규슈 신칸센 전 구간 개통에 맞춰 역사는 JR하카타시티라는 이름 아래 전면 리뉴얼되면서 지하 3층, 지상 11층에 남북 길이만 240m에 이르는 대규모 쇼핑 시설을 갖추게 되었다. 신칸센은 역 3층에, 재래선은 2층에 승강장이 자리하고, 지하 1층에 후쿠오카 시영 지하철이 운행한다. 인천공항으로 여러 저가항공사가 취항하는 후쿠오카국제공항까지 지하철로 단 두 정거장이면 갈 수 있다.

역명은 과거 나카스 강中洲川 북쪽의 항구 동네를 이르는 말로, 강 이남의 후쿠오카 마을과 함께 번성했다. 두 마을이 합병된 이후 지명은 후쿠오카로 통합되었지만 역명은 그대로 옛 지명을 따르게 되었는데, 역이 전국적인 인지도가 높은 탓에 되레 지역 이름을 착각하는 사례가 종종 일어나고 있다. 역에서 덴진 방면의 시내 중심가는 하카타구치博多口 출구이고, 그 반대쪽이 지쿠시구치筑紫口 출구이다.

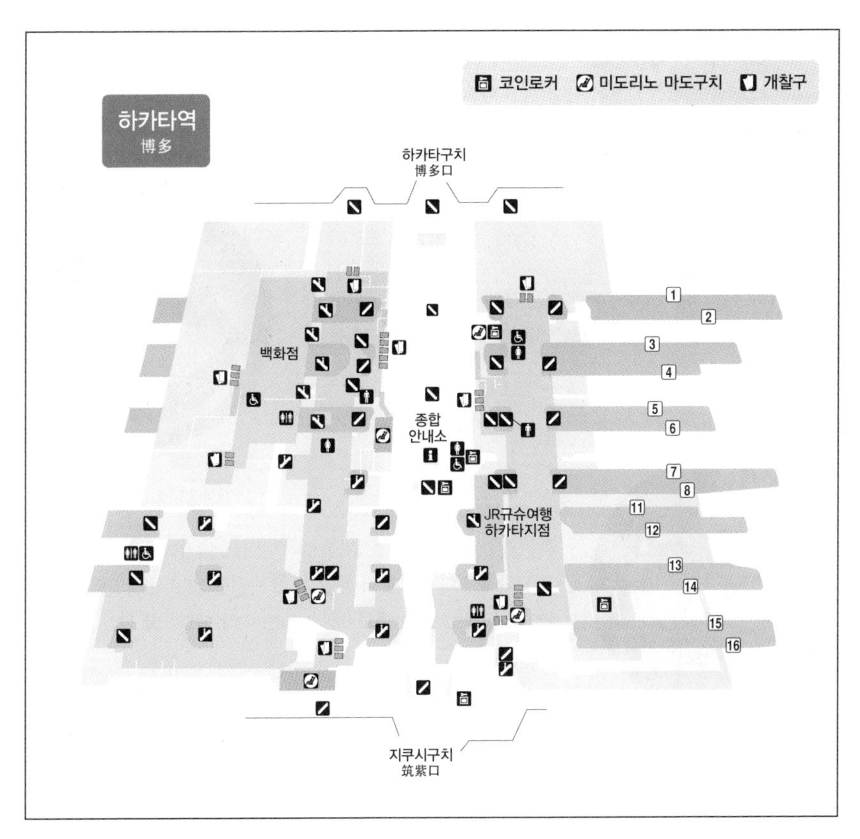

- 미도리노 마도구치 Open 06:00~22:00
- JR규슈여행 하카타지점 Open 11:30~19:00, (주말 · 공휴일 10:30~18:00)
- 후쿠오카시 관광안내소(하카타역 종합안내소) Open 08:00~19:00 Tel 092-431-3003

키워드로 그려보는 후쿠오카 여행

한국에서 가장 가까운 일본, 후쿠오카. 여기저기 한글 간판과 표지판 덕분에 일본이 처음이라도 어렵지 않게 여행을 즐길 수 있다.

여행 난이도 ★☆
관광 ★★☆
쇼핑 ★★★★
식도락 ★★★
기차 여행 ★★★

쇼핑

역내 쇼핑몰에서부터 캐널시티, 덴진 지하상가, 백화점까지 시내 곳곳에 쇼핑 공간이 넘쳐난다. 짐 늘어날 각오하고 돌아보자.

하카타 라멘

후쿠오카의 소울푸드, 하카타 라멘. 일본에서도 알아주는 돈코쓰 라멘의 본고장이다. 문을 열고 들어서면 구수한 육수 냄새가 군침을 돌게 한다.

야타이(포장마차)

후쿠오카는 현재 나카스 강변 일대와 덴진, 나가하마 지역에 총 120여 곳의 포장마차가 운영 중이다. 이 숫자는 일본 전역 야타이의 약 40%에 달하는 것. 후쿠오카의 밤에는 야타이에서 술 한잔 기울이는 것이 정석이다.

다자이후 덴만구 大宰府天満宮

대체 얼마나 효험이 있기에 전국에서 참배객들이 몰려오는 걸까? 이곳에 다녀오면 공부를 잘하게 된다고 하니 조카를 위한 부적이라도 하나 챙겨보자.

역에서 놀자

후쿠오카 여행의 관문 하카타역. 그에 걸맞게 각종 쇼핑 시설과 식당가가 잘 조성되어 있어서 오미야게(선물)를 구입하거나 먹어보지 못해 아쉬웠던 명물 요리를 즐길 수 있다.

JR하카타시티 JR博多シティ

역에서 직결된 복합쇼핑시설. 패션, 잡화, 뷰티, 인테리어 등 쇼핑 아이템이 총망라된 '아뮤 플라자AMU PLAZA'와 '아뮤 이스트AMU EST', 47곳의 전 세계 요리 전문 레스토랑이 모여 있는 '시티 다이닝 쿠텐City Dinning Kooten', 하카타 라멘을 비롯해 후쿠오카 특산품을 만날 수 있는 '데이토스Deitos' 등이 영업한다. 한큐 백화점이 3~8층, 도큐핸즈가 1~5층에 입점해 있는데, 이는 한큐와 도큐의 규슈 지역 첫 출점이다. 옥상에는 무료 개방된 정원이 있어 시내를 전망하며 쉴 수도 있다.

Access JR하카타역 내 **Add** 福岡市博多区博多駅中央街1-1 **Tel** 092-431-8484 **Open** 숍 10:00~20:00, 레스토랑 11:00~24:00(점포에 따라 다름) **Web** www.jrhakatacity.com

❶ 초콜릿 숍 chocolate shop

솔직한 가게 이름에 더해, 판매 1위의 인기 제품도 바닥에 까는 돌판을 뜻하는 투박하게 생긴 네모난 초콜릿 케이크 '하카타노 이시타타미博多の石畳'이다. 초콜릿 스펀지에 초콜릿 무스, 생크림 등 다섯 층으로 쌓인 부드럽고 진한 케이크로 전체적으로 크림 같은 느낌이라 아이스크림처럼 즐길 수도 있다. 하카타역에 포장 전문숍이 있고 시내에는 카페도 운영한다.

Access JR하카타시티 아뮤 플라자 1층 **Open** 10:00~20:00 **Cost** 하카타노 이시타타미 432엔 **Web** www.chocolateshop.jp

끼니는 여기서

캠벨 얼리 Campbell Early

과일 전문 디저트와 브런치 카페. 입구의 쇼케이스에 가득가득 쌓인 알록달록한 과일을 보면 부르던 배도 위장을 움직여 자리를 만든다. 밖에서 보기보다 실내는 넓은 편. 테이블 사이 간격도 여유롭다. 계절마다 달라지는 과일이 듬뿍 얹혀 있는 담백한 팬케이크에 달콤한 생크림, 아이스크림이 포크질을 가속시킨다. 특히 완숙 망고 팬케이크는 서로 다른 단맛의 일본산, 태국산 완숙 망고와 장식처럼 둘러진 캐러멜소스의 쌉싸름함이 조화를 이뤄 단 음식에 약한 사람에게도 추천.

Access JR하카타역 아뮤 이스트 9층 **Tel** 092-409-6909 **Open** 11:00~22:00(L.O. 21:30) **Cost** 계절과일 팬케이크 1,562엔 **Web** nangoku-f.co.jp/store/#campbell

알짜배기로 놀자

하카타와 덴진에서 먹고 쇼핑하는 것만으로도 훌쩍 시간이 지나간다. 관광지의 낭만은 버스로 조금 떨어진 모모치 해변에서 사진으로 남기자.

어떻게 다닐까?

후쿠오카 도심 100엔 버스 福岡都心100円バス

하카타역에서 덴진까지, 번화가를 양쪽 방향으로 순환하는 버스. 니시테쓰에서 운행하는 버스 중 '100円'이라는 표시가 있는 버스를 이용하면 된다. 승차 요금이 일반 버스보다 저렴하고 100엔 동전 하나만 넣으면 돼 이용하기에도 편리하다.

Cost 어른 100엔, 어린이 50엔

후쿠오카 도심 1일 프리 승차권 福岡市内1日フリー乗車券

100엔 버스보다 조금 더 넓은 범위에서 니시테쓰 버스를 이용할 수 있는 1일 승차권. 모모치 해변까지도 이동이 가능하다. 범위가 정해져 있기 때문에 승차 시에 정리권(승차지 증명 번호표)을 꼭 뽑고, 하차 시 요금함에 투입한 후 패스는 드라이버에게 제시하면 된다. 토, 일, 공휴일이라면 홀리데이 패스라는 이름으로 더 저렴하게 이용할 수 있고, 어린 자녀 동반 가족을 위한 페어권과 패밀리권 등 다양한 옵션도 선택 가능하다.

Cost 어른 1,000엔, 어린이 500엔 / 홀리데이 패스 510엔

어디서 놀까?

시사이드 모모치 シーサイドももち

예전에는 모모치 해변이라 불렸던 인공 해안 공원. 후쿠오카 타워를 비롯해 방송국 등 고층건물들이 많고 후쿠오카 야후 오쿠 돔이 근처에 있어 경기가 있는 날이면 사람들이 줄 지어 다닌다. 산책로도 잘 조성되어 있고 해변을 바라보며 간단하게 한잔 할 수 있는 가게가 있어 여유로운 오후 시간을 보내기에도 좋다. 해 질 녘이 특히 아름다우니 시간을 체크해 한 시간쯤 전에 도착해서 느긋이 즐겨보자.

Access JR하카타역에서 305, 306, 312, 44번 버스 또는 덴진에서 W1, W2, 302, 310, 4, 77번 버스 타고 후쿠오카타워 미나미구치 하차, 도보 2분 Add 福岡市早良区百道浜2-902-1

캐널시티 하카타 キャナルシティ 博多

나카스 강변의 복합문화상업시설. '도시의 극장'을 모티브로 붉은 외벽의 곡선 건축물이 180m 길이의 인공운하와 어우러진 열린 공간이다. 뮤지컬과 음악 공연이 열리는 극장을 비롯해 호텔, 영화관 등이 자리하며, 200여 개의 상점과 하카타 라멘을 맛볼 수 있는 라멘 스타디움 등 60곳 남짓의 레스토랑이 자리한다. 인공운하에서 매시간 펼쳐지는 음악 분수쇼는 캐널시티의 소소한 즐거움 중 하나. 3층이나 4층에서 내려다보면 더 잘 보인다.

Access 시내 노선버스 또는 100엔 순환버스 타고 캐널시티 하차 Add 福岡市博多区住吉1-2 Tel 092-282-2525 Open 숍 10:00~21:00, 레스토랑 11:00~23:00 Web canalcity.co.jp

❶ 무지 캐널시티 하카타 MUJIキャナルシティ 博多

규슈 최대의 무지 매장. 심플하고 실용적인 무지의 대표 상품은 물론, 무지 스타일과 라이프를 담은 3만여 권의 서적이 꽉꽉 채워져 있다. 한쪽에 마련된 '카페&밀 무지'에서는 건강하고 맛있는 한 접시의 식사와 커피, 디저트도 즐길 수 있다.

Access 캐널시티 내 3~4층 Tel 092-282-2711 Open 10:00~21:00 Web www.muji.net

❷ 라멘 스타디움 ラーメンスタジアム

규슈를 비롯해 일본 전역 8곳의 라멘 명가가 맛 경쟁을 펼치는 라멘 스타디움. 묵직한 돼지육수의 하카타 돈코쓰라멘과 여기에 닭 뼈를 첨가한 구마모토라멘, 일본 된장으로 맛을 낸 삿포로의 미소라멘, 규탄야키(소 혀 구이)를 얹은 센다이의 규탄라멘 등 다양한 라멘을 입맛대로 고를 수 있다.

Access 캐널시티 내 5층 Tel 각 점포마다 다름 Open 11:00~23:00 Web canalcity.co.jp/ra_sta

덴진 지하상가 天神地下街

두 갈래로 나뉜 약 600m의 통로를 따라 150여 개의 매장이 집결해 있는 후쿠오카 최대의 지하상가. 1번가부터 12번가까지 나뉜 구역마다 의류, 신발, 가방, 액세서리, 화장품, 잡화, 인테리어 소품 등 다양한 품목의 매장이 자리한다. 19세기 유럽의 거리를 이미지화한 어둑한 불빛의 벽돌 공간은 여느 지하상가와 달리 번잡스럽지 않아 차분하게 쇼핑에 집중할 수 있다. 곳곳에 쉼터도 잘 조성되어 있고 간단하게 식사를 하거나 커피와 디저트를 즐길 수 있는 카페도 마련되어 있다.

Access 지하철 덴진역에서 덴진미나미역 사이 Tel 092-711-1903(덴진 지하가 상점회) Open 숍 10:00~20:00, 레스토랑 10:00~21:00 Web www.tenchika.com

끼니는 여기서

기와미야 하카타점 極味や 博多店

달군 돌에 데워 먹는 후쿠오카식 햄버그를 유행시킨 기와미야. 짚불에 한 번 익힌 햄버그는 불의 향과 맛이 모두 살아 있고, 불고기 양념 같은 소스는 당연히 한국 사람 입맛에 착 감긴다. 함께 나오는 달궈진 돌 덕분에 끝까지 따뜻하게 먹을 수 있고, 세트로 주문하면 밥과 샐러드, 미소시루, 후식인 아이스크림까지 무제한 리필된다. 개점 전부터 줄이 생기는 덴진의 파르코점보다 최근 문을 연 하카타역점의 상황이 조금 낫다.

Access JR하카타역에서 도보 5분, 하카타 버스터미널 1층(티켓 창구 쪽이 아니라 대로변) Add 福岡市博多区博多駅中央街2-1 Tel 092-292-9295 Open 11:00~22:00 Cost 함바그 스테이크 979엔~, 세트 385엔 추가 Web www.kiwamiya.com

하카타 잇소 하카타역 히가시 본점 博多一双 博多駅東本店

빌딩 골목길 사이에 있는, 아는 사람만 찾아가는 하카타 라멘집. 진한 돼지육수는 냄새에 비해 짜지 않고 담백하다. 중면 정도의 굵기에 부드러운 커브의 면이 국물과 딱 맞다. 놓여 있는 생마늘을 꾹 눌러 넣으면 더욱 맛있다. 양이 부족하다면 100엔으로 면을 추가할 수 있다.

Access JR하카타역 지쿠시구치 출구에서 도보 6분 **Add** 福岡市博多区博多駅東3-1-6 **Tel** 092-472-7739 **Open** 11:00~00:00 **Cost** 기본 라멘 680엔, 생맥주 500엔, 면 추가 100엔 **Web** www.hakata-issou.com

에키카라 산밧포 요코초 駅から三百歩横丁

하카타역 지하에 조성된 실내 포장마차 골목. '역에서 300보'라는 이름처럼 최적의 입지를 자랑한다. 후쿠오카 시내에서 내로라하는 이자카야 10곳을 엄선해 어디를 들어가도 실패할 확률이 적다. 특히 야끼교자 전문점 '야오만ヤオマン'에서는 가고시마 흑돼지와 규슈의 채소를 넣어 만든, 겉은 바삭하고 속은 촉촉한 '히토구치 교자(한입 크기의 만두)'의 진수를 맛볼 수 있다. 치즈, 새우, 시소 맛 등 종류도 다양하다.

Access JR하카타역 지하1층 **Add** 福岡県福岡市博多区中央街8-1 JRJP博多ビル B1 **Open** 11:00~00:00(점포마다 다름) **Web** www.jrhakatacity.com/jrjp_hakata

하루 종일 놀자

후쿠오카의 근교 관광지로 유명한 다자이후와 열차 여행의 맛을 느낄 수 있는 모지 항구까지 다녀오자. 모지 항구는 시모노세키와 마주보고 있어 시모노세키와 함께 돌아볼 수 있다.

어떻게 다닐까?

후쿠오카 투어리스트 시티 패스 FUKUOKA TOURIST CITY PASS

니시테쓰 버스와 지하철, JR규슈의 열차 등 후쿠오카 시내의 각종 교통수단을 통합적으로 이용할 수 있는 1일 패스. 적용 범위에 따라 후쿠오카 시내 한정과 다자이후까지 확장된 패스로 나뉜다. 후쿠오카공항에서 시내로 이동할 때 JR열차가 아닌 지하철이나 버스를 이용해야 하므로, 입국일이나 출국일에 이 패스를 이용해 시내를 관광하면 좋다. 일부 관광시설의 입장료 할인도 받을 수 있다. 니시테쓰 덴진 고속버스터미널과 하카타 버스터미널, 후쿠오카공항의 버스안내센터, 하카타역 종합안내소 등에서 구입할 수 있다. 외국인 전용이므로 구입 시 여권을 제시해야 한다.

Cost 후쿠오카 시내 패스 어른 1,500엔, 어린이 750엔 / 후쿠오카 시내+다자이후 패스 1,820엔, 어린이 910엔
Web https://yokanavi.com/ko/tourist-city-pass

클로버킷푸 티켓 クローバーきっぷ

모지 항과 마주보고 있는 시모노세키 항을 함께 관광할 때 유용한 교통 할인 패스. 레트로 관광열차인 시오카제호를 타고 간몬카이쿄메카리역까지 이동한 후 도보로 간몬 해저 터널을 건너고, 간몬 터널 출구 앞 버스정류장 미모스소가와御裳川에서 시모노세키역 방면 가라토唐戸까지 이동해 관광한 후 간몬 기선 승선장의 선박을 이용해 모지 항으로 다시 돌아오는 코스다. 각 교통수단은 한 번씩만 탑승할 수 있다. 시오카제호가 출발하는 규슈테쓰도키넨칸역에서 구입 가능하다.

Cost 어른 800엔, 어린이 400엔

어디서 놀까?

다자이후 덴만구 太宰府天満宮

덴만구란 학문에 정진했던 스가와라노 미치자네 공을 모시는 신사로 일본 전국 각지에 존재한다. 학문을 관장한다고 해서 학생이나 학부형이 많이 찾는 곳이기도 하다. 특히 이 다자이후의 덴만구는 인기가 있어 새해 첫 참배 시기에는 규슈 지역뿐 아니라 전국에서 200만 명 이상이 찾아온다. 경내에는 매화나무와 녹나무가 특유의 정서를 지닌 풍경을 만들어낸다. 워낙 인기 있는 관광지로 사람이 많은 것은 이해하고 돌아보자. 하카타 버스터미널에서 니시테쓰 버스를 이용하거나(약 45분) 니시테쓰후쿠오카西鉄福岡역에서 니시테쓰 전철을 타고(약 30분) 다자이후역까지 이동할 수 있다.

Access 니시테쓰 전철 다자이후역 하차, 도보 5분 Add 福岡県太宰府市宰府4-7-1 Tel 092-922-8225 Open 06:00~19:00, 6~8월 ~19:30 Cost 입장 무료, 보물전 400엔, 역사관 200엔
Web www.dazaifutenmangu.or.jp

모지 항구 門司港

간몬 해협을 횡단하는 터널이나 다리가 생기기 전, 규슈의 관문으로 성장한 모지 항. JR규슈의 본사가 있을 정도로 번성했던 도시는 후쿠오카로 규슈의 중심지가 재편된 후 옛 모습 그대로 성장을 멈추었다. 붉은 벽돌 건물과 오래된 창고 등이 남아 있는 항구 마을에는 레트로한 정서가 구석구석 감돈다. 부둣가 공원에는 아기자기한 상점가가 조성되어 있으며 때에 따라 관광객들을 모아 옛 이야기를 들려주는 이야기꾼들이 자리를 펴기도 한다. 하카타역에서 약 40분 거리로, 신칸센을 타고 고쿠라小倉역까지 이동 후 모지코 방면 보통열차로 환승해 종점까지 가면 된다. **Access** JR모지코역 하차 바로 **Web** www.mojiko.info

❶ 모지코역 門司港駅

1914년 건립된 모지코역은 중요문화재로 지정된 일본 최초의 역사이다. 네오르네상스풍의 목조건축물은 당시 모지 항의 번영을 말해주듯 상당한 규모를 갖추고 있다. 승강장의 오래된 목구조의 지붕과 과거의 화장실 및 상수도 시설이 그대로 남아 있는 등 역에서 내리는 순간 100년 전으로 되돌아간 듯한 기분을 느낄 수 있다.

❷ 블루 윙 모지 Blue Wing Moji

푸른색의 아름다운 도개교. 길이 108m의 다리는 보행자 전용 도개교로는 일본 최대 규모다. 하루 6차례(오전 10시, 11시, 오후 1시, 2시, 3시, 4시) 다리가 열리는 시간에는 모든 관광객의 시선이 블루 윙을 향한다. 열렸던 도개교가 다시 닫힌 후 처음 걷는 연인은 평생을 함께 한다는 이야기가 전해져 연인의 성지로도 유명하다.

Access JR모지코역에서 도보 5분 **Add** 福岡県北九州市門司区浜町4-1

❸ 모지코 레트로 가이쿄 플라자

門司港レトロ 海峡プラザ

항구 부둣가에 조성된 쇼핑센터. 서양에서 바나나가 일본 최초로 들어온 모지 항에는 바나나빵, 바나나 소프트아이스크림 등 바나나 스위츠가 가득하다. 바나나맨 동상은 관광객의 포토 포인트. 서양의 앤티크 잡화와 오르골, 각종 기념품 매장에서 소소하게 쇼핑을 즐길 수 있다.

Access JR모지코역에서 도보 3분 **Add** 福岡県北九州市門司区港町5-1 **Tel** 093-332-3121 **Open** 숍 10:00~20:00, 음식점 11:00~22:00 **Web** kaikyo-plaza.com

규슈철도기념관 九州鉄道記念館

옛 JR규슈의 본사가 있던 자리에 들어선 철도기념관. 과거 규슈에서 실제 운행하던 겟코月光, 니치린にちりん 등 기념비적인 열차들이 야외에 전시되어 있으며, 객차 안으로 들어가 볼 수 있다. 또한 쓰바메, 가모메, 소닉 등 규슈에서 현재 운행 중인 열차를 본뜬 미니 열차를 직접 운전해볼 수도 있다. 옛 본사 건물 내에는 철도와 관련된 메이지 시대의 전차 실물과 811계 전동차의 운전 시뮬레이션, 규슈 철도 대형 파노라마, 옛날 차표와 헤드 마크 등이 전시되어 있다. 규슈 레일패스를 소지하거나 JR규슈의 IC카드인 스고카로 결제하면 입장료를 할인해준다.

Access JR모지코역에서 도보 1분 Add 福岡県北九州市門司区清滝2-3 Tel 093-322-1006 Open 09:00~17:00, 둘째 주 수요일 휴관 Cost 어른 300엔, 4세~중학생 150엔 Web www.k-rhm.jp

시오카제호 潮風号

모지 지역 사철인 헤이세이 지쿠호 철도平成筑豊鉄道, 일명 '헤이치쿠'에서 운영하는 모지코 레트로 관광선의 열차. 규슈테쓰도키넨칸九州鉄道記念館(규슈철도기념관)역에서 해안선을 따라 간몬교 아래를 지나서 간몬카이쿄메카리역까지, 2량의 장난감 기차 같은 옛 열차를 타고 관광할 수 있다. 눈이 시원해지는 바닷가 풍경을 바라보다 터널에서 야광 레이저 쇼가 펼쳐지는 2.1km, 10분 동안의 운행은 짧지만 꽤 알차다. 종착역에는 열차 차량을 활용한 카페 간몬호가 마련되어 있어서 잠시 쉬었다가 되돌아 갈 수 있다. 돌아올 때 이데미쓰비주쓰칸出光美術館(이데미쓰 미술관)역에서 내리면 항구 쪽 상점가가 더 가깝다.

Access JR모지코역에서 도보 1분 Add 福岡県北九州市門司区清滝2-3 Open 주말 · 공휴일 10:00~16:40, 40분 간격으로 운행(8월 추가 운행 및 12~2월 운휴) Cost 편도 어른 300엔, 초등학생 150엔 Web www.retro-line.net

끼니는 여기서

모리야 もり家

라멘에 이은 하카타의 또 다른 명물인 모쓰나베(곱창 전골)를 1인분부터 주문할 수 있다. 잡냄새 하나 없이 시원한 국물에 고소한 곱창과 달짝지근한 양배추가 어우러져 술 한잔을 절로 부른다. 통통한 만두가 철판 냄비에 담긴 먹음직스러운 철 냄비 교자는 맛있게 배를 채워준다. 직장인들이 퇴근해 저녁 식사 겸 친구들과 한잔하기에 딱 좋아 보이는, 좁아 보이면서 실속 있게 구석구석 자리가 있는 이자카야다.

Access JR하카타역 하카타구치 출구에서 도보 3분 **Add** 福岡市博多区博多駅前3-23-12 B1F **Tel** 092-473-7867 **Open** 17:00~00:00 **Cost** 철 냄비 교자(2인분) 1,000엔, 모쓰나베 1인분 1,210엔

고가네무시 こがねむし

1950년대 한 찻집에서 시작되어 모지 항의 대표 음식으로 자리 잡은 야키카레. 남은 카레 위에 치즈를 얹고 그라탱처럼 오븐에 한 번 더 구워냈더니 풍미가 한층 살아났던 것이 그 시작이다. 현재 모지코 곳곳의 카페, 음식점에서 맛볼 수 있으며, 매년 야키카레 축제가 열리기도 한다. 그중 고가네무시는 야키카레 맛집 리스트에도 올라 있는 찻집이다. 옛 다방 분위기에 아주머니가 살갑게 맞아주는 고가네무시는 대체로 값도 저렴해 관광객보다 동네 사람들이 즐겨 찾는다. 접시 소복이 담긴 카레 위에 치즈를 얹고, 양파 튀김과 함께 구워낸 카레는 진하고 부드러우면서 속에서부터 따뜻해져 코 밑에 땀이 나게 하는 맛이다.

Access JR모지코역에서 도보 6분 **Add** 福岡県北九州市門司区東本町1-1-24 **Tel** 093-332-2585 **Open** 11:45~15:00, 17:00~21:00, 금요일 휴업 **Cost** 야키카레 650엔

후쿠오카 야타이 福岡屋台

후쿠오카의 밤 문화를 완성하는 포장마차. 날이 어스름해지면 길가에 저마다 개성을 뽐내는 노점이 자리 잡기 시작한다. 나카스 강변의 운치를 즐길 수 있는 나카스 야타이中洲屋台와 지하철 덴진역 주변 쇼와도리昭和通り 거리에 점점이 자리한 덴진 야타이天神屋台가 특히 유명하다. 나카스 야타이에서 강에 내려앉은 도시의 불빛과 어스름한 달빛 등 주변 분위기에 취한다면, 덴진 야타이에서는 후쿠오카 넥타이 부대의 퇴근 후 일상에 녹아들 수 있다. 좌석이 좁은 만큼 모르는 사람과 어깨를 견주며 먹는 것은 한국의 포장마차와 크게 다르지 않다. 또한 호객 행위에 열심인 곳보다 조용하게 손님을 기다리는 야타이의 내공이 아무래도 더 깊다.

Access 시내 노선버스 또는 100엔 순환버스 타고 캐널시티 하차, 나카스 강 방면으로 도보 5분(나카스 야타이). 또는 지하철 덴진역 주변(덴진 야타이)

❶ 고킨짱 小金ちゃん

덴진 거리에 있는 인기 포장마차. 후쿠오카 야타이의 대표 메뉴인 야키라멘의 원조 집으로 유명해 손님 대부분이 야키라멘을 찾는다. 돼지고기, 양파 등을 철판에서 볶다가 삶은 면을 얹고 여기에 육수와 특제 소스를 뿌려 낸 야키라멘은 부드러운 면의 식감과 소스의 감칠맛이 어우러져 술안주로도 저녁 한 끼로도 부족함이 없다. 인기가 높은 만큼 줄 서는 것은 어느 정도 각오해야 한다.

Access 지하철 덴진역 1번 출구에서 도보 2분(호텔 몬트레이 후쿠오카 앞) Add 福岡県福岡市中央区天神2 Tel 090-3072-4304 Open 18:30~02:30 (금·토요일 ~04:00) Cost 야키라멘 700엔

모지코 지비루 공방 門司港地ビール工房

블루 윙 모지 바로 앞의 크래프트 맥주 공방 겸 레스토랑. 1층은 징기스칸(양고기 구이) 레스토랑, 2층은 맥주 양조장, 3층은 비어홀이 자리한다. 양고기를 굽는 맛있는 냄새로 가득한 징기스칸 레스토랑에 가족 단위 손님이 많다면, 3층의 비어홀은 연인이나 친구와 분위기 있게 맥주 한 잔 즐기기 좋다. 이곳에서 생산하는 모지코 지역 맥주(지비루)는 바이젠과 페일 에일, 앰버 라거의 세 종류. 쓰지 않고 산뜻해 산책 후 목을 축이기 딱 좋다. 모지 항의 지역 요리인 야키카레를 비롯해 장작 가마 피자 등 안주 메뉴도 다양하다.

Access JR모지코역 하차 도보 5분 **Add** 福岡県北九州市門司区東港町6-9 門司港地 ビール工房 1F·3F **Tel** 093-321-6885 **Open** 11:00~22:00, 1~4월 둘째·넷째 주 월요일 휴업 **Cost** 맥주 480엔~, 안주 480엔~ **Web** mojibeer.ntf.ne.jp

어디서 잘까?

하카타역 주변

하카타 비즈니스호텔 ハカタビジネスホテル

작년 7월에 리뉴얼해 깨끗하고 고급스러운 느낌의 객실로 바뀌었다. 지하철 하카타역의 정문 출구에서 길 건너 안쪽으로, 차량 통행도 적어 조용해 푹 잘 수 있다.

Access JR하카타역 하카타구치 출구에서 도보 3분, 또는 지하철 하카타역 니시(서쪽) 8번 출구에서 도보 1분 **Add** 福岡市博多区博多駅前2-16-3 **Tel** 092-431-0737 **Cost** 트윈룸(2인 요금) 10,800엔~ **Web** www.hakata-business.co.jp

선 비즈니스호텔 サンビジネスホテル

역에서 가깝고 싸다. 이만한 가격에 이런 위치면 두 번 생각할 것도 없이 예약하자. 단, 새벽 1시에는 호텔 문을 잠그므로 그보다 늦는 경우 미리 얘기해야 한다.

Access JR하카타역 하카타구치 출구에서 도보 3분 또는 지하철 하카타역 니시(서쪽) 8번 출구에서 도보 1분 **Add** 福岡市博多区博多駅前2-16-16 **Tel** 092-411-1155 **Cost** 트윈룸(2인 요금) 7,800엔~ **Web** www.sunbusiness-hotel.com

아카마 신궁

02 시모노세키역 下関駅

혼슈 서쪽 시모노세키시의 중심 역이자, 혼슈 내륙을 운행하는 산인 본선과 해안을 달리는 산요 본선의 시·종착역이며 간몬 해저 터널 건너 규슈로 가는 관문이다. 규슈 레일패스로 갈 수 있는 마지막 역이기도 하다. 단, JR웨스트의 직영 역이기 때문에 레일패스 교환은 JR패스 또는 JR웨스트 패스만 가능하다. 신칸센은 정차하지 않으며, 규슈의 고쿠라小倉역 또는 혼슈(야마구치현)의 신시모노세키新下関역으로 가야 한다. 역 동쪽 출구 광장에는 시모노세키 도심과 야마구치현 각 방면으로 운행하는 버스터미널과 야마구치현 최대 쇼핑센터인 '시 몰 시모노세키シーモール下関'가 자리한다. 역 인근 시모노세키 항에서 부산으로 가는 페리가 매일 운항하고 있어 알뜰한 배낭여행족들 사이에서는 더욱 익숙한 이름이다.

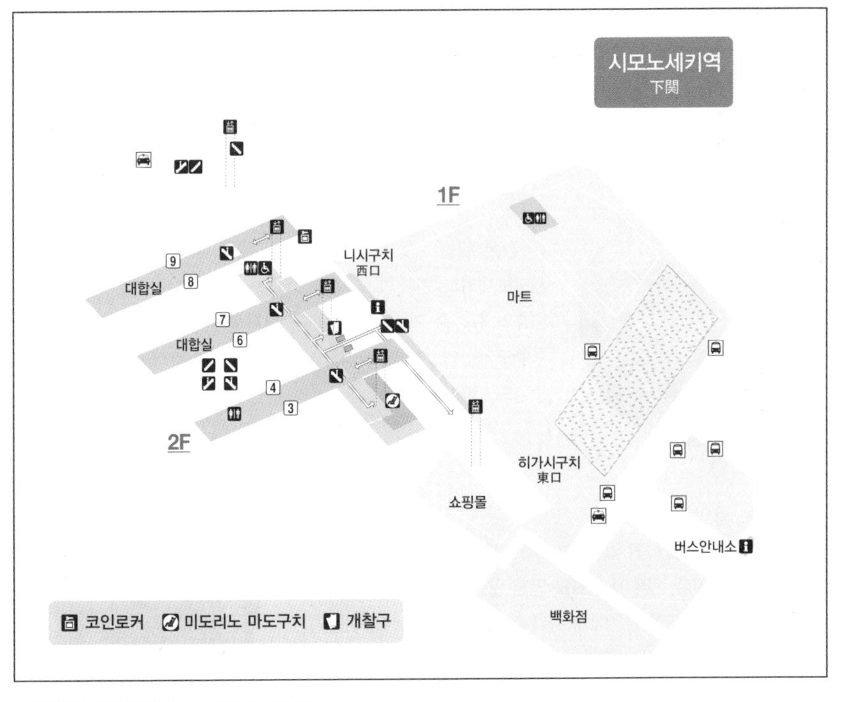

- 미도리노 마도구치 Open 07:00~19:00
- 관광안내소 Open 09:00~18:00

키워드로 그려보는 시모노세키 여행

예로부터 일본의 국제 무역항으로 성장해 조선시대 통신사의 경로이기도 했던 시모노세키. 익숙한 이름만큼이나 한국과 인연이 깊은 항구도시다.

- 여행 난이도 ★★
- 관광 ★★☆
- 쇼핑 ★☆
- 식도락 ★★★
- 기차 여행 ★

시모노세키 조약

학창 시절 국사 시간에 단골로 등장해 한 번쯤 들어봤던 시모노세키 조약의 무대. 조선에서 벌어진 청일 전쟁의 강화 조약으로, 이후 근대 동아시아의 권력 구도가 재편되는 결과를 낳았다.

어시장 초밥 뷔페

해산물이 유명한 시모노세키 어시장에선 주말이면 초밥 뷔페가 열린다. 매대에서 원하는 초밥을 골라 담아 계산한 후 시원한 캔 맥주 하나와 함께 모르는 사람들 옆에 앉아 먹는 이 맛! 돌아와서도 자꾸자꾸 생각난다.

간몬 해협

시모노세키의 '간関'과 모지의 '몬門'을 따서 부르는 간몬 해협은 일본 혼슈와 규슈를 가르는 경계이다. 해저 터널을 걸어서 야마구치현과 후쿠오카현의 경계를 확인할 수 있고, 위에서 바라보는 간몬 대교의 풍경도 다이내믹하다.

귀 없는 호이치 耳なし芳一

일본의 오래된 전설인 '귀 없는 호이치'의 배경이 시모노세키에 자리한 아카마 신궁이다. 원혼에게 화를 입지 않도록 온몸에 불경을 새겼지만 그만 귀를 빠트려 원혼에게 귀가 잘린 스님 호이치의 이야기는 여러 버전으로 변형되어 현재까지 회자되고 있다.

알짜배기로 놀자

초밥 뷔페로 유명한 가라토 어시장, 붉은 신사인 아카마 신궁 등이 모두 시모노세키역에서 거리가 좀 있다. 시내 노선버스나 자전거로 돌아다니자.

어떻게 다닐까?

산덴교통 버스 승차권 サンデン交通 バス乗車券

시모노세키역을 중심으로 시내버스 등을 운행하는 산덴교통 버스에서 여행자에게 편리한 승차권을 판매한다. '시모노세키 관광 1일 프리 승차권しものせき観光1日フリー乗車券'은 시내 주요 관광지의 노선버스를 탈 수 있어 한나절 관광에 유용하다. 역 앞 버스티켓 판매소와 관광안내소 등에서 구입할 수 있다.

Cost 시모노세키 관광 1일 프리 승차권 어른 730엔, 어린이 370엔 Web www.sandenkotsu.co.jp/bus/service/discount_ticket

자전거

버스보다 자유롭게 돌아다닐 수 있는 이동 수단. 대체로 평지이지만 히노야마 공원은 로프웨이를 타는 곳까지 오르막길이 이어지므로 상당히 힘들다. 자전거는 역 동쪽 출구 렌터카 카운터에서 빌릴 수 있으며, 1일 500엔이다.

어디서 놀까?

아카마 신궁 赤間神宮

일본의 역사를 가른 전쟁 '겐페이갓센源平合戦'에서 당시 8세의 나이로 죽은 안토쿠 왕安德王을 모시는 신사. 겐페이갓센은 헤이안 시대 말기 미나모토 가문과 다이라 가문이 일본의 패권을 두고 5년간 싸운 내전으로, 그 결과 가라쿠라 막부가 시작되었다. 신사는 전체적으로 붉은색을 많이 사용해 주변의 푸른 산과 선명한 대조를 이룬다. 조선통신사가 일본에 갔을 때 혼슈에서 가장 먼저 방문하고 묵은 곳이기도 하다. 일본의 유명한 괴담 '귀 없는 호이치耳なし芳一'는 안토쿠 왕의 다이라 가문과 관련 깊다. 노래를 잘하는 맹인 스님 호이치가 매일 밤 불려가 노래를 불렀는데, 그곳이 바로 다이라 가문의 묘지가 있던 곳이었다. 이 사실을 안 주지스님이 호이치가 원혼에게 해를 입을까 염려하여 호이치의 온몸에 불경을 새겼지만 그만 귀를 빼놓아 귀만 원혼이 가져갔다는 이야기다. 경내에 호이치도芳一堂라는 작은 불당이 있으며, 이 옆에 다이라 가문의 묘가 있다.

Access JR시모노세키역에서 버스 타고 10분 후 아카마진구마에 하차, 바로 Add 山口県下関市阿弥陀寺町4-1 Tel 083-231-4138 Web www.tiki.ne.jp/~akama-jingu

간몬 터널 関門トンネル

혼슈와 규슈를 잇는 터널. 터널은 2층으로 되어 있는데 차량은 위쪽으로 지나고 사람은 아래쪽으로 걸어서 건넌다. 총 780m, 도보 15분 거리이다. 21년에 걸쳐 만든 해저터널로 걸어서 건너려면 우선 엘리베이터를 타고 약 55m 지하로 내려가야 한다. 사람이 건너는 것은 무료이고, 자전거나 바이크가 있는 경우는 통행료 20엔을 엘리베이터 앞 요금함에 넣으면 된다. 통로 내에서는 자전거 또는 바이크를 탈 수 없으며 내려서 밀고 가야 한다. 통로를 걷다 보면 중간에 규슈와 혼슈의 경계인 야마구치현과 후쿠오카현의 경계선이 있다. 길을 건너가면 규슈인 모지 항구 방면(지하 60m)으로 나가게 된다.

Access JR시모노세키역에서 버스 또는 자전거로 15분 Add 山口県下関市みもすそ川町22-34 Tel 083-222-3738 Open 06:00~22:00

히노야마 공원 火の山公園

시모노세키가 있는 야마구치현과 모지 항구 쪽의 후쿠오카현 사이의 간몬 해협과 그 사이에 놓인 간몬쿄 다리를 한눈에 볼 수 있는 전망대. 일본인에게는 역사적인 명소인 간류巌流 섬도 보인다. 봄에는 벚꽃과 철쭉의 명소로 알려진 공원이기도 하며, 제주도와 교류하고 있어 공원 산책로 주변에는 돌하르방이 놓여 있다. 공원 입구에서 정상까지 등산로를 따라 도보 30분, 히노야마 로프웨이火の山ロープウェイ로 4분 소요된다.

Access JR시모노세키역에서 버스 타고 15분 후 히노야마 로프웨이 하차, 도보 30분 Add 下関市みもすそ川町火の山 Open 로프웨이 10:00~17:00 Cost 로프웨이 왕복 요금 어른 520엔, 어린이 260엔

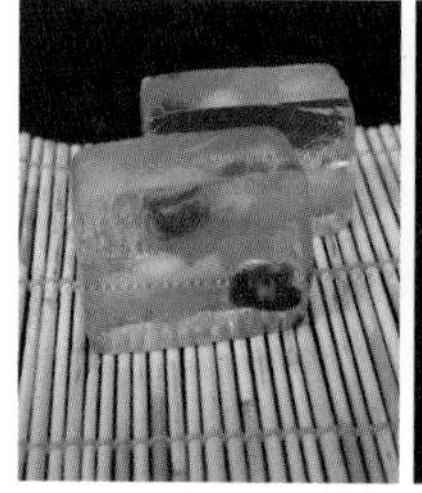
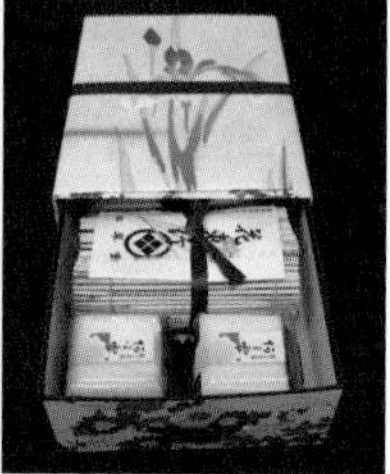

쇼킨도 松琴堂

입안에서 녹아 없어지는 것이 눈 같다 하여 이름 붙은 화과자 '아와유키あわゆき(하늘하늘한 눈)'. 쇼킨도는 아와유키를 비롯해 고품격 화과자를 선보이는 명품 화과자점이다. 아와유키만 해도 150년 역사를 가졌다. 아와유키에 고소한 깨를 붙인 과자 '유키고로모ゆきごろも'는 달면서도 깨가 씹혀 고소하다. 이외에도 좁은 가게 안에 놓인 계절마다의 예쁜 화과자가 예술품처럼 느껴져 자랑 삼아 하나 사고 싶어질 정도. 카망베르 치즈 쌀 과자와 카스텔라처럼 쉽게 먹을 수 있는 과자도 판매한다.

Access JR시모노세키역에서 도보 30분, 자전거로 10분 Add 山口県下関市南部町2-5 Tel 0832-22-2834 Open 09:00~18:00, 일·공휴일 휴무 Cost 아와유키 1,663엔, 유키고로모 831엔 Web www.shokindo.com

끼니는 여기서

가라토 시장 唐戸市場

널찍한 창고에 가판이 빼곡히 들어선 가라토 시장. 판매대에 시모노세키의 특산이자 값비싼 복어회가 아무렇지도 않게 놓여 있어 놀랍다. 매주 금·토·일요일에는 이벤트 시장인 '바칸가이馬関街'가 열리는데, 점포마다 자신 있는 각자의 초밥을 늘어놓고 원하는 것을 골라 담아 계산해 먹는 초밥 카페테리아다. 구입한 초밥을 시장 밖 바다에 면한 길가에 앉아 소풍 나온 기분으로 먹는 것이 별미. 시장 내에도 먹을 수 있는 의자가 마련되어 있다.

Access JR시모노세키역에서 자전거로 10분 또는 노선버스 타고 가라토 하차, 바로 Add 山口県下関市唐戸町5-50 Tel 083-231-0001 Open 월~토 05:00~15:00, 일 · 공휴일 08:00~15:00, 주로 월 · 마지막 수요일 휴업 Cost 초밥 개당 100엔~, 복어회 1,300엔 Web www.karatoichiba.com

카몬 워프 カモンワーフ

다양한 해산물 상점과 식당, 기념품점이 모여 있는 쇼핑몰. 복어 버거, 고래고기 버거 등을 선보이는 창작 다이닝, 샤부샤부 레스토랑, 카페 등 다양한 장르의 음식점이 있다. 2층 식당가에서는 건너편 규슈의 모지 항이 훤히 보이고, 1층 레스토랑은 밖으로 테이블을 내어 맑은 날에는 기분 좋은 바닷바람과 햇살을 받으며 식사나 휴식이 가능하다.

Access JR시모노세키역에서 버스 타고 7분 후 가라토 하차, 도보 3분 Add 山口県下関市唐戸町6-1 Tel 083-228-0330(사무국, 09:00~18:00) Open 카페 · 숍 09:00~18:00, 레스토랑 11:00~23:00(가게마다 다름) Web kamonwharf.com

03 유후인역 由布院駅

규슈의 대표적인 온천 마을이자 여성 여행자들의 절대적인 지지를 받고 있는 유후인 온천의 관문이 되는 역이다. 규슈 최초의 디자인 관광열차인 특급 유후인노모리ゆふいんの森가 이 유후인역과 하카타역을 잇는 직통열차라는 점에서도 그 인기를 실감할 수 있다. 특급열차가 오가는 역치고 규모는 작은 편이다. 엘리베이터도 없이 구름다리로 승강장 사이를 건너야 해 무거운 짐이 있다면 상당히 곤혹스럽다. 검은 목재로 감싸이고 중앙에 12m의 아치형 지붕이 솟아 있는 역사는 상당히 아름답다. 일본을 대표하는 건축가이자 오이타현 출신의 이소자키 아라타磯崎新가 설계한 것으로 마을을 감싸는 활화산 유후다케由布岳와 절묘하게 어우러진다. 온천 마을답게 1번 홈에 족욕을 즐길 수 있는 시설이 마련되어 있다. 족욕탕으로는 드물게 유료(160엔)지만 기념 수건을 주기 때문에 재미 삼아 한 번 이용해볼 만하다.

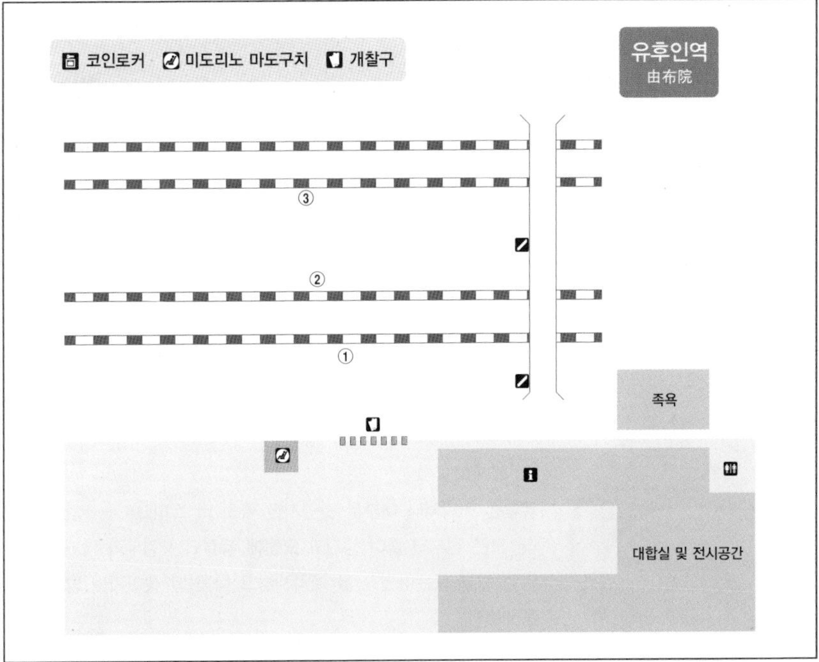

- 미도리노 마도구치 Open 07:30~21:00
- 유후인 관광안내소 Open 09:00~19:00 Tel 0977-84-2446

키워드로 그려보는 유후인 여행

아름다운 산간 온천 마을 유후인. 장엄한 활화산에서 솟아나는 뜨거운 온천수로 몸과 마음까지 건강해지는 여행을 떠나보자.

여행 난이도 ★
관광 ★★★☆
쇼핑 ★★★☆
식도락 ★★★
기차 여행 ★★☆

유후인노모리

규슈에서 가장 유명한 특급열차인 유후인노모리. 유후인의 자연을 닮은 짙은 녹색 차체에 실내는 따뜻한 원목으로 꾸며져 있어 아름다운 산간 온천 마을로 떠나는 여행과 꼭 맞아떨어진다.

온천 상점가

온천만큼 유명한 것이 아기자기하게 꾸며진 상점가이다. 카페, 레스토랑, 수공예품점, 디저트 숍 등이 즐비한 좁은 길은 수많은 관광객들로 늘 북적북적하다. 해가 지면 상점 대부분이 문을 닫으니 일찍 움직이고 저녁에는 푹 쉬자.

롤케이크

유후인 어디서나 대부분 맛있지만 특히 비 스피크B-speak가 유명하다. 오픈 전부터 줄이 생기고 오전에 품절되는 경우가 많기 때문에 만약 하루 묵는다면 전날 예약해놓고 다음 날 찾아가는 방법을 이용해보자.

알짜배기로 놀자

강과 산이 어우러진 작은 마을 안에는 개성 넘치는 가게들이 가득하다. 보물찾기를 하듯, 내 취향에 꼭 맞는 곳을 찾아보자. 걸어서 다녀도 좋고, 자전거로 다니면 더 좋다.

어떻게 다닐까?

자전거

유후인의 중심 상점가는 역에서 도보로 10분 정도 떨어진 유노쓰보 거리湯の坪街道이다. 왔다 갔다 하는 시간과 상점가에서 돌아다닐 것까지 고려하면 체력과 시간을 아낄 겸 자전거를 추천한다. 강둑에서의 라이딩을 보너스로 즐길 수 있다. 역 관광안내소에서 자전거를 빌릴 수 있으며, 이용 요금은 자전거 반납 시 정산된다.

Cost 1시간 250엔, 최대(09:00~17:00) 1,250엔

Tip!

유후인 짐 운반 서비스, 유후인칫키

유후인의 숙소들은 대부분 관광 중심 거리를 지나 안쪽에 있다. 이때 발품을 덜 팔고 싶다면? 역 바로 앞 '유후인칫키ゆふいんチッキ'를 이용해보자. 숙소까지 당일 짐을 보내는 서비스를 이용할 수 있으며, 반대로 숙소에서 이곳까지 짐을 보내 놓을 수도 있다. 배달 가능 숙소는 유후인 숙소 중 104개 가맹시설에 한한다.

Access JR유후인역 나와 바로 오른쪽 Tel 0977-28-4550 Open 09:00~17:00 Cost 1개 600엔, 2개 1,000엔, 3개 1,200엔, 4개 이상 개당 400엔

어디서 놀까?

공상의 숲 아르테지오 空想の森 アルテジオ

음악과 관련된 예술작품을 전시하는 작은 갤러리. 노출 콘크리트의 모던한 외관이 주변 숲 풍경과 잘 어우러진다. 앤디 워홀, 존 케이지, 만 레이 등 음악과 미술을 넘나들었던 예술가들의 작품을 만나볼 수 있다. 라이브러리에는 1천여 권의 음악·미술 관련 서적이 채워져 있다. 갤러리 맞은편 공간에는 카페 레스토랑과 초콜릿숍, 기프트숍이 자리한다. 롤케이크가 유명한 비 스피크와 같은 료칸 산소 무라타山荘無量塔에서 운영하는 곳으로 비 스비크의 P롤을 비롯해 수준 높은 스위츠를 즐길 수 있다. 중심 상점가에서 북쪽의 언덕배기 숲에 자리하기 때문에 자전거로는 좀 벅차고 택시로 올라간 후 걸어 내려오는 쪽을 추천한다.

Access JR유후인역에서 택시로 10분 Add 由布市湯布院町川1272-175 Tel 0977-28-8686 Open 갤러리 10:00~17:00, 카페 · 레스토랑 11:00~ Cost 갤러리 입장료 어른 600엔, 어린이 300엔 Web www.artegio.com

긴린 호수 銀鱗湖

'은빛 비늘'이라는 이름에 걸맞게 유후다케 산 아래 고요하면서도 반짝이는 호수다. 유후인 온천가의 거의 맨 끝에 위치하고 있다. 호수에 온천수가 섞여 연간 온도가 거의 일정하고 아침에는 기온 차로 수면 가득 수증기가 서려 환상적인 풍경을 연출한다. 밤에는 조명이 없어 주변이 완전히 깜깜해지니 낮에 산책하도록 하자. 긴린 호수 한쪽에는 공공 온천탕인 '시탄유下ん湯'가 자리한다. 무인 온천으로 입욕료(200엔)는 온천탕 앞 요금함에 넣으면 된다. 운치 있는 초가지붕의 시설 안에는 실내탕과 노천탕이 각각 한 곳씩 있으며, 남녀 혼탕이다. 시설의 위치나 여건이 여유 있게 온천을 즐길 만한 곳은 아니다.

Access JR유후인역에서 도보 20분 **Add** 大分県由布市湯布院町川上

샤갈 뮤지엄&카페 라루시 Chagall Museum & Cafe La Ruche

긴린코 호숫가에 자리한 갤러리 겸 카페 레스토랑. 2층 작은 갤러리에는 '색채의 마술사'라 불리는 화가 마르크 샤갈의 석판화가 여러 점 전시되어 있었으나, 2020년 현대작가의 갤러리 공간 & 숍으로 개장 오픈했다. 한가한 갤러리에 비해 1층의 카페는 사람들의 발길이 끊이지 않는다. 긴린코 호수가 바라다보이는 최고의 전망 상소이기 때문이다. 특히 호숫가 바로 옆 테라스 자리가 명당. 차분한 분위기 속에서 느긋하게 커피와 디저트, 간단한 식사를 즐길 수 있다.

Access JR유후인역에서 도보 20분 **Add** 由布市湯布院町川上岳本1592-1 **Tel** 0977-28-8500 **Open** 09:00~17:30, 일요일·공휴일 08:00~ **Cost** 뮤지엄 입장료 어른 600엔, 중·고·대학생 500엔, 초등학생 400엔 **Web** www.chagall-museum.com

가기야 鍵屋

호텔 가메노이 벳소 부지 안의 잡화점. 유후인의 잼, 사이다, 술, 요구르트 같은 지역산 가공음식부터 비누, 컵 같은 공예품도 판매하며 커피도 마실 수 있다. 잡화점 옆으로 쉬어갈 수 있는 벤치와 휴게소가 있고 주변 산책로도 훌륭하다. 같은 부지에 자리한 레스토랑 유노타케안에서 식사할 때 함께 둘러보면 좋다.

Access JR유후인역에서 도보 20분 **Add** 大分県由布市湯布院町川上2633-1 **Tel** 0977-85-3301 **Cost** 유후인 사이다 248엔 **Open** 09:00~19:00 **Web** www.kamenoi-bessou.jp/kagiya.html

옴므 블루 카페 Homme Blue Café

이름과 달리 커피가 아닌 지역 예술가의 각종 핸드메이드 공예품을 판매하는 잡화점이다. 꽃 그림과 귀여운 문양이 그려진 그릇이나 컵, 자연소재로 만든 인테리어 장식품, 손품 들여 제작한 패브릭 소품, 원화 액자 등 아기자기한 수공예품이 작은 가게 안에 가득하다. 특별한 선물이나 기념품으로도 안성맞춤이다.

Access JR유후인역에서 도보 13분 **Add** 布市湯布院町大字川上1535-2 **Tel** 0977-84-5878 **Open** 11:00~17:00, 주로 수요일 휴무 **Cost** 패브릭 핸드백 2,160엔

슈퍼 드러그 코스모스 유후인점 スーパードラッグ コスモス 湯布院店

규슈의 드러그 스토어 체인인 코스모스가 유후인 온천가 대로변에 자리한다. 의외로 규모가 크고 면세가 가능해 굳이 후쿠오카와 같은 도시에 가지 않더라도 평소 사고 싶던 일본 화장품, 비타민제, 생활용품, 간식거리 등을 저렴하게 구입할 수 있다. 상점가가 대체로 일찍 닫는 것에 비하면 늦게까지 영업하므로, 저녁 식사 후 들러보자.

Access JR유후인역에서 도보 15분 **Add** 由布市湯布院町川上1074-1 **Tel** 0977-28-2911 **Open** 10:00~21:00 **Web** www.cosmospc.co.jp

끼니는 여기서

유노타케안 湯の岳庵

넓은 부지 내의 나무 가득한 정원을 보며 식사할 수 있는 레스토랑. 호텔 가메노이 벳소 안에 있다. 스테이크가 유명하긴 하지만 런치 메뉴로 간단하게 먹을 수 있는 계절 정식은 채소 위주의 건강 식단이다. 정갈하다는 말에 딱 맞는 상차림으로 특히 여성에게 추천.

Access JR유후인역에서 도보 20분 **Add** 大分県由布市湯布院町川上2633-1 **Tel** 0977-84-2970 **Cost** 계절 정식(런치) 2,000엔 **Open** 11:00~22:00 **Web** www.kamenoi-bessou.jp/yunotake.html

후쇼안 不生庵

공상의 숲 아르테지오 인근 소바집. 한눈에도 내공이 심상치 않은 소바 장인의 수제 소바를 맛볼 수 있다. 입맛에 따라 넣어 먹을 수 있도록 함께 나오는 4종류의 양념은 신슈산 메밀가루로 만든 담담한 소바에 살짝살짝 포인트를 준다. 창밖으로 내려다보이는 산과 마을의 탁 트인 풍광이 음식의 맛을 한층 더 상승시킨다. 이곳의 식사 영수증이 있으면 같은 료칸 산소 무라타의 계열사인 아르테지오의 커피 음료 요금을 할인해준다.

Access JR유후인역에서 택시로 10분 **Add** 大分県由布市湯布院町川上1266-18 **Tel** 0977-85-2210 **Open** 11:00~17:00 Cost 유부 소바 1,080엔

비 스피크 B-speak

유후인 롤케이크의 대명사. 계란으로 만든 노랗고 폭신한 스펀지케이크와 많이 달지 않으면서 산뜻한 생크림은 디저트를 그다지 좋아하지 않는 사람도 살살 녹일 정도로 맛있다. 크림을 감싸기만 한 것이 아니라 확실히 롤을 이룬 스펀지를 좋아하는 사람에게는 특히 추천.

Access JR유후인역에서 도보 10분 **Add** 大分県由布市湯布院町川上3040-2 **Tel** 0977-28-2166 **Cost** P롤 플레인 · 초콜릿 1,520엔 **Open** 10:00~17:00 **Web** www.b-speak.net

유후인 조주바타케 由布院長寿畑

작은 테마 거리인 유노쓰보 요코초湯の坪横丁 입구에 있는 건강 디저트 및 식료품점. 두부 젤라토가 유명하다. 젤라토 스쿱 위에는 작은 콘을 뒤집어 얹은 귀여운 장식을 해준다. 인기 넘버원은 역시 기본 바닐라 맛! 2위는 일본다운 녹차(말차) 맛이라고 한다. 두부라서인지 산뜻한 것이 소르베에 가까운 느낌. 짭짤한 치즈 넣은 돼지고기 밥 꼬치와 함께 먹으면 밸런스가 좋다.

Access JR유후인역에서 도보 15분 **Add** 大分県由布市湯布院町川上1524-1 **Tel** 0977-28-8486 **Cost** 젤라토 싱글 380엔, 더블 450엔, 고기 밥 꼬치(니쿠마키 오니기리) 400엔 **Open** 09:00~18:00, 동기 ~17:30 **Web** www.yufuin.org/shop_tyoujyu.php

04 벳푸역
別府駅

일본 굴지의 온천지인 벳푸시의 대표 역이다. 시내 곳곳에서 솟아나는 여덟 곳의 온천 가운데 벳푸 온천과 가깝다. 특급 유후인노모리와 유후, 규슈횡단특급의 시·종착역이며 특급 소닉 등이 정차하는 규슈의 주요 역이다. 벳푸역의 도착 안내 방송이 특이하다. '푸~'를 길게 늘려 세 번 반복하는데 뱃고동 소리처럼 들리기도 한다. 온천 마크가 그려진 플랫폼의 역 간판도 귀엽다. 역내에 자리한 기념품 매장은 벳푸의 온천 특산품은 물론 인근 유후인 온천과 오이타현의 특산품도 모아두어 바쁜 여행자의 시간을 절약해준다. 동쪽 출구로는 벳푸 시가지와 해안가로 갈 수 있고, 서쪽 출구는 각 온천지로 향하는 버스터미널이 자리한다. 역 광장에는 벳푸시의 관광개발에 큰 역할을 한 사업가 아부라야 구마하치油屋熊八의 동상과 손을 담글 수 있는 수탕이 마련되어 있다.

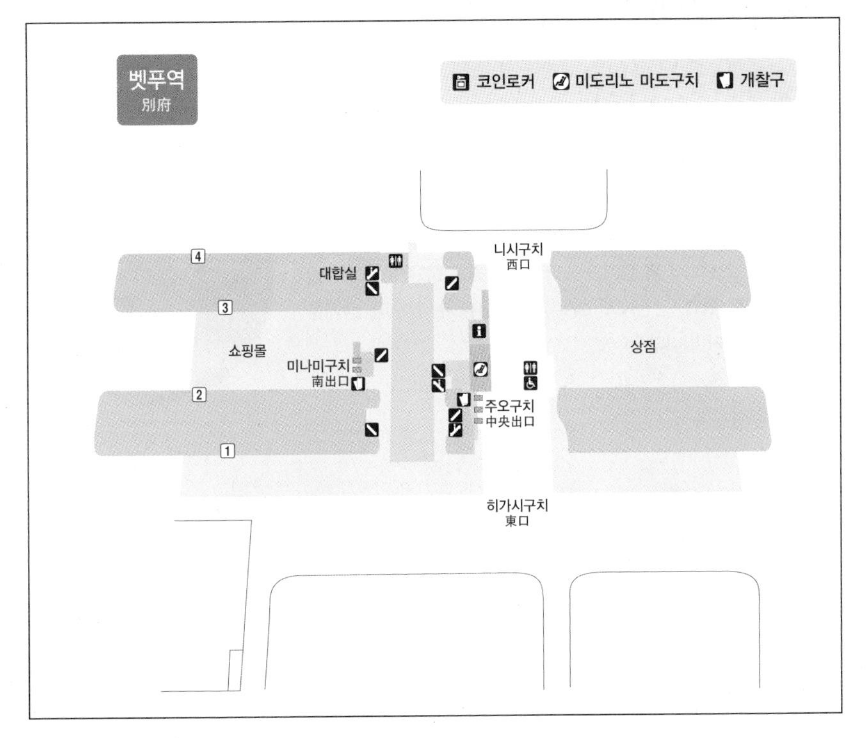

- 미도리노 마도구치 Open 07:30~19:00
- 벳푸 외국인 관광객 안내소 Open 09:00~17:00, 연말연시 휴무 Tel 0977-23-1119

키워드로 그려보는 벳푸 여행

'온천현'이라 불리는 오이타현을 극명하게 보여주는 벳푸. 공짜 또는 100엔으로 입욕할 수 있는 공공 온천부터 증기, 모래, 먹는 온천 등 종류도 다양하다. 벳푸에서 온천용 수건 한 장은 필수!

여행 난이도 ★★★
관광 ★★★☆
쇼핑 ★☆
식도락 ★★☆
기차 여행 ★★☆

지고쿠(지옥)

벳푸에는 지옥이 있다. 그런데 죄 짓고 가는 무서운 곳이 아니라 테마파크처럼 재미나게 구경할 수 있는 지옥이다. 이 지옥을 다 돌고 나면 죽어서 지옥을 안 간다는 속설을 처음엔 흘려들었지만 어쩐지 발걸음은 점점 빨라진다.

증기 온천

가마쿠라 막부 시대 때 한 고승이 발견했다는 간나와의 증기 온천. 지열로 인해 곳곳에서 흰 증기가 솟아나는 풍경은 중요 문화적 경관에 지정되기도 했다. 온천에서 사우나처럼 즐길 수 있으며, 증기를 이용한 찜 요리가 별미다.

유노하나 湯の花

온천의 성분 중 유황 알갱이 등 물에 녹지 않는 불용성 성분이 탕 바닥에 가라앉거나 물 위에 둥둥 떠다니는 것을 '온천 꽃', 유노하나라 부른다. 벳푸의 묘반 온천에서는 움막에서 유노하나를 채집하는 과정을 견학할 수 있다. 채집한 유노하나로 만든 입욕제는 온천 선물로 그만이다.

알짜배기로 놀자

벳푸 관광의 중심은 JR벳푸역에서 노선버스로 20분 정도 떨어진 간나와 정류장이다. 여기에 지고쿠가 몰려 있다. 대부분의 노선버스가 간나와를 경유한다.

어떻게 다닐까?

가메노이 버스 亀の井バス

벳푸에서 중심이 되는 JR벳푸역과 지고쿠 메구리의 중심인 간나와 온천 지구를 비롯해 각 온천지를 연결하는 지역 버스. JR벳푸역 서쪽 출구에서 승차할 수 있다.

Cost JR벳푸역(서쪽 출구)~간나와 330엔 Web www.kamenoibus.com

어디서 놀까?

지고쿠 메구리(지옥 순례) 地獄めぐり

다양한 성분에 의해 파란색, 빨간색, 흰색을 띠며 90도 이상의 뜨거운 증기가 뭉글뭉글 피어오르고 매캐한 유황 냄새까지 더해진 온천 계곡을 일본인들은 지고쿠, 즉 지옥이라 부른다. 과거에는 주민들이 전혀 접근할 수 없는 위험 지대였으나 벳푸의 온천 개발과 함께 관광지로 떠올랐다. 벳푸에는 이 지고쿠가 여럿 있으며, 그중 유명한 일곱 곳을 도는 지고쿠 메구리(지옥 순례)는 벳푸에서 빼놓을 수 없는 재미. 온천 열을 이용해 사육 및 재배되는 동식물도 흥미롭다. 우미·오니이시보즈·가마도·오니야마·시라이케 지고쿠는 도보로 다닐 수 있으며, 지노이케·다쓰마키 지고쿠는 버스로 10분 정도 이동해야 한다. 일곱 곳의 지고쿠를 모두 돌 수 있는 공통 관람권을 이용할 경우, 홈페이지 또는 관광안내소에서 할인권을 챙겨가자.

Access JR벳푸역 서쪽 출구에서 가메노이 버스 타고 약 20분 후 우미지고쿠마에 또는 간나와 하차 Open 08:00~17:00 Cost 7지고쿠 공통 관람권(2일간 유효) 고등학생 이상 2,000엔, 초 · 중학생 1,000엔 / 지고쿠 개별 입장권 고등학생 이상 400엔, 초 · 중학생 200엔 Web www.beppu-jigoku.com

❶ 우미 지고쿠 海地獄

황산철에 의해 아름다운 코발트블루 색을 띠는 간헐천은 그 온도가 98도에 이른다. 온천수 연못에서 재배하는 커다란 수련이 유명하며, 어린아이들은 그 위에 올라타 기념 촬영을 할 수도 있다. 갖가지 수생 식물이 있는 온실 정원도 볼 만하다. 족욕탕이 마련되어 있고, 고온의 온천수에서 쪄낸 달걀과 푸딩을 판매한다.

Access 우미지고쿠 하차, 도보 1분

❷ 오니이시보즈 지고쿠 鬼石坊主地獄

잿빛 진흙에 온천수가 보글보글 올라와 만든 원반 모양이 삭발한 중의 머리 같다고 해서 붙여진 이름이다. 쉬어 갈 수 있는 족욕탕이 있으며, 유일하게 온천탕도 병설하고 있다.

Access 우미지고쿠 하차, 도보 2분

❸ 시라이케 지고쿠 白池地獄

정갈한 목조 건축물이 자리한 일본식 정원 안에 푸른빛을 띤 흰색의 온천수가 솟아나는 지고쿠. 전시관에서 아마존의 열대어를 볼 수 있다.

Access 우미지고쿠 하차, 도보 5분 또는 간나와 정류장에서 도보 2분

❹ 오니야마 지고쿠 鬼山地獄

일명 '악어 지옥'. 약 80마리의 악어가 사육되는 곳으로 매주 수요일 오전 10시와 주말 오전 10시, 오후 2시에 먹이 주는 것을 볼 수 있다.

Access 우미지고쿠 하차, 도보 4분

❺ 다쓰마키 지고쿠 龍巻地獄

30~40분마다 자연 용출이 일어나는 지고쿠. 50m 높이로 솟아나는 간헐천을 마치 공연을 보듯 관람석에 앉아 구경할 수 있다. 인근 다쓰마키 농원의 귤로 만든 생과일 주스와 젤라토가 인기.

Access 지노이케지고쿠 하차, 도보 1분

❻ 지노이케 지고쿠 血の池地獄

산화철과 산화마그네슘 등이 섞여 붉은 핏빛의 진흙 온천수가 분출하는 지고쿠. 이 붉은 진흙으로 만든 천연 연고는 아토피 등에 효험이 있는 것으로 알려져 있다. 족탕이 마련되어 있으며, 입구 쪽에 기념품 매장이 넓게 자리하고 있다.

Access 지노이케지고쿠 하차, 바로

❼ 가마도 지고쿠 かまど地獄

가마솥과 이를 지키는 도깨비 동상이 눈길을 사로잡는 가마도 지고쿠. 벳푸시에 자리한 가마도하치만 신사竈門八幡宮에서 일 년에 두 번 제사를 지낼 때, 이곳의 증기로 밥을 지었다고 해서 붙여진 이름이다. 유백색부터 붉은 진흙탕까지 다양한 온천수를 한 곳에서 볼 수 있으며, 넓은 매점과 족탕이 마련되어 있어서 지옥 순례 중간 쉬었다 가는 경우가 많다.

Access 우미지고쿠 하차, 도보 3분

간나와 온천 鉄輪温泉

건물 사이사이로 온천의 수증기가 풍겨 나오는 풍경이 중요 문화적 경관지구로 선정되어 있는 간나와 온천. 예로부터 온천치료를 하던 마을의 분위기가 아직 남아 있다. 온천 수증기를 이용하여 찜 요리도 하고, 수증기로 난방도 하는 등 온천과 생활이 밀접하게 연계되어 있는 지역이다. 벳푸역 주변이 여느 도심 시가지와 크게 다르지 않은 반면, 오래된 돌바닥과 목조 건축물이 어우러진 간나와에서는 온천 마을 고유의 분위기를 느낄 수 있다.

Access JR벳푸역에서 가메노이 버스 타고 간나와 하차, 바로 Add 大分県別府市鉄輪

① 효탄 온천 ひょうたん温泉

1922년 문을 연, 간나와 온천에서 가장 유명한 당일 입욕 시설. 미슐랭 그린 가이드에서 '폭포온천과 모래온천을 추천, 벳푸에서 가장 아름다운 온천'이라는 코멘트와 함께 별 3개를 받았다. 입구에서는 위에서 떨어지는 뜨거운 온천수를 맞고 있는 대나무를 볼 수 있는데, 100도에 가까운 원천을 적당한 온도로 식히는 냉각장치의 역할을 한다. 보습성분인 메타규산을 다량 함유하고 있는 피부에 좋은 온천이다. 병설된 식당에서는 온천 수증기로 찐 특별식과 오이타현의 향토음식을 맛볼 수 있다.

Access 간나와 정류장에서 도보 6분 또는 지고쿠바루온센 정류장에서 도보 3분 Add 大分県別府市鉄輪159-2 Tel 0977-66-0527 Open 09:00~01:00 Cost 860엔(오후 6시 이후 입장 시 660엔) Web www.hyotan-onsen.com

② 증기 족욕탕(아시무시足蒸し)

간나와 온천의 증기를 이용한 족욕 시설이 이데유자카いでゆ坂 언덕길의 간나와 찜 공방 옆에 한 곳, 스지유도리 길에 자리한 간나와무시유鉄輪むし湯 온천에 한 곳 있다. 네모난 박스 안에서 수증기가 나오는데 의자에 앉아 발을 넣고 뚜껑을 덮으면 된다. 생각보다 수증기가 닿는 곳이 뜨거우니 수건을 둘러두면 좋다. 발의 붓기가 빠지는 효과를 볼 수 있다. 둘 다 무료. 이데유자카 쪽은 일반 족욕탕도 같이 있다.

③ 간나와 찜 공방 地獄蒸し工房鉄輪

온천 증기로 찐 건강한 요리를 즐길 수 있는 체험 시설. 해산물, 채소, 고기, 달걀 등을 공방 내 찜 솥에서 점원의 지도하에 직접 쪄볼 수 있다. 신기한 체험에 더해 재료 본연의 맛을 느낄 수 있다. 외부 음식의 반입도 가능하므로 찜 솥 사용료만 내면 된다.

Access 간나와 정류장에서 도보 1분 Tel 0977-66-3775 Open 10:00~20:00, 셋째 주 수요일 휴무 Cost 찜 솥 사용료(小) 15분 이내 400엔, 10분 추가 시 200엔, 해산물 모둠 1,600엔, 고기 모둠 1,600엔~

효탄 온천 내 레스토랑 ひょうたん温泉

효탄 온천에서 느긋하게 식사까지 해결할 수 있다. 오이타현의 향토요리로 미소(된장)와 채소 육수에 긴 수제비 면을 넣고 끓인 '데노베 단고지루'나 간나와 특산인 찜 요리, '지고쿠무시地獄蒸し' 요리를 맛볼 수 있다. 요리에 사용하는 열원은 모두 온천. 모래 찜질욕을 하는 경우에는 유카타 차림으로 식사하며 기분 낼 수도 있다.

Access 지고쿠바루온센 정류장에서 도보 3분 **Add** 大分県別府市鉄輪159-2 **Tel** 0977-66-0527 **Open** 11:00~21:00 **Cost** 데노베 단고지루 정식 1,200엔, 지고쿠즈쿠시 정식 2,300엔 **Web** www.hyotan-onsen.com

도모나가 팡야 友永パンヤ

1916년 창업한 벳푸의 노포 빵집. 빛바랜 간판과 예스러운 건물이 긴 역사를 말해준다. 지금까지 지속된 인기의 요인은 당연히 빵. 팥빵, 크림빵, 초코빵, 식빵 등 흔한 종류지만 맛만은 결코 평범하지 않다. 소박하면서도 내공이 느껴지는 맛이다. 더군다나 가격이 매우 착해서 손님 대부분이 한 봉지 가득 사 간다. 번호표가 일상이며, 매진되기 일쑤다.

Access JR벳푸역 동쪽 출구에서 도보 12분 **Add** 大分県別府市千代町2-29 **Open** 08:30~17:30, 일요일·공휴일 휴무 **Cost** 팥빵 100엔, 초코빵 100엔

아리랑 アリラン

벳푸냉면의 발상지로 알려진 한식당. 날치 육수에 쫄면처럼 탄력이 있으면서 쫄면보다 좀 더 굵은 면과 함께 김치와 계란이 얹혀 나온다. 육수가 짭짤해 김치 없이도 간이 잘 맞는다. 비빔냉면은 맵기 정도를 1~8 중에서 선택할 수 있다. 카운터석에서 홀로 고기를 구워 먹기에도 괜찮다.

Access JR벳푸역 동쪽 출구에서 도보 5분 **Add** 大分県別府市北浜2-2-35 **Tel** 0977-22-3010 **Cost** 벳푸냉면(중) 720엔, 비빔냉면(중) 820엔 **Open** 11:30~14:00, 17:00~22:30 (일요일·공휴일 ~21:30) 부정기휴무 **Web** www.b-ariran.com

고코치카페 무스비노 ここちカフェむすびの

100년 된 목조 건물을 개조한 카페 레스토랑. 원래 의원으로 쓰이던 2층 건물의 고풍스러운 멋은 살리면서 앤티크 가구와 아기자기한 장식의 세련된 공간으로 재탄생시켰다. 살짝 언덕 쪽에 자리하고 있어서 창가 전망도 근사하다. 채소, 고기, 생선을 저온 스팀 방식으로 조리한 식사는 건강한 맛과 멋이 느껴져 온천 후 먹기에도 좋다. 대신 조리시간이 좀 더 걸린다. 기다리는 시간에 카페 한쪽에서 판매하는 지역 작가들의 수공예품을 구경하면 된다. 버터와 계란을 사용하지 않은 건강한 디저트도 선보인다.

Access 간나와 정류장에서 도보 5분 **Add** 大分県別府市鉄輪上1 **Tel** 0977-66-0156 **Open** 08:30~19:00, 목요일 및 3주 금요일 휴무 **Cost** 런치 세트 메뉴 800엔~ **Web** www.musubino.net

하루 종일 놀자

온천을 좋아한다면 벳푸에서의 시간을 충분히 갖자. 벳푸 북서쪽의 뽀얀 명반 성분 온천부터 벳푸 시내의 유서 깊은 시영 온천까지 놓치면 아쉬운 목록이 아직 남아 있다.

어떻게 다닐까?

온천 버스 구루 스파 ぐるすぱ

JR벳푸역에서 출발해 벳푸 권역 주위를 약 1시간 동안 순환하는 녹색 구루 버스와 간나와, 묘반 방면을 왕복하는 분홍색 스파 버스가 운행한다. 1일 승차권은 JR벳푸역 내 관광안내소, 가메노이 버스 기타하마 버스센터 등에서 구입할 수 있다. **Cost** 1일권 어른 1,000엔, 학생 800엔, 어린이 500엔 **Web** http://www.kamenoibus.com/guruspa/hp/guruspa/01/index.html

어디서 놀까?

묘반 온천 明礬温泉

벳푸 북서쪽 지역에 넓게 자리한 묘반 온천은 온천 성분에 황산염의 일종인 명반(묘반)을 함유하고 있다. 이러한 온천 성분이 결정화된 것을 '유노하나湯の花'라 부르는데, 묘반 온천에서는 유노하나를 채집하는 움막 '유노하나고야湯の花小屋'를 여러 동 설치해두고 있으며, 관광객이 견학할 수 있도록 했다. 명반은 피부를 건강한 상태로 돌려주는 데 효과가 있다고 알려져 있으며, 매점에서 유노하나 입욕제나 명반 성분을 함유한 미스트, 비누, 샴푸 등을 판매한다. 유노하나고야와 가까운 버스정류장 지조유마에地蔵湯前에서 내려 견학한 후 온천가를 따라 내려오며 무료 입욕 시설 등을 이용하는 코스를 추천한다. 다 내려오면 묘반 온천의 아래쪽 입구인 묘반 정류장에서 버스를 탈 수 있다.

Access JR벳푸역에서 가메노이 버스 타고 지조유마에 또는 묘반 하차 **Add** 大分県別府市明礬3組

❶ 오카모토야 매점 岡本屋 売店

묘반 온천의 유노하나를 비롯한 대표적인 상품들과 지옥에서 찐 푸딩 및 달걀을 판매한다. 우동 및 카레 등 간단한 식사도 가능하며 좌석에서 묘반 지고쿠의 연기가 보인다.

Access 지조유마에 정류장 바로 옆 **Tel** 0977-66-3228 **Open** 08:30~18:30, 무휴 **Cost** 지옥 푸딩 324엔~, 지옥 달걀 108엔~ **Web** www.jigoku-prin.com

❷ 유노하나고야 湯の花小屋

에도 시대부터 유노하나를 채집하기 위해 설치된 수십 채의 초가지붕 움막으로, 묘반 온천을 전망할 수 있는 언덕 위에 위치한다. 온천가스가 분출하는 곳에 움막을 세우고 바닥에는 파란색 점토를 깔면 여기에 유노하나가 결정화되어 점점 커지게 되는 원리다. 여기서 채집한 유노하나는 질 좋은 입욕제로 판매된다. 움막 끝에는 족탕이 있으며, 입구에 사람이 없는 경우 길 건너편 오카모토 상점에 입장료를 지불하고 이용하면 된다.

Access 지조유마에 정류장에서 도보 1분 Open 08:30~18:00 Cost 견학 무료

❸ 묘반 온천 가쿠주센 明礬温泉 鶴寿泉

묘반 온천의 시영 온천 중 하나. 깔끔한 기와지붕 아래 남탕과 여탕이 나뉘어 있다. 철을 함유한 산성천 온천의 어슴푸레 뿌연 물 위에 유노하나 성분이 곱게 떠 있다. 물에 들어가면 온천 전체의 성분이 고루 섞여 완전히 불투명해진다. 뜨거운 느낌으로 몸의 근육을 확 풀어준다. 무료 시영 온천으로는 드물게 건물에 화장실이 있다.

Access 지조유마에 정류장에서 도보 2분, 묘반 정류장에서 도보 1분 Open 07:00~20:00 Cost 무료

다케가와라 시영 온천 竹瓦温泉

1938년 지어진 건물이 등록문화재와 근대문화유산에 지정된 벳푸의 얼굴과도 같은 온천이다. 한눈에도 오래된 높은 층고의 실내탕과 모래찜질(스나유) 시설을 갖추고 있다. 원천 그대로를 사용하는 천연 온천으로, 매우 온도가 높아서 한 번에 들어가기 어렵고 몸에 조금씩 뿌려 적응한 후 입욕해야 한다. 매끌매끌한 촉감이 기분 좋게 피로를 풀어준다.

Access JR벳푸역 동쪽 출구에서 도보 10분 Add 大分県別府市元町16-23 Tel 0977-23-1585 Open 06:30~22:30(모래찜질 08:00~21:30), 셋째 주 수요일 휴업 Cost 입욕료 300엔, 모래찜질 1,500엔

끼니는 여기서

벳푸역 시장 べっぷ駅市場

벳푸역에서 고가철도 아래로 남쪽에 위치한 시장 골목. 좁은 골목 양쪽으로 죽 늘어선 가게들은 업종이 다양한데, 특히 인기 있는 것이 주먹밥, 김밥, 튀김, 반찬 등을 판매하는 반찬가게. 현지인들도 도시락과 반찬을 이곳에서 많이 사간다. 특히 노다쇼텐野田商店과 아마노오카즈텐天野おかず店은 도시락 포장도 해준다. 두 가게의 휴무가 달라 한쪽 가게가 문을 닫고 있다면 다른 쪽을 이용해보자. 김밥이 유명한데 좀 단 편이다.

Access JR벳푸역에서 도보 5분 **Add** 大分県別府市中央町6-22 **Tel** 노다쇼텐 0977-22-5520 / 아마노오카즈텐 0977-22-1505 **Open** 노다쇼텐 08:00~18:30, 화요일 휴무 / 아마노오카즈텐 08:00~18:00, 수요일 휴무 **Cost** 고로케 3개 100엔, 유부초밥 110엔 **Web** www.beppu-sc.jp/ichiba/

고게쓰 湖月

좁은 골목에 자리한 작은 이자카야로 메뉴는 교자와 병맥주뿐이다. 너덧 명이 앉으면 꽉 차는 바 좌석이 전부지만 손님 누구 하나 불편한 기색이 없다. 바로 구워져 나온 교자는 겉은 쫄깃하고 속에서는 육즙이 터져 나와 시원한 병맥주를 벌컥벌컥 들이켜게 하는 맛이다.

Access JR벳푸역 동쪽 출구에서 도보 5분 **Add** 大分県別府市北浜1-9-4 **Tel** 0977-21-0226 **Open** 14:00~20:00, 화요일 휴무 **Cost** 교자 600엔, 병맥주 600엔

탄탄테이 TANTANTEI たんたん亭

벳푸역에서 해안가로 가는 길에 있는 작은 다코야키 가게. 판이 비어 있을 때라도 주문하면 새로 구워준다. 갓 구운 것이 물론 맛있지만 호텔로 가져가 식은 후라도 훌륭한 안주가 된다. 새벽까지 하므로 밤에 출출할 때 이용해보자.

Access JR벳푸역 동쪽 출구에서 도보 3분 **Add** 大分県別府市北浜1-2-12 **Tel** 080-6427-8881 **Open** 18:00~다음 날 01:00, 일·공휴일 ~다음 날 03:00 **Cost** 다코야키 5개 250엔, 10개 450엔

어디서 잘까?

벳푸역 주변

벳푸 스테이션 호텔 別府ステーションホテル

벳푸역이 바로 보이는 위치의 비즈니스호텔. 시설은 오래되었지만 비즈니스호텔치고 방 크기가 여유 있는 편이다. 2층에는 천연 온천탕도 있다.

Access JR벳푸역 동쪽 출구에서 도보 1분 **Add** 大分県別府市駅前町13-4 **Tel** 0977-24-5252 **Cost** 싱글룸 4,600엔~ **Web** www.station-hotels.com

호텔 하야시 ホテルはやし

JR벳푸역 동쪽 출구로 나오자마자 보인다. 비즈니스호텔다운 무뚝뚝한 모습이지만 천연 전망 온천을 갖추어 온천 수증기가 모락모락 피어나는 온천 마을을 전망할 수 있다.

Access JR벳푸역에서 도보 1분 **Add** 大分県別府市駅前本町3-5 **Tel** 0977-24-2211 **Cost** 싱글룸 3,500엔~ **Web** www3.coara.or.jp/~bhayashi/

나가사키 항구와 도시 야경

05 나가사키역 長崎駅

규슈 서북쪽, 나사카시현의 현청 소재지인 나가사키시의 중심 역이다. 하카타 방면으로는 특급열차 가모메かもめ가 운행하고 사세보 등 인근 도시로는 시 사이드 라이너シーサイドライナー 및 보통열차가 연결한다. 2020년에 나가사키 방면으로 규슈 신칸센이 개통되어 하카타에서도 보다 빠르게 갈 수 있게 되었다. 나가사키 본선의 시·종착역으로 철로는 여기서 끝이 난다. 개찰구를 나가면 중앙 광장을 사이에 두고 역 쇼핑몰 아뮤 플라자가 맞은편에 자리한다. 이곳에서 나가사키의 특산품 대부분을 편리하게 쇼핑할 수 있다. 역 앞 육교 건너에 나가사키 시내 곳곳을 연결하는 노면전차 승강장과 각 지역으로 가는 고속버스터미널이 자리해 꽤 혼잡하다.

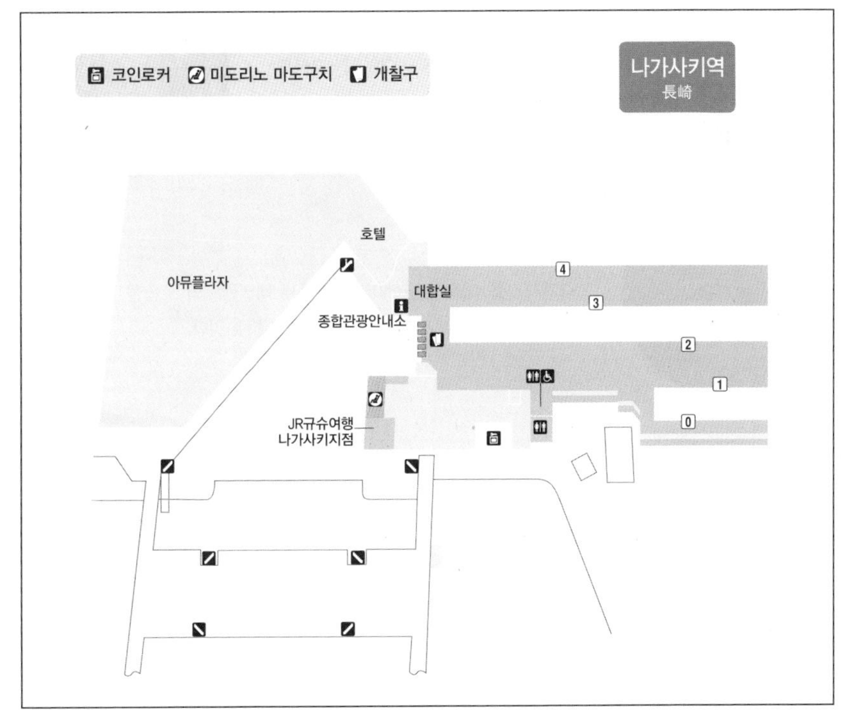

- 미도리노 마도구치 Open 07:00~21:00
- JR규슈여행센터 Open 10:00~17:30, 화요일 및 연말연시 휴무
- 나가사키시 종합관광안내소 Open 08:00~20:00 Tel 095-823-3631

키워드로 그려보는 나가사키 여행

일본의 대표적인 개항 도시인 나가사키. 바다와 어우러진 이국적인 거리에서 일본식 서양 요리를 즐길 수 있다.

여행 난이도 ★☆
관광 ★★★★
쇼핑 ★☆
식도락 ★★★☆
기차 여행 ★★

원자폭탄

히로시마와 함께 1945년 8월, 원자폭탄이 떨어진 또 하나의 도시 나가사키. 나가사키에도 전쟁의 비극을 기억하고 평화를 유지하기 위한 평화공원이 있다.

개항의 거리

나가사키는 일본이 쇄국정책을 펼쳤던 시기에 유일하게 서양 문물을 받아들이는 창구였다. 데지마出島라는 교역 구역을 만들어 218년간 포르투갈, 네덜란드 등과 교역하면서 서역의 문화가 전해진 흔적은 건축과 거리에서 발견할 수 있다.

하우스텐보스

나가사키를 대표하는 테마파크. 중세 네덜란드의 모습을 본뜬 공원으로, 가까운 일본에서 유럽의 풍경을 만날 수 있다.

짬뽕

나가사키 하면 짬뽕이 떠오른다. 중국 요리사에 의해 전해진 나가사키 짬뽕은 우리나라의 빨간 짬뽕과 달리, 흰 국물에 채소가 듬뿍 올려져 있고 고기 볶은 불 맛이 살아 있는 담백한 국수 요리다.

서양식 요리

다양한 서양 요리는 개항기에 일본 요리사의 손을 거치며 서양식 일본 요리로 재탄생했다. 포르투갈에서 전래된 카스텔라와 미국식 버거, 경양식 요리인 도루코 라이스 등 개항 당시의 향수를 자극하는 요리를 맛보자.

알짜배기로 놀자

JR나가사키역을 중심으로 북쪽의 평화공원과 남쪽의 개항기 건축 지구로 나뉜다. 해가 지면 워터 프런트나 로프웨이 전망대에서 나가사키의 천만 불짜리 야경을 즐기자.

어떻게 다닐까?

나가사키 전기궤도 長崎電気軌道

1914년부터 운행을 시작한 나가사키의 노면전차로 일명 '나가덴'으로 불린다. JR나가사키역을 중심으로 주요 관광지를 잇는 5계통의 노선이 있으며, 이 중 1계통과 2계통은 동일한 구간을 운행해 실질적으로는 4개 노선이 다닌다. 무료 환승과 일본에서 가장 싼 균일 운임을 자랑하며, 관광안내소 등에서 티켓을 구입할 수 있다.

Cost 1회 승차권 어른 140엔, 어린이 70엔 / 1일 승차권 600엔 **Web** www.naga-den.com

어디서 놀까?

그라바엔 グラバー園

나가사키 시내 남쪽의 미나미야마테南山手 언덕에 지어진 서양식 건축을 한데 모아 조성한 테마 공원. 개항기 이 언덕에서 살던 서양인 중에는 무역 상인으로 이름 떨쳤던 토마스 글로버Thomas Glover도 있었다. 1863년 완공된 글로버 저택은 일본에서 가장 오래된 목조 주택이자 당시 생활상을 엿볼 수 있는 국가지정 중요문화재이다. 집 안에 온실까지 있는 대저택으로 앞마당에 서면 항구와 어우러진 나가사키 도시 전체가 파노라마처럼 펼쳐진다. 대리석 벽난로가 아름다운 링거Ringer 주택과 정원에 우아한 분수가 있는 알트Alt 주택이 원래 이 지역에 있던 것이다. 그 밖에 워커 주택과 미쓰비시 제2도크 하우스 등이 이곳으로 이축되었다. 건축물 사이사이 정원이 잘 조성되어 있어서 산책하기 좋고, 여름밤에는 야간 개원과 함께 비어 가든이 열리기도 한다.

Access 노면전차 오우라텐슈도시타역에서 도보 5분 **Add** 長崎県長崎市南山手町8-1 **Open** 08:00~18:00(20분 전 최종 입장) **Tel** 095-822-8223 **Cost** 어른 620엔, 고등학생 310엔, 초 · 중학생 180엔 **Web** www.glover-garden.jp

평화공원 平和公園

나가사키에 원자폭탄이 떨어진 지점을 중심으로 조성된 공원. 원자폭탄과 관련된 부탁·기원·배움의 세 구역으로 이루어져 있으며, 운동장과 광장 등 시민이 활용할 수 있는 구역이 자리한다. 희생자를 추모하고 평화를 기원하는 구조물들과 피폭 당시 그대로 한쪽만 남은 도리이(신사의 문) 등을 볼 수 있다. 나가사키의 상황은 물론 핵무기와 관련된 정보를 제공하는 원폭자료관이 있다. 공원은 상시 무료 개방한다.

Access 노면전차 마쓰야마마치역 하차, 도보 5분 Add 長崎県長崎市松山町平和公園 Tel 095-829-1171 Open 원폭자료관 08:00~18:00, 5월~8월 ~19:00, 8월7일~9월 ~20:30, 연말 휴관 Cost 어른 200엔, 초 · 중 · 고등학생 100엔(원폭자료관) Web nagasakipeace.jp/japanese.html

메가네바시 眼鏡橋

나가사키시의 청계천이라 할 수 있는 나가지마 강中島川의 가장 오래된 석조 아치교. 1634년 지어진 일본 최초의 아치형 돌다리기이도 해 국가중요문화재로 지정되었다. 수면에 비친 형태가 안경 같다고 해서 '안경 다리'라 불린다. 사실 다리 자체보다는 강을 따라 이어진 수양버들 산책로와 가끔 서는 벼룩시장이 볼만하다. 여름철에는 시원한 강 주변으로 사람이 몰린다. 제방 곳곳에 하트 모양의 돌이 20개 정도 숨어 있는데, 이걸 찾아다니는 연인들도 심심치 않다.

Access 노면전차 고카이도마에역에서 도보 3분

후쿠사야 나가사키 본점 福砂屋 長崎本店

나가사키 카스텔라의 원조. 1624년 창업한 후쿠사야는 박쥐 문양 마크와 함께 바닥면에서 '자라메ザラメ'라는 굵은 설탕 알갱이가 씹히는 것이 특징이다. 창업 이래 지금까지 계란, 밀가루, 설탕만을 사용해 수작업으로 만드는 카스텔라는 달콤한 향과 촉촉한 식감, 아삭 씹히는 설탕 알갱이가 삼박자 조화를 이룬다. 250년이 넘은 본점 건물도 볼거리. 코코아, 호두, 건포도를 첨가한 '네덜란드 케이크'도 있다. 후쿠사야와 함께 쇼켄, 분메이도가 나가사키 3대 카스텔라로 꼽힌다.

Access 노면전차 시안바시역에서 도보 2분 Add 長崎県長崎市船大工町3-1 Tel 095-821-2938 Open 09:30~17:00 수요일 휴무 Cost 카스텔라(소) 1,188엔 Web www.castella.co.jp

오란다자카 オランダ坂

오란다자카, 즉 네덜란드 언덕은 나가사키 개항 초기 네덜란드인이 정착한 이후 각국 영사관이 주로 들어서며 '영사관의 언덕'으로도 불리기 시작했다. 서양식 건축물과 돌바닥의 거리가 잘 남아 있고, 프랑스 영사관으로도 쓰였던 '히가시야마테 13번관東山手13番館' 등을 관광객에게 무료로 개방하고 있어 당시의 풍속을 엿볼 수 있다. 이국적인 풍경을 배경으로 기념 촬영하기 좋은 곳.

Access 노면전차 시민뵤인마에역 또는 오우라카이간도리역 하차, 갓스이여성대학 방향으로 도보 5분

이나사야마 전망대·나가사키 로프웨이

稲佐山展望台·長崎ロープウェイ

나가사키 한가운데 솟은 해발 333m의 이나사야마 전망대에서는 '천만 불짜리 야경'이라는 찬사가 아깝지 않은 나가사키의 야경을 만끽할 수 있다. 후치신사淵神社역에서 이나사다케稲佐岳역을 연결하는 로프웨이를 이용하면 단 5분 만에 오를 수 있다. 발아래 펼쳐진 산과 항구, 도심이 어우러진 풍경이 내내 감탄을 자아낸다.

Access JR나가사키역 앞에서 3·4번 계통 버스 타고 7분 후 로프웨이마에 정류장 하차, 도보 2분 Open 09:00~22:00 Cost 로프웨이 왕복 1,250엔 Web www.nagasaki-ropeway.jp

끼니는 여기서

아틱 Attic

인공 섬 데지마出島 내에 자리한 카페 레스토랑. 라테 아트가 예쁜 커피가 즐길 수 있고, 저녁에는 분위기 있는 바로 변신한다. 특히 테라스는 아름다운 항구의 석양과 야경을 즐길 수 있는 명당자리. 나가사키의 개항기 요리인 '도루코 라이스トルコライス'도 메뉴에 있다. 볶음밥, 스파게티, 돈가스가 한 접시에 담겨 나오는 이 요리에 왜 도루코(터키의 일본식 발음)라는 이름이 붙었는지는 알 수 없으나, 실패가 없는 바로 그 맛이다.

Access 노면전차 데지마역에서 도보 3분, 데지마워프 1층 Add 長崎県長崎市出島町1-1 Tel 095-820-2366 Open 11:00~23:00 Cost 도루코 라이스 1,280엔, 료마 카푸치노 480엔 Web attic-coffee.com

커피 히토마치 珈琲人町

나카지마 강 인근, 작은 시냇물 같은 시시토키 강 한쪽 길에 자리한 노점 카페. 매일 볶은 신선한 원두와 자유로운 분위기가 히토마치의 트레이드 마크다. 가게 앞 작은 벤치에 모르는 사람과 함께 나란히 앉아 마시는 커피 한 잔이 바쁜 여행자에게 잠시 숨 고를 틈을 준다. 히토마치를 비롯해 이 길가에는 개성 넘치는 도예점, 빈티지 숍 등이 자리해 이곳저곳 기웃거리기 좋다.

Access 노면전차 시안바시역에서 도보 4분 Add 長崎県長崎市東古川町4-25 Tel 090-7291-0467 Open 11:00~19:00(토 · 일요일은 ~18:00), 월요일 휴무 Cost 아이스 더치커피 300엔 Web kasa-hitomachi.com/hitomachi

쇼켄 본점 松翁軒 本店

후쿠사야 다음으로 오래된 나가사키 카스텔라 가게. 1681년 창업한 노포이다. 포장만 가능한 후쿠사야와 달리, 쇼켄은 본점 2층 카페에서 느긋하게 카스텔라를 즐기다 갈 수 있다. 카스텔라 차 세트를 주문하면 오리지널과 초콜릿 카스텔라가 각각 한 조각씩 나온다. 밀가루, 계란, 설탕 외에 물엿을 넣어 촉촉함을 끌어냈다. 소박한 단맛과 함께 한눈에도 오래된 의자와 테이블, 조명 등이 시계를 몇 세기 전으로 되돌린다.

Access 노면전차 고카이도마에역에서 도보 1분 Add 長崎県長崎市魚の町3-19 Tel 095-822-0410 Open 09:00~18:00 Cost 카스텔라(2개) 차 세트 850엔 Web www.shooken.com

하루 종일 놀자

나가사키 최대 테마파크인 '하우스텐보스'와 미군에 의해 전래된 '사세보 버거'로 유명한 나가사키현 북쪽의 사세보로 근교 여행을 떠나보자.

어떻게 다닐까?

시 사이드 라이너 シーサイドライナー

나가사키역~하우스텐보스역~사세보역을 잇는 JR규슈의 쾌속열차. 영어 첫 글자를 따서 'SSL'로도 불린다. 지정석 1량과 자유석 3량이 운행하며, 나가사키현 중앙부를 차지한 오무라 만大村湾을 따라 바다를 끼고 달린다. 나가사키역에서 하우스텐보스역까지 1시간 25분, 사세보역까지 약 1시간 50분 소요된다.

특급 하우스텐보스 特急 ハウステンボス

JR하카타역에서 하우스텐보스까지 직통 운행하는 특급열차가 있다. 하루 왕복 5~8회 운행하며, 약 1시간 50분 소요된다.

어디서 놀까?

하우스텐보스 HUIS TEN BOSCH

중세 네덜란드를 모티브로 한 나가사키의 대표 테마파크. 네덜란드어로 '숲 속의 집'이라는 뜻의 하우스텐보스는 네덜란드 여왕이 사는 궁의 이름으로, 이를 본뜬 미술관과 정원도 자리한다. 운하 도시의 풍경과 꽃, 풍차, 첨탑의 건축물이 어우러진 하우스텐보스는 축구장 200개를 합친 것보다 커 하나의 도시와 다를 바 없다. 운하 크루저와 버스가 관내에서 운행하며, 자전거를 빌려 돌아봐도 좋다. 세 개의 호텔이 있어 숙박도 가능하다. 놀이기구를 타기보다는 산책하며 풍경을 즐기는 곳이라 꽃이 많은 봄과 여름에 추천한다. 계절마다 이벤트가 다양하게 진행되니 한국어 홈페이지에서 체크해볼 것.

Access JR하우스텐보스역에서 하차, 도보 5분 **Add** 長崎県佐世保市ハウステンボス町1-1 **Open** 09:00~21:00 **Cost** 1DAY 패스포트 어른 7,000엔, 중고생 6,000엔, 초등학생 4,600엔 미취학 아동 3,500엔, 65세 이상 5,000엔 **Web** https://korean.huistenbosch.co.jp

사세보 佐世保

나가사키현에서 나가사키시에 이어 두 번째로 큰 사세보시는 규슈 최대의 테마파크 하우스텐보스가 자리한 관광 도시이자, 일본 해상자위대와 주일 미군 기지가 주둔한 군사 지역이다. JR최서단의 사세보역 바로 뒤편이 항구이며, 흰 제복의 대원을 역과 시내 곳곳에서 어렵지 않게 볼 수 있다. 특히 미국식 햄버거가 전래되어 탄생한 '사세보 버거'는 소울 푸드로 자리매김했다. 이 지역 식재료를 사용하며, 주문받은 후 만들어야 한다는 두 가지 조건을 충족하면 사세보 버거로 인정받을 수 있기 때문에 여러 가게에서 다양한 사세보 버거를 판매한다. 관광안내소에 사세보 버거만 모아둔 맵이 따로 있을 정도다.

❶ 사루쿠 시티 욘마루산 さるくシティ4○3

욘카초四ヶ町 상점가와 산카초三ヶ町 상점가 두 곳을 합쳐 직선거리 960m로 이은 사세보 최대의 아케이드 상점가. 백화점부터 대형 슈퍼마켓, 시장, 오래된 화과자점과 최신의 드러그 스토어까지 사세보의 모든 쇼핑을 총망라한 곳이라고 봐도 무방하다. 카페, 이자카야, 외국인 바, 레스토랑을 비롯해 오래된 사세보 버거집도 이쪽에 몰려 있다. 중소도시의 상점가가 대체로 한산한 것에 비해, 이곳은 여전히 사람이 많고 활기가 넘친다.

Access JR사세보역에서 도보 10분 Add 長崎県佐世保市下京町·上京町·本島町·島瀬町·栄町·常磐町·松浦町

❷ 사세보 고반가이 させぼ五番街

사세보역 인근에 자리한 세련된 대형 쇼핑몰. 패션·뷰티 아이템과 인테리어, 잡화 전문 매장, 대형 슈퍼마켓 등 80여 곳이 자리하고 있다. 특히 이스트 프롬나드 3층은 키즈 패션 및 장난감 매장이 입점해 있어서 가족 단위 쇼핑객이 많이 찾는다. 테라스 존에는 항구 전망의 쓰타야 서점과 스타벅스, 나가사키 및 규슈의 명물 요리점이 밀집해 있다.

Access JR사세보역에서 도보 1분 Add 長崎県佐世保市新港町2-1 Tel 0956-37-3555(09:00~19:00) Open 슈퍼마켓 09:00~22:00, 숍 10:00~21:00, 식당 10:00~21:00, 카페 08:00~22:00 Web sasebo-5bangai.com

끼니는 여기서

빅맨 Big Man

사세보 버거 중에서 가장 널리 알려진 베이컨 에그 버거의 원조. 1970년 문을 열었을 당시의 모습 그대로 작고 오래된 가게에는 이곳을 찾은 유명인의 사인이 가득하다. 훈제 베이컨과 달걀 프라이, 양상추, 토마토, 양파 등 신선한 재료가 층층이 쌓인 베이컨 에그 버거에서 맛의 중심을 잡아주는 것은 달걀이다. 어릴 적 엄마가 집에서 만들어주던 그리운 맛을 느낄 수 있다.

Access JR사세보역에서 도보 10분 Add 長崎県佐世保市上京町 7-10 Tel 0956-24-6382 Open 10:00~22:00, 부정기 휴무 Cost 원조 베이컨 에그 버거 750엔, 감자튀김 · 음료 세트 주문 시 500엔 Web www.sasebo-bigman.jp

어디서 잘까?

나가사키역 주변

호텔 쿠오레 나가사키에키마에

HOTEL クオーレ長崎駅前

나가사키역 앞의 호텔. 여성 전용룸이 따로 있어 안심된다. 빨리 예약할수록 값이 싼 플랜을 확보할 수 있으며, 홈페이지 예약이 가장 저렴하다.

Access JR나가사키역에서 육교 건너 바로 Add 長崎県長崎市大黒町7-3 Tel 095-818-9000 Cost 싱글룸 6,500엔~ Web www.hotel-cuore.com

호텔 윙포트 나가사키 ホテルウィング·ポート長崎

싱글 침대의 폭이 125cm로 널찍해 편하게 잘 수 있다. 방 크기가 상관없다면 작은 트윈룸을 더욱 특별한 가격에 묵을 수도 있다. 단, 전화로 예약해야 한다.

Access JR나가사키역에서 육교 건너 도보 3분 Add 長崎県長崎市大黒町9-2 Tel 095-833-2800 Cost 싱글룸(조식 포함) 6,220엔~ Web www.wingport.com

06
구마모토역
熊本駅

규슈 중앙에 자리한 구마모토의 대표 역이자, 규슈 신칸센과 가고시마 본선의 주요 정차 역이다. 구마모토 내륙을 지나 오이타현까지 이어지는 호히 본선도 구마모토역에서 시·종착한다. 특급 아소보이와 SL히토요시, 규슈횡단특급 등 규슈의 많은 관광열차가 운행해 기차 여행자라면 이용이 잦은 역이다. 역 쇼핑몰 '에키마치잇초메えきマチ1丁目'는 작지만 실속 있게 꾸며져 있어 기념품이나 요깃거리를 구입하기 좋다. 재래선이 운행하는 동관과 신칸센이 운행하는 서관으로 나뉘어 있으며, 지하 연결통로로 이어진다. 역의 출입구는 동쪽의 시라카와구치白川口와 서쪽의 신칸센구치新幹線口로 나뉘는데, 1958년 지어진 옛 역사와 2011년 신칸센 개통 때 지어진 새 역사가 완벽히 대비된다. 향후 시라카와구치 쪽 역사도 리뉴얼될 예정이다. 구마모토 성을 비롯한 시내 방면의 노면전차는 시라카와구치 출구로 나오면 바로 보인다.

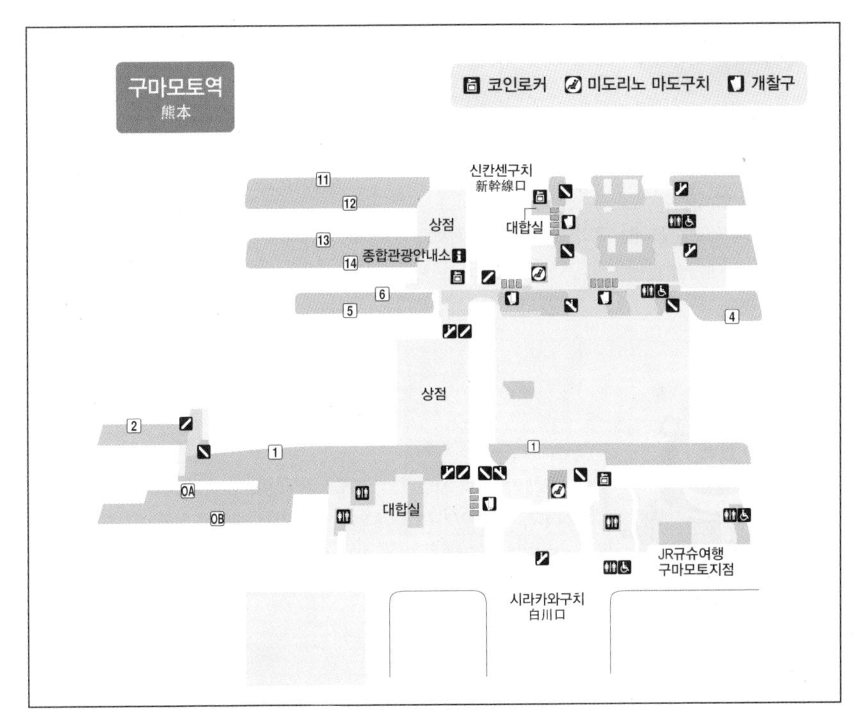

- 미도리노 마도구치 Open 07:00~21:00
- JR규슈여행 구마모토지점 Open 10:30~19:00, 주말 · 공휴일 ~17:30
- 종합관광안내소(신칸센구치) Open 08:00~19:00
- 종합관광안내소(시라카와구치) Open 09:00~19:00

키워드로 그려보는 구마모토 여행

매력 넘치는 구마몬의 고장이자 세계 최대의 칼데라 분화구를 품고 있는 구마모토. 신칸센으로 후쿠오카와 가고시마 어디서든 1시간 이내면 도달할 수 있다.

여행 난이도 ★★☆
관광 ★★★
쇼핑 ★☆
식도락 ★☆
기차 여행 ★★★

아소산 阿蘇山

구마모토현의 활화산. 중앙 분화구는 면적이 380㎢이나 되어 세계 최대의 칼데라 지형을 이루고 있다. 거대한 만큼 상상하지 못했던 놀라운 대자연의 풍경을 만날 수 있다.

구마모토 성 熊本城

일본의 3대 성으로 손꼽히는 구마모토 성. 시내에서도 우뚝 솟은 천수각이 마치 등대처럼 빛난다.

구마몬 くまモン

빨간 두 볼과 사백안의 귀여운 곰 구마몬은 구마모토현의 지역 캐릭터다. 워낙 인기가 좋아 일본 전역에서 캐릭터 상품으로 만날 수 있지만, 본고장에 온 만큼 한정 상품을 노려보자.

말고기

중앙의 너른 목초지에서 말을 방목하는 구마모토는 일본 말고기 생산량 1위를 자랑한다. 특히 현지에서 즐길 수 있는 말고기 회(바사시 馬刺し)는 붉은 살코기를 간장에 찍어 간 생강을 올려 먹으면 고소하면서 혀에 착착 감긴다.

알짜배기로 놀자

구마모토 성과 스이젠지 정원을 중심으로 시내 관광은 서너 시간 정도면 충분하다. 나머지 시간은 시내 상점가와 역에서의 쇼핑에 할애하자. 노면전차로 편리하게 다닐 수 있다.

어떻게 다닐까?

구마모토 시영 전차

구마모토시에서 운영하는 노면전차. A와 B의 두 개 노선이 있으며, JR구마모토역은 A선(붉은 색)이 연결한다. 두 노선 모두 구마모토 성과 스이젠지 정원을 지나간다.

Cost 1회권 어른 170엔, 어린이 90엔 / 1일권 어른 500엔, 어린이 250엔 Web www.kotsu-kumamoto.jp

어디서 놀까?

시모토리 아케이드 상점가 下通アーケード

구마모토 성 인근에 자리한 구마모토 최대의 아케이드 상점가. 백화점은 물론 각종 로드숍과 레스토랑, 카페 등이 널찍한 길 양쪽으로 늘어서 있다. 아케이드 거리 뒤쪽 골목으로는 이자카야, 맥주 바 등 술집이 구석구석 자리한다. 인근에 대학교와 고등학교가 있어서 밤이 깊으면 젊은이들이 삼삼오오 모여들며 더욱 활기가 넘치는 곳이다. 노면전차 가라시마초辛島町역, 하나바타초花畑町역, 구마모토조·시야쿠쇼마에熊本城·市役所前역, 도리초스지通町筋역이 상점가 주변을 에워싸며 운행한다.

Access 노면전차 가라시마초역~도리초스지역에서 도보 1분 Web shimotoori.com

스이젠지 조주엔 水前寺成趣園

에도 시대 각 지역 번주가 조성한 다이묘 정원 중 하나로, 1632년 구마모토 호소가와細川 가문의 초대 당주가 창건했다. 에도와 교토를 잇는 길의 여러 명승지를 본떠 꾸몄는데, 특히 후지산을 상징하는 작은 언덕이 감탄을 자아낸다. 넓은 연못을 중심으로 완만한 언덕과 잔디밭, 소나무가 어우러진 일본정원을 감상할 수 있다.

Access 노면전차 스이젠지코엔역에서 도보 1분 Add 熊本市中央区水前寺公園8-1 Tel 096-383-0074 Open 08:30~17:00 (북문 09:30~16:00) Cost 어른 400엔, 어린이 200엔 Web www.suizenji.or.jp

가라시렌콘 오다 상점 구마모토역점

からし蓮根小田商店 熊本駅店

가라시렌콘からし蓮根(고추냉이 연근)은 삶은 연근을 미소, 겨자, 꿀을 섞은 양념에 재웠다가 카레가루를 섞은 튀김옷을 얇게 입혀 노랗게 튀겨낸 구마모토의 향토요리. 가라시렌콘 전문점인 오다 상점에서는 오리지널 가라시렌콘을 비롯해 가라시렌콘의 삼색 버전인 컬러풀 렌콘, 열차에서도 먹기 쉽도록 동글동글하게 치즈를 넣어 튀긴 렌콘 고로케, 과자처럼 바삭해 술안주로 좋은 연근 튀김 등을 판매한다.

Access JR구마모토역 내 에키마치잇초메 서관 1층 Add 熊本県熊本市西区春日3-15-30 Open 09:00~20:00 Cost 오리지널 가라시렌콘(중) 680엔, 렌콘 고로케 150엔 Web www.odarenkon.com

구마모토성 熊本城

나고야성, 히메지성과 더불어 일본 3대 명성으로 꼽히는 성. 1601년부터 6년에 걸쳐 지었으며, 높고 견고한 석벽에 힘입어 1877년 내전인 세이난西南 전쟁 때 쳐들어온 적을 물리치는 데는 성공했으나 혼마루의 대부분이 소실되었다. 천수각을 새로 복원해 고색창연한 맛은 떨어지지만, 12기의 성루와 높은 석벽은 거의 온전히 남아 있다. 입구에서 성 안까지 들어가려면 20분 정도 걸어 올라가야 하며, 다케노마루竹の丸 쪽으로 가면 조금씩 성이 가까워지는 드라마틱한 풍경을 감상할 수 있다. 천수각에 오르면 멀리 아소산까지 볼 수 있다. 구마모토의 벚꽃 명소이기도 하다.

Access 노면전차 구마모토조 · 시야쿠쇼마에역에서 도보 3분 Add熊本県熊本市中央区本丸1-1 Tel 096-352-5900 Open 09:00~17:00, 연말 휴원 Cost 고등학생 이상 800엔, 초 · 중학생 300엔 Web kumamoto-guide.jp/kumamoto-castle

끼니는 여기서

가쓰레쓰테이 勝烈亭

구마모토 맛집에서 빠지지 않는 돈가스 전문점. 구로부타(흑돼지) 돈가스나 두툼한 육질을 제대로 느낄 수 있도록 두껍게 튀긴 아쓰아게 등 생각만 해도 입맛 다시게 되는 본격적인 돈가스를 먹을 수 있다. 일본의 돈가스 고기는 한쪽 끄트머리의 지방을 살려 튀기는 것이 특징이다. 밥과 미소시루는 리필 가능.

Access 노면전차 가라시마초역 하차, 도보 2분 Add 熊本県熊本市中央区新市街8-18 Tel 096-322-8771 Open 11:00~21:30 Cost 돈가스 정식 1,680엔~, 아쓰아게 정식 1,600엔~ Web hayashi-sangyo.jp

고란테이 가미도리 파빌리온점 紅蘭亭 上通パビリオン店

나가사키에 비하면 인지도가 낮지만 구마모토의 중화요리도 현지에서는 꽤 유명하다. 그중 고란테이는 1934년 문을 연 중화요리점으로 다이피엔太平燕이 유명하다. 중국 향토요리를 일본에 맞게 변형한 것으로, 가늘고 흰 당면을 사용하고 원조의 오리알 대신 구하기 쉬운 계란 튀김을 얹어낸다. 깔끔한 육수에 칼로리가 낮은 당면과 채소가 듬뿍 들어가 건강식의 느낌을 준다. 시모토리 아케이드 내에 위치해 식사 후 쇼핑하기도 좋다.

Access 노면전차 도리초스지역에서 도보 3분 Add 熊本県熊本市中央区上通町1-15 Tel 096-352-3812 Open 11:00~16:00 Cost 다이피엔 920엔 Web www.kourantei.com

하루 종일 놀자

활화산인 아소산과 구마모토 남부의 히토요시로 운행하는 JR규슈의 다양한 관광열차를 타고 기차 여행을 만끽해보자.

어떻게 다닐까?

규슈횡단특급 九州横断特急

규슈 중앙을 가르는 빨간색의 JR특급열차 규슈횡단특급이 구마모토역과 아소역, 히토요시역을 연결한다. 하루 3회 왕복 운행하며, 아소역까지 약 1시간 10분, 히토요시역까지 약 1시간 30분 소요된다. 3량의 객차 중 절반이 지정석이다.

가와세미·야마세미

구마모토에서 아소-미야지까지 하루 1회 왕복 운행하는 관광 열차. 1호차는 자유석, 2호차는 지정석이다. 일반 좌석 외에 어린이 좌석, 테이블석, 카운터석이 있다.

어디서 놀까?

아소 산 阿蘇山

규슈 중앙에 넓게 자리한 활화산 아소 산. 지금도 종종 분화 소식이 들리며 간담을 서늘하게 하는, 진정 살아 있는 화산이다. 그 중앙 분화구인 칼데라에 아소시가 위치해 이곳을 지날 때면 고지대의 초원 등 흔히 보기 힘든 풍경이 펼쳐진다. 아소산의 높이는 1,592m로, 산의 중턱까지 JR의 호히豊肥 본선이 올라가는데 중간 부분인 다테노立野역에서 방향 전환인 스위치백이 이루어진다. 멀리서 보는 것만으로 만족하기 힘든 사람은 화구 셔틀 버스로 분화구 근처까지 접근할 수 있다. (아소산 로프웨이는 폐지)

Access 아소산상터미널에서 약 5분 Open 화구 셔틀 11:20~15:20 왕복 4회 운행 Cost 편도 중학생 이상 500엔, 초등학생 이하 250엔 Web www.kyusanko.co.jp/aso/

아오이아소 신사 青井阿蘇神社

806년 창건된 역사 깊은 신사로, 구마모토 지역의 수호신으로 추앙받으며, '아오이상青井さん'이라고 친근하게 불리고 있다. 현재의 신전 건축은 에도 시대 지어진 것이다. 붉은 도리이를 지나 누문楼門으로 들어서면 배전拝殿과 폐전幣殿, 본전本殿이 일렬로 배치되어 있다. 신전 건축으로는 드물게 가파른 초가지붕 구조이며, 처마 아래 검은 칠로 도장해 연륜이 느껴진다. 구마모토현 최초로 경내에 있는 누문, 본전, 배전, 폐전, 행랑의 5동이 일본 국보로 지정되었다. 신사 입구에는 빨간 아치 돌다리와 연못이 있는데, 6~7월이면 연꽃이 만발한다.

Access JR히토요시역에서 도보 5분 Add 熊本県人吉市上青井町118 Tel 0966-22-2274 Open 08:30~17:00 Cost 입장 무료 Web https://aoisan.jp

가라쿠리도케이 人吉駅前からくり時計

히토요시역 앞의 태엽 인형 시계탑. 히토요시의 영주가 성에서 축제를 구경한다는 내용으로, 히토요시의 민요 가락에 맞춰 북을 치는 인형과 익살스러운 표정의 영주가 등장하며 약 3분 정도 공연된다. 매시 정시에 시작되므로 열차를 기다리며 잠시 즐길 수 있다.

Access JR히토요시역 앞 **Open** 09:00~18:00, 11~2월 ~17:00

끼니는 여기서

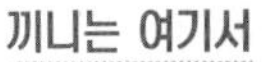

마메타누키 まめたぬき

지역 주민들 중에서도 아는 사람만 알 듯한 이자카야. 깔끔하고 믿을 수 없는 가격에 나오는 오토시(기본세팅 찬, 1인 300엔선)는 물론, 다양한 메뉴 중에 말 회도 있다. 배부르게 먹고 싶을 때도, 말고기만 맛보고 싶을 때도, 이자카야에서 한잔 더 하고 싶을 때도 추천. 부부 둘이 운영하는 가게라 손님이 많으면 조금 기다려야 한다.

Access 노면전차 구마모토조 하차, 도보 3분 **Add** 熊本県熊本市中央区下通1-4-1 B1F **Tel** 096-322-4407 **Open** 18:00~22:00경, 일요일 휴업 **Cost** 예산 1인 2,000엔 정도

트랜도르 TRANDOR

구마모토역 1층의 빵집으로 아소산의 목장에서 난 우유식빵을 살 수 있다. 열차에서 간단히 먹을 만한 샌드위치를 사고 싶다면 편의점보다 이곳을 먼저 들러보자. 역 안쪽으로도 문이 있어 표를 끊고 나오지 않아도 이용이 가능해 더 편리하다.

Access JR구마모토역 내 에키마치잇초메 동관 1층 **Add** 熊本県熊本市西区春日3-15-1 **Open** 07:00~21:00 **Cost** 새우튀김 샌드위치 349엔, 아소 밀크 식빵 200엔

어디서 잘까?

구마모토역 주변

슈퍼호텔 로하스 구마모토 スーパーホテルLOHAS熊本

로하스LOHAS 지점은 슈퍼호텔의 업그레이드 버전이다. 구마모토역에서는 좀 떨어져 있지만 주변 관광지에서는 가기 괜찮은 위치. 건강한 식단의 아침(무료)은 기본이고 천연 온천탕도 갖추었다.

Access 노면전차 가와라마치역 하차, 도보 2분 **Add** 熊本県熊本市中央区魚屋町1-30-1 **Tel** 096-351-9000 **Cost** 싱글룸(조식 포함) 5,550엔~ **Web** www.superhotel.co.jp/h_links/kumamoto/special

가고시마역 광장

07 가고시마추오역 鹿児島中央駅

규슈 신칸센의 시·종착역이자 가고시마 여행의 거점 역이다. 가고시마 항구 앞의 JR가고시마역과 구분하기 위해 통칭 '주오(중앙)역'으로 더 많이 부른다. 신오사카역까지 신칸센 사쿠라, 미즈호가 직통 운행하고, 가고시마 북동쪽의 미야자키宮崎, 기리시마霧島, 남단의 이부스키指宿 방면 재래선에서 특급 및 관광열차가 운행하는 등 규슈에서 세 번째로 승강객이 많은 역이다. 2011년 규슈 신칸센 전 구간 개통에 따라 아뮤 플라자 프리미엄관 신축 및 역 앞 광장이 조성되면서 역의 규모가 한층 확충되었다. 특히 유명 패션몰 '시부야109 가고시마', 생활 잡화점 '도큐핸즈' 등이 새로 입점하며 가고시마추오역이 새로운 쇼핑 스폿으로 떠오르고 있다. 역 쇼핑몰 '에키마치잇초메えきマチ1丁目'에서는 가고시마의 특산물을 쇼핑하기 좋다. 재래선 쪽 출구인 역 동쪽의 사쿠라지마구치桜島口가 시내 방면이며, 역 앞 노면전차 승강장으로 갈 수 있다.

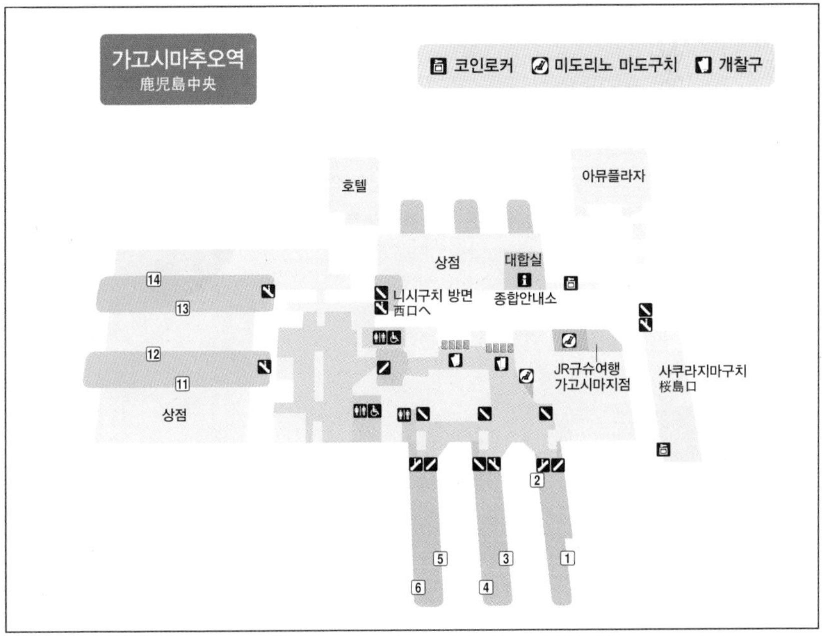

- 미도리노 마도구치 Open 07:00~21:00
- JR규슈여행 가고시마지점 Open 10:00~18:00, 목요일 및 연말연시 휴무
- 종합관광안내소 Open 08:00~19:00 Tel 099-253-2500

키워드로 그려보는 가고시마 여행

'가고 싶다, 가고시마'라는 재미난 홍보문구로 한국인에게 익숙한 지명이지만 규슈의 다른 지역에 비해 알면 알수록 새로운 구석이 많은 도시다.

여행 난이도 ★★☆
관광 ★★☆
쇼핑 ★☆
식도락 ★★☆
기차 여행 ★★★

사쿠라지마 섬 桜島

가고시마 사람들이 매일 아침 일기예보를 챙기며 바람의 방향을 확인하는 이유다. 활화산 섬인 사쿠라지마에서 날아오는 화산재 때문에 빨래는 고사하고 외출하기도 쉽지 않다. 우산을 챙겨야 하고 길가에는 쓸어 모은 화산재를 모아두는 곳이 있을 정도다.

일본 최남단 역

가고시마에서 온천으로도 유명한 이부스키指宿에 있는 니시오야마西大山역은 일본에서 가장 남쪽에 자리한 역이다. 홈에 최남단 역 표시도 되어 있으며 가고시마시내와는 전혀 다른 바닷가의 농촌마을 풍경을 만날 수 있다.

흑돼지(구로부타) 黒豚

고구마 사료로 키운 가고시마의 흑돼지는 단맛이 강하고 담백해 일본 내에서도 최상품으로 친다. 샤부샤부, 라멘, 돈가스 등 가고시마에서 흑돼지 요리로 식사 한 끼는 선택이 아닌 필수.

알짜배기로 놀자

가고시마 도심 동쪽 바다에 자리한 사쿠라지마 섬이 대표 관광지다. 페리를 타고 들어가 볼 수도 있고, 시내 전망대에서 조망하는 것도 가능하다.

어떻게 다닐까?

가고시마 시영 전차 鹿児島市電

시내를 연결하는 노면전차. 1, 2 계통의 두 개 노선이며 신칸센이 서는 JR가고시마추오역에는 붉은색 2계통 전차가 선다. 이곳이 종점이 아니므로 짐이 많은 경우에는 미리 노면전차역에 줄을 서자. 두 노선 모두 번화가인 덴몬칸도리天文館通역, 사쿠라지마 섬 페리 승강장이 있는 사쿠라지마산바시도리桜島桟橋通에 간다.

Cost 1회 승차권 어른 170엔, 어린이 80엔 Web www.kotsu-city-kagoshima.jp

시티뷰 버스

가고시마 시내의 주요 관광스폿을 도는 버스. 사쿠라지마 조망이 가능한 시로야마城山·이소磯 코스와 바닷가(가고시마 만) 워터프론트ウォーターフロント 코스, 그리고 저녁 시간에 한정 운행하는 야경 코스가 있다.

Cost 1회 승차권 어른 190엔, 어린이 100엔 Web www.kotsu-city-kagoshima.jp

Tip!

1일 승차권

노면전차와 시 버스, 시티뷰 버스를 하루 종일 이용할 수 있으며, 관광시설의 입장료 할인 혜택을 받을 수 있는 할인 패스포트 기능을 겸한다. 역내 관광안내소에서 구입할 수 있다.

Cost 어른 600엔, 어린이 300엔 Web www.kotsu-city-kagoshima.jp/tourism/sakurajima-tabi

어디서 놀까?

미야게 요코초 みやげ横丁

가고시마추오역 내 쇼핑몰인 에키마치잇초메えきマチ1丁目의 선물 코너. 가고시마 특산인 흑돼지, 고구마, 흑설탕, 가다랑어 등을 이용한 화과자와 가공식품, 주류 등을 판매한다. 특히 흑돼지를 이용한 통조림과 된장은 집에서도 가고시마의 맛을 즐길 수 있는 굿 아이디어. 짭짤하니 밥반찬으로도, 술안주로도 괜찮다.

Access JR가고시마추오역 2층 Add 鹿児島鹿児島市中央町1-1 Tel 099-259-3185 Open 09:00~19:00 Web ekimachi1-kagoshima.com

시로야마 전망대 城山展望台

가고시마 시내에서 사쿠라지마를 조망할 수 있는 전망대. 사쿠라지마에 갈 시간이 없거나, 화산이라 망설여질 때 이용하기 좋다. 시내가 다 내려다보이고 그 뒤 배경으로 커다란 산이 서 있다. 이렇게 불쑥 솟은 커다란 산이 바다를 사이에 두고 멀지 않은 위치에 있다는 게 신기하면서도 묘한 기분을 들게 한다. 운이 좋으면(나쁘면?) 화산재가 날리는 모습을 볼 수도 있다.

Access JR가고시마추오역에서 시티뷰 버스 타고 19분 후 시로야마 하차, 도보 5분

덴몬칸 상점가 天文館

가고시마 최대의 번화가. 천문관이라는 이름 그대로 아케이드 지붕에는 별자리가 새겨져 있기도 하다. 백화점과 패션 쇼핑몰, 영화관은 물론 가고시마 흑돼지 전문 음식점과 여름에 더욱 생각나는 가고시마 과일 빙수를 파는 카페, 가고시마 소주를 즐길 수 있는 이자카야 등 상업 시설이 빼곡하게 들어차 있다. 특별히 밤 문화가 중요한 사람이라면 덴몬칸 주변에 숙박 시설이 많으니 이곳에 방을 잡자.

Access 노면전차 덴몬칸도리역 하차, 바로

사쿠라지마 섬 桜島

긴코 만錦江湾에 동그랗게 위치한 사쿠라지마 섬. 가고시마의 심벌로 유명한 화산섬이다. 종종 내뿜는 화산재를 가고시마 시내에서도 느낄 수 있을 정도. 활동 중인 화산이지만 섬 내에 주민들이 살고 있고, 곳곳에 섬과 바다를 조망할 수 있는 산책로와 전망대가 설치되어 있다. 바닷가에는 온천지도 위치한다. 사쿠라지마로 가는 페리가 가고시마 항에서 10~15분 간격으로 있으며, 유사시 즉시 주민을 대피시키기 위해 24시간 운항한다. 편도 운임 어른 200엔, 어린이 100엔.

Access 노면전차 스이조쿠칸역에서 도보 5분, 가고시마 항에서 페리로 약 15분 Web www.sakurajima.gr.jp

끼니는 여기서

돈가스 가와큐 とんかつ川久

가고시마에서 구로부타(흑돼지) 돈가스를 먹고 싶을 때 추천하는 집. 지방과 살코기가 적절한 최상질의 돼지고기를 두툼하게 썰어 튀겨 낸다. 유자 된장 소스, 간장 소스, 일반 돈가스 소스의 세 종류 소스가 테이블마다 놓여 있어 질리지 않고 끝까지 즐길 수 있다. 인기 가게이다 보니 식사 시간에는 자연히 줄이 생긴다.

Access JR가고시마추오역에서 도보 3분 Add 鹿児島県鹿児島市中央町21-13 Tel 099-255-5414 Open 11:30~15:00, 17:00~21:30, 화요일, 1/1~1/2 휴무 Cost 구로부타 로스카쓰(150g) 1,900엔 Web setoguchiseinikuten.co.jp/kawakyu.html

구로이와 라멘 くろいわラーメン

덴몬칸 아케이드 내에 본점을 가진 구로이와 라멘. 가고시마의 명물로 자리 잡은 담백하면서도 진한 맛의 육수에 포장해가는 사람도 많다. 대표 메뉴인 구로이와 라멘은 돼지뼈와 닭뼈 양쪽에서 육수를 내어 무겁지 않으면서 깊이가 있고, 중간 정도의 면을 낸다. 한국 사람들에게는 기쁘게도, 테이블에 흰 단무지가 놓여 있어 먹고 싶은 만큼 덜어 먹으면 된다.

Access 노면전차 덴몬칸도리역에서 도보 3분 Add 鹿児島市東千石町9-9 Open 11:00~19:00 Cost 구로이와 라멘 870엔, 차슈멘 970엔 Tel 099-222-4808 Web www.kuroiwa-ramen.com

덴몬칸 무자키 天文館むじゃき

가고시마 명물 빙수인 '시로쿠마'의 원조. 이름처럼 새하얀 곰을 닮은 우유 빙수 위로 생과일이 듬성듬성 얹어 나온다. 연유를 넣은 우유 빙수는 달콤하고, 부드럽게 간 얼음은 입안에서 살살 녹는다. 통조림 과일과 수박, 바나나, 멜론 등 과일과도 잘 어우러진다. 시로쿠마 외에도 빙수의 종류가 다양하니 작은 사이즈로 주문해 서로 나눠 먹으면 좋다.

Access 노면전차 덴몬칸도리역에서 도보 2분 Add 鹿児島県鹿児島市千日町5-8 Tel 099-222-6904 Open 11:00~19:00, 부정기 휴무 Cost 시로쿠마 빙수(소) 510엔 Web mujyaki.co.jp

하루 종일 놀자

일본의 하와이라 불리는 이부스키로 당일치기 여행을 떠나자. 거리 곳곳의 야자수와 잔잔한 바다가 얼핏 남국에 온 듯하다. 유명한 모래찜질(스나유)도 놓치지 말 것.

어떻게 다닐까?

이부스키노 다마테바코 指宿のたまて箱

가고시마와 이부스키를 잇는 관광열차. 일본의 용궁신화를 모티브로 한 디자인이 특색 있다. 전석 지정석이며, 약 50분 소요된다. 이부스키역에 내리면 하와이안 셔츠 차림의 주민들이 깃발을 흔들며 격하게 환영해준다.

어디서 놀까?

스나무시카이칸 사라쿠 砂むし会館 砂樂

바닷가에 자리한 스나유 체험 시설. 프런트에서 모래찜질 시 착용할 유카타를 빌릴 수 있다. 건물 외부의 모래사장에서 직원의 안내를 받아 자리에 누우면, 직원이 능숙하게 얼굴을 제외한 온몸을 모래로 파묻는다. 온천수보다 온도가 높아 10분이면 유카타가 흠뻑 젖을 정도로 땀이 난다. 모래찜질 후 유카타를 벗어 지정된 곳에 반납하고 온천탕에서 씻고 나오면 된다. 사우나를 하고 나온 듯 몸이 한결 가벼워진 것을 느낄 수 있다.

Access JR이부스키역에서 도보 15분 또는 노선버스 타고 약 5분 후 스나무시카이칸 하차, 바로 Add 鹿児島県指宿市湯の浜5-25-18 Tel 0993-23-3900 Open 08:30~20:30 Cost 1,100엔(유카타 대여비 포함) Web sa-raku.sakura.ne.jp

끼니는 여기서

아오바 さつま黒豚と郷土料理 青葉

온천 달걀을 이용한 이부스키의 명물 요리 '온타마란돈温たまらん丼'. 온천 달걀만 넣으면 뭐든지 온타마란돈으로 불릴 수 있어 가게마다 다양한 메뉴를 선보인다. 그중 아오바는 흑돼지를 이용한 온타마란돈으로 인기를 모으고 있다. 짭짤하고 달달한 소스에 조린 흑돼지 삼겹살은 두말할 것 없이 맛있고 빨간 방울토마토, 녹색의 오쿠라, 흰색과 노란색의 반숙 계란을 얹어 보기에도 좋다.

Access JR이부스키역에서 도보 1분 Add 鹿児島県指宿市湊1-2-11 Tel 0993-22-3356 Open 11:00~15:00, 17:30~21:30, 수요일 휴무 Cost 온타마란돈 920엔 Web https://aoba-ibusuki.com

가곳마 후루사토 야타이무라 かごっま ふるさと屋台村

가고시마의 식문화를 알리기 위해 문을 연 포장마차촌. '가곳마'는 이곳 사투리로 가고시마를 의미한다. 지역의 제철 해산물과 흑돼지 고기, 채소 등을 활용한 25곳의 포장마차와 어묵도 팔면서 관광객 안내도 하는 1곳의 인포메이션 센터로 이루어져 있다. 자정에 다가갈수록 분위기가 무르익는, 주당이라면 결코 지나칠 수 없는 곳이다.

Access JR가고시마추오역에서 도보 3분 Add 鹿児島市中央町6-4 Open 11:30~23:30(점포마다 다름) Web https://kagoshima-yataimura.info

❶ 구로부타 요코초 난슈노조 黒豚横丁南州農場

바쁘게 움직이는 주인을 둘러싸듯 카운터석만 8석 남짓, 좁은 가게에 손님들이 서로 양보하며 끼어 앉아 두런두런 얘기를 하고 있다. 1인분씩도 가능한 흑돼지 샤부샤부는 자꾸만 고기를 추가하게 만든다. 국물이 시원하고 같이 익는 파가 달다. 직접 소유한 농장에서 안전하고 안심할 수 있는 식재료를 조달해 음식을 만든다.

Access 가곳마 후루사토 내 22번 점포 Open 11:00~14:00 (주말 · 공휴일 ~15:00), 17:00~00:00 Cost 흑돼지 샤부샤부 864엔, 아사히 맥주 500엔

어디서 잘까?

가고시마역 주변

굿 인 가고시마 グッドイン鹿児島

JR가고시마추오역 광장 앞에 있는 심플한 비즈니스 호텔. 1층에서 알칼리 이온 정수기의 물을 무료로 제공한다. 다다미방도 있다(전화 예약 필수).

Access JR가고시마추오역 서쪽 출구에서 도보 2분(광장 앞) Add 鹿児島県鹿児島市西田2-27-24 Tel 099-285-1515 Cost 싱글룸 4,900엔~ Web www.good-inn.com/kagoshima

렘 가고시마 remm KAGOSHIMA

가고시마 최대 번화가에 있어, 밤을 잊은 그대에게 추천. 깔끔하고 모던한 디자인의 '침실'에서 잘 수 있다. 각 방에는 마사지 의자도 배치되어 있다.

Access 노면전차 덴몬칸도리역 하차, 도보 2분 Add 鹿児島鹿児島市東千石町1-32 Tel 099-227-4123 Cost 싱글룸 5,300엔~ Web www.hankyu-hotel.com/hotel/remm/kagoshima

아키타현 내륙종관열차